全国本科院校机械类创新型应用人才培养规划教材

Pro/ENGINEER Wildfire 5.0 实例教程

主　编　张选民　徐超辉
副主编　张桂菊　甘露萍　吴素珍
参　编　侯付军　姚伯翰　李铁光　黄　伟
　　　　朱　丹　颜建强　陈赞东　黄利银
　　　　谭婷婷　王　涛　蒋寿生　袁文华
　　　　肖才远　方鑫权

北京大学出版社
PEKING UNIVERSITY PRESS

内 容 简 介

本书是编者积累多年教学经验，综合学校软件教学的特点(课时少，内容多)，为便于学生在老师指导下自学练习而编写的。

本书共分 11 章，内容包括基本入门知识和一些常用高级操作的内容。第 1 章 Pro/ENGINEER Wildfire 5.0 入门，第 2 章 二维草图绘制基础，第 3 章 基准特征的创建，第 4 章 三维建模基础特征，第 5 章 三维建模的工程特征，第 6 章 特征的编辑、修改，第 7 章 曲面特征的创建及编辑，第 8 章 系统配置、关系式、族表与程序，第 9 章 实体特征的高级操作工具，第 10 章 装配设计，第 11 章 工程图。

本书结构严谨，内容详尽充实，实例针对性强，步骤讲解细致，特别适用于初学者自学。同时，为了满足一部分读者提高的需要，本书编排上加入了一些常用的高级操作内容，也适用于具有中级水平的读者提高之用。

本书可作为大中专院校软件教学的专用教材，也可作为各级学校的培训教材，同时也适合广大 Pro/ENGINEER 爱好者自学。

图书在版编目(CIP)数据

Pro/ENGINEER Wildfire 5.0 实例教程/张选民，徐超辉主编. —北京：北京大学出版社，2012.2
(全国本科院校机械类创新型应用人才培养规划教材)
ISBN 978-7-301-20133-6

Ⅰ. ①P… Ⅱ. ①张…②徐… Ⅲ. ①机械设计：计算机辅助设计—应用软件，Pro/ENGINEER Wildfire 5.0—高等学校—教材 Ⅳ. ①TH122

中国版本图书馆 CIP 数据核字(2012)第 015990 号

书　　　名：	Pro/ENGINEER Wildfire 5.0 实例教程
著作责任者：	张选民　徐超辉　主编
责 任 编 辑：	陈　庆　宋亚玲
标 准 书 号：	ISBN 978-7-301-20133-6/TH・0286
出　版　者：	北京大学出版社
地　　　址：	北京市海淀区成府路 205 号　100871
网　　　址：	http://www.pup.cn　http://www.pup6.cn
电　　　话：	邮购部 62752015　发行部 62750672　编辑部 62750667　出版部 62754962
电 子 邮 箱：	pup_6@163.com
印　刷　者：	北京鑫海金澳胶印有限公司
发　行　者：	北京大学出版社
经　销　者：	新华书店
	787 毫米×1092 毫米　16 开本　27.25 印张　650 千字
	2012 年 2 月第 1 版　2015 年 1 月第 2 次印刷
定　　　价：	52.00 元

未经许可，不得以任何方式复制或抄袭本书之部分或全部内容。
版权所有　侵权必究　　举报电话：010-62752024
　　　　　　　　　　　电子邮箱：fd@pup.pku.edu.cn

前 言

Pro/ENGINEER(简称 Pro/E)是 PTC 公司推出的三维 CAD/CAM 参数化软件系统，其内容涵盖了产品从概念设计、工业造型设计、三维模型设计、分析计算、动态模拟与仿真、工程图输出到生产加工成产品的全过程，应用范围涉及航空航天、汽车、机械、数控(NC)加工、电子等诸多领域。

由于具有强大完美的功能，Pro/ENGINEER 已经成为了工程技术人员必须掌握的设计软件之一，许多大中专院校也已将此软件列入工程类专业的限选或必选课程。本书就是为适应这一需要而编写的。

在大学课程里，软件教学一般都是课时量相对较少的课程。因此，本书的编写应该适应这一特点。从老师教学的特点来看，教材要深入浅出，简化理论阐述，深化实例讲解，让学生从实例讲解的过程中深入理解概念，学会实际操作方法；从学生学习的特点而言，教材要能让学生通过实例学习，举一反三，然后反复练习、反复琢磨，融会贯通，以达到熟能生巧的程度；从课时量少的角度，教材要能够便于学生自学，既要保证一定的知识点和信息量，又要保证叙述简练、易懂，同时还要给足一定量的练习，让学生能够随时检验自学的效果。本书也是根据这些特点要求组织编写的。

编者都是长期工作在软件教学第一线的教学人员，深知软件教学中教与学的特点，因此在本书的编排上力求：①简化理论阐述，深化实例讲解，让学生从实例讲解的过程中深入理解概念，学会实际操作方法。对每个特征创建方法的介绍都从实例入手，在讲解实例的过程中逐一介绍有关菜单命令、对话框选项的含义和选择命令、选项的要领等，摒弃了纯理论讲解的枯燥、艰涩难懂和纯实例导航的知其然而不知所以然的弊端。②除引例导入讲解以外，还在每章加入了一个综合实例，综合运用前面章节中讲解的知识要点，进一步讲解知识难点，给读者提供一个举一反三的案例。同时，每章的后面还给了一定量的综合练习题，供读者上机练习参考。③在实例的讲解过程中，力求详尽、细致，每个步骤都用一定的图例加以辅佐讲解。每章的结尾处都有本章的内容小结，用来说明该章的重点和难点。同时还对 3.0 版本的教材在如下几方面做了一些变动。

(1) 对所举实例进行大幅度的更新，使之更切合机械专业学生的学习实际需要。所举实例大多来自机械制图图册中的原图或网络中的练习题，具有实际意义，对提高学生的学习兴趣非常有帮助。

(2) 机械设计的外观渲染设计虽说也是机械设计的一部分，但不属于主体结构设计的范畴，在课时较少且受篇幅限制的情况下，本书将此内容予以删除，有兴趣者可参看其他书籍的相关内容。

(3) 本书在强调 5.0 版本的新功能方面做了相应的讲解，但是受篇幅限制，有些功能的讲解不尽详细，使用教材时需要根据具体情况进行取舍。

通过学习本书，读者可以完全掌握 Pro/ENGINEER 入门模块的基本内容和一部分实际操作的内容，从而能够从事较为复杂的设计工作。

本书由湖南师范大学工学院张选民老师、天津职业技术师范大学徐超辉老师担任主编，邵阳学院张桂菊老师、四川农业大学甘露萍老师、河南工程学院吴素珍老师担任副主编。参加编写的人员还有侯付军、姚伯翰、李铁光、黄伟、朱丹、颜建强、陈赞东、黄利银、谭婷婷、王涛、蒋寿生、袁文华、肖才远和方鑫权。

由于编者的水平有限，教材中难免有不足之处，敬请读者批评指正。联系方式：xuanmin540210@126.com，QQ：471263457。

本书源文件可从网上下载，网址为 www.pup6.cn。

编　者
2011 年 9 月

目 录

第 1 章 Pro/ENGINEER Wildfire 5.0 入门 1
1.1 进入 Pro/ENGINEER Wildfire 5.0 界面 2
1.1.1 初始界面 2
1.1.2 操作界面 3
1.2 Pro/ENGINEER Wildfire 5.0 的设计环境设置 5
1.2.1 模型视角控制与调整 5
1.2.2 显示设置 9
1.2.3 视图管理器 10
1.2.4 自定义屏幕 10
1.3 文件管理 11
1.3.1 新建文件 11
1.3.2 打开文件 12
1.3.3 设置工作目录 13
1.3.4 保存文件、副本以及备份 14
1.3.5 拭除与删除文件 15
1.4 图层的管理 16
1.4.1 图层的分类 16
1.4.2 层的基本操作 17
1.5 三键鼠标的使用 19
本章小结 19
思考与练习 20

第 2 章 二维草图绘制基础 21
2.1 草绘工作界面 22
2.1.1 进入工作界面的方法 22
2.1.2 菜单及工具介绍 22
2.2 几何线条的绘制方法 25
2.2.1 直线的绘制 25
2.2.2 矩形的绘制 27
2.2.3 圆和椭圆的绘制 28
2.2.4 弧和圆锥弧的绘制 31
2.2.5 圆角的绘制 33
2.3 其他图元的绘制 34
2.4 文本的绘制 35
2.5 草绘器调色板 36
2.6 标注尺寸 37
2.6.1 标注线性尺寸 38
2.6.2 标注直径和半径 38
2.6.3 角度尺寸标注 39
2.6.4 对称尺寸的标注 39
2.6.5 样条线尺寸标注 40
2.6.6 其他尺寸标注 41
2.7 几何约束的使用 42
2.7.1 约束的选项释义及具体操作 42
2.7.2 尺寸和约束冲突时的解决方法 44
2.8 草图编辑功能 45
2.9 综合实例 47
本章小结 52
思考与练习 53

第 3 章 基准特征的创建 55
3.1 基准特征简介 56
3.1.1 基准的显示与关闭 56
3.1.2 创建基准特征的方法 56
3.2 基准平面 57
3.2.1 基准平面的用途 57
3.2.2 创建基准平面的基本思路 57
3.2.3 创建基准平面的方法 58
3.2.4 创建基准平面的步骤 58
3.2.5 对话框的设置 59
3.3 基准轴 63
3.3.1 创建基准轴的方法 63
3.3.2 创建基准轴的思路和具体过程 64

3.4 基准点 ······ 67
    3.4.1 创建基准点的方法 ······ 67
    3.4.2 创建基准点的思路和具体过程 ······ 68
    3.4.3 创建 IBL 格式文件 ······ 72
3.5 基准曲线 ······ 74
    3.5.1 草绘基准曲线 ······ 74
    3.5.2 "经过点"创建基准曲线 ······ 74
    3.5.3 "自文件"创建基准曲线 ······ 76
    3.5.4 "使用剖截面"创建基准曲线 ······ 76
    3.5.5 "从方程"创建基准曲线 ······ 78
    3.5.6 "曲面求交"创建基准曲线 ······ 79
    3.5.7 "投影"创建基准曲线 ······ 80
    3.5.8 "两次投影"创建基准曲线 ······ 81
    3.5.9 "包络"创建基准曲线 ······ 82
    3.5.10 "修剪"创建基准曲线 ······ 83
    3.5.11 "边界"创建基准曲线 ······ 84
    3.5.12 "曲面偏距"创建基准曲线 ······ 85
    3.5.13 "曲线"创建基准曲线 ······ 86
    3.5.14 复合基准曲线 ······ 86
3.6 基准坐标系 ······ 87
    3.6.1 通过 3 个平面获得坐标系原点创建坐标系 ······ 88
    3.6.2 以轴与平面的交点为原点创建基准坐标系 ······ 89
    3.6.3 在平面上创建点为原点创建基准坐标系 ······ 89
    3.6.4 用已有点作为原点创建基准坐标系 ······ 90
    3.6.5 通过偏距坐标系创建基准坐标系 ······ 91
本章小结 ······ 92
思考与练习 ······ 92

第 4 章 三维建模基础特征 ······ 95

4.1 特征模型树 ······ 96
    4.1.1 特征模型树的设置 ······ 96
    4.1.2 特征模型树的使用 ······ 97
4.2 零件的基本设置 ······ 100
    4.2.1 基本设置内容 ······ 100
    4.2.2 "用户参数"的设置 ······ 102
4.3 拉伸特征 ······ 103
4.4 旋转特征 ······ 109
4.5 扫描特征 ······ 110
4.6 混合特征 ······ 115
    4.6.1 平行混合特征 ······ 115
    4.6.2 旋转混合特征 ······ 120
    4.6.3 一般混合特征 ······ 122
4.7 扫描混合特征 ······ 124
4.8 螺旋扫描 ······ 130
4.9 边界混合 ······ 134
4.10 可变截面扫描 ······ 140
4.11 综合实例 ······ 146
本章小结 ······ 156
思考与练习 ······ 157

第 5 章 三维建模的工程特征 ······ 160

5.1 孔特征 ······ 161
    5.1.1 创建线性排列孔 ······ 161
    5.1.2 创建径向排列孔 ······ 165
    5.1.3 创建直径排列孔 ······ 166
    5.1.4 创建同轴孔 ······ 166
    5.1.5 创建螺纹孔 ······ 167
5.2 壳特征 ······ 168
5.3 筋特征 ······ 171
    5.3.1 轮廓筋的创建 ······ 171
    5.3.2 创建轨迹筋 ······ 173
5.4 拔模特征 ······ 175
    5.4.1 不分割拔模 ······ 175
    5.4.2 分割拔模 ······ 177
5.5 倒圆角特征 ······ 184
5.6 倒角特征 ······ 190
5.7 综合实例 ······ 192
本章小结 ······ 200
思考与练习 ······ 200

第 6 章 特征的编辑、修改 ······ 202

6.1 特征的复制 ······ 203
    6.1.1 特征复制的粘贴 ······ 203

6.1.2 特征复制的选择性粘贴⋯⋯204
6.2 特征的镜像⋯⋯207
6.3 特征阵列⋯⋯207
　6.3.1 尺寸阵列⋯⋯207
　6.3.2 方向阵列⋯⋯208
　6.3.3 轴阵列⋯⋯210
　6.3.4 填充阵列⋯⋯212
　6.3.5 表阵列⋯⋯214
　6.3.6 参照阵列⋯⋯216
　6.3.7 曲线阵列⋯⋯217
　6.3.8 点阵列⋯⋯217
6.4 编辑特征⋯⋯218
6.5 编辑定义⋯⋯218
6.6 特征的父子关系⋯⋯219
　6.6.1 存在父子关系的几种情况⋯⋯219
　6.6.2 父子关系对设计的影响⋯⋯220
6.7 特征的删除、隐含和隐藏⋯⋯220
　6.7.1 特征的删除⋯⋯220
　6.7.2 特征的隐含与隐藏⋯⋯221
6.8 编辑参照⋯⋯222
6.9 特征的重新排序⋯⋯224
6.10 插入模式⋯⋯225
6.11 特征生成失败的解决⋯⋯226
6.12 综合实例⋯⋯232
本章小结⋯⋯238
思考与练习⋯⋯239

第7章 曲面特征的创建及编辑⋯⋯242

7.1 曲面合并⋯⋯243
7.2 曲面修剪⋯⋯246
7.3 曲面延伸⋯⋯249
7.4 曲面的复制与粘贴⋯⋯253
　7.4.1 粘贴⋯⋯253
　7.4.2 选择性粘贴⋯⋯255
7.5 曲面偏移⋯⋯256
7.6 曲面加厚⋯⋯260
7.7 曲面实体化⋯⋯262
7.8 圆锥曲面和N侧曲面片⋯⋯265
　7.8.1 圆锥曲面⋯⋯265
　7.8.2 N侧曲面片⋯⋯268
7.9 将截面混合到曲面⋯⋯268
7.10 曲面间混合⋯⋯269
7.11 实体自由形状⋯⋯270
7.12 综合实例⋯⋯272
本章小结⋯⋯281
思考与练习⋯⋯282

第8章 系统配置、关系式、族表与程序⋯⋯284

8.1 设置系统的工作环境⋯⋯284
　8.1.1 直接定制系统配置文件⋯⋯285
　8.1.2 间接定制系统配置文件⋯⋯287
8.2 关系⋯⋯289
　8.2.1 简单关系的定义和参数⋯⋯289
　8.2.2 逻辑关系式⋯⋯291
　8.2.3 建立关系实例⋯⋯292
8.3 族表⋯⋯295
8.4 用户自定义特征⋯⋯298
8.5 程序⋯⋯305
本章小结⋯⋯310
思考与练习⋯⋯310

第9章 实体特征的高级操作工具⋯⋯311

9.1 轴特征⋯⋯311
9.2 唇特征⋯⋯314
9.3 法兰特征⋯⋯316
9.4 环形槽特征⋯⋯317
9.5 耳特征⋯⋯322
9.6 槽特征⋯⋯324
9.7 环形折弯⋯⋯325
9.8 骨架折弯⋯⋯327
9.9 局部推拉⋯⋯330
9.10 半径圆顶⋯⋯330
9.11 剖面圆顶⋯⋯331
　9.11.1 扫描型的剖面圆顶⋯⋯331
　9.11.2 混合型剖面圆顶⋯⋯332
9.12 综合实例⋯⋯333
本章小结⋯⋯336

思考与练习 ··· 336

第 10 章 装配设计 ··································· 338

10.1　装配界面简介 ······························ 338
10.2　元件放置 ······································· 339
10.3　装配约束 ······································· 342
　　10.3.1　装配约束类型 ················· 342
　　10.3.2　装配过程 ·························· 347
10.4　零组件的复制、阵列、新建和
　　　修改 ·· 353
　　10.4.1　零组件的复制 ················· 353
　　10.4.2　零组件的阵列 ················· 354
　　10.4.3　零组件的修改 ················· 355
　　10.4.4　零件的创建 ····················· 357
10.5　组件分解 ······································· 357
　　10.5.1　创建并保存装配体的
　　　　　　爆炸图 ·························· 358
　　10.5.2　爆炸图的偏移线 ············ 362
10.6　装配间隙与干涉分析 ··················· 363
　　10.6.1　装配配合间隙 ················· 364
　　10.6.2　装配干涉分析 ················· 364
本章小结 ··· 365
思考与练习 ··· 365

第 11 章 工程图 ······································· 366

11.1　工程图简介 ··································· 367
　　11.1.1　工程图的工作界面 ········ 367
　　11.1.2　工程图设置 ····················· 370
11.2　一般视图 ······································· 373
11.3　投影视图 ······································· 375
11.4　视图的移动、删除、拭除和恢复 ···· 376
　　11.4.1　视图的移动 ····················· 376
11.4.2　视图的删除 ····················· 376
11.4.3　视图的拭除与恢复 ········ 376
11.4.4　视图比例的修改 ············ 377
11.5　剖视图 ··· 377
　　11.5.1　全剖视图 ·························· 377
　　11.5.2　半剖视图 ·························· 379
　　11.5.3　局部剖视图 ····················· 380
　　11.5.4　旋转剖视图 ····················· 381
11.6　辅助视图 ······································· 383
11.7　详细视图 ······································· 385
11.8　局部视图 ······································· 386
11.9　破断视图 ······································· 387
11.10　装配图 ··· 388
11.11　筋板的处理 ································· 394
11.12　尺寸标注和公差标注 ················· 397
　　11.12.1　尺寸的显示/拭除或删除 ···· 397
　　11.12.2　调整和编辑尺寸 ·········· 399
　　11.12.3　手动标注尺寸 ·············· 402
11.13　尺寸公差、形位公差和表面
　　　　粗糙度的标注 ························ 402
　　11.13.1　尺寸公差显示的设置 ········ 403
　　11.13.2　设置尺寸公差标准、公差
　　　　　　　等级和修改公差表 ············ 403
　　11.13.3　公差的标注 ·················· 404
　　11.13.4　表面粗糙度的标注 ······ 407
11.14　创建注解 ····································· 409
11.15　创建工程图模板 ························· 410
11.16　综合实例 ····································· 413
本章小结 ··· 422
思考与练习 ··· 423

参考文献 ··· 425

第1章　Pro/ENGINEER Wildfire 5.0 入门

教学目标

通过本章的学习，熟悉 Pro/ENGINEER Wildfire 5.0 版本的特点和操作界面，掌握 5.0 版本的环境设置、文件管理、图层管理；熟练掌握三键鼠标的使用技巧。

教学要求

能力目标	知识要点	权重	自测分数
了解 5.0 版本的操作界面	界面各区的名称布置，菜单的分布及意义	5%	
掌握环境设置方法	模型视角控制与调整、显示设置、视图管理器、自定义屏幕	20%	
掌握文件管理的方法	新建文件、打开文件、设置工作目录、保存文件副本、拭除与删除文件	40%	
掌握图层管理的方法	图层的分类、图层的基本操作	20%	
熟练掌握三键鼠标的操作	左键、中键、右键及 Ctrl 键和 Shift 键的配合使用	15%	

引例

图 1.1 所示为一飞机起落架的产品模型。传统的设计方式通常为首先选定方案，然后进行必要的设计计算，绘制装配图零件图，试制产品，进行必要的力学和模拟环境试验，再根据试验中出现的问题进行改进设计。这样的设计方法设计周期长，开发成本大，设计者劳动强度高。如今流行使用的具有强大三维设计、制造、分析功能的 PTC 产品 Pro/ENGINEER Wildfire 5.0 却能解决设计者的困扰。PTC 产品基于特征、参数化和全相关的特性，能轻松解决产品模型设计、装配图和零件图的绘制、力学分析、机构运动分析、产品模型试制工艺问题等开发设计中常遇到的问题。如果某一环节出现问题必须进行修改，则修改后的结果将映射到前面设计中的各个环节中，一切问题只要移动鼠标就能搞定。怎么样？有兴趣了吧，那我们就开始学习这个软件。

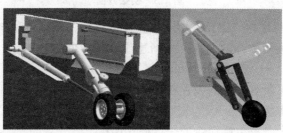

图 1.1　飞机起落架模型

1.1 进入 Pro/ENGINEER Wildfire 5.0 界面

1.1.1 初始界面

图 1.2 启动界面

安装 Pro/ENGINEER Wildfire 5.0 (为叙述方便，本书简称为 Pro/ENGINEER 5.0 或 Pro/E 5.0)软件后，在 Windows 系统平台的桌面上双击 Pro/ENGINEER 图标或执行"开始"|"所有程序"|PTC|Pro/ENGINEER 命令，进入 Pro/ENGINEER 5.0 的启动界面，如图 1.2 所示。

系统弹出 Pro/ENGINEER 5.0 启动界面后，需要等待软件初始化，然后进入 Pro/ENGINEER 5.0 的初始界面，如图 1.3 所示。

图 1.3 初始界面

初始界面包括有标题栏、菜单栏、工具栏、信息栏、导航栏和浏览器 6 个部分。

(1) 标题栏显示使用软件的名称，当新建或打开一个文件之后，该标题栏还显示文件的名称。

(2) 菜单栏涵括了所有软件的设置和管理命令选项，具体由"文件"、"编辑"、"视图"、"插入"、"分析"、"信息"、"应用程序"、"工具"、"窗口"和"帮助"等主菜单组成。

(3) 工具栏实际上是菜单栏命令的快捷操作图标。

(4) 信息栏主要用来显示软件使用者每次操作的信息和相关的提示。

(5) 导航栏包括"模型树/层树"、"文件夹选项"和"收藏夹"3 个选项卡。当未打开文件或新建文件时,"模型树/层树"选项卡处于未激活状态,呈灰色显示。"文件夹选项"类似于 Windows 资源管理器,可以浏览文件系统以及计算机上可供访问的其他位置。访问某文件夹时,该文件夹的内容在该软件的浏览器中。"收藏夹"主要用于有效组织和管理个人资料。

(6) 浏览器用来提供内部和外部网站的访问功能,通过浏览器可浏览 PTC 官方网站上的资源中心,获取所需的技术支持等信息,也可查阅相关特征的详细资料。

> **提示**
> 初始界面浏览器区两侧 A、B 处各有 1 个小按钮,用于调整浏览器区域。单击 A 按钮,浏览器区扩大,导航区消失。再单击此按钮,还原导航区。单击 B 按钮,浏览器区消失,B 按钮进入左边界处,再单击此按钮,则还原。这给后面实体造型过程中浏览信息和退出信息栏带来方便。

1.1.2 操作界面

在工具栏中单击"创建新对象"按钮,或在"文件"菜单中执行"新建"命令,系统弹出"新建"对话框,如图 1.4 所示。

图 1.4 "新建"对话框

在"类型"中选中"零件"单选按钮,在"名称"文本框中输入新文件名,然后单击"确定"按钮进入 Pro/ENGINEER 5.0 三维建模操作界面,如图 1.5 所示。

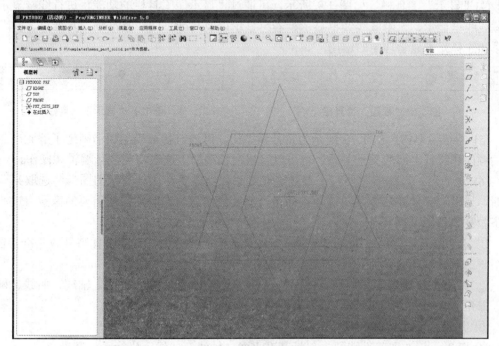

图 1.5 三维建模操作界面

> **提示**
>
> Pro/ENGINEER 包括有 30 多个模块,最主要和常用的有草绘模块(绘制二维截面)、三维零件设计模块(设计模块)、组件模块(装配设计)、制造模块(数控编程和模具设计)、绘图模块(工程图设计)、机构运动模块(机构运动分析、力学分析)等。模块不同,界面也有所区别,界面的区别将在介绍不同模块时逐一介绍,这里不再赘述。

操作界面与初始界面大部分相同,只是界面的右侧增加了一些特征创建工具按钮。它们具体可分为"文件"工具栏、"编辑"工具栏、"视图"工具栏、"显示"工具栏和"特征创建"工具栏。另外增加了过滤器选择工具,模型树也处于激活状态,并默认显示在界面左侧,浏览器区变成了绘图区。

(1) "文件"工具栏。如图 1.6 所示,可以通过该工具栏的功能,进行文件的打开、保存、打印、发送和链接等功能的应用。

(2) "编辑"工具栏。如图 1.7 所示,可通过"编辑"工具栏的功能,进行撤销、重做、剪切、复制、粘贴、选择性粘贴和再生模型等功能的应用。

图 1.6 "文件"工具栏

图 1.7 "编辑"工具栏

(3) "视图"工具栏。如图 1.8 所示,可通过"视图"工具栏的功能,进行重画、旋转中心开/关、定向模式开/关、透视图、颜色管理、模型缩放、重新调整、重定向、标准方向、渲染和视图管理器等功能的应用。

(4) "显示"工具栏。如图 1.9 所示,可通过"显示"工具栏的功能,进行线框显示、隐藏线线框显示、无隐藏线线框显示、着色显示以及基准平面、基准轴、基准点、基准坐标系和注释元素显示功能的应用。

图 1.8 "视图"工具栏

图 1.9 "显示"工具栏

(5) 特征模型树。图 1.10 所示为特征模型树,可通过特征模型树清晰地了解到产品建模的顺序和特征之间的父子关系,也可以直接在模型树上选取特征进行编辑和操作。

(6) 过滤器。过滤器主要用于过滤选取对象。当需要在比较复杂的图形中选取某一像素时,通过选择过滤器中某一选项,即可过滤其他像素,选取用户所需要的像素。过滤器的下拉列表如图 1.11 所示。

① 智能:智能像素选取,选取顺序为先选到特征(含实体特征、曲面特征或基准特征),然后再选到此特征的几何元素(如点、线或面)。

② 特征:仅选取实体特征、曲面特征或基准特征(包括基准平面、轴线、曲线、坐标系、基准点)。

③ 几何:仅选取特征的面、曲面组、特征的边或边的端点。

④ 基准:仅选取基准特征,包括基准平面、轴线、曲线、坐标系、基准点。

⑤ 面组:仅选取面组。

⑥ 注释：选取注释文字。

(7) 绘图区。工作界面中最大的区域，是显示模型和设计师设计的场所。

图 1.10　特征模型树

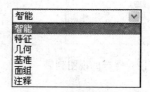

图 1.11　"过滤器"下拉列表

1.2　Pro/ENGINEER Wildfire 5.0 的设计环境设置

1.2.1　模型视角控制与调整

模型视角的设置主要是通过单击"视图"工具栏上的▣(保存的视图列表)按钮，在弹出的 8 个预设视角中选择合适的视角进行查看，如图 1.12 所示。

这 8 个视角分别为：标准方向、缺省方向、BACK(后视)、BOTTOM(仰视)、FRONT(前视)、LEFT(左视)、RIGHT(右视)和 TOP(俯视)。

对于系统预设来说，标准方向和缺省方向是相同的视角状态，所不同的是，标准方向的显示视角只能通过执行"工具"|"环境"命令来进行设定，而缺省方向可以通过执行"视图"|"方向"|"重定向"命令，在"重定向"对话框的有关选项中进行调整。其他视角也可以此对话框中的有关选项进行编辑和修改，即可以通过调整视图方向后在对话框中单击"保存"按钮，将调整的视图视角按所输入的名称存入列表中，供以后选用(具体方法见重定向章节)。

常用的控制视图的方法还可通过"视图"菜单来设置。绘图模型的显示效果，内容包括模型的显示状态、显示视角和显示方式等，打开"视图"菜单后，出现"视图"子菜单，如图 1.13 所示。

下面介绍"视图"菜单中一些主要子菜单的含义。

1. 重画

工具按钮为▣，用来对视图进行刷新操作，清除对模型修改后遗留在视图上的残影，从而获取更加清晰的显示效果，也可使用快捷键 Ctrl+R。

2. 着色

工具按钮为▣，用于将模型以阴影显示在画面上，如图 1.14 所示。与之相对应的有：线框显示▣、隐藏线线框显示▣、无隐藏线线框显示▣。

图 1.12　保存的视图列表

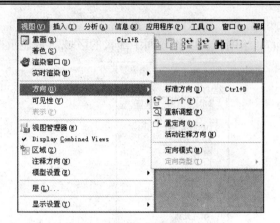

图 1.13　"视图"菜单及子菜单

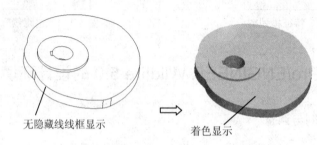

图 1.14　线框显示与着色

3．方向

"方向"菜单用来设置观察模型的视角。在进行三维建模时，为了更加细致全面地从不同角度对模型进行观察，可以使用该菜单选项进行观察方向的设置。子菜单包括"标准方向"、"上一个"、"重新调整"、"重定向"、"定向模式"和"活动注释方向"等选项。

1) 标准方向

系统默认的视图显示方向，根据图中的基准由系统内定，可以通过"工具"|"环境"命令下的"标准方向"命令来重新设定。

2) 上一个

将模型的显示状态调整到上一次设置的显示状态，对应的工具按钮为 。

3) 重新调整

用来将视窗内所有模型以恰当的尺寸显示在当前视窗下，当查看了模型的某一部分后需要查看整个模型时，执行此命令，整个模型立刻就会出现在视窗中，如操作不顺，模型在视窗中完全看不到了，此命令可以令模型快速返回到视窗中，对应的工具按钮为 。

4) 重定向

用来改变模型的三维视图。单击 按钮，可以根据需要定义模型的视图方向。定向的方法有 3 种，即"按参照方向"、"动态定向"和"首选项"。

(1) 按参照定向：系统默认的定向方式。执行"视图"|"方向"|"重定向"命令或单击工具栏上的 按钮，系统弹出"方向"对话框。该对话框的"类型"列表中显示为"按参照定向"，单击"参照 1"列表框右边的下三角按钮，显示方向参照列表，

选取"前"选项,单击"参照 1"收集器前的选取按钮,选取模型中的一个平面表面或基准平面(选取 FRONT 平面),如图 1.15(a)所示。此时对话框中的"参照 2"被激活显示,如图 1.15(b)所示。单击"参照 2"收集器前的选取按钮,选取模型的基准平面 DTM2,模型显示立刻改变方向,如图 1.16(a)所示。单击对话框中的"已保存的视图"按钮,在对话框的名称栏中输入用户所想用的名称(如输入"FRONT")。单击"保存"按钮,列表框中显示所输入的名称,单击"确定"按钮,完成视图重定向的操作。此时,若单击"保存的视图列表"按钮,列表中将显示刚才所设置保存的视图的名称,如图 1.17 所示。选择此项,将显示刚设置的如图 1.16(b)所示的方向视图。在单击"已保存的视图"按钮后,增加显示了 3 个选项按钮,其含义分别如下。

① 设置:选取某个视图名称,其功能等同于工具栏中的按钮。

② 保存:当模型在某个特定视图下,在"名字"文本框输入视图名称,以保存此特定视图。

③ 删除:删除某个视图名称。

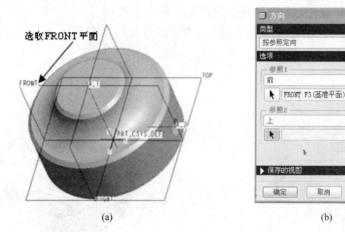

图 1.15 选取参照 1

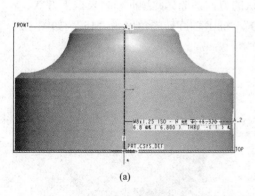  

图 1.16 选取参照 2 　　　　　　　　　　　图 1.17 已保存的视图列表

(2) 动态定向:选择"类型"列表中的 动态定向 选项,可以通过直接拖动滑块的位置来改变模型的视角,有平移、缩放和旋转 3 项。动态定向相对于按参照定向来说，视图的视角可以随意设定，在需要看清楚某个不位于参照平面方向的视图时，选择此法确定视图方向较为合适。

(3) 首选项：选择"类型"列表中的 [首选项] 选项，该对话框有两个设定区域：旋转中心和缺省方向。

旋转中心有 5 个选项供选择。

① 模型中心：即选择以模型中心作为旋转中心，模型旋转时，始终绕着模型中心旋转。

② 屏幕中心：即选择以屏幕中心作为旋转中心，模型旋转时，始终绕着屏幕中心旋转。

③ 点或顶点：即选择以选定的点或顶点作为旋转中心，模型旋转时，始终绕着选定的点或顶点旋转。

④ 边或轴：即选择以选定的边或轴作为旋转中心，模型旋转时，始终绕着选定的边或轴旋转。

⑤ 坐标系：即选择以选定的坐标系(包括原点和坐标轴)作为旋转中心，模型旋转时，始终绕着选定的坐标系旋转。

缺省方向的设定由"缺省方向"列表框设置，有 3 个选项。

① 等轴测：即以等轴测图作为默认(缺省)的视图方向，如图 1.18 所示。

② 斜轴测：即以斜轴测图作为默认的视图方向，如图 1.19 所示。

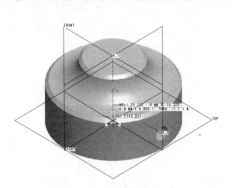
图 1.18 "等轴测"示意

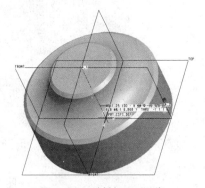
图 1.19 "斜轴测"示意

③ 用户定义：即以用户所设置的方向作为默认的方向，选择此项时，列表框下方 X、Y 值文本框被激活，分别设置绕 X 轴旋转角度为"30"，绕 Y 轴旋转的角度为"45"，如图 1.20 和图 1.21 所示。

图 1.20 "用户定义"的输入值

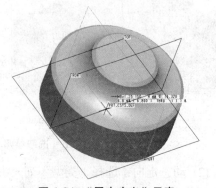
图 1.21 "用户定义"示意

1.2.2 显示设置

"视图"菜单命令下的"显示设置"命令,主要用来设置系统和模型的显示效果,它包括 5 个子菜单命令,即模型显示、基准显示、性能、可见性和系统颜色。

1. 模型显示

执行"视图"|"显示设置"|"模型显示"命令后,系统弹出"模型显示"对话框。该对话框中共有 3 个选项卡:"普通"、"边/线"、"着色"。"普通"选项卡中包含"显示造型"、"显示"、"重定向时显示"和"重定向时动画"4 个设置区域。在"显示造型"设置区域的下拉列表框中有 4 个显示选项,分别为"线框"、"隐藏线"、"无隐藏线"和"着色"。它们对应于工具栏的工具按钮分别为 、 、 、 ,对应的视图显示效果分别如图 1.22~图 1.25 所示。

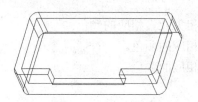

图 1.22 "线框"显示示意

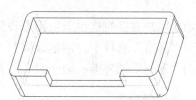

图 1.23 "隐藏线"显示示意

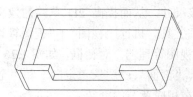

图 1.24 "无隐藏线"显示示意

图 1.25 "着色"显示示意

2. 基准显示

执行"视图"|"显示设置"|"基准显示"命令,系统弹出"基准显示"对话框。该对话框主要用来设置各种基准的显示与否,选中复选框,则该选项将显示于窗口。其功能等同于相应的工具按钮。

3. 性能

执行"视图"|"显示设置"|"性能"命令,系统弹出"视图性能"对话框。该对话框主要用来设置模型操作的各种性能,包括有 3 个复选框。

(1)"隐藏线移除"中的 快速HLR:选中此复选框,表示旋转时显示 HLR 时间和减少计算 HLR 的时间。

(2)"旋转时的帧频"中的 启用:选中此复选框,表示在旋转时试图保证绘制一帧的时间,且需在下面的文本框中输入数值。

(3)"细节级别"中的 启用:选中此复选框,表示在平移、缩放和旋转期间对着色模型使用细节级别。

4. 系统颜色

执行"视图"|"显示设置"|"系统颜色"命令，系统弹出"系统颜色"对话框。该对话框主要用来设置系统中各种项目的显示颜色，其中包括设计界面、基本图元、基准特征和各种图形的颜色等，方便用户在设计中区分不同的对象。该对话框共包括两个菜单和 4 个选项卡。

(1)"文件"菜单：用于打开或保存用户所设置的系统颜色的文件，通常以*.scl 为后缀名。

(2)"布置"菜单：用于选择系统设定几种背景颜色。

(3)"图形"选项卡：用于设置与图形相关的元素相应的颜色。单击选项左侧的按钮，即可打开相应的"颜色编辑器"对话框。可以通过该对话框对选择的选项进行颜色编辑，有"颜色轮盘"、"混合调色板"和"RGB/HSV 滑块"3 种编辑方式，默认使用"RGB/HSV 滑块"方式。

(4)"用户界面"选项卡：用于设置与用户界面相关元素相应的颜色。

(5)"基准"选项卡：用于设置与基准相关元素相应的颜色。

(6)"几何"选项卡：用于设置与几何相关元素相应的颜色。

1.2.3 视图管理器

视图管理器在功能上可称为智能型草绘视图引导模式，它能在建立 2D 草绘图形的同时实时显示各种可利用的约束条件，并自动标注完整尺寸，从而提高 2D 草绘的效率。所以它是一个用来管理大型组件的功能强大的视图管理工具。执行"视图"|"视图管理器"命令，或者单击"视图管理器"按钮，系统弹出"视图管理器"对话框，如图 1.26 所示。

该对话框包括 5 个选项卡，分别为"简化表示"、"剖面"、"层"、"定向"和"全部"。下面只介绍"简化表示"和"定向"。其余选项卡将在相应章节中介绍。

(1) 简化表示：用于控制系统检索和显示组件的部分成员，明显简化工作环境，使工作环境只包括当前关注的信息，从而加快组件再生、检索和显示的速度。

① "主表示"：反映所有组件的全部信息，是系统默认的表示方式。

图 1.26 "视图管理器"对话框

② "符号表示"：允许用符号表示元件。

③ "几何表示"：允许提供元件的全部信息。

④ "图形表示"：只包含显示信息。

新建简化表示的具体步骤将在第 11 章中详细介绍，这里不再赘述。

(2) 定向：用于添加视图。系统已经默认的有标准方向、缺省方向等视图。

1.2.4 自定义屏幕

自定义屏幕主要是为了适应用户的使用习惯。执行"工具"|"定制屏幕"命令，系统弹出"定制"对话框。

该对话框主要包括"工具栏"、"命令"、"导航选项卡"、"浏览器"和"选项"5 个选项卡，用户可以对它们进行逐一设置。

(1) 工具栏：选择"定制"对话框中的 [工具栏(B)] 选项卡，即可切换窗口到工具栏，该工具栏包括"文件"、"编辑"和"视图"等多个工具栏，用户可以根据绘图时的情况对工具栏进行相应的设定，还可以通过选中工具栏左侧的 ☑ 复选框来增加工具栏，也可以取消选中 ☐ 复选框来减少工具栏。另外，用户还可以设置工具栏的显示位置，通过打开该工具栏的下拉列表框 [顶 ▼] 来选择相应的"顶"、"左"、"右"选项，即可将相应的工具栏放到 Pro/ENGINEER 界面的顶端、左侧或右侧。在该对话框中，用户还可以设置工具栏上的相应按钮。

(2) 命令：选择"定制"对话框中的 [命令(C)] 选项卡，即可切换窗口到"命令"对话框。该对话框包括"目录"、"命令"、"选取的命令"选项区和相关操作说明，以及动态演示等，系统默认选中为"目录"中的"文件"，这时"选取的命令"选项区不可用。用户选中"命令"选项区的命令按钮，"选取的命令"选项区中的按钮将显示该按钮的 [说明(B)] 和 [修改选取 ▼] 按钮。单击"修改选取"按钮对命令进行修改选取，用户可以根据需要将使用频率较高的按钮添加到相应的工具栏上，另外，用户也可以将工具栏中不常用的命令从工具栏中删除，还可以将菜单命令拖动到同一菜单的不同位置或者其他菜单上。

(3) 导航选项卡：用户可以使用该选项卡来设置导航窗口的宽度、"模型树"的放置位置和大小，以及是否在默认情况下显示历史等。

(4) 浏览器：用来设置浏览器的宽度，打开或关闭 Pro/ENGINEER 是否进行动画演示以及启动 Pro/ENGINEER 时用户是否默认打开浏览器等选项。

(5) 选项：选择"选项"选项卡，可以进行消息区的位置、次窗口的尺寸和菜单显示的设置。

1.3 文件管理

文件管理包括新建文件、打开文件、保存文件、保存副本、镜像零件、重命名、拭除或删除文件等方面的内容。

1.3.1 新建文件

新建文件有以下 3 种方式。
(1) 执行"文件"|"新建"命令。
(2) 单击工具栏图标 ☐ (创建新对象)。
(3) 使用快捷键 Ctrl+N。

使用该方式之一，系统打开"新建"对话框。

在"新建"对话框中，首先选择"类型"选项组中的选项，然后选择"子类型"选项组中的选项，系统默认选择类型为 [◉ ☐ 零件]，在"名称"文本框中用户可以自设文件名，或者使用系统默认的文件名。另外，系统内建有默认模板，单位为英制，可以使用该默认模板或者自己选择模板。

> 💡 **注意**
>
> 输入文件名时，只能用英文字母或其他字符，Pro/ENGINEER 在文件名里不允许有汉字和标点符号。

下面新建一个零件文件，具体操作步骤如下。

(1) 启动 Pro/ENGINEER Wildfire 5.0。

(2) 执行"文件"|"新建"命令(或单击 按钮)，弹出"新建"对话框。

(3) 选中"类型"分组框中的 零件 单选按钮，在"子类型"中选中 实体 单选按钮，使用默认的名称，然后取消选中 使用缺省模板 复选框，单击 确定 按钮，弹出"新文件选项"对话框。该对话框中列出了 Pro/ENGINEER 预设的一些模板，用户可以根据需要自行选择。如果要使用自定义的模板，则单击 浏览… 按钮，然后在 proe 安装路径下的 templates 文件夹内查找所需的模板。模板文件中的 inlbs 表示英寸磅秒制，mmNs 表示毫米牛秒制。

(4) 选择 mmns_part_solid 选项，然后单击 确定 按钮，将打开零件设计模式，即三维建模界面。

1.3.2 打开文件

打开文件也有 3 种方式。

(1) 执行"文件"|"打开"命令。

(2) 单击工具栏图标 (打开现有对象)。

(3) 使用快捷键 Ctrl+O。

使用上述方式之一打开图形文件，系统将弹出"文件打开"对话框，如图 1.27 所示。

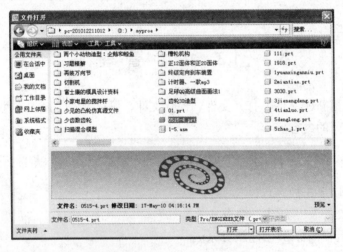

图 1.27 "文件打开"对话框

该对话框中有关重要选项的含义如下。

(1) (在会话中)：单击该按钮可以从已经处理过的文件中查找文件。打开 Pro/ENGINEER Wildfire 5.0 之后，系统处理过的所有文件都保存在"在会话中"的文件夹中，直到用户关闭系统或者将文件从会话中拭除为止。

(2) (工作目录)：单击该按钮可以从工作目录中查找文件。工作目录是指软件存取文件的默认目录或者使用者设置的工作目录。

(3) 组织▼：单击该按钮弹出下拉菜单，可以进行新建文件夹、重命名、剪切、复制、粘贴、删除、添加到公用文件夹等操作。

(4) 视图▼：单击该按钮弹出下拉菜单，可以选择文件是以列表显示还是以细节显示，当选择以细节显示时，文件的大小和修改时间都会显示在对话框的列表中。

(5) «工具» 工具▼：单击该按钮弹出下拉菜单，可以选择文件的排序方式等管理文件的操作。

(6) 搜索...：单击此按钮输入所需要查找的文件名，即可搜索到所需的文件，这是一种比较快捷的方法。

(7) 类型：显示 Pro/ENGINEER 软件能打开的文件类型。在"类型"下拉列表框中，除了 Pro/ENGINEER 本身产生的*.prt、*.asm、*.drw 等类型外，同时还支持其他一些 3D 建模软件所产生的文件类型，用户需要注意以下几种文件类型。

① 通用的文件格式：*.igs、*.step、*.dxf/dwg，其中*.igs 文件类型是最通用的格式，几乎所有的 3D 建模软件都支持此类型。

② 可打开的其他 3D 建模软件格式：CATIA、IDEAS(需要安装界面)。

③ 中性文件类型：*.neu(与 CDRS 直接公用)。

(8) 预览(P)>>>：单击该按钮，用户可以预览选中的文件缩略图。

(9) 打开表示(R)...：单击该按钮，系统弹出"打开表示"对话框。其中各选项的具体含义已在前面章节中介绍，在此不再赘述。

1.3.3 设置工作目录

工作目录在 Pro/ENGINEER 中是一个非常重要的概念，所谓工作目录就是用来指定存储和读取 Pro/ENGINEER 文件的文件夹。一般而言，打开图形文件，预设的工作目录即为用户启动 Pro/ENGINEER 的目录。如要选取其他工作目录，让当前的 Pro/ENGINEER 系统使用，可以使用以下方法。

具体操作步骤如下。

(1) 启动 Pro/ENGINEER Wildfire 5.0。

(2) 执行"文件"|"设置工作目录"命令，系统弹出"选取工作目录"对话框，如图 1.28 所示。对话框中的相关选项含义与"文件打开"对话框中的选项相同，不再赘述。

图 1.28 "选取工作目录"对话框

(3) 在对话框的文件列表中选取要设置为当前工作目录的文件夹,单击 确定 按钮,将其设置为当前工作目录。

> **提示**
> 在安装 Pro/E 时,将启动位置设置为常用的文件夹启动,可以免去经常设置工作目录的麻烦。

1.3.4 保存文件、副本以及备份

由于 Pro/ENGINEER 是从 UNIX 系统中移植到 Windows 上的软件,它的操作系统并不如真正的 Windows 软件方便,而且也有其特殊的规则。通过 Pro/ENGINEER 建立的文件通常有两个副文件名,其中第一个副文件名称表示文件的类型,第二个副文件名称表示它的版本,常用的第一副文件名称见表 1-1。

表 1-1 副文件类型与说明

副文件名称	说 明	副文件名称	说 明
Prt	零件 Prt	Dtl	工程图格式和布局使用的设置文件
Asm	组件 assem	Inf	零件或特征等的信息 information
Drw	工程图 drawing	Frm	工程图和布局使用的格式 format
Sec	草绘 section	Txt	轨迹文件
Pro	配置选项	Std.out	启动日志
Wirn	工具列配置文件	Std.err	错误日志

1. 保存文件

保存文件有以下 3 种方式。
(1) 执行"文件"|"保存"命令。
(2) 单击工具图标 ▣ (保存活动对象)。
(3) 使用快捷键 Ctrl+S。

执行该命令后,系统弹出"保存对象"对话框。

使用者可以在"模型名"中指定要存储的文件名,然后在"保存到"文本框中输入保存该文件的文件夹,或者直接在文件列表中找到保存该文件的文件夹,Pro/ENGINEER 不允许用户在保存文件时更改文件名称。当需要更改模型名称时,可以通过执行"文件"|"重命名"命令,在弹出的"重命名"对话框中对指定的模型进行重命名操作。单击 确定 按钮,即可保存文件。

> **注意**
> 如果是用户新建的文件,只有第一次通过"保存到"文本框来指定文件的存储目标目录,一旦保存过一次,再保存时只能保存在原来的位置。如果需要更改文件路径,可以使用"保存副本"命令来更改路径。如果是打开的文件,"保存到"文本框变为不可用。

2. 保存副本

执行"文件"|"保存副本"命令,将打开"保存副本"对话框,如图1.29所示。

图1.29 "保存副本"对话框

使用者可以通过在"新建名称"文本框中输入新名称和存储文件的目录盘符来更改文件的存储路径。同时,也可以根据模型文件类型的不同,在"类型"下拉列表框中选择保存类型。实际上,保存副本就是Pro/ENGINEER系统与其他CAD软件系统的一个文件格式接口,这在很多需要转换文件格式的实际工作中非常有用。如可以把".prt"文件输出为CATIA系统识别的".cat"文件,把草绘文件(.sec)输出为能被AutoCAD系统识别的(.dwg)文件。

3. 备份

备份实际也是保存文件副本,不同的是需要输入备份文件副本的路径。

1.3.5 拭除与删除文件

在操作过程中,Pro/ENGINEER也会把正在执行的文件、草绘和相关的信息保存在内存中,即使关闭窗口,该模型的信息依然存在。这样做的目的是为了提高再次调用这些文件时的执行速度。但是,内存太多会影响系统的运行速度,因此建议在退出文件时对内存进行清理,这样就可以有更大的内存来加快系统的处理能力。

具体操作步骤如下。

执行"文件"|"拭除"命令,弹出"拭除"子菜单。

各子菜单的含义如下。

(1) 当前:从会话中清除当前打开的文件,同时该模型的设计界面被关闭,但是文件仍然保存在磁盘中(如果前期单击了"保存"按钮)。

(2) 不显示：清除系统中曾经打开，现在已经关闭，仍然驻留在会话中的文件。

(3) 元件表示：当"会话中"有元件表示的文件存在时，将予以拭除。一般显示为灰色。

有时为了提高系统的速度，用户需要从磁盘中删除一些无用的信息、日志和旧版本文件。此时用户可以通过使用"删除"操作来将文件从磁盘中彻底删除。

删除的具体操作步骤如下。

执行"文件"|"删除"命令，弹出"删除"子菜单，其子菜单有如下几种。

(1) 旧版本：系统将保留该文件的最新版本，删除其余所有的早期版本。

(2) 所有版本：彻底删除该模型的所有版本。

> **提示**
>
> 一般情况下不建议使用"文件"|"删除"|"所有版本"命令。

1.4　图层的管理

图层的功能是将不同的特征或图素放置到不同的图层中，用户可以通过设置图层中的图素显示或隐藏来管理各种复杂的图形零件。当用户运用 Pro/ENGINEER 设计复杂的产品时，在有限的绘图区内有过多的几何图素重叠交错，不仅影响绘图区的美观与整齐，还给设计者带来许多设计上的不便，这时就需要应用软件提供的图层功能。熟练运用图层功能不仅能提高设计速度，而且还能减少出错的机会。

1.4.1　图层的分类

在设计过程中，单靠图层号来区分所有图层是不够的，因此用户可以按实际需要对图层进行合理的分类，将不同的特征或基准赋予不同的图层组，如基准层组、曲面层组、曲线层组和坐标系层组等。

打开图层的方式有 3 种。

(1) 在菜单栏中执行"视图"|"层"命令。

(2) 在模型树窗口中执行"显示"|"层树"命令。

(3) 单击"视图"工具栏中的"图层"按钮 。

执行该命令后，在模型树窗口自动添加"层"选项卡，如图 1.30 所示。

图 1.30　"层"选项卡示意

"层"选项卡中列出了所有系统默认层的分类，它们包含有所有基准平面(01_PRT_

ALL_DTM_PLN)、标准基准平面(01_PRT_DEF_DTM_PLN)、基准轴(02_PRT_ALL_AXES)、基准曲线(03_PRT_ALL_CURVES)、基准点(04_PRT_ALL_DTM_PNT)、所有坐标系(05_PRT_ALL_DTM_CSYS)、系统定义的坐标系(05_PRT_DEF_DTM_CSYS)以及曲面(06_PRT_ALL_SURFS)。

1.4.2 层的基本操作

层的基本操作是指通过显示、隐藏、重命名、复制或粘贴图层等操作来管理各种复杂的图形零件。

层操作的常用选择方法有以下两种。

(1) 在模型树窗口中单击 层(L)▼ 按钮，系统自动弹出"层的基本操作"快捷菜单。

(2) 在模型树窗口中选取一个图层并右击，系统自动弹出"层的基本操作"快捷菜单。

下面介绍层的一些基本操作。

(1) 新建层：新建一个图层，在新建图层过程中，用户可以选择需要的特征或几何图元作为新建图层的内容。

具体操作步骤如下。

① 在图层栏中选取一个项目并右击，在弹出的快捷菜单中选择"新建层"命令，如图1.31所示。

② 在弹出的"层属性"对话框中的"名称"栏输入"axes"，并单击"包括"按钮，如图1.32所示。

图1.31　新建图层步骤1　　　　　　图1.32　新建图层步骤2

③ 在窗口中的实体模型上选取切剪的轴线，此时"层属性"对话框中显示选中的图元元素，如图1.33所示。

④ 单击"层属性"对话框中的"确定"按钮，包括所有切剪轴线的层被建立，如图1.34所示。

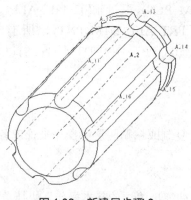

图 1.33　新建层步骤 3　　　　　　图 1.34　新建层步骤 4

(2) 隐藏|取消隐藏：将选择的图层隐藏或显示，常用于辅助分析模型。具体操作方法如下。

① 单击"图层"按钮，模型树自动添加"层"选项卡。

② 在模型树窗口中选择需要隐藏的图层类型并右击，系统自动弹出"层的基本操作"快捷菜单。

③ 选择"隐藏"命令，然后再单击"重画"按钮，需要隐藏的图层便在模型中隐藏起来。(在隐藏的图层再次右击，选择"取消隐藏"，即可恢复隐藏的图层。)

(3) 删除层：删除选定的图层。

(4) 重命名：重新命名图层。选择该选项，系统自动将选定的图层名称转变为嵌入模式，如图 1.35 所示，用户可以在此直接输入新的名称。

(5) 层属性：用于调整图层内容、名称和信息等参数。选择该选项，系统自动弹出"层属性"对话框。

① "名称"：输入图层的名称，相当于重命名选项。

② "内容"选项卡：罗列出该图层的所有内容，包括特征、几何图元等参数。

③ "规则"选项卡：罗列出该图层的所有范围、查找依据等参数。

④ "注释"选项卡：用户可以输入文字注释该图层或者从系统中调入已保存的文本文件注释该图层。

⑤ "信息"：单击该按钮，系统自动弹出该图层的相关信息，如图 1.36 所示。

图 1.35　重命名示意

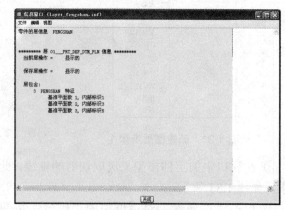

图 1.36　层信息

(6) 移除项目：删除该图层所包含的所有项目，并不删除该图层。
(7) 复制项目|粘贴项目：用于复制和粘贴图层以及该图层所包含的所有项目。

1.5 三键鼠标的使用

在 Pro/ENGINEER 中使用的鼠标必须是三键鼠标，否则许多操作不能进行。下面对三键鼠标在 Pro/ENGINEER 中的常用操作说明如下。

(1) 左键：用于选择菜单、工具按钮，明确绘制图素的起始点与终止点，确定文字注释位置，选择模型中的对象等。

(2) 右键：选中对象(如工作区、模型树中对象、模型树中的图素等)并右击，显示相应的快捷菜单。

(3) 中键：单击鼠标中键表示结束或完成当前操作，一般情况下与菜单中的"完成"选项、对话框中的"确定"按钮、特征操作面板中的"确认"按钮的功能相同。

此外，鼠标中键还可以用于控制模型的视角变换、缩放模型的显示及移动模型在视区中的位置等。具体操作如下。

(1) 按下鼠标中键并移动鼠标，可以任意方向旋转视区中的模型。注意，当 (旋转中心)处于选中状态时，模型将以旋转中心为中心进行旋转；当 (旋转中心)处于非选中状态时，模型将以单击的位置为中心进行旋转。

(2) 对于中键为滚轮的鼠标，转动鼠轮可放大或缩小视区的模型。

(3) 同时按下 Ctrl 键和鼠标中键，上下拖动鼠标可放大或缩小视区中的模型。

(4) 同时按下 Ctrl 键和鼠标中键，左右拖动鼠标可旋转视区中的模型。

(5) 同时按下 Shift 键和鼠标中键，拖动鼠标可平移视区中的模型。

中键的使用方法和功能见表 1-2。

表 1-2 中键使用方法和功能

中键(放缩、平移、旋转视区模型)	Ctrl+中键	上下拖动	放大或缩小视区中的模型
		左右拖动	旋转视区中的模型
	Shift+中键		平移视区中的模型

本 章 小 结

本章主要详细介绍了 Pro/ENGINEER Wildfire 5.0 中文版软件的操作界面以及操作环境的设置，重点介绍了文件管理、图层管理和三键鼠标的应用。这些都是入门的基础知识，如果掌握透彻，后面的学习将会更加轻松。

关于软件的安装因为篇幅的关系没有具体介绍。如有需要可浏览相关网站，下载安装指南和视频文件。具体网站和论坛有无维网的安装视频，步骤详尽、清晰明了，网址为：http://www.5dcad.cn/html/video/2010-10/4487.html，此外还有开思、中华、孤峰网和野火论坛等。

思考与练习

一、判断题(正确的在括号内填"T",错误的填"F")

1．Pro/ENGINEER 文件打开之后,未经保存直接关闭系统,此文件将不存在于进程中。
（　　）

2．如果在零件设计中出现了误操作,且已将文件保存,此时应将文件的所有版本删除。
（　　）

二、问答题

1．三键滚轮鼠标左、中、右键各有什么作用？如何操作？
2．什么是图层？图层的作用是什么？
3．怎样设置系统的操作界面？

第 2 章　二维草图绘制基础

教学目标

通过本章的学习，了解二维草绘工作界面及其环境设置，掌握几何线条及文本的绘制方法，学会利用约束、镜像、旋转、剪切等编辑手段绘制较为复杂的几何图形和二维截面，为三维建模打下良好的基础。

教学要求

能力目标	知识要点	权重	自测分数
了解二维草绘的操作界面	草绘器、草绘首选项的设置	5%	
掌握各种几何线条及文本的绘制方法	直线、矩形、圆、弧、点、圆角、样条线、文本等的具体绘制方法	35%	
掌握尺寸标注及修改的方法	线性尺寸、参照尺寸、坐标尺寸、圆及圆弧的半径及直径、对称尺寸等的标注和修改	30%	
掌握几何元素的约束、编辑方法	几何元素的各种约束方法、图形的镜像、缩放、旋转及剪切、延伸等编辑方法	30%	

引例

如图 2.1 所示为一个把手模型，是用 4 个不同尺寸和形状的截面图形通过一般混合的特征构建方法创建而成的。在 Pro/EENGINEER 软件里几乎所有的特征构建都离不开二维截面图形。

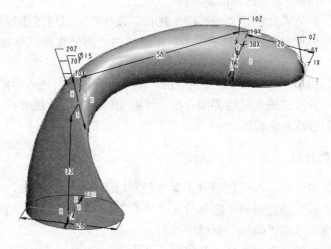

图 2.1　把手模型

构成二维截面图形的两大要素为二维几何线条及尺寸。首先绘制几何线条(此为截面的大致形状，不需要确切尺寸)，然后进行尺寸标注，最后再修改尺寸的数值，系统会依照新的尺寸值自动修正截面的几何形状。另外，Pro/ENGINEER 对二维截面上的某些几何线条会自动地假设某些关联性，如对称、相等、相切等约束，如此可以减少尺寸标注的困难，并使截面外形具有充分的约束。

本章将逐一说明在目的管理器模式下几何线条的绘制、标注和修改，约束的使用，尺寸数值的编辑等方法。

2.1　草绘工作界面

本节主要针对草绘时的界面作简单介绍，以便读者了解此环境下的功能及基本视图操作。

2.1.1　进入工作界面的方法

进入草绘工作界面的方法有 3 种。

(1) 新建草绘文件，进入草绘界面。

具体操作步骤如下。

① 启动 Pro/ENGINEER 系统，进入初始界面之后，执行"文件"|"新建"命令或单击 按钮，系统弹出"新建"对话框。

② 在"类型"选项区中选中"草绘"单选按钮。输入文件名或默认系统文件名，单击"确定"按钮后即进入草绘界面。

> 注意
> 在此模式下只能进行二维截面的绘制，并存为扩展名为.sec 的文件，以供其后的实体或曲面模型设计时取用。

(2) 由三维设计模块进入截面绘制界面。

三维模型设计必须通过创建二维截面来进行，设计者可以通过操控面板或菜单来进入草绘界面。由此绘制的截面将包含于每个三维特征中，但仍然可以单独存成扩展名为.sec 的文件。

(3) 在零件设计模块的零件设计界面单击"草绘"按钮 ，进入草绘界面。

本章将以第一种方式进入草绘界面介绍二维截面的绘制。其他方法进入草绘界面后，其二维截面的绘制方法完全相同。

2.1.2　菜单及工具介绍

进入草绘工作界面后，即可以看到主菜单栏新增了"草绘"菜单，在草绘区域右侧也增加了"草绘器工具"功能按钮，它包含了"草绘"菜单中几乎所有的命令，此外，有部分按钮的功能命令可以在"编辑"菜单中找到。

下面将草绘界面的工具栏和功能选项做一介绍。

1. "草绘器"

"草绘器"工具栏是草绘界面所独有的工具栏，主要用于打开或隐藏相关的显示功能，它包含了4个显示/隐藏按钮，分别是 (切换尺寸显示开/关)、 (切换约束显示的开/关)、 (切换栅格显示的开/关)和 (切换剖面顶点显示的开/关)。

 ：标注尺寸显示开/关，其功能对应于"杂项"选项卡中的"尺寸"和"弱尺寸"两个复选框。如果要关闭弱尺寸，保留尺寸，则需在"杂项"选项卡中取消选中"弱尺寸"复选框。

 ：约束显示开/关，其功能对应于"其他"选项卡中的"约束"复选框。

 ：栅格显示开/关，其功能对应于"其他"选项卡中的"栅格"复选框。

 ：顶点显示开/关，其功能对应于"其他"选项卡中的"顶点"复选框。

2. "草绘器工具"工具栏

进入草绘环境后，在草绘环境的右侧增加了一列竖排的几何图元工具按钮，如图2.2所示。

"草绘器工具"工具栏中包含了绝大部分的图元绘制工具，为了减少界面容量，有些功能类似的图元按钮组合在一起。用户可以单击图标右侧的下三角按钮 来弹出更多的选项，这些将在后面的线条绘制和有关章节中一一介绍。

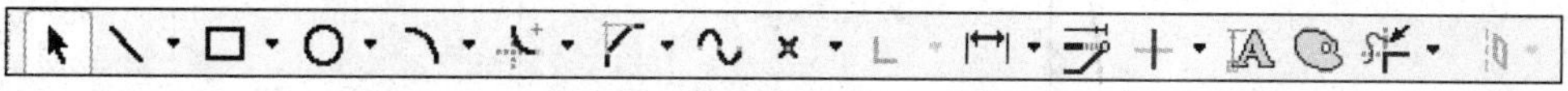

图2.2 "草绘器工具"按钮

3. "草绘器诊断工具"工具栏

"草绘器诊断工具"是3.0以后版本的新增功能，它能帮助用户迅速地诊断草绘中图形的缺陷，具体有"着色封闭环"、"加亮开放端点"、"重叠几何"和"分析草绘是否适合于它所定义的特征"。

(1) "着色封闭环"按钮 ：用于诊断所绘图形是否封闭，当图形处于封闭状态时，单击此按钮，封闭区间内显示为灰色。

(2) "加亮开放端点"按钮 ：用于诊断所绘图形是否有开放端，如有开放端，则端点红色加亮显示。

(3) "重叠几何"按钮 ：用于诊断所绘图形是否有重叠几何存在，如有重叠几何，则绿色显示。

(4) "分析草绘是否适合于它所定义的特征"按钮 ：用于诊断所绘图形是否符合特征要求，如图元数目是否相等(在混合特征和扫描混合特征中)。

4. 草绘器首选项

草绘器首选项用于设置二维草图的界面参数，通过该选项可以设置参数、参数的显示和约束的类型等。通过更改草绘器首选项可以简化草图，并能有效地提高视角效果。

在菜单栏中依次执行"草绘"|"选项"命令或者在绘图区长按右键选择"选项"命令，系统弹出"草绘器首选项"对话框。

该对话框设有3个选项卡，即"其他"、"约束"和"参数"。下面将各选项卡的功能做一介绍。

1) "其他"选项卡

① 栅格：显示草图栅格，如图2.3所示。用户可以通过栅格作为草绘基准，绘制几何图元。

② 顶点：显示草图上几何图元的参考点，如图2.3所示。用户可以通过捕捉参考点准确地绘制几何图元。

③ 约束：显示存在的几何约束，如图2.3所示。有利于绘制或参考相关的图元。

④ 尺寸：通常称为强尺寸，以深颜色显示已标注的尺寸，如图2.3所示。

⑤ 弱尺寸：以浅颜色显示未标注(需要标注)的尺寸，如图2.3所示。

⑥ 帮助文本上的图元ID：显示帮助文本上的图元ID。

⑦ 捕捉到栅格：以栅格的交点作为绘制图元的参考点。

⑧ 锁定已修改的尺寸：锁定已修改的尺寸以免在后续的操作中被修改为参照尺寸。

⑨ 锁定用户定义的尺寸：锁用户定义的(强)尺寸以便移动。

⑩ 始于草绘视图：进入草绘器时定向模型，使草绘平面平行于屏幕。

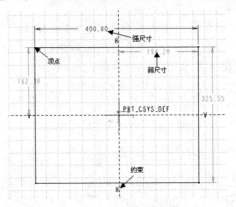

图2.3 "其他"选项卡有关选项示意

还有一项命令："导入线体和颜色"主要是用来决定是否在复制和粘贴时保留原始线型和颜色，并从文件系统或草绘器调色板中导入.sec文件。

> 💡注意
> 弱尺寸与强尺寸(尺寸)除了在颜色上有区别之外，还在编辑上有区别。弱尺寸不能删除，除非通过约束定位，它才能自动消失。弱尺寸一旦加强，就相当于建立了一个新的强尺寸，弱尺寸自动消失。强尺寸一旦删除，就被自动确定为弱尺寸。

设计者也可以通过使用"草绘器"工具栏的相关按钮来实现更加快捷的操作。

2) "约束"选项卡

"约束"选项卡主要用来设置草图绘制过程中图元或图元之间自动约束的约束类型。"约束"选项卡的具体参数含义将在下文介绍。

3) "参数"选项卡

"参数"选项卡用于设置栅格的类型、栅格间距和精度等参数。

① 栅格：设置栅格的原点位置、倾斜角度和类型。

原点：选取一点作为二维草图的栅格原点。

角度：输入数值确定栅格的倾斜角度，以逆时针方向为倾斜方向。
类型：设置栅格类型，分别有笛卡儿和极坐标两种类型，如图 2.4 所示。

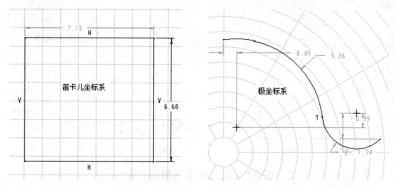

图 2.4　坐标系类型

② 栅格间距：设置栅格的间距。
间距类型：设置栅格间距的类型，有手动与自动两种。
自动：以系统自动默认的距离确定栅格的间距。
手动：在 X、Y 文本框内输入栅格的间距。
③ 精度：设置二维草图中绘图图元的精度类型。
小数位数：设置尺寸标注的小数位数。
相对精度：设置相对精度。

5．拾取过滤器

主要用来供使用者在绘图过程中根据实际情况设置拾取过滤条件，以方便选取几何因素，具体选项有"全部"、"几何"、"尺寸"和"约束"4 项，如图 2.5 所示。

(1) "全部"：选取包括尺寸、参照、约束和几何图元在内的所有草绘对象。

(2) "几何"：仅选取在当前草绘环境中存在的那些草绘几何图元。

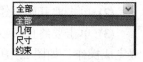

(3) "尺寸"：选取弱(强)尺寸或参照尺寸。

图 2.5　拾取过滤器

(4) "约束"：选取在当前草绘环境中存在的约束。

2.2　几何线条的绘制方法

二维截面的绘制首先是几何线条的绘制。几何线条包括直线、圆、弧、圆角、样条线、点等多种基本几何图元，另外还包括文本以及已经成型的几何图形(使用调色板调入)。

下面将一一介绍这些几何线条的绘制方法。

2.2.1　直线的绘制

进入绘制直线命令有 3 种方法可以选择，即在菜单栏中执行"草绘"|"线"命令或者在"草绘器工具"中单击"线"按钮，还可以在绘图区长按鼠标，执行"线"命令，如图 2.6 所示。

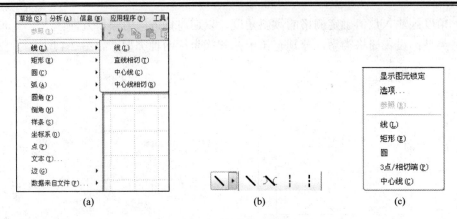

图 2.6 进入线条绘制的命令

从图 2.6(a)可知，绘制直线的选项有 4 个，其具体含义如下。

(1) 线：通过指定两点创建一条直线，工具按钮为 ▧。

(2) 直线相切：创建一条直线与已存在的两条圆弧、椭圆或圆相切，工具按钮为 ▧。

(3) 中心线：通过两点创建一条中心线，工具按钮为 ▧。中心线通常作为辅助设计的参考线，如对称约束的约束线等。▧ 按钮为几何中心线，其线条较中心线粗，主要用来显示几何对称线，常作为旋转特征的轴线。

(4) 中心线相切：创建与两个图元相切的中心线。

1. 绘制两点线

具体操作步骤如下。

(1) 在"草绘器工具"中单击 ▧ 按钮(若显示的不是此按钮，则单击工具栏右侧的 ˙，在弹出的按钮中再行选择)，也可通过执行"草绘"|"线"|"线"命令，或者在绘图区长按鼠标右键，在弹出的快捷菜单中执行"线"命令。

(2) 单击要开始直线的位置(第 1 点)，一条"橡皮筋"线粘附在鼠标指针上。

(3) 单击要终止直线的位置(第 2 点)，然后再单击鼠标中键以确定直线，最后再单击中键完成操作，如图 2.7 所示。

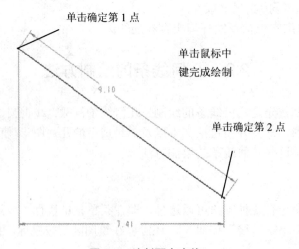

图 2.7 绘制两点直线

2. 绘制相切直线

绘制相切直线的具体方法如下。

(1) 在"草绘器工具"中单击"直线相切"按钮 ∖(若显示的不是此按钮,则单击工具栏右侧的 ▪,在弹出的按钮中再行选择),或者执行"草绘"|"线"|"直线相切"命令。

(2) 单击与直线相切的第 1 个圆或弧,一条始终与该圆或弧相切的"橡皮筋"线黏附在鼠标指针上。

(3) 在第 2 个圆或弧上单击与直线相切的切点,单击鼠标中键确定完成,如图 2.8 所示。

创建中心线和相切中心线以及几何中心线的操作步骤与创建两点线和直线相切的操作方法完全相同。

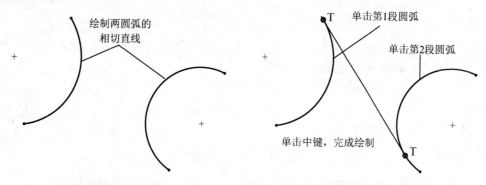

图 2.8　绘制相切直线

2.2.2　矩形的绘制

进入绘制矩形的命令有 3 种方法可以选择,即在菜单栏中执行"草绘"|"矩形"命令,或者在"草绘器工具"中单击 ▭ 按钮,还可以在绘图区长按鼠标右键,执行"矩形"命令,如图 2.9 所示。在 5.0 版本中矩形增加了两种,即在原来矩形 ▭ 的基础上增加了斜矩形 ◇ 和平行四边形 ▱。

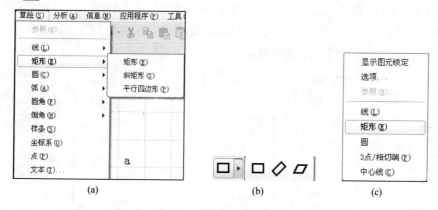

图 2.9　进入矩形命令的方法

1. 绘制常规矩形

具体绘制步骤如下。

(1) 在"草绘器工具"中单击 ▭ 按钮(若显示的不是此按钮,则单击工具栏右侧的 ▪,在

弹出的按钮中再行选择)，或执行"草绘"|"矩形"|"矩形"命令。

(2) 按如图 2.10 所示的步骤操作即可。

2．绘制斜矩形

具体绘制步骤如下。

(1) 在"草绘器工具"中单击◻按钮(若显示的不是此按钮，则单击工具栏右侧的▪，在弹出的按钮中再行选择)，或执行"草绘"|"矩形"|"斜矩形"命令。

(2) 单击确定第 1 点，移动鼠标单击确定第 2 点，移动鼠标在适当位置单击，确定偏矩形的大小，单击中键完成创建，如图 2.11 所示。

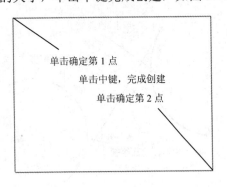

图 2.10　绘制常规矩形

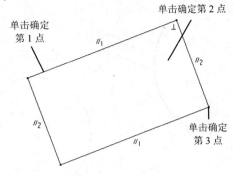

图 2.11　绘制斜矩形

平行四边形的绘制方法与斜矩形一致，这里不再赘述。

2.2.3　圆和椭圆的绘制

进入绘制圆命令有 3 种方法可以选择，即在菜单栏中执行"草绘"|"圆"命令，或者单击"圆"工具按钮，也可以在绘图区长按鼠标，执行"圆"命令，如图 2.12 所示。

从图 2.12(a)可以看出，绘制圆的方法有 6 种，即通过圆心和圆上一点绘制圆、绘制同心圆、通过与之相切的 3 个图元的切点绘制圆、通过圆上 3 点绘制圆、通过长轴端点绘制椭圆和以椭圆中心和长轴端点绘制椭圆。

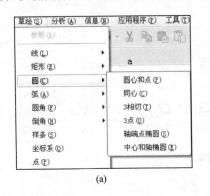

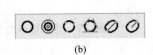

图 2.12　绘制圆

1. 绘制"圆心和点"圆

具体操作步骤如下。
(1) 在菜单栏中执行"草绘"|"圆"|"圆心和点"命令，或者单击 ⊙ 按钮，也可以通过在绘图区长按鼠标右键，在弹出的快捷菜单中执行"圆"命令。
(2) 在绘图区某一位置单击，放置圆的中心点，松开左键拖动至该圆所需大小。
(3) 单击以确定圆上另一点的位置，单击鼠标中键完成操作，如图 2.13 所示。

2. 绘制"同心"圆

具体操作步骤如下。
(1) 在菜单栏中执行"草绘"|"圆"|"同心"命令或者单击 ⊙ 按钮。
(2) 选取一个参照圆或一条参照圆弧来确定中心位置。
(3) 移动鼠标，在绘图区确定圆位置的某点单击，单击鼠标中键确定圆，如图 2.14 所示。

图 2.13 绘制"圆心和点"圆

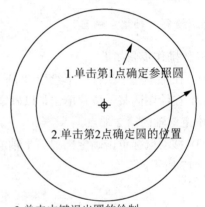

图 2.14 绘制"同心"圆示意

3. 绘制"3 相切"圆

具体操作步骤如下。
(1) 在菜单栏中执行"草绘"|"圆"|"3 相切"命令或者单击 ⊙ 按钮。
(2) 在绘图区选取要与之相切的第 1 个圆或者圆弧或者直线并单击。
(3) 选取要与之相切的第 2 个圆或者圆弧或者直线并单击，一个圆粘附在鼠标指针上。
(4) 选取要与之相切的第 3 个圆或者圆弧或者直线并单击，确定切点，单击鼠标中键完成操作，如图 2.15 所示。

4. 绘制"3 点"圆

具体操作步骤如下。
(1) 在菜单栏中执行"草绘"|"圆"|"3 点"命令或者单击 ⊙ 按钮。
(2) 在绘图区选取任一点单击，确定该圆的第 1 点。
(3) 移动鼠标单击，在另一位置确定圆的第 2 点，一个圆粘附在鼠标指针上。

(4) 移动鼠标单击，在任一位置确定圆的第 3 点，单击鼠标中键完成操作，如图 2.16 所示。

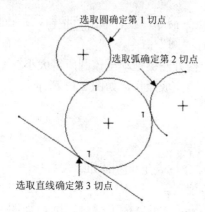
图 2.15 绘制"3 相切"圆示意

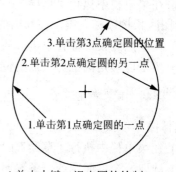
图 2.16 绘制"3 点"圆示意

5. 绘制"轴端点椭圆"

具体操作步骤如下。

(1) 在菜单栏中执行"草绘"|"圆"|"轴端点椭圆"命令或者单击 按钮。

(2) 在绘图区某一位置单击，以确定椭圆长(短)轴的第 1 端点。移动鼠标到适当位置单击，确定该轴的第 2 端点。

(3) 移动鼠标单击确定椭圆另 1 轴的端点，确定椭圆形状，再单击鼠标中键完成操作，如图 2.17 所示。

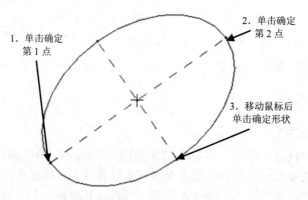
图 2.17 绘制"轴端点椭圆"示意

6. 绘制"中心和轴"椭圆

具体操作步骤如下。

(1) 在菜单栏中执行"草绘"|"圆"|"中心和轴椭圆"命令，或者单击"草绘器工具"中的 按钮。

(2) 在绘图区某一位置单击确定中心，移动鼠标到适当位置单击确定一长轴端点，移动鼠标到适当位置单击确定椭圆大小。单击中键，完成创建，如图 2.18 所示。

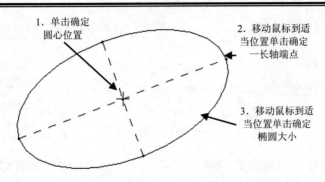

图 2.18 绘制"中心和轴椭圆"

2.2.4 弧和圆锥弧的绘制

进入绘制圆弧命令也有 3 种方法供选择,即在菜单栏中执行"草绘"|"弧"命令或者单击 按钮,还可长按鼠标右键,执行"3 点/相切端"命令,如图 2.19 所示。

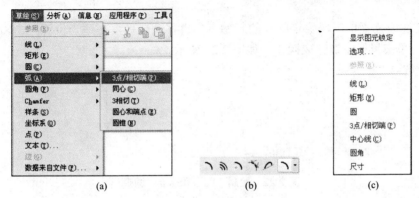

图 2.19 绘制圆弧命令

从图 2.19 中可以看出,绘制的圆弧有以下 5 种类型。

1. 绘制"3 点/相切端"圆弧

具体操作步骤如下。

(1) 在菜单栏中执行"草绘"|"弧"|"3 点/相切端"命令或者单击 按钮。
(2) 在绘图区任一位置单击,确定圆弧的起始点。
(3) 移动鼠标,在另一位置单击,确定圆弧的终点,一段圆弧粘附在鼠标的指针上。
(4) 移动鼠标,在确定圆弧形状的位置单击,确定圆弧。单击鼠标中键完成操作,如图 2.20 所示。

2. 绘制"同心"圆弧

具体操作步骤如下。

(1) 在菜单栏中执行"草绘"|"弧"|"同心"命令或者单击 按钮。
(2) 在绘图区单击参照圆弧以确定弧的圆心位置。
(3) 移动鼠标,在适当的位置单击以确定圆弧的起始点,再移动鼠标单击以确定圆弧的终止点。单击鼠标中键完成操作,如图 2.21 所示。

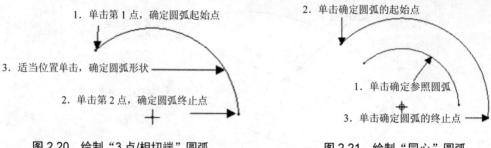

图 2.20 绘制"3点/相切端"圆弧　　　　图 2.21 绘制"同心"圆弧

3. 绘制"圆心和端点"圆弧

具体操作步骤如下。

(1) 在菜单栏中执行"草绘"|"弧"|"圆心和端点"命令或者单击 按钮。

(2) 在绘图区任一点单击以确定弧的圆心位置。移动鼠标,一虚线圆粘附在鼠标指针上。

(3) 在适当位置单击,确定圆弧的起始点。再移动鼠标,在适当位置单击,确定圆弧的终止点。单击鼠标中键完成操作,如图2.22所示。

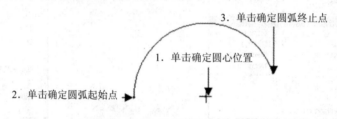

图 2.22 绘制"圆心和端点"圆弧

4. 绘制"3 相切"圆弧

具体操作步骤如下。

(1) 在菜单栏中执行"草绘"|"弧"|"3 相切"命令或者单击 按钮。

(2) 在绘图区选取要与之相切的第 1 个圆或者圆弧或者直线并单击。

(3) 选取要与之相切的第 2 个圆或者圆弧或者直线并单击,一个圆弧粘附在鼠标指针上。

(4) 选取要与之相切的第 3 个圆或者圆弧或者直线,单击以确定圆的位置,然后单击鼠标中键完成操作,如图2.23所示。

5. 绘制"圆锥"圆弧

具体操作步骤如下。

(1) 在菜单栏中执行"草绘"|"弧"|"圆锥"命令或者单击 按钮。

(2) 在绘图区任一点单击确定圆锥弧的第 1 端点。

(3) 移动鼠标,在适当位置单击确定第 2 个端点,此时,过两个端点出现一条中心线,同时连接两端点的一条弧线粘附在鼠标指针上。

(4) 移动鼠标,在适当位置单击,确定圆锥弧的肩点,然后单击鼠标中键完成操作,如图 2.24 所示。

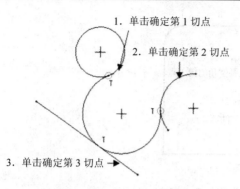

图 2.23 绘制"3 相切"圆弧　　　　图 2.24 绘制"圆锥圆弧"

2.2.5 圆角的绘制

进入绘制圆角命令有 3 种方法供选择,即在菜单栏中执行"草绘"|"圆角"命令,或者单击"圆角"工具按钮,如图 2.25 所示。

从图 2.25 中可见,创建圆角有两种类型:圆形和椭圆形。

1. 绘制"圆形"倒角

具体操作步骤如下。

(1) 在菜单栏中执行"草绘"|"圆角"|"圆形"命令或者单击按钮。

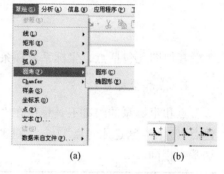

图 2.25 绘制圆角命令

(2) 选取要倒角的第 1 条边(或者圆弧),在适当位置单击(倒角半径与单击的点有关)。

(3) 选取要倒角的第 2 条边(或者圆弧)并单击,然后单击中键完成操作,如图 2.26 所示。

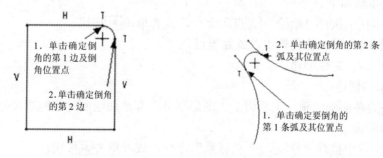

图 2.26 绘制"圆形"倒角

2. 绘制"椭圆形"倒角

具体操作步骤如下。

(1) 在菜单栏中执行"草绘"|"圆角"|"椭圆形"命令或者单击按钮。

(2) 选取要倒角的第 1 条边倒角点并单击(长短位置与单击的点有关)。

(3) 选取要倒角的第 2 条边倒角点并单击,然后单击中键完成操作,如图 2.27 所示。

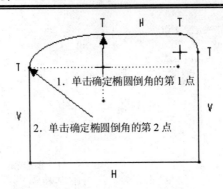

图 2.27 绘制"椭圆形"倒角示意

2.3 其他图元的绘制

其他图元包括点、坐标系及样条线。

1. 点和坐标系

点和坐标系的绘制工具集中在"点"工具的右拉框 中，点的工具包括"创建点" 、"创建几何点" 、"创建坐标系" 和"创建几何坐标系" 4 种。其创建方法基本相同。

> **提示**
> 几何点和点、几何坐标系和坐标系的区别在于前者显示在三维模型上，而后者不显示。

1) 点的绘制

点的创建很简单。在管路和电缆布线时，创建点对工作十分有帮助。

具体创建步骤如下。

(1) 在菜单栏中执行"草绘"|"点"命令，或者单击 按钮。

(2) 在绘图区内某一位置单击，放置该点。

(3) 单击中键，完成创建。

2) 坐标系的创建

该坐标系为截面坐标系，主要用于"图形基准"和截面绘制时起控制尺寸的作用。

具体操作步骤如下。

(1) 在菜单栏中执行"草绘"|"坐标系"命令，或者单击 按钮。

(2) 在绘图区某一位置单击，放置该坐标系原点。

(3) 单击中键，完成创建。

2. 样条线

样条线是通过任意多个中间点的平滑曲线，在曲面创建中用得最多。

具体操作步骤如下。

(1) 在菜单栏中执行"草绘"|"样条"命令，或者单击工具栏中的 图标。

(2) 选取一系列点，这时一条"橡皮筋"样条粘附在鼠标指针上。

(3) 单击中键，完成绘制，如图 2.28 所示。

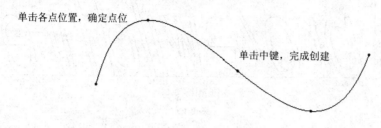

图 2.28 绘制样条线示意

> **提示**
> 样条线绘制完后，可以通过调整点的位置调整样条线的形状，所以绘制样条线时绘制的点要适当，点太少，调整线条时很难调整至所需形状，需要插入点帮助调整；点越多，样条线的形状调整越精细，但比较费时。

2.4 文本的绘制

文本绘制主要用于在草绘平面上建立文字。

要创建文本，首先要在菜单栏中执行"草绘"|"文本"命令，或者单击工具栏中的 图标，执行上述命令之后，在绘图区由下至上选择两点，系统将两点连成一条直线，并通过直线的方向和长度自动判断文本的放置方向和高度，然后自动弹出"文本"对话框。

对话框中各选项的含义如下。

(1) 文本行：文本行可分为"文本框"和"文本符号"两项。"文本框"用于用户输入文本。单击 文本符号 按钮，系统弹出"文本符号"对话框。单击该"文本符号"对话框内的符号即可将该符号添加到文本框内。

(2) 字体："字体"选项区共分为字体、位置、长宽比和斜角 4 项。

① 字体：用于设置插入字体的类型。用户可以从下拉列表框中选择字体类型，系统默认字体为 font3d 。

> **注意**
> 用户除了可以使用 PTC 公司设计的字体以外，同样可以使用 True Type 字体。用户只要在 Windows 系统中安装了这些字体，就可以在"文本"对话框的"字体"下拉列表框中选取这些字体。

② 位置：用于设置字体的放置位置。用户可以分别设置文本的水平和垂直放置位置，其水平又可分为左边、中心和右边；垂直分为顶部、中间和底部。

③ 长宽比：设置文本的长宽比。用户可以在其右侧文本框中输入数字或拖动右侧的滑块来调整长宽比，长宽比的调整范围为 0.1～10.0。

④ 斜角：用于设置文字的倾斜角度和方向。用户可以通过在右侧输入数字或者拖动滑块来调节完成斜角的设置，角度值的调节范围为-60.00～+60.00。角度为正时，文字向顺时针方向倾斜；角度为负时，文字向逆时针方向倾斜；角度为零时，文字不倾斜，如图 2.29 所示。

图 2.29 长宽比和斜度

(3) "沿曲线放置"和"方向" ![icon]：用于调整文本的放置位置，用户可以选择一条曲线作为文本的放置位置，系统将自动以曲线的位置和形状调整文本。单击方向图标 ![icon]，则文本会反向布置，如图 2.30 所示。

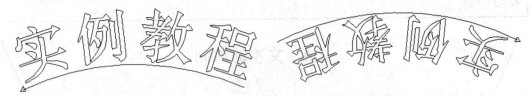

图 2.30 沿曲线布置与反向

> 注意
> "方向"功能只有在应用"沿曲线放置"功能时才起作用。

2.5 草绘器调色板

草绘器调色板的功能是 Pro/ENGINEER Wildfire 5.0 的新增功能，通过该功能可以调用系统提供的几何图元进入二维草图。

在菜单栏中执行"草绘"|"数据来自文件"|"调色板"命令，或者单击工具栏中的图标，系统弹出"草绘器调色板"窗口，如图 2.31(a)所示。用户在窗口中选择所需要的选项，即可获得所需图形。

窗口中各选项释义如下。

(1) 多边形：设置调用的图元为多边形，选取所需图形之后双击，在窗口上面出现一个该图形的缩略图。在绘图区中的适当位置单击，则该图元显示在绘图区中，在"缩放旋转"对话框中设置所需的比例和角度，如图 2.31(b)所示，即可获得用户所需的图形，如图 2.31(c)所示。

(2) 轮廓：设置调用的图元为形状轮廓，包括 C 形轮廓、I 形轮廓、L 形轮廓和 T 形轮廓等。操作步骤与多边形相同。

(3) 形状：设置调用的图元为常用外形，包括十字形、椭圆形、跑道形和圆弧等。

(4) 星形：设置调用的图元为星形图元，包括三角形、四角形、五角形和六角形等。

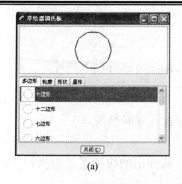  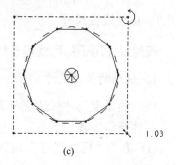

(a)　　　　　　　　　　(b)　　　　　　　　　　(c)

图 2.31　通过"草绘器调色板"窗口获得所选图形

在"移动和重定尺寸"对话框的"旋转/缩放"选项的文本框中输入旋转的角度值和缩放比例值，即可获得所需图形。

> **提示**
> 如果在操作过程中保存了二维截面图形，则保存该图形的文件夹将显示在"草绘器调色板"窗口的选项卡中，并排列在第 1 的位置，在显示框中显示所保存的图形，如图 2.32 所示。

图 2.32　保存二维图形后的调色板示意

> **提示**
> 在"草绘"菜单中还有"数据来自文件"|"文件系统"命令和"边"|"偏移"或"加厚"命令，这些命令的使用方法将在后续章节的实例中介绍，这里不再赘述。

2.6　标 注 尺 寸

在绘制截面的任何阶段，Pro/ENGINEER 系统都会充分约束和标注该截面，当草绘某一截面时，系统会自动标注几何，这些尺寸被称为"弱尺寸"，系统在自动创建和删除它们时并不会给予警告，用户不能手动删除，弱尺寸显示为灰色。用户也可以按设计意图增加自己的尺寸来创建所需的标注布置。用户标注尺寸被系统认为是"强尺寸"。增加强尺寸时，系统自动删除不必要的弱尺寸或约束。退出草绘环境之前，把想要保留在截面的弱尺寸加强是一个很好的习惯，这样可以确保系统在没有输入时不删除这些尺寸。

2.6.1 标注线性尺寸

线性尺寸用于标注线段长度或者图元之间的距离等,其标注方法有以下两种。

1. 线段的长度尺寸标注

线段的长度尺寸标注又分为水平标注、垂直标注和平行标注 3 种情况。

具体操作步骤如下。

(1) 单击"标注尺寸"按钮,也可以在绘图区右击,从弹出的快捷菜单中执行"尺寸"命令。

(2) 先后单击线段的两个端点,移动鼠标到放置尺寸的适当位置单击中键,输入尺寸,完成尺寸标注,如图 2.33 所示。一般来说,在 1、3、5、7、9 所示区域单击中键,显示的是该线段的长度尺寸,在 2、8 所示区域单击中键,显示的是该线段水平方向的长度尺寸,在 4、6 所示区域单击中键,显示的是该线段垂直方向的长度尺寸,如图 2.34 所示。

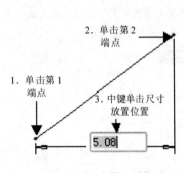

图 2.33 水平尺寸标注

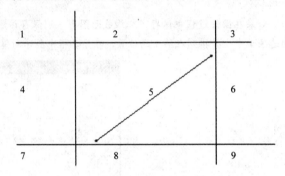

图 2.34 中键单击不同区域

2. 两条平行线之间的距离标注

具体操作步骤如下。

(1) 单击"标注尺寸"按钮。

(2) 单击第 1 条线段,再单击第 2 条线段。

(3) 中键单击放置尺寸位置,完成标注,如图 2.35 所示。

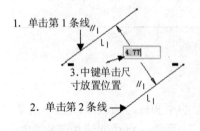

图 2.35 平行线之间距离标注

3. 点到直线、点到点之间的距离标注

此两项标注与线段的长度标注和平行线之间的距离标注相同,不再赘述。

2.6.2 标注直径和半径

具体操作步骤如下。

(1) 单击"标注尺寸"按钮。

(2) 在所要标注的圆或圆弧上单击,然后在绘图区的适当位置单击鼠标中键,即可获得标注的半径尺寸,如图 2.36 所示。

(3) 在所要标注的圆上双击(双击的时间间隔没有要求),然后在适当位置单击鼠标中键可获得标注的直径尺寸,如图 2.37 所示。

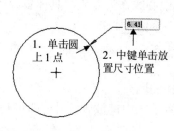
图 2.36 半径标注示意

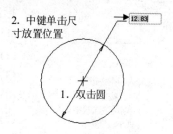
图 2.37 直径标注

2.6.3 角度尺寸标注

角度尺寸标注包括两条直线之间的夹角标注和圆弧的圆心角标注。直线与样条线之间的角度尺寸也将在这节中介绍。

1. 两条直线之间夹角的标注

具体操作步骤如下。
(1) 单击"标注尺寸"按钮。
(2) 单击两条直线的任意位置。
(3) 在适当位置单击鼠标中键，放置尺寸，如图 2.38 所示。

> 注意
> 在直线角度标注中，中键单击位置影响标注尺寸的性质，如果鼠标中键单击位置选在两条直线的外侧，则标注的是该角的补角尺寸，中键单击顶点外侧，标注钝角尺寸。

2. 圆弧圆心角的标注

具体操作步骤如下。
(1) 单击"标注尺寸"按钮。
(2) 先单击圆弧的第 1 端点，再单击中心点，然后单击第 2 端点。
(3) 在适当位置单击鼠标中键放置尺寸，如图 2.39 所示。

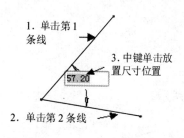
图 2.38 直线角度尺寸标注

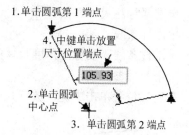
图 2.39 圆心角角度尺寸标注

2.6.4 对称尺寸的标注

对称尺寸标注在工程图中起着重要作用，如半视图中的直径尺寸等。

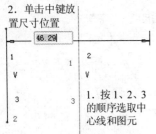

标注对称尺寸必须以中心线作为参照，具体步骤如下：
(1) 单击"标注尺寸"按钮。
(2) 单击所要标注的图元。
(3) 单击中心线。
(4) 再次单击所要标注的图元。
(5) 在绘图区适当位置单击中键放置尺寸，即可获得对称尺寸，如图 2.40 所示。

图 2.40　对称尺寸标注示意

> **提示**
> 按先选取中心线，然后选取图元，最后选取中心线的顺序也可标注对称尺寸。

2.6.5　样条线尺寸标注

要确定样条尺寸，必须标注其端点或插值点的尺寸。如果该样条依附于其他几何，并已确定端点的尺寸，就不必增加样条的端点尺寸。

可使用线性尺寸、角度尺寸和曲率半径尺寸来标注样条端点或插值点(即中间点)的尺寸。

1. 样条线的线性尺寸标注

具体操作步骤如下。
(1) 单击"标注尺寸"按钮。
(2) 先后单击端点与插值点。
(3) 移动鼠标到适当位置单击中键，放置尺寸，如图 2.41 所示。

> **提示**
> 中键单击区域对尺寸效果的影响与线性尺寸标注相同，如图 2.34 所示。

2. 样条线端点或中间点的角度尺寸标注

具体操作步骤如下。
(1) 单击"标注尺寸"按钮。
(2) 单击样条线。
(3) 单击样条线需要标注角度尺寸的端点。
(4) 单击尺寸参照线。
(5) 在适当位置单击中键，放置尺寸，如图 2.42 所示。

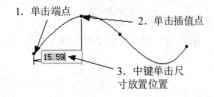

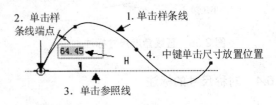

图 2.41　样条线线性尺寸标注示意　　　图 2.42　样条线角度尺寸标注示意

中间点的角度尺寸标注方法与端总的角度尺寸标注方法完全相同，这里不再赘述。

> 💡 注意
> 标注样条尺寸的角度尺寸必须具有一条尺寸参照线。

2.6.6 其他尺寸标注

在菜单栏中执行"草绘"|"尺寸"命令，系统出现"标注"子菜单。

该子菜单包括 5 个选项，分别为垂直、周长、参照、基线和解释。各子菜单选项释义如下。

(1) 垂直：标注各类线性尺寸及曲率尺寸。

(2) 周长：标注周长尺寸。可标注圆周长、弧长和矩形周长等。要标注周长尺寸，必须先标注其线性尺寸，以其作为驱动尺寸，才能进行周长尺寸的标注。具体操作方法如下。

① 执行"草绘"|"尺寸"|"周长"命令，或单击" "按钮。

② 选择要标注周长的元素，单击中键。

③ 按信息栏提示，选取驱动尺寸，此时周长尺寸即显示在图形上，如图 2.43 所示。

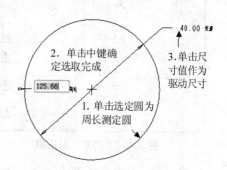

(3) 参照：参照尺寸仅用于显示模型和图元的尺寸信息，而不能像基本尺寸那样用作驱动尺寸，而且不能直接修改该尺寸值，但在修改模型尺寸后参照尺寸将自动更新。参照尺寸的标注与基本尺寸类似，为了以示区别，在参照尺寸后都添加了 REF 字样，如图 2.44 所示。

图 2.43 标注周长尺寸示意

(4) 基线：用来作为一组尺寸的公共基准线。一般来说，基准线都是水平或者竖直的。在直线、圆弧的圆心以及线段几何端点都可以创建基线，方法就是选择直线或者参考点后，单击鼠标中键。对于水平或竖直直线，系统直接创建与该直线重合的基线；而对于参考点，系统弹出如图 2.45 所示"尺寸定向"对话框，由用户确定是创建经过该点的水平基线还是竖直基线，基线上标记有"0.00"。

图 2.44 参照尺寸示意　　　图 2.45 "基线"示意

(5) 解释：单击某一尺寸时，系统给出该尺寸的功能解释信息。

2.7 几何约束的使用

按照工程技术人员的设计习惯，在草绘时或草绘后希望对绘制的草图增加一些平行、相切、相等、共线等约束来帮助定位几何。Pro/ENGINEER 系统可以帮助用户很容易地做到这点。

2.7.1 约束的选项释义及具体操作

在菜单栏中执行"草绘"|"约束"命令，系统显示 2 级菜单，或者单击 按钮右边的小三角，系统自动弹出"约束"对话框，如图 2.46 所示。

(1) ：使直线或两点连线呈垂直状态。单击该按钮，并单击需约束的直线，则该直线自动变成垂直直线。单击需约束的两点，则该两点连线自动成为垂直线，如图 2.47 所示。

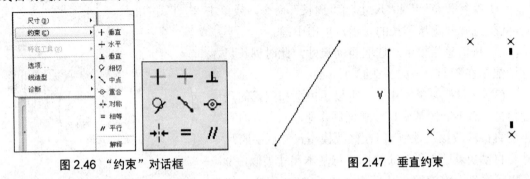

图 2.46 "约束"对话框   图 2.47 垂直约束

(2) ：使直线或两点连线呈水平状态。单击该图标，再单击需约束的直线，则该直线自动变成水平直线。单击需约束的两点，则该两点连线自动成为水平线，如图 2.48 所示。

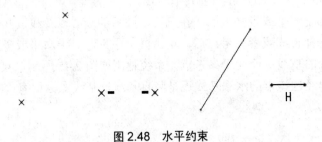

图 2.48 水平约束

(3) ：使两图元正交。单击该按钮，选取两条需约束的直线，则两直线自动互相垂直，如图 2.49 所示。

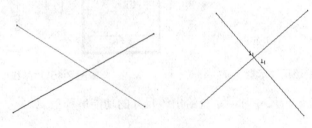

图 2.49 正交约束

(4) ⬚：使两图元相切。单击该按钮，选取需约束的两个图元，则两个图元自动相切，如图 2.50 所示。

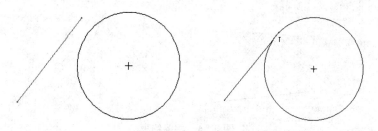

图 2.50　相切约束

(5) ⬚：使图元端点位于直线的中点。单击该按钮，先后选取图元的端点和端点放置的直线，则端点自动位于该直线的中点，如图 2.51 所示。

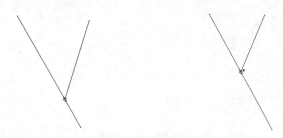

图 2.51　中点约束

(6) ⬚：使两端点重合、点位于图元上或共线。单击该按钮，先后选取直线端点和圆弧上的一端点，则两端点自动重合，如图 2.52 所示。

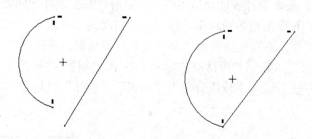

图 2.52　两端点重合约束

(7) ⬚：使两图元端点以中心线形成两侧对称。单击该按钮，先后选取中心线和两个端点，则两个端点自动对称于中心线两侧，如图 2.53 所示。

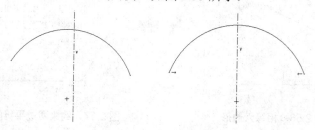

图 2.53　对称约束

(8) ⊡：使两图元等长、等半径，或者等曲率。单击该按钮，选取两个图元，则两个图元自动相等，如图 2.54 所示。

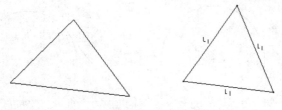

图 2.54　相等约束

(9) ∥：使两直线平行。单击该按钮，先后选取两条直线，则两条直线自动平行，如图 2.55 所示。

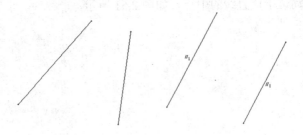

图 2.55　平行约束

2.7.2　尺寸和约束冲突时的解决方法

当增加的尺寸和约束与现有的强尺寸或设定的约束相互冲突或多余时，系统将会弹出"解决草绘"对话框，要求设计者选择适当的选项以解决发生的冲突问题。如图 2.56 所示的六边形已经设置了 6 条边相等的约束，同时系统自动约束两条水平方向的边为水平线。此时再约束两条边平行，则系统将弹出"解决草绘"对话框，并在图形中显示约束冲突的位置，如图 2.57 和图 2.58 所示。对话框中显示了各冲突项目，并提供了 4 个按钮，供设计者选择解决冲突的方法。这 4 个按钮分别为"撤销"、"删除"、"尺寸>参照"和"解释"，其含义如下。

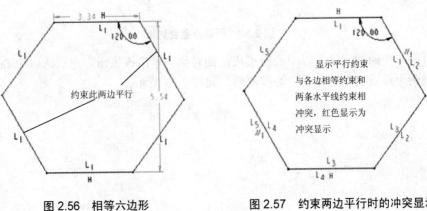

图 2.56　相等六边形　　　　图 2.57　约束两边平行时的冲突显示

(1) 撤销：撤销刚刚导致截面尺寸冲突或约束冲突的那步操作。

(2) 删除：从列表中选择某个多余的尺寸或约束，将其删除。
(3) 尺寸>参照：选取一个多余尺寸，将其转换为一个参照尺寸。
(4) 解释：选择一个约束获取约束说明。绘图区将加亮显示与该约束有关的图元。

本例选择"水平"约束，单击"删除"按钮，冲突解决，显示如图2.59所示。

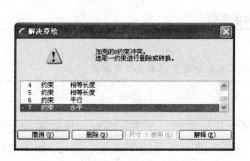

图2.58 "解决草绘"对话框

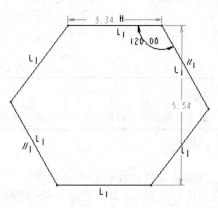

图2.59 解决约束冲突后的示意图

2.8 草图编辑功能

编辑几何图元就是对基本图元进行复制、镜像、删除段、拐角和分割等操作。

1. 删除段

删除段即指在绘图区内将已存在的一段图元动态去除，这里选择的段是指某个几何图元的两个端点或者端点和其他几何图元的交点之间的部分。单击 图标，选取所要修剪的线段，单击即可，如图2.60(a)所示。图2.60(b)为修剪后的结果。

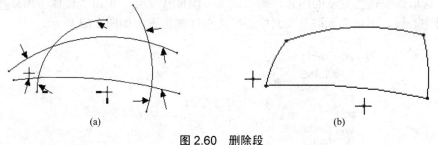

图2.60 删除段

> ☞提示
> 如果用户按住鼠标左键并移动鼠标，则鼠标经过之处的图元都可以被修剪删除。

2. 拐角

所谓拐角，就是对两相交的图元以交点为删除点进行修剪，或对两个可能相交而未相交的图元进行延伸使其相交。单击 图标，选取需要延伸相交的两条线段或需要修剪的两条线段，即可完成修剪工作，如图2.61(a)所示。图2.61(b)为修剪后的结果。

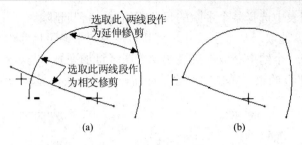

图 2.61　拐角示意图

> **提示**
> 裁剪时鼠标单击的线段是需要保留的线段，裁剪后保留部分与鼠标单击位置有关。

3. 分割

分割就是将已存在的图元打断，使其成为多个几何图元。单击 图标，选取图元上要分割的位置并单击，即产生了一个分割点，系统将原来的一条弧线变成两个图元，如图 2.62 所示。

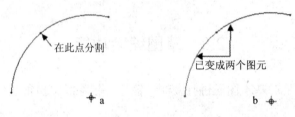

图 2.62　分割示意图

4. 镜像

镜像是指通过一根中心线作为参考线，将几何图元进行对称复制的操作。单击"选取"图标 ，选取需要镜像复制的图元，则"镜像"图标 变亮。单击"镜像"图标 ，然后单击参考中心线，所选图元即复制到中心线的对称侧位置，如图 2.63 所示。

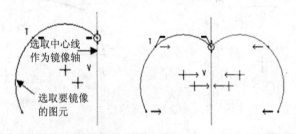

图 2.63　镜像示意图

5. 缩放和旋转

缩放和旋转是指对图元进行放大、缩小或旋转操作。单击"选取"图标 ，然后选取需要进行缩放旋转的图元，如图 2.64(a)所示，单击 图标，选取图元立即变成如图 2.64(b)所示的图形，并弹出"移动和调整大小"对话框。在对话框中输入缩放比例和旋转角度，如图 2.64(c)所示，单击"确定"按钮，即获得如图 2.64(d)所示的图形。

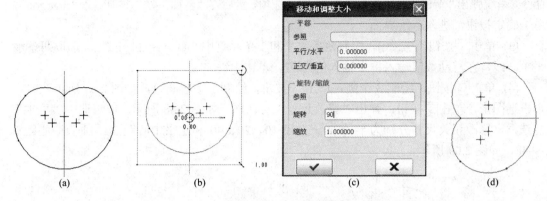

图 2.64 缩放和旋转示意图

> **提示**
> 用户也可以拖动比例轴缩放图元、拖动平移轴实现平移或者拖动旋转轴进行图元旋转。在旋转图元过程中，系统自动显示一系列的角度参考轴，用户可以根据需要旋转相应的角度，如图 2.65 所示。

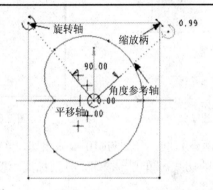

图 2.65 拖动旋转平移示意图

2.9 综合实例

草绘是三维建模的基础，必须进行大量的综合练习，才能提高草绘速度，进而提高三维建模的工作效率。下面举两个综合实例来介绍绘制二维截面图的具体方法和技巧。

综合实例 1：绘制如图 2.66 所示吊钩的二维图形。

本实例难点在各圆弧连接位置找正，关键技巧在于约束的使用。因此，本例重点介绍圆弧的连接、约束的使用以及线条剪切和修改尺寸的技巧。具体操作步骤如下：

(1) 启动 Pro/ENGINEER 5.0。

(2) 单击 按钮或在菜单栏中执行"文件"|"新建"

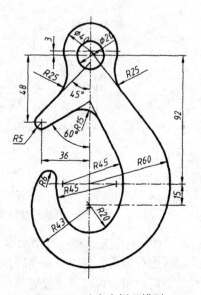

图 2.66 综合实例 1 模型

命令，系统弹出"新建"对话框，选择"草绘"选项，然后在"名称"文本框中输入"diaogou"，单击确定按钮，进入草绘界面。

(3) 单击按钮(中心线)，绘制两条水平和1条垂直中心线，单击按钮，选取两条水平中心线，在浮动数值输入框中输入值为92，单击中键完成。

(4) 单击按钮，绘制3个圆，单击按钮，绘制1个半圆弧，如图2.67所示。用矩形框选图形，单击按钮，弹出"修改尺寸"对话框，如图2.68所示。取消选中"再生"复选框，修改相关尺寸分别为半径60、直径10、20、40和水平中心距36、垂直中心距3和48，如图2.69所示。

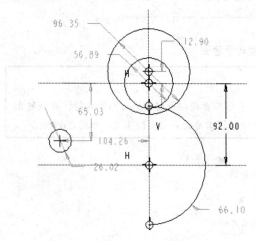
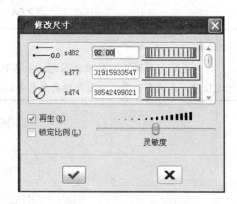

图2.67 绘制3圆1弧　　　　　图2.68 修改尺寸对话框

(5) 单击按钮，绘制两条直线，分别与φ10圆弧相切，并分别与垂直中心线相交，过φ20的中心点，做R60圆弧的切线。单击按钮，分别标注角度尺寸为45°、60°，删除多余线段，如图2.70所示。

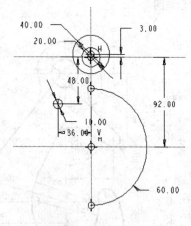
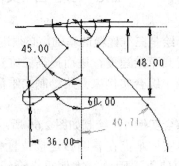

图2.69 修改尺寸结果　　　　　图2.70 绘制3条切线

(6) 单击按钮，分别选取直径40的圆与45°相切线和选取直径40的圆与R60的相切线进行倒角，修改倒角半径值为25。剪切删除多余线段，如图2.71所示。(图中的弱尺寸不起作用，可以通过设置选项予以隐藏，方法见2.1.2节的介绍)

(7) 单击"圆心和端点"按钮，绘制一个圆弧，圆心与 R60 弧圆心的垂直距离为 15，半径值 20。单击"3 点/相切端"按钮，绘制一段弧，圆心约束与下中心线共线，另一端与 R20 圆弧右边相切。修改圆弧半径为 45。单击"两点线"按钮，过与 φ10 相切并与垂直中心线相交 60°的切线的交点，绘制 1 条直线与刚绘制的弧相切。剪切多余线段，如图 2.72 所示。

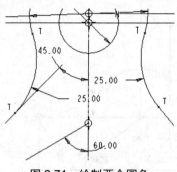

图 2.71　绘制两个圆角

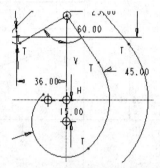

图 2.72　绘制相切圆弧和切线

(8) 选取 R45 圆弧，单击"镜像"按钮，选取中心线，镜像完成，如图 2.73 所示。

(9) 单击按钮，分别选取两条相切线(与 φ10 相切的切线和与 R60 相切的切线)，修改半径值为 15，如图 2.74 所示。

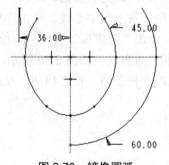

图 2.73　镜像圆弧

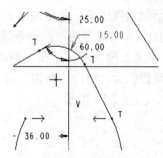

图 2.74　倒圆角

(10) 单击"3 点/相切端"按钮，绘制一段圆弧，将圆心约束在垂直中心线上。单击按钮，标注半径尺寸 43，单击中键完成创建，如图 2.75 所示。

(11) 单击按钮，选取 R45 和 R43 两段圆弧，标注半径尺寸为 6，剪切多余线段，如图 2.76 所示。

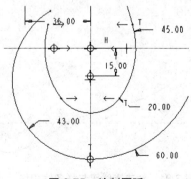

图 2.75　绘制圆弧

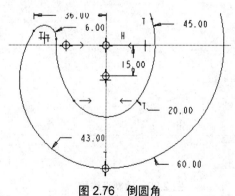

图 2.76　倒圆角

(12) 单击 按钮，隐藏约束显示，尺寸与形状完全如图 2.66 所示。
(13) 保存文件，拭除内存。
至此，二维截面图绘制完毕。

综合实例 2：绘制如图 2.77 所示的截面图形。

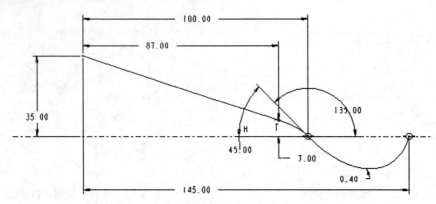

图 2.77 综合实例 2 图形

本实例重点介绍样条线、圆锥弧的尺寸标注和修改。具体操作步骤如下。
(1) 新建一个草绘文件，输入名称为"jiemian1"，单击"确定"按钮，进入草绘界面。
(2) 绘制几何线条。先单击"中心线"按钮 ，绘制一条水平中心线。单击"样条线"按钮 ，绘制一条只含两点的样条线，如图 2.78 所示。单击"圆锥弧"按钮 ，绘制一段圆锥弧，如图 2.79 所示。单击"两点线"按钮 ，绘制一条直线，如图 2.80 所示。
(3) 设置约束。单击"相切"约束按钮 ，选取直线和样条线，使之相切，双击中键，完成约束，如图 2.81 所示。

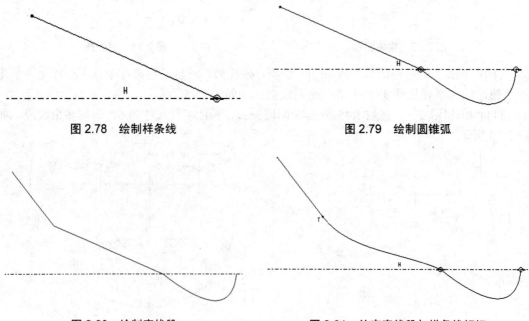

图 2.78 绘制样条线　　　　　　　　图 2.79 绘制圆锥弧

图 2.80 绘制直线段　　　　　　　　图 2.81 约束直线段与样条线相切

(4) 标注尺寸。单击"标注尺寸"按钮▣，标注各点的线性尺寸，如图2.82所示。

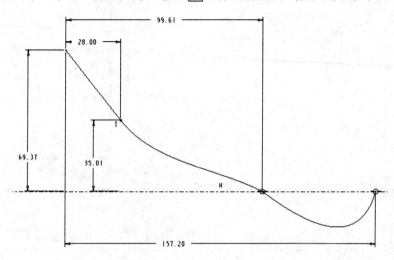

图 2.82 标注线性尺寸

(5) 标注样条线与圆锥弧交点的角度尺寸。先后单击样条线、交点、参照线(中心线)，在适当位置单击中键，放置尺寸，如图2.83所示。先后单击圆锥弧、交点、参照线(中心线)，在适当位置单击中键，放置尺寸。单击圆锥弧，在适当位置单击中键，放置尺寸，标注圆锥弧的圆锥参数，如图2.84所示。

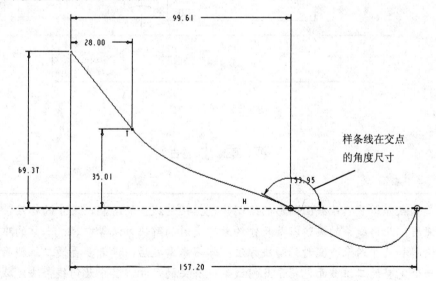

图 2.83 标注样条线右端点的角度尺寸

(6) 修改尺寸。框选所有尺寸，单击"修改尺寸"按钮▣，取消选中"再生"复选框，修改所有尺寸的数值，单击对话框中的"确定"按钮▣，效果如图2.85所示。

(7) 调整尺寸位置，效果如图2.77所示。

(8) 保存文件，拭除内存。

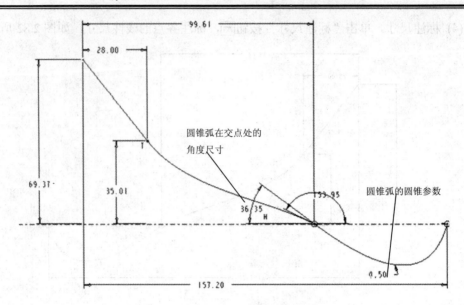

图 2.84 标注圆锥弧左端点的角度尺寸和圆锥参数

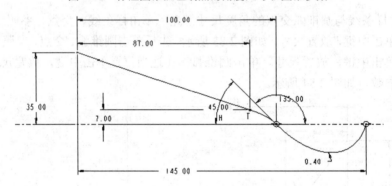

图 2.85 修改尺寸

本 章 小 结

　　本章重点介绍了二维截面图形的绘制,包括几何线条的绘制,尺寸的标注、修改,约束的使用,几何线条的编辑以及尺寸约束冲突时的解决方法等内容。本章的难点在于约束的使用和尺寸约束冲突时的解决方法。学习本章之后,读者要弄懂二维截面的基本概念,一个完整的二维截面包括了几何线条、有关的尺寸,其中几何线条决定截面的外形,而尺寸决定几何线条的定位。这两项共同构成二维截面,缺一不可。所以在绘制二维截面时,一定要注意这两项内容是否齐全。同时,二维截面的绘制是三维零件设计的基础,加快二维截面绘制的速度,将大大提高三维零件设计的效率。二维截面绘制是一项技巧性较强的操作,需要大量的实践练习,才能达到熟能生巧的境界。所以,读者不要以为二维截面简单而忽略它的重要性,轻视课后练习。谁的二维截面绘制速度快,谁将在三维零件设计中抢占先机。

思考与练习

一、判断题(正确的在括号内填入"T",错误的填入"F")

1. 二维截面图形就是由几何线条组成的图形。 ( )
2. 弱尺寸和强尺寸没有什么区别。 ( )
3. 在使用草绘器进行绘制的过程中,系统会自动标注尺寸,并依据几何形状自动设定约束,当然也可由设计者指定约束。而在使用目的管理器时,尺寸完全由设计者根据需要自行给定。 ( )
4. 弱尺寸不能由用户手动删除,除非通过约束定位,它才能自动消失。弱尺寸一旦加强,就相当于给定了定位。强尺寸一旦删除,就被自动确定为弱尺寸。 ( )
5. 在草绘平面的文本绘制中,在进行字体斜角设置时,角度为正,文字沿逆时针方向旋转;角度为负,文字沿顺时针方向旋转;角度为零,文字不旋转。 ( )
6. 在草绘图形编辑中,动态修剪与裁剪功能没有什么区别,编辑时都是鼠标单击的线段,需要被修剪或删除的。 ( )

二、选择题(将唯一正确答案的代号填入题中的括号内)

1. 修改尺寸应选择目的管理器中的( )按钮。
   A. ▭   B. ▭   C. ▭   D. ▭
2. 动态修剪应选择目的管理器中的( )按钮。
   A. ▭   B. ▭   C. ▭   D. ▭
3. 要使两图元对齐,应选择约束工具中的( )按钮。
   A. ▭   B. =   C. ▭   D. ▭

三、问答题

1. 在草绘环境中,如何设置图元的默认约束?
2. 尺寸的锁定功能有什么作用?

四、练习题

1. 绘制图 2.86 所示的截面图形。

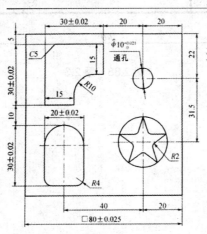

图 2.86 题 2.1

2. 绘制图 2.87 所示的截面图形。

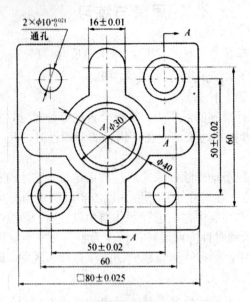

图 2.87　题 2.2

3. 绘制图 2.88 所示的截面图。

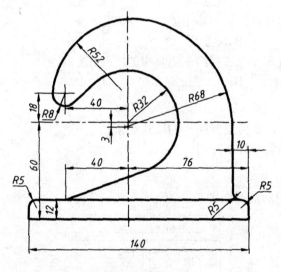

图 2.88　题 2.3

第 3 章　基准特征的创建

教学目标

通过本章的学习,掌握基准特征的基本概念和功能,掌握建立基准特征的基本思路,了解基准特征的基本工具,熟练掌握基准特征的创建方法,能够根据实体造型的要求,插入适当的基准特征,以满足造型的需要。

教学要求

能力目标	知识要点	权重	自测分数
了解创建基准特征的工具及其显示设置	基准特征的显示与关闭、基准特征的工具按钮	5%	
掌握基准平面的概念、创建思路和创建方法	基准平面的概念、创建思路和创建方法	20%	
掌握基准点的概念、创建思路和创建方法	基准点的概念、创建思路和创建方法	10%	
掌握基准轴的概念、创建思路和创建方法	基准轴的概念、创建思路和创建方法	10%	
掌握基准曲线的概念、创建思路和创建方法	基准曲线的概念、创建思路和创建方法	30%	
掌握基准坐标系的概念、创建思路和创建方法	基准坐标系的概念、创建思路和创建方法	25%	

引例

图 3.1 所示为两个引例模型,图 3.1(a)所示的泵缸必须创建 3 个辅助基准平面作为草绘截面的参照,图 3.1(b)所示的弯管部分需要创建一条基准曲线通过扫描特征来完成。因此,在创建实体模型的过程中,离不开基准。

在 Pro/ENGINEER 中,基准是特征的一种。其主要用途是作为创建三维几何设计时的参考或基准数据,如作为截面的参考面、三维模型的定位参考面、装配零件的参考面等。例如,一个圆孔特征可以以一基准轴作为中心线,此基准轴可作为圆孔半径标注的基准,也可创建相对于圆孔基准轴的其他特征。当基准轴移动时,圆孔也移动,其他特征也随之移动。

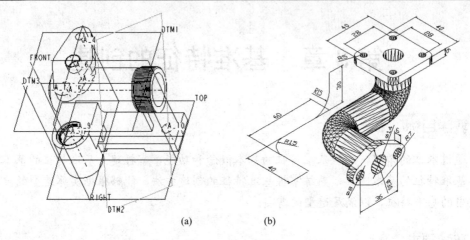

图 3.1 引例模型

在三维造型的设计中，基准特征是协助建模的最佳工具之一，也是一种很重要且很实用的特征。基准可分为基准平面、基准轴、基准点、基准曲线和基准坐标系。本章将详细介绍 Pro/ENGINEER 5.0 系统提供的 5 种基准特征：基准点、基准轴、基准平面、基准曲线和坐标系的基本概念和具体创建方法，同时将通过实例介绍其创建的具体技巧。

3.1 基准特征简介

基准特征是基准平面、基准轴、基准点、基准曲线和坐标系等特征的统称。它不是实体特征，没有质量、体积和厚度，但在特征创建过程中却有极为重要的用途。

3.1.1 基准的显示与关闭

在三维建模界面模型树窗口的上方，工具栏位置有一个"基准显示"工具栏，单击其中一个按钮，使其变亮，则该基准显示处于打开状态，再次单击，使其变暗，则关闭该基准的显示，如图 3.2 所示。

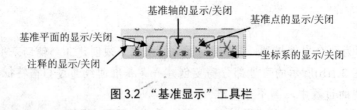

图 3.2 "基准显示"工具栏

3.1.2 创建基准特征的方法

在菜单栏中执行"插入"|"模型基准"命令，然后在弹出的"模型基准"子菜单中执行相应的命令，或者单击窗口右边的"基准"工具栏中的相应基准工具按钮，即可创建基准特征，如图 3.3 所示。

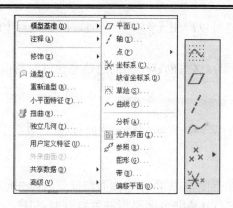

图3.3 "模型基准"子菜单及工具栏

3.2 基 准 平 面

基准平面是一个无限大且实际上并不存在的平面。基准平面是在设计过程中使用最频繁的基准特征,同时也是最重要的基准特征。

3.2.1 基准平面的用途

基准平面有如下一些用途。

(1) 尺寸标注的参考:在绘制二维截面时,需要标注尺寸,此时需要参照。为了避免不必要的特征父子关系,应尽可能地选用基准平面作为尺寸参照。

(2) 视图方向的参照面:三维物体的方向性需要两个互相垂直的平面定义后方能决定,基准平面恰好可成为三维物体方向的参照平面。一般情况下都采用基准平面作为视图方向的参照面。

(3) 草绘平面:特征的创建常需绘制二维截面,若三维物体于空间上无适当的绘图平面可以利用,则可创建基准平面以作为截面的绘图平面。

(4) 装配时零件互相配合的参照面:零件在装配时可能会利用许多平面来定义匹配面、对齐面,或定义方位,同样可以将基准平面作为其参照依据。

(5) 剖视图产生的平面:有些具有内部型腔的零件,为了清楚地表达内部结构,需要剖切,以显示内部情况,此时,基准平面也可作为剖切平面,从而得到一个剖视图。

3.2.2 创建基准平面的基本思路

从几何学的角度,构成平面有如下一些方法。

(1) 两条相交直线可以构成一个平面。

(2) 一条直线和线外一点可以构成一个平面。

(3) 不在同一直线上的3点创建平面。

(4) 与一个圆柱体相切,可以构成无数个切面,但通过加入另一参照因素(一个点、一条线或一个角度等),就可构成一个确定的平面。

(5) 通过一个平面内的直线可以构成无穷多个平面,但加入一个角度参照(垂直相交或任意角相交),就可构成一个确定的平面。

(6) 通过一个平面偏移可以产生无穷多个平面，但加入一个距离值，就可以构成一个确定的平面。

在 Pro/ENGINEER 里面，这些创建平面的思路是通过对话框的设置来实现的。

3.2.3 创建基准平面的方法

创建基准平面的方法有两种：直接创建和临时创建。

1. 直接创建法

所谓直接创建，就是在创建实体特征或曲面特征前直接先创建基准平面，此时所创建的基准平面将显示在图形窗口(基准平面显示开关打开时)和模型树窗口中。此法创建的基准平面可以在其他特征中重复使用，当作其他特征的基准。

2. 临时创建法

所谓临时创建，就是在创建实体特征或曲面特征的过程中临时创建一个基准平面作为草绘平面或视图方向参照平面。用此法所创建的基准平面只有在目前所创建的特征中才能出现，特征完成后不显示图形窗口(无论是否打开基准平面显示)，也不直接显示在模型树窗口中(显示在所创建的特征标志的展开项中)。用此法创建基准平面的最大优点是：不会因为太多的基准平面显示而影响视觉效果。

本章只重点介绍直接创建法，临时创建法将放在后面章节的实例中介绍。

3.2.4 创建基准平面的步骤

下面通过实例介绍创建基准平面的具体步骤。具体操作步骤如下。

(1) 打开实例源文件 fl-dtm.prt(可从 http://pup6.cn 中下载"实例文件和源文件 3"文件)，如图 3.4 所示。

(2) 执行"插入"|"模型基准"|"平面"命令，或者在"基准"工具栏中单击"基准平面"按钮，系统弹出"基准平面"对话框。

(3) 单击轴线 A_1，对话框显示参照选项，如图 3.5 所示。

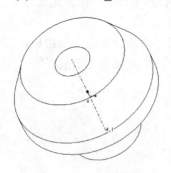
图 3.4 实例源文件

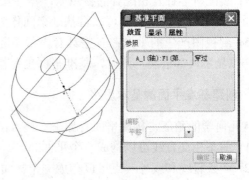
图 3.5 基准平面第 1 参照显示

(4) 按住 Ctrl 键，单击上平面外圆边缘上一点，对话框中显示参照选项，如图 3.6 所示。

(5) 单击对话框中的"确定"按钮，完成基准平面的创建，系统自动命名为 DTM1，并在图形窗口(打开基准平面显示时)和模型树窗口中显示，如图 3.7 所示。

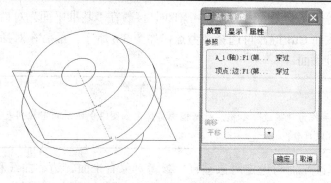

图 3.6 基准平面参照第 2 参照显示

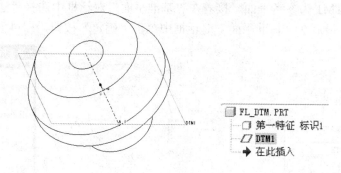

图 3.7 生成基准平面

3.2.5 对话框的设置

从上述创建基准平面的过程可以看出,对话框在创建过程中有不可替代的作用。下面将详细介绍对话框各选项卡的含义以及在创建过程中的设置。

在"基准平面"对话框中,共有"放置"、"显示"和"属性"3 个选项卡。

1. "放置"选项卡

设置基准平面放置位置的参考对象和约束条件。当设计者选择参考(平面、轴、边、点或坐标系)后,系统将根据选择的对象自动确定一种约束方式(如图 3.5 右图所示)。若设计者认为此约束不符合自己的设计意图,可以单击约束方式,系统将自动弹出下三角按钮,单击该按钮,系统弹出基准平面的约束方式下拉列表框,选择需要的方式,如图 3.8 所示。每次选择参考对象不同,默认的约束方式也不同。通常情况下,当选择轴线或边作为参照时,系统默认的约束方式为"穿过",其下拉列表框中所列选项为"穿过"、"法向"两个选项。当选择的参照为平面时,默认的约束方式为"偏移",其下拉列表框中所列选项为"穿过"、"偏移"、"平行"和"法向"4 个选项,当选择圆柱曲面为参照时,默认的约束方式为"穿过",其下拉列表框中所列选项为"穿过"、"相切"。下面分别说明其含义。

图 3.8 "约束方式"下拉列表框

(1) 穿过:基准平面通过选定的参考对象,如平面、边、轴线、曲线、点、圆柱或圆锥轴线和坐标系等。在绘图区内选择参考轴线，接着在"基准平面"对话框中选择"穿过"约束方式，然后按住 Ctrl 键，再选择参考点，如图 3.6 所示。最后在对话框中单击"确定"按钮，即产生基准平面。

> **提示**
> 如果选取坐标系作为"穿过"参照，对话框中将弹出如图 3.9 所示的下拉列表框，可以选择 XY、YZ、ZX 平面作为参照对象。

(2) 法向：基准平面与选定对象垂直，参考对象有平面、边、曲线和轴等。在绘图区内选择圆柱曲面为参考面，接着在"基准平面"对话框中选择"相切"约束方式，再按住 Ctrl 键，选择 DTM1 为参考平面，接着在"基准平面"对话框中选择"法向"约束方式，如图 3.10 所示。最后在"基准平面"对话框中单击"确定"按钮，即可创建法向平面。

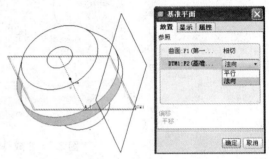

图 3.9 "坐标系"下拉列表框　　　　图 3.10 "法向"选项创建基准平面

(3) 平行：基准平面与选定参考平行，参考对象为平面、边、轴和曲线等。在绘图区内选择轴线 A_1 作为参考，按住 Ctrl 键，再选择 DTM2 作为参考平面，接着在"基准平面"对话框中选择"平行"约束方式，如图 3.11 所示。最后在"基准平面"对话框中单击"确定"按钮，即可创建平行平面。

(4) 偏移：基准平面由选定的参考平面形成，其平面是已有平面或坐标平面(XY、YZ、XZ)。在绘图区内选择参考面，此时图形上出现一个基准平面标示，同时显示一个拖动句柄(空心小方框)，拖动句柄可用来确定偏移方向。如拖动句柄向上，即可确定偏移方向向上，如图 3.12 所示。双击偏移值修改数值或者在对话框中的"偏移平移"文本框中输入数值，均可确定偏移值。在"偏移平移"文本框中输入"1.5"，如图 3.13 所示。单击"基准平面"对话框中的"确定"按钮，即可创建偏移平面。

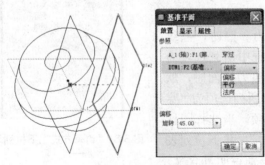

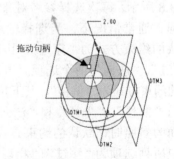

图 3.11 "平行"选项创建平行平面　　　　图 3.12 确定偏移方向

> 🔑 提示
>
> 当选择坐标系为参照对象，约束方式选择偏移时，对话框将弹出"偏移平移"下拉列表框，如图 3.14 所示，可选择垂直于 X、Y、Z 轴方向进行偏移。

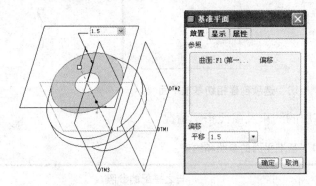
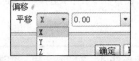

图 3.13 输入偏移值　　　　　　　　图 3.14 "偏移平移"下拉列表框示意

(5) 旋转：基准平面绕一选定的边或轴线相对选定参考平面旋转成一定角度。在绘图区内选择参考平面 DTM3，然后按住 Ctrl 键，再选取 A_1 作为旋转轴，此时"偏移"文本框显示为"旋转"，在"偏移旋转"文本框中输入"60"，如图 3.15 所示(如果需要将角度反向，可拖动句柄，朝所需要的方向移动，然后输入数值)。单击"基准平面"对话框中的"确定"按钮，即可创建旋转平面。

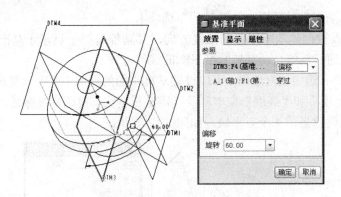

图 3.15 "旋转"选项创建角度平面

> 🔑 提示
>
> 角度的方向是按所选平面的法线按逆时针方向旋转计算的。

(6) 相切：基准平面与选定参考对象相切，参考对象只能是曲面或圆柱面和圆锥面。在绘图区内选择 DTM3，接着在"基准平面"对话框中选择"平行"约束方式。然后按住 Ctrl 键，选择圆柱面作为参考面，在"基准平面"对话框中选择"相切"约束方式，如图 3.16 所示。单击"基准平面"对话框中的"确定"按钮，即可创建与所选圆柱面相切、所选参考平面平行的基准平面。

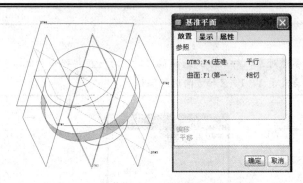

图 3.16 "相切"选项创建相切基准平面

表 3-1 列出了创建基准平面时常用的约束及参照搭配情况。

表 3-1 基准平面的参照和约束

约束条件	用 法	与之搭配的参照
穿过	基准平面通过选定参照	轴、边、曲线、点/顶点、平面、圆柱或圆锥的轴线、坐标系
法向	基准平面与选定参照垂直	轴、边、曲线、平面
平行	基准平面与选定参照平行	平面
偏移	基准平面由选定参照平移生成	平面、坐标系
相切	基准平面与选定参照相切	圆柱、圆锥、曲面

2. "显示"选项卡

选择"基准平面"对话框中的"显示"选项卡。

(1) 法向：设置创建基准平面的法线方向，其功能等同于显示于基准平面上的黄色箭头，单击 反向 按钮，系统自动翻转基准平面的法线方向。

(2) 调整轮廓：选中该复选框，可以设置基准平面的轮廓；选中该复选框之后，"大小"下拉列表框、"宽度"和"高度"文本框及"锁定长宽比"复选框被激活。同时，图形上的基准平面的顶点位置显示 4 个方形块，如图 3.17 所示。

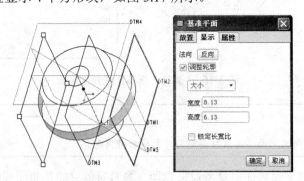

图 3.17 "显示"选项卡的设置

(3) 大小：通过"宽度"和"高度"文本框可以确定基准平面的大小，设置宽度值为 10，高度值为 8，则基准平面的 4 个顶点方框自动扩展，使基准平面显示变大，如图 3.18 所示。

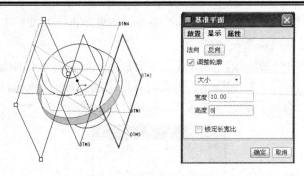

图 3.18 设置"大小"

(4) 参照:选取特征、曲面、边或轴以调整轮廓的大小。
(5) 锁定长宽比:以固定比例调整基准平面长和宽的大小。

3."属性"选项卡

显示该基准平面的名称,设计者可以在此修改基准平面的表示名称。如选取 DTM3,右击鼠标,在弹出的快捷菜单中执行"编辑定义"命令,在弹出的"基准平面"对话框中选择"属性"选项卡,在"名称"文本框中将 DTM3 改名为 RIGHT,单击"确定"按钮,则图形区和模型树窗口均将 DTM3 显示为 RIGHT,如图 3.19 所示。

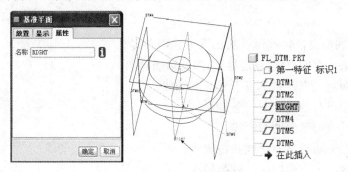

图 3.19 修改属性

3.3 基 准 轴

基准轴通常在创建特征过程中作为辅助工具,如圆柱、圆孔及旋转特征的中心线;也经常用于建立基准平面、同心放置的参考,如作为同轴特征的参考轴。在装配过程中,旋转特征常用轴线对齐进行装配,因此,基准轴是一种重要的辅助基准特征。

3.3.1 创建基准轴的方法

下面通过一个实例来介绍创建基准轴的方法,具体操作步骤如下。

(1) 打开实例源文件 fl-axi.prt,如图 3.20 所示。

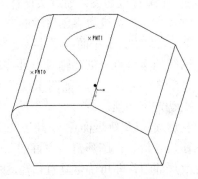

图 3.20 实例源文件

(2) 执行"插入"|"模型基准"|"轴"命令，或者单击"基准"工具栏中的"基准轴"按钮 /，系统弹出"基准轴"对话框。

(3) 单击模型中的一条边线，则所选边线变红，同时，对话框中显示放置约束方式为"穿过"，如图 3.21(a)和图 3.21(b)所示。单击对话框中的"确定"按钮，完成基准轴的创建，模型树窗口和图形上均显示轴线标志 A_1，如图 3.21(c)所示。

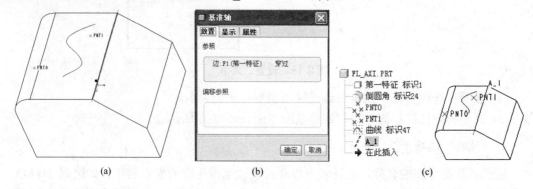

图 3.21　选取参考

3.3.2　创建基准轴的思路和具体过程

1. 思路

依据几何学的概念，轴线可以从如下方式中获得。
(1) 通过一条已有的直线(或边界线)作为轴线。
(2) 通过平面上一点，做垂直于平面的轴线。
(3) 通过两个已有的点确定一条轴线。
(4) 通过圆柱或圆弧面的中心线。
(5) 通过两个平面相交的交线获得轴线。
(6) 通过曲线上一点做切线，获得轴线。
(7) 通过曲面上一点，做曲面的法线获得轴线。

2. 具体过程

下面将一一介绍这些创建基准轴的具体过程。

(1) 穿过边界：通过实体特征的一条边创建一条基准轴线。3.3.1 节中所举实例的创建方式，即为穿过边界创建轴的方式，这里不再赘述。

(2) 垂直于平面：通过指定参考平面为垂直平面，再通过指定参照边(或其他参照)确定轴线的穿过点来创建轴线。具体过程为：单击选取一个平面，此时图形区域在所选平面上显示 3 个方形句柄，如图 3.22 所示。中间的句柄为轴线位置句柄，位于旁边的为定位句柄。拖动定位句柄之一，向模型的上边线(或上表面)移动到边线上，拖动另一个句柄向模型的左边线(或左侧表面)移动到边线上，此时在图形和对话框的"偏移参照"列表框中显示偏移尺寸值。在图形窗口中直接双击尺寸值然后修改数值，或者在"偏移参照"列表框中修改尺寸值，即可确定垂直轴在此平面的位置，如图 3.23 所示。单击对话框中的"确定"按钮，即可完成垂直于平面的基准轴的创建。

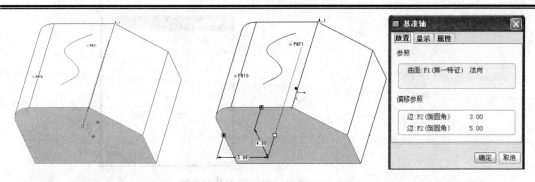

图 3.22　选取垂直参考平面　　　　　图 3.23　确定定位参考完成创建

（3）通过一点且垂直于平面：基准轴线通过实体特征上的一点，且垂直于指定的参考平面。具体过程为：在模型上选取 PNT1 点，"基准轴"对话框中的"参照"列表框中显示参照信息为"穿过"约束，按住 Ctrl 键，选择需要与之垂直的平面，此时对话框中参照信息自动确定为"法向"，如图 3.24 所示。单击"基准轴"对话框中的"确定"按钮，即可创建一条通过实体上一点且与一个平面垂直的轴线。

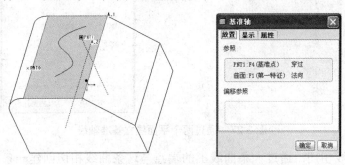

图 3.24　通过一点且垂直于平面建立基准轴

（4）通过两点：通过两个基准点或实体特征上的两个顶点创建一条基准轴线。在模型上选择一个顶点，按住 Ctrl 键，再选择另一个顶点，如图 3.25 所示。单击"基准轴"对话框中的"确定"按钮，即可创建一条通过两点的基准轴线。

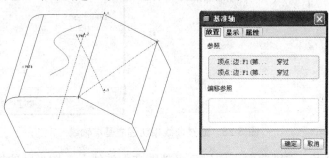

图 3.25　通过两点建立一条基准轴线

（5）通过圆柱面：通过圆柱面或者回转体表面创建一条中心基准轴线。在图形区的模型上单击选取实体上的倒圆角曲面，如图 3.26 所示。然后单击"基准轴"对话框中的"确定"按钮，即可创建一条该圆角曲面的中心轴线。

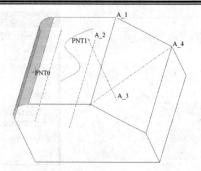

图 3.26 通过圆柱面建立基准轴线

(6) 通过两个平面：通过两个平面相交的交线创建一条基准轴线。在图形区的模型上单击选取实体特征上的一个平面，按住 Ctrl 键，再选择另一个平面，如图 3.27 所示。单击"基准轴"对话框中的"确定"按钮，即可创建通过两个平面交线的基准轴线。

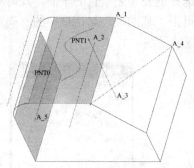

图 3.27 通过两个平面建立基准轴线

(7) 通过曲线相切：通过一条曲线上的端点与这条曲线相切创建一条基准轴线。在图形区的模型上单击选取曲线，按住 Ctrl 键，再选择该曲线上的一个端点，如图 3.28 所示。单击"基准轴"对话框中的"确定"按钮，即可创建一条与所选曲线相切的基准轴线。

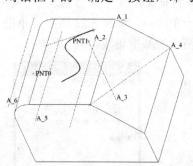

图 3.28 通过曲线相切建立基准轴线

(8) 通过曲面点：通过曲面点创建该点处的曲面法线。在图形区的模型上单击选取曲面上的 PNT0 点，按住 Ctrl 键，单击倒圆角曲面，如图 3.29 所示。

> **注意**
> ① 创建通过曲线相切的轴线时，除了可以在端点相切外，还可以在曲线上的点相切，其创建方法相同。
> ② 通过曲面上的点创建轴线时，除了可以创建该点在曲面上的法线外，还可创建与其他平面的垂线。

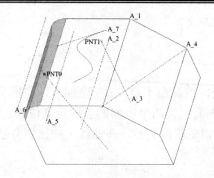

图 3.29 通过曲面点创建轴线

"基准轴"对话框中各选项卡的含义与"基准平面"对话框的完全相同,"显示"选项卡同样可以设置轴线的显示长度,"属性"选项卡同样可以修改轴线标示的名称,这里不再赘述。

3.4 基 准 点

基准点的创建大多用于定位,其用途如下。

(1) 某些特征须借助基准点以定义参数,如定义拉伸深度、定义旋转角度、定义变半径倒角的位置点以及定义装配的匹配点、连接点等。

(2) 用来定义有限元分析网络上的施力点。

(3) 在计算几何公差时,基准点可用来指定附加基准目标的位置。

基准点的用途非常广泛,常用来辅助创建其他基准特征,还可以辅助定义特征的位置。

在 Pro/ENGINEER 软件里,基准点分为基准点、偏移坐标系点、域点。

3.4.1 创建基准点的方法

下面通过一个实例具体介绍创建基准点的方法。

(1) 打开实例源文件"fl_point.prt",如图 3.30 所示。

(2) 执行"插入"|"模型基准"|"点"命令,可以打开"点"子菜单,如图 3.31 所示。或者单击"基准"工具按钮,此时系统弹出"基准点"对话框,可以根据不同的需要,用不同的方法绘制基准点。

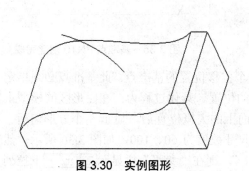 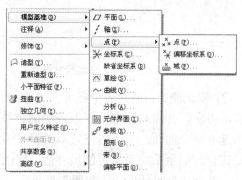

图 3.30 实例图形   图 3.31 "点"子菜单

3.4.2 创建基准点的思路和具体过程

1. 思路

依据几何学的概念，具体的点分为空间点和面上点。1 个空间点，需定义 X、Y、Z 轴 3 个方向的参照定义位置，1 个面上点，则需定义两个方向的参照定义位置。同时，还可以通过曲线与曲面相交获得交点，3 个曲面相交获得交点，在曲线上按比例分割获得位置点，在曲线上获得曲率中心的位置点。

2. 具体过程

绘制基准点的方法有 11 种，下面将一一详细介绍各种基准点的绘制方法。

(1) 通过曲面：创建一个在曲面上的基准点。此基准点可利用两个平面或边来决定点在曲面的具体位置。具体过程为：在图形区的模型上单击选取一个曲面，单击的位置系统默认为点在面上的大概位置后，显示 3 个方形句柄，中间一个为位置句柄，其余两个为定位句柄，如图 3.32 所示。用左键拖动定位句柄移至确定位置的面(边)后，系统自动标注该点至此面(边)的位置尺寸，如图 3.33 所示。在图形中双击尺寸值，或者在对话框的"偏移参照"列表框中单击尺寸值，修改尺寸为 40、60，如图 3.34 所示。单击"基准点"对话框中的"确定"按钮，即可以获得所需的基准点，如图 3.35 所示。

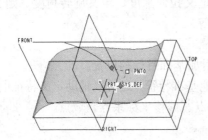

图 3.32 选取基准点的放置曲面

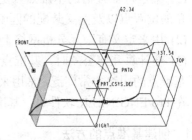

图 3.33 定位基准点在曲面的位置

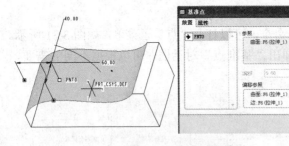

图 3.34 修改尺寸值

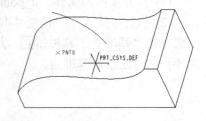

图 3.35 基准点 PNT0 创建完成

(2) 偏距曲面：创建一个在曲面上方(下方)某个位移位置的基准点。此基准点必须指定位移的方向，并须利用两个平面或边确定基准点的位置。具体过程为：在图形区的模型上单击选取一个曲面，单击的位置系统默认为点在面上的大概位置后，显示 3 个方形句柄。拖动定位句柄至系统显示定位尺寸后，修改定位尺寸数值为 60、100，如图 3.36 所示。然后在"基准点"对话框的"参照"栏单击"在...上"，则在"参照"栏显示  下拉列表框,单击 按钮,选择"偏移"约束方式,输入偏移值为"50",如图 3.37 所示。在"基准点"对话框中单击"确定"按钮,即创建了偏移曲面的基准点 PNT1,如图 3.38 所示,此基准点为空间基准点。

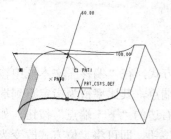  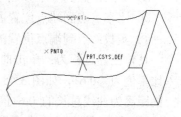

图 3.36 修改基准点在曲面的位置　　图 3.37 设置曲面偏距和偏移量　　图 3.38 基准点 PNT1 创建完成

(3) 曲线×曲面:通过一条曲线和一个曲面相交创建基准点(即曲线与曲面的交点)。具体过程为:在绘图区选择曲面,再按住 Ctrl 键,选择曲线,如图 3.39 所示。单击"基准点"对话框中的"确定"按钮,即可完成基准点 PNT2 的创建。

(4) 通过顶点:通过曲线端点、实体边或位置端点创建基准点。具体过程为:在图形上选取模型右端的一个顶点,单击"基准点"对话框中的"确定"按钮,即可创建基准点 PNT3,如图 3.40 所示。

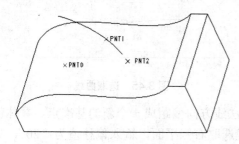 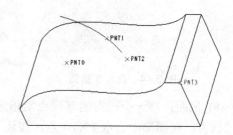

图 3.39 曲线×曲面创建基准点　　　　图 3.40 通过顶点创建基准点

(5) 通过中点:通过曲线的曲率中心创建一个基准点。具体过程为:如图 3.41 所示在图形中选取一条曲线,然后在"基准点"对话框中单击"在...上",在下拉列表框中选择"居中"约束,如图 3.42 所示。单击"基准点"对话框中的"确定"按钮,即可创建该曲线的曲率中心点作为基准点 PNT4,如图 3.43 所示。

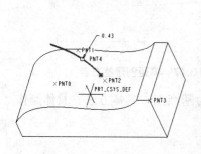  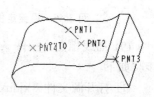

图 3.41 选取曲线　　　　　图 3.42 设置居中　　　　　图 3.43 曲率中心点 PNT4

(6) 3 曲面相交:通过 3 个曲面相交创建基准点。具体过程为:选取曲面,按住 Ctrl 键选取两个平面，如图 3.44 所示。单击对话框中的"确定"按钮，即可完成基准点 PNT5 的创建。

(7) 曲线：在一条曲线上创建一个基准点，点的位置可以以下列任一方式指定。
① 参照：点到一个参照平面的距离。
② 比率：点到端点位置占曲线长度的比值。
③ 实数：点到端点位置的实际长度。

具体创建过程为：单击曲线，接受系统默认的"比率"方式，在"偏移"文本框中输入比率值为"0.6"，如图 3.45 所示。图中带方框的黑点表示端点，其比率值为指定点到端点的距离为曲线总长的 0.6 倍。单击对话框中"曲线末端"右边的"下一端点"按钮，如图 3.46 所示，即可改变带框黑点的位置。选中"参照"单选按钮，即可将定位方式改变为"到参照平面的距离"。单击"比率"右边的下三角按钮，可以在下拉列表中选择"实数"选项，将定位方式改变为"实际尺寸"。单击对话框中的"确定"按钮，即可完成基准点 PNT6 的创建。

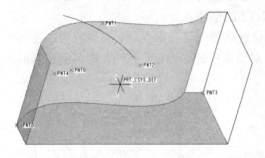

图 3.44　选取 3 曲面　　　　　　　　图 3.45　选取曲线

(8) 偏距：将一个已有的基准点沿指定平面法线方向偏距成一个新的基准点。具体创建过程为：在图形中选取 PNT0 点，按住 Ctrl 键选取右侧平面，输入偏移值为"20"，如图 3.47 所示。单击对话框中的"确定"按钮，完成基准点 PNT7 的创建。

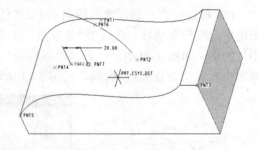

图 3.46　设置定位方式　　　　　　　　图 3.47　偏距创建基准点

(9) 曲线相交：由两条空间曲线相交获得投影交点作为基准点。具体方法、具体操作步骤如下。
① 打开源文件"xjquxian.prt"，如图 3.48 所示。
② 单击  按钮，选取第 1 条曲线，按住 Ctrl 键，选取第 2 条曲线，单击"基准点"对话框中的"确定"按钮，完成基准点创建，如图 3.49 所示。

(10) 偏移坐标系：偏移坐标系就是输入点的 X、Y、Z 坐标值来建立单个或多个基准点。其中的坐标系可以在笛卡儿坐标系、圆柱坐标系和球坐标系 3 种类型中进行选择。

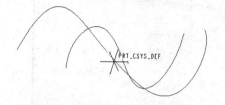

图 3.48　曲线相交基准点源文件

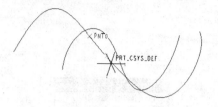

图 3.49　曲线相交基准点创建完成

具体创建步骤如下。

① 执行"插入"|"模型基准"|"点"|"偏移坐标系"命令，或者单击"基准点"工具栏中的 按钮，系统弹出"偏移坐标系基准点"对话框。

② 在"参照"选项中选择零件的坐标系，"类型"选项中选择"笛卡儿"选项，单击名称栏即可输入点的 X、Y、Z 坐标值，如图 3.50 所示。单击"确定"按钮，绘制的基准点如图 3.51 所示。

图 3.50　输入坐标值创建点

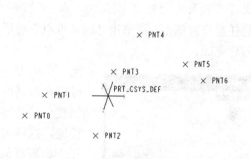

图 3.51　"偏移坐标系"基准点

> **提示**
>
> 单击"偏移坐标系基准点"对话框中的"保存"按钮，系统弹出"保存副本"对话框，输入该文件的名称和保存路径(文件夹)，即可保存为 PTS 格式文件。在对话框中单击"导入"按钮，即弹出"打开"对话框，选取 PTS 文件输入，即可创建新的"偏移坐标系"基准点。单击"更新值"按钮，系统弹出"记事本"窗口，可在此修改或添加新值。导入、保存副本的文件名不能有中文文字，导入的 PTS 文件可以用记事本(*.txt)编写，然后将文件的类型改成*.pts。编写格式如图 3.52 所示。得到的基准点效果如图 3.53 所示。

图 3.52 记事本编写格式

图 3.53 导入后效果

> 💡注意
> 用"偏移坐标系基准点"创建的坐标点只能以 PTS 文件格式保存,而无法保存为 IBL 文件格式,因此无法作为曲线的文件。要建立 IBL 格式文件,必须由 3.4.3 节所述方式建立。

(11) 域基准点:在实体或曲面的任意位置创建基准点,不需要指定任何数值或约束。执行"插入"|"模型基准"|"点"|"域"命令,或者单击"基准"工具图标 ,在实体的任意位置单击,再单击"域基准点"对话框(图 3.54)中的"确定"按钮,域基准点 FPNT0 创建完成。

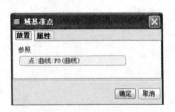

图 3.54 域基准点的创建

上述方式创建的基准点通常是单个点,如果创建多个点,可以在对话框中单击"新点"字符,重新启动一个新基准点的创建,其功能相当于单击"确定"按钮后,再单击"基准点"按钮,这样可以提高创建点的效率。

如果要创建曲线上的一群点,按此法效率太低,通常采用偏移坐标系创建基准点的方法创建坐标群点。这样创建的群点生成曲线,只能用经过点的方法一个一个地连接,效率还是不高。

3.4.3 创建 IBL 格式文件

IBL 格式文件是一个群点文件,如果在创建曲线中执行"来自文件"命令,则必须输入 IBL 格式文件。创建此格式文件可以在 Windows 的记事本中创建,然后保存为 IBL 格式文件。但在 Pro/ENGINEER 系统中直接创建来得更加方便。

具体操作方法如下。

(1) 执行"窗口"|"打开系统窗口"命令,系统弹出 DOS 窗口。

(2) 输入"edit"(编辑)命令,系统进入编辑界面。

(3) 输入如下字符：

Open Arclength   (开放的曲线长度)
Begin Section！1   (开始第 1 个截面，此为固定格式)
Begin Curve！1   (开始输入第 1 条曲线的坐标值)
……   (输入 X、Y、Z 坐标值，每个值之间留一空格)
Begin Section！2   (开始第 2 个截面)
Begin Curve！2   (开始输入第 2 条曲线的坐标值)
……

输入的内容如图 3.55 所示。

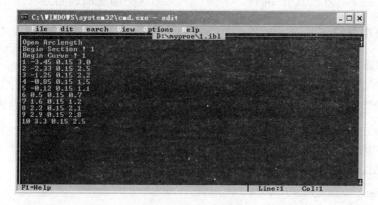

图 3.55　输入坐标值窗口

(4) 执行 File | Save As 命令，弹出 Save As 对话框，如图 3.56 所示。在 File Name 栏中输入保存该曲线的路径(路径可在 Directories 中选择，也可自定义，但需用 DOS 命令)和文件名(文件名也可在 Existing Files 中选择，或自定义文件名)，单击 OK 按钮，再执行 File | Exit 命令，即退出输入界面，然后输入"exit"命令，即可退出 DOS 系统。此时，Pro/ENGINEER 系统的界面上显示输入的点。

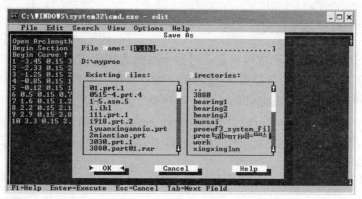

图 3.56　Save As 对话框

> 注意
> 用此法创建 IBL 文件，需要系统兼容 DOS 系统，才能够进入 DOS 系统。

3.5 基准曲线

在零件设计的过程中,基准曲线也是使用较频繁的一种基准特征,该特征主要用来创建线架构的几何图元,其用途如下。

(1) 扫描创建实体特征或曲面特征时的扫描轨迹。
(2) 定义曲面特征的边界线。
(3) 定义 NC 加工程序的切削路径。

创建基准曲线的方法共有 14 种,下面一一介绍这些创建曲线的方法。

3.5.1 草绘基准曲线

草绘基准曲线就是利用草绘器绘制二维曲线。具体操作步骤如下。

执行"插入"|"模型基准"|"草绘"命令,或者单击"基准"工具栏上的图标,系统弹出"草绘"对话框,选取 FRONT 平面为草绘平面,接受系统默认的视图方向和视图参照,单击"草绘"按钮,进入草绘曲线的界面。单击"样条线"工具按钮,绘制如图 3.57 所示的截面图形。单击"完成"按钮,完成截面绘制,即可获得曲线。按快捷键 Ctrl+D,使视图以标准方向显示,如图 3.58 所示。

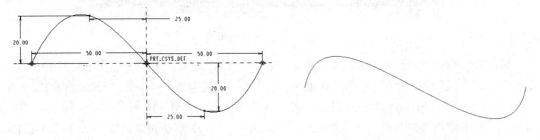

图 3.57 曲线的二维截面尺寸　　　　图 3.58 草绘曲线完成

3.5.2 "经过点"创建基准曲线

所谓"经过点"创建基准曲线就是经过数个点的连接生成一条曲线。要创建经过点的曲线,必须先创建一个阵列点(群点),通常用"偏移坐标系"创建点的方法创建。

下面介绍经过点创建基准曲线的方法。具体操作步骤如下。

(1) 新建一个零件文件,输入名称为"curve_point",取消选中"缺省模板"复选框,单击"确定"按钮,在"新文件选项"对话框中选取 mmns_part_solid 选项,单击"确定"按钮,进入零件设计界面。

(2) 单击"偏移坐标系基准点"工具按钮,系统弹出"偏移坐标系基准点"对话框,在模型树窗口选取系统坐标系,"类型"选择"笛卡儿",单击对话框中的导入按钮,在"打开"对话框中选取"pyzbx.pts"文件,单击"确定"按钮,导入偏移坐标系点的数据,如图 3.59 所示。单击"偏移坐标系"对话框中的"确定"按钮,完成偏移坐标系基准点的创建,如图 3.60 所示。

第 3 章 基准特征的创建

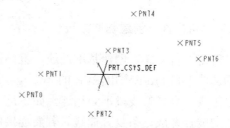

图 3.59 导入坐标值　　　　　　图 3.60 导入的"偏移坐标系"基准点

(3) 执行"插入"|"模型基准"|"曲线"命令，或单击"基准"工具栏中的⌒按钮，弹出菜单管理器的"曲线选项"菜单，如图 3.61 所示。

(4) 在"曲线选项"菜单中选择"通过点"选项，然后选择"完成"选项，系统弹出"连结类型"菜单和"曲线：通过点"对话框，如图 3.62 所示。

图 3.61 "曲线选项"菜单　　　　图 3.62 "连结类型"菜单和"曲线：通过点"对话框

"连结类型"菜单各选项释义如下。

① 样条：创建一条平滑的样条线，此为默认方式。

② 单一半径：点和点之间连为直线线段，但线段和线段的交接处则可指定一个圆角半径值，以形成圆角线段，而整条曲线的圆角半径值都是相同的。

③ 多重半径：连接方式与单一半径相同，但各个线段间的圆角半径值可不相同，即在每一个线段和线段的交接处皆可指定圆角半径值。

④ 单个点：在屏幕上一个一个地选取点，将其连成曲线。

⑤ 整个阵列：(此为默认选项)在屏幕上一个一个地选取曲线经过的点，但若点数据是由"偏移坐标系"|"导入"的方式一次读入非常多的点时，则可利用整个阵列，一次选取所有文件读入的数据。

⑥ 添加点：在曲线上添加点。

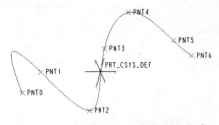

图 3.63 "曲线通过点"创建曲线完成

⑦ 删除点：删除一个选定的点。
⑧ 插入点：在选中的两个点之间插入一个点。

(5) 接受"连接类型"菜单中的默认选项(即"样条"、"整个阵列"、"添加点"选项)，选取 PNT0 点，在"连接类型"菜单中选择"完成"选项，单击"曲线：通过点"对话框中的"确定"按钮，完成曲线的创建，如图 3.63 所示。

3.5.3 "自文件"创建基准曲线

所谓"自文件"创建基准曲线，就是使用外部文件提供的点参数生成基准曲线，可输入的文件来自 Pro/ENGINEER 的 ibl、iges 或 vda 文件。输入的基准曲线可以由一条或多条线段组成，且多条线段不必相连。如果是多条线段，Pro/ENGINEER 不会自动将从文件输入的曲线合并成一条复合曲线。若要连接曲线段，应确保一段曲线的第一点的坐标与前一段的最后一点的坐标相同。

下面通过一个实例介绍"自文件"创建基准曲线的具体方法。

具体操作步骤如下。

(1) 新建一个零件文件，输入名称为"curve_file"，取消选中"缺省模板"复选框，单击"确定"按钮，在"新文件选项"对话框中选取 mmns_part_solid 选项，单击"确定"按钮，进入零件设计界面。

(2) 单击"基准"工具栏中的 按钮，在 "曲线选项"菜单中选择"自文件"选项，再选择"完成"选项，按提示选取系统坐标系，如图 3.64 所示。弹出"打开"对话框，在"打开"对话框中选取"1.ibl"文件(如图 3.55 所示文件)，单击"打开"按钮即可创建曲线，如图 3.65 所示。

图 3.64 选取系统坐标系

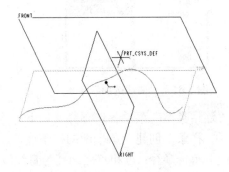

图 3.65 通过文件创建曲线

3.5.4 "使用剖截面"创建基准曲线

所谓"使用剖截面"创建基准曲线就是创建模型剖截面的边界线作为基准曲线。

下面通过一个实例介绍使用剖截面创建基准曲线的具体方法。

具体操作步骤如下。

(1) 打开实例源文件 curve_section.prt，如图 3.66 所示。

(2) 执行"视图"|"区域"命令，系统弹出"视图管理器"对话框，在 Xsec0001 输入剖面名称 a，单击中键，系统弹出"剖截面创建"菜单，接受默认设置，选择"完成"选项，系统弹出"设置平面"菜单，如图 3.67 所示，信息栏提示"选取平面或基准平面"。选取 DTM1 平面，完成剖截面，如图 3.68 所示。

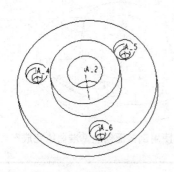

图 3.66 实例源文件　　　　　图 3.67 使用平面创建剖截面的设置

(3) 在"视图管理器"对话框中单击"新建"按钮，在"名称"列表框内输入新截面名称 b，如图 3.69(a) 所示。单击中键，在"剖截面创建"菜单中选择"偏移"、"双侧"、"单一"选项，如图 3.69(b) 所示。然后选择"完成"选项，系统弹出"设置草绘平面"菜单，如图 3.69(c) 所示。信息栏提示 选取或创建一个草绘平面，选取零件上表面为草绘平面，选择"缺省"接受系统默认的方向和视图参照，进入草绘界面。执行"草绘"|"参照"命令，加选外圆弧及轴线 A4、A2、A5 为参照(以便系统自动约束为共点)，绘制如图 3.70 所示的两段直线。单击 ✓ 按钮完成截面的绘制，单击中键，完成剖截面的创建，如图 3.71 所示。

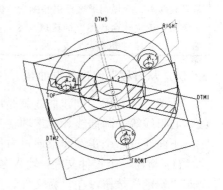

图 3.68 创建第 1 剖截面

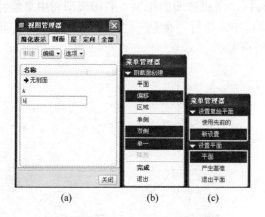
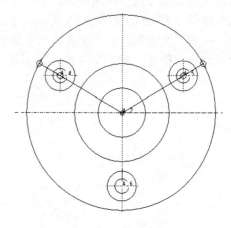

图 3.69 "偏移"创建剖截面的设置　　　　图 3.70 绘制截面

(4) 单击"基准"工具栏中的 按钮,在"曲线选项"菜单中选择"使用剖截面"选项,再选择"完成"选项,在"截面名称"菜单中选择"名称",系统提示 输入剖面名 [退出]:,输入 a,单击中键,图形显示如图 3.72 所示。

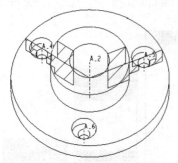
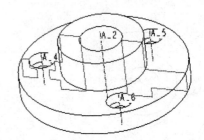

图 3.71　偏距创建剖截面完成图　　　　图 3.72　使用剖截面创建基准曲线完成

> **提示**
> 绘制剖截面时,如果是一般的全剖、半剖、局部剖,在"剖截面创建"菜单中选择平面剖切。如果是旋转剖、阶梯剖则选择偏移剖切。偏移剖切时,必须绘制剖切截面。"区域"是 5.0 版的新增功能,主要用于设定"向视图"的区域。本例的创建过程是基于未创建剖截面的情况。如果模型中已有剖截面,可以直接用步骤(4)完成。

3.5.5　"从方程"创建基准曲线

所谓"从方程"创建曲线就是用一组参数方程创建曲线,通常用于创建螺旋线、渐开线、心形线等非圆曲线。此选项在工程设计中使用较多,例如设计齿轮渐开线齿形等。

下面通过一个实例介绍通过方程创建基准曲线的具体方法。具体操作步骤如下。

(1) 新建一个零件文件,输入名称为"curve_equation",取消选中"缺省模板"复选框,单击"确定"按钮,在"新文件选项"对话框中选取 mmns_part_solid 选项,单击"确定"按钮,进入零件设计界面。

(2) 绘制一个基圆。单击"草绘"工具按钮 ,选取 FRONT 平面为草绘平面,接受系统默认的视图方向和视图参照,单击"草绘"按钮,进入草绘界面。绘制一个圆,修改圆的直径尺寸为 100,如图 3.73 所示。单击 按钮,完成截面的绘制。右击模型树中草绘特征,执行"编辑"命令,让直径尺寸显示在窗口中。执行"信息"|"切换尺寸"命令,将尺寸切换为符号,如图 3.74 所示,记录当前的符号。

图 3.73　基圆截面尺寸　　　　　　　图 3.74　切换尺寸

(3) 执行"插入"|"模型基准"|"曲线"命令，在菜单中选择"从方程"选项，再选择"完成"选项，弹出"曲线：从方程"对话框和"得到坐标系"菜单，按提示选取坐标系后，在"设置坐标类型"菜单中选取"笛卡儿"选项(图 3.75)，弹出"rel.ptd-记事本"窗口，在该窗口中输入渐开线的参数方程，如图 3.76 所示。然后执行"文件"|"保存"命令，单击"曲线：从方程"对话框中的"确定"按钮，即可得渐开线，如图 3.77 所示。

图 3.75　各级菜单和对话框

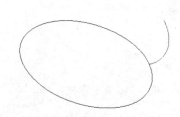

图 3.76　输入参数方程示意　　　　图 3.77　通过方程创建基准曲线完成

> **提示**
>
> 在输入渐开线参数方程时，要注意所绘制的基圆在哪个基准平面上。如果在 XY 平面上，所输入的参数方程且与图 3.72 所示相同，即 Z=0。如果在 ZX 平面上，则设坐标为 X、Z，Y=0。否则，渐开线将不能绘出或者渐开线不在基圆平面上。

3.5.6　"曲面求交"创建基准曲线

所谓通过"曲面求交"创建基准曲线即利用两个曲面的交线创建基准曲线。

下面通过一个实例介绍曲面求交创建基准曲线的具体方法，具体操作步骤如下。

(1) 打开实例源文件 curve_inter.prt，如图 3.78 所示。

(2) 在"过滤器"中选择"面组"选项，选取圆柱曲面，按住 Ctrl 键选取另一曲面，如图 3.79 所示。

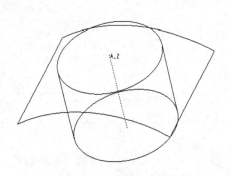

图 3.78　实例源文件

(3) 执行"编辑"|"相交"命令,完成曲面求交基准曲线的创建,如图 3.80 所示。

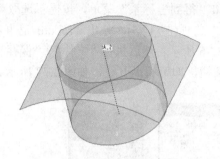

图 3.79 选取相交曲面

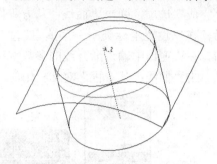

图 3.80 曲面相交创建基准曲线完成

3.5.7 "投影"创建基准曲线

所谓通过"投影"创建基准曲线就是草绘一个截面或选取已存在的基准曲线,然后将其投影到一个或多个曲面上来创建基准曲线,投影基准曲线将"扭曲"原始曲线的长度。

下面通过一个实例介绍创建投影曲线的具体方法。具体操作步骤如下。

(1) 打开实例源文件 curve_project.prt,如图 3.81 所示。

(2) 执行"编辑"|"投影"命令,系统弹出"投影"操控面板,如图 3.82 所示。选择"参照"选项卡,系统弹出"参照"下滑面板,如图 3.83(a)所示。单击"参照"下滑面板中 投影链 右边的下三角按钮,系统弹出下拉列表,如图 3.83(b)所示。选取"投影草绘"选项,下滑面板显示如图 3.84 所示。单击"草绘"收集器右边的 定义... 按钮,定义 TOP 平面为草绘平面,接受系统默认的视图方向和视图参照,单击"确定"按钮,进入草绘界面。单击 A 按钮,输入 pro 字符,如图 3.85 所示。单击"完成"按钮 ✓,完成截面绘制。单击操控面板上的"曲面"收集器 曲面 ● 选取项目 中的字符,激活曲面选取,选取源文件曲面为投影曲面,单击"方向参照"收集器 ● 单击此处添加项目 中的字符,选取 TOP 平面为方向参照,如图 3.86 所示。单击中键,完成投影曲线的创建,如图 3.87 所示。

图 3.81 实例源文件

图 3.82 "投影"操控面板

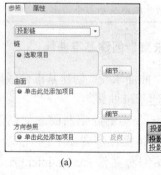

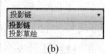

(a)　　　　(b)

图 3.83 "参照"下滑面板

图 3.84 选取"投影草绘"后下滑面板的显示

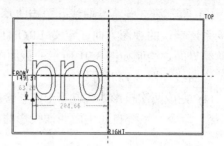
图 3.85 草绘截面尺寸示意

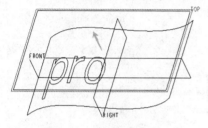
图 3.86 选取投影方向

图 3.87 投影曲线完成

3.5.8 "两次投影"创建基准曲线

所谓通过"两次投影"创建基准曲线就是由两个不平行的草绘平面上的两条草绘曲线沿着各自的投影方向无限延伸直到它们相交,在交截处形成的曲线即为两次投影基准曲线。

下面通过一个实例介绍两次投影曲线的创建方法。创建如图 3.88 所示的回形针轨迹曲线。具体操作步骤如下。

(1) 新建一个零件文件,输入名称为"curve_2projection",取消选中"缺省模板"复选框,单击"确定"按钮,在"新文件选项"对话框中选取 mmns_part_solid 选项,单击"确定"按钮,进入零件设计界面。

(2) 绘制第 1 条草绘曲线。单击"草绘"工具按钮,定义 FRONT 平面为草绘平面,接受系统默认的视图方向和参照,单击"草绘"按钮,进入草绘界面,绘制如图 3.89 所示的截面图形。单击"完成"按钮,完成截面的绘制,生成的草绘曲线如图 3.90 所示。

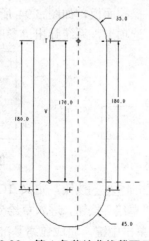

图 3.88 回形针轨迹曲线　　图 3.89 第 1 条草绘曲线截面尺寸　　图 3.90 第 1 条草绘曲线完成

(3) 绘制第 2 条草绘曲线。单击"草绘"工具按钮，定义 RIGHT 平面为草绘平面，接受系统默认的视图方向，定义 FRONT 平面的正向为顶部参照。单击"草绘"按钮，进入草绘界面，绘制如图 3.91 所示的截面图形。单击"完成"按钮，完成截面的绘制，生成草绘曲线如图 3.92 所示。

(4) 完成两次投影。选取第 1 条草绘曲线，按住 Ctrl 键选取第 2 条曲线，执行"编辑"｜"相交"命令，系统自动生成两次投影曲线，单击中键完成创建，如图 3.88 所示。

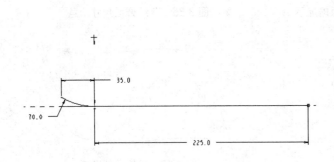
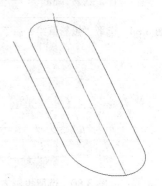

图 3.91　第 2 条草绘曲线截面尺寸　　　　图 3.92　第 2 条草绘曲线完成

3.5.9 "包络"创建基准曲线

"包络"创建基准曲线的方法与投影创建基准曲线相同，所不同的是包络后的投影曲线保留曲线的原始长度。由于要维持原始长度，曲线必须缩放，此时必须设一个投影中心，即草绘中心或截面坐标系，同时包络基准曲线只能在可展开的曲面上印贴，如圆锥面、平面和圆柱面。

下面通过实例介绍创建包络基准曲线的创建方法。具体操作步骤如下。

(1) 打开实例源文件 curve_project-ok.prt，如图 3.93 所示。

(2) 执行"编辑"｜"包络"命令，系统弹出"包络"操控面板，如图 3.94 所示。选择操控面板上的"参照"选项卡，系统弹出"参照"下滑面板，如图 3.95 所示。

图 3.93　实例源文件

图 3.94　"包络"操控面板　　　　图 3.95　"参照"下滑面板

(3) 单击"草绘"收集器右边的 定义 按钮，定义 TOP 平面为草绘平面，接受系统默认的视图方向和视图参照，单击"草绘"按钮，进入草绘界面，绘制如图 3.96 所示的截面。单击 按钮，完成截面的绘制。单击中键，完成包络基准曲线的创建。按 Ctrl+D 组合键，使视图标准方向显示，如图 3.97 所示。

图 3.96 绘制截面

图 3.97 完成包络曲线

> **提示**
> 如果绘制截面坐标系，包络时将以截面坐标系的坐标点为中心产生包络曲线，如果不绘制坐标系，系统自动以草绘中心为中心产生包络线。

3.5.10 "修剪"创建基准曲线

所谓通过"修剪"创建基准曲线，就是将原始基准曲线的一部分截去或将其分割，变成一条新的曲线或者分割成两段曲线。

下面通过一个实例介绍修剪创建基准曲线的方法。具体操作步骤如下。

(1) 打开实例源文件 curve_trim.prt，如图 3.98 所示。

(2) 选取曲线，执行"编辑"|"修剪"命令，弹出图 3.99 所示的操控面板。

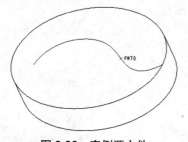
图 3.98 实例源文件

图 3.99 "修剪"操控面板

(3) 系统提示 选取要用作修剪对象的任何点、曲线或平面。，单击选取 PNT0 点，在 PNT0 点位置显示方向箭头，如图 3.100 所示，此箭头标示保留线段的方向。在操控面板上单击"反向"按钮，箭头即可反向。再次单击该按钮，则显示双向箭头，表示线段两端均保留，即分割线段成两段。再次单击"反向"按钮，箭头恢复起始方向。接受系统默认的保留曲线线段方向，单击中键完成修剪，即可获得图 3.101 所示的修剪基准曲线。

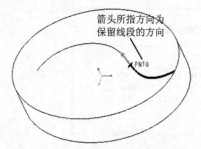
图 3.100 保留曲线线段方向显示

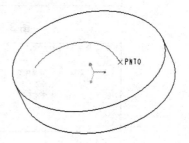
图 3.101 修剪完成

3.5.11 “边界”创建基准曲线

所谓通过“边界”创建基准曲线，就是在同一个曲面上偏移某一条边界线，从而获得曲线。

下面通过一个实例介绍从边界创建基准曲线的方法。具体操作步骤如下。

(1) 打开实例源文件 curve_boundary.prt，如图 3.102 所示。

(2) 单击曲面，再单击边界，如图 3.103 所示。执行“编辑”|“偏移”命令，窗口立即显示曲线偏移的方向及偏移尺寸值，如图 3.104 所示，并弹出如图 3.105 所示的“偏移”操控面板，在操控面板中可修改尺寸值，也可单击“反向”按钮改变偏移的方向。选择操控面板中的“量度”选项卡，系统弹出“量度”下滑面板，如图 3.106 所示。在“量度”下滑面板的空白处右击，在弹出的快捷菜单中执行“添加”命令，即可添加一个偏移点，如图 3.107 所示。在如图 3.107 所示的下滑面板中“位置”列表单击数值，修改为 1，即将第 2 点的位置确定在另一端，如图 3.108 所示。在“距离”列表处单击数值修改为 50，如图 3.109 所示。单击中键，完成通过边界创建基准曲线的操作，如图 3.110 所示。

图 3.102　实例源文件

(3) 执行“文件”|“保存副本”命令，输入新名称“curve_boundary-ok”，单击“确定”按钮，完成文件保存。

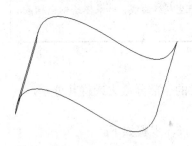

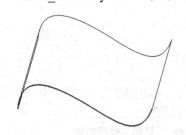

图 3.103　选取边界线

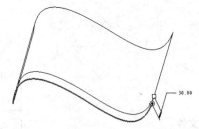

图 3.104　执行偏移命令后的显示

图 3.105　“偏移”操控面板

量度　属性

点	距离	距离类型	边	参照	位置
1	30.00	垂直于边	边:F6(拉伸_1)	顶点:边:F6(拉伸_1)	终点1

图 3.106　“量度”下滑面板

量度　属性

点	距离	距离类型	边	参照	位置
1	30.00	垂直于边	边:F6(拉伸_1)	顶点:边:F6(拉伸_1)	终点1
2	30.00	垂直于边	边:F6(拉伸_1)	点:边:F6(拉伸_1)	0.50

图 3.107　添加偏移点

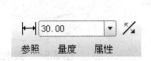

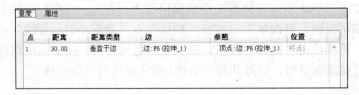

图 3.108　修改偏移点的位置

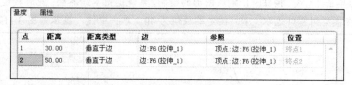

图 3.109　修改偏移点的距离

3.5.12 "曲面偏距"创建基准曲线

所谓"曲面偏距"创建基准曲线，就是将曲线沿着曲面的法线方向偏移，产生一条新的曲线。创建曲面偏距基准曲线可以平行偏移，也可以非平行偏移。非平行偏移时，必须绘制一个图形文件作为偏移参照。

下面通过一个实例介绍曲面偏距创建基准曲线的方法，具体操作步骤如下。

(1) 打开实例源文件 curve_boundary-ok.prt，如图 3.110 所示。

(2) 选取曲线，执行"编辑"|"偏移"命令，系统弹出"偏移"操控面板，在操控面板中单击"偏移类型"下三角按钮，然后在下拉列表中选择"垂直于参照曲面偏移"选项，操控面板显示如图 3.111 所示。

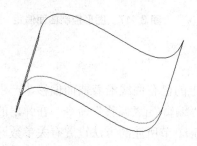

图 3.110　通过边界创建基准曲线完成

图 3.111　"偏移"操控面板

(3) 修改偏移值为 40，显示如图 3.112 所示。单击"反向"按钮，显示如图 3.113 所示。再单击按钮，单击中键完成创建，如图 3.114 所示。

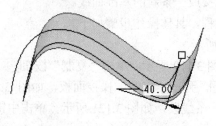

图 3.112　偏移显示

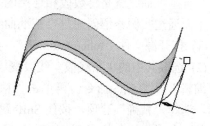

图 3.113　反向示意

提示

在上例中如果选择"选项"选项卡,系统弹出"选项"下滑面板,如图 3.115 所示。其中有两个选项:"图形"和"缩放"。图形就是通过绘制的图形表示曲面偏距的比例值,曲线按照图形比例值进行曲面偏距。执行"插入"|"模型基准"|"图形"命令,在消息输入窗口中输入字母"a",单击中键,进入图形绘制截面。单击"坐标系"工具按钮 ,在适当的位置单击建立截面坐标系,绘制如图 3.116 所示的截面图形。单击"完成"按钮 ,完成图形的绘制,系统退出草绘界面。此时模型树窗口出现 ,单击 单位图形 ,在模型树窗口选取 ,设定缩放值为 40,单击中键,显示如图 3.117 所示。

图 3.114　曲面偏距创建基准曲线完成

图 3.115　"选项"下滑面板

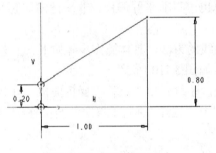

图 3.116　图形截面尺寸

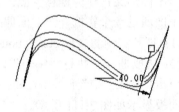

图 3.117　图形控制曲面偏距

3.5.13 "曲线"创建基准曲线

所谓通过"曲线"创建基准曲线,就是将曲面上的已有曲线沿着曲面偏移,产生一条新的曲线。其创建方法就是选取已有的曲线,执行"编辑"|"偏移"命令,在弹出的操控面板中单击"沿参照曲面偏移曲线"按钮 ,按 3.5.11 节所述的方法设置有关参数即可,这里不再赘述。

3.5.14 复合基准曲线

复合基准曲线就是将数段相连接的基准曲线连接成一条新的基准曲线。

下面通过实例介绍创建复合基准曲线的具体过程,具体操作步骤如下。

(1) 打开源文件"fuhequxain.prt",如图 3.118 所示。

(2) 选取其中的 1 条线段,线段变成红色,如图 3.119 所示。单击"复制"按钮 或执行"编辑"|"复制"命令,再单击"粘贴"按钮 ,弹出"复制"操控面板,如图 3.120 所示。选择"精确"选项,按住 Shift 键,再选另一条线段,如图 3.121 所示。单击中键,复合基准曲线完成,如图 3.122 所示。

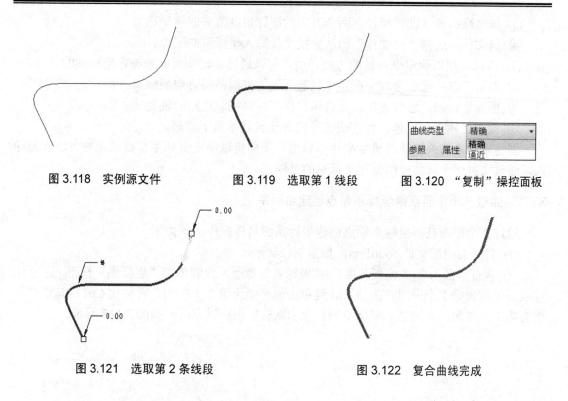

图 3.118 实例源文件　　图 3.119 选取第 1 线段　　图 3.120 "复制"操控面板

图 3.121 选取第 2 条线段　　　　　图 3.122 复合曲线完成

3.6 基准坐标系

坐标系是设计中最重要的公共基准，常用来确定特征的绝对位置，是创建混合实体特征、折弯特征等过程中不可缺少的基本参照。特别是组件装配、通用的三维模型格式(如 IGES 和 STL 格式)、NC 加工和工程分析等模块中都需用到坐标系。

Pro/ENGINEER 系统可以用 3 种方式表示坐标系：笛卡儿坐标系、圆柱坐标系和球坐标系。创建基准坐标系即确定基准坐标系的原点以及确定各坐标轴的方向。执行"插入"|"模型基准"|"坐标系"命令或者单击"基准"工具栏中的 图标，系统弹出"坐标系"对话框，选择配置各参数，即可进入坐标系的创建，如图 3.123 所示。

对话框选项释义如下。

(1) 原点：在"原点"选项卡中，用户可以通过选择"参照"来创建坐标系的原点。确定原点的方式有 3 个平面相交、在曲面上确定点、用曲面上已有的点、轴线的端点、顶点等。如果选择系统坐标系作为原点参照，偏移的类型有笛卡儿、圆柱坐标、球坐标和自文件 4 种方式。

① 笛卡儿：通过设置 X、Y、Z 的偏移值来创建坐标系。

② 圆柱坐标：通过设置半径、旋转角度值和 Z 坐标值来创建坐标系。

图 3.123 "坐标系"对话框

③ 球坐标：通过设置半径、两个方向的旋转角度值来创建坐标系。
④ 自文件：选择"自文件"即从转换文件输入坐标系的配置。
(2) 方向：用以确定坐标轴的方向。用户可以通过旋转和反向来确定坐标轴的方向。
① 参考选取：通过选取坐标系中任意两轴的方向参照方向坐标系。
② 所选坐标轴：选取该项，允许用户将坐标系绕着选定的轴旋转。
③ 设置 Z 垂直于屏幕：允许快速反向 Z 轴使其垂直于屏幕。

创建坐标系的关键就是确定坐标系原点。下面将以确定坐标系原点的几种方法作为导入，通过实例逐一具体介绍创建坐标系的过程。

3.6.1 通过 3 个平面获得坐标系原点创建坐标系

通过 3 个平面获得坐标系原点创建坐标系的具体操作步骤如下。

(1) 打开实例源文件 coord.prt，如图 3.124 所示。

(2) 执行"插入"|"模型基准"|"坐标系"命令，或者单击"坐标系"按钮，单击选取顶平面为第 1 个平面，按住 **Ctrl** 键单击侧平面为第 2 个平面，再按住 **Ctrl** 键选取前平面为第 3 个平面。系统显示坐标系的原点和默认的坐标轴方向，如图 3.125 所示。

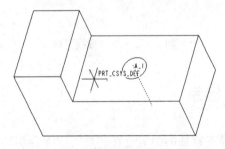
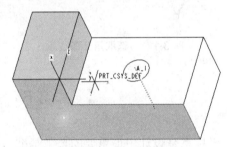

图 3.124　实例源文件　　　　　　　　图 3.125　选取 3 个相交平面

(3) 在"坐标系"对话框中选择"方向"选项卡，显示如图 3.126 所示的界面。在此界面中，用户可以修改坐标轴的位置和方向(单击 X 右边的下三角按钮可以选定 X、Y、Z 中的一项来取代原来的坐标轴，单击 反向 按钮可以改变坐标轴的方向)。单击 X 右边的下三角按钮，选择 Y 为该轴的方向。单击 Z 右边的下三角按钮，选择 X 轴为该轴的方向。单击对话框中的"确定"按钮，即可完成基准坐标系的创建，如图 3.127 所示。

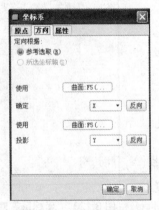
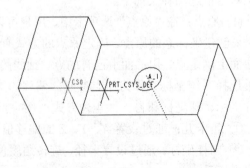

图 3.126　设置坐标轴方向　　　　　　图 3.127　3 个平面相交创建坐标系完成

> **注意**
>
> 通常情况下，选取的第 1 个面的法向为 X 轴的方向，选取的第 2 个面的法向为 Y 轴的方向。

3.6.2 以轴与平面的交点为原点创建基准坐标系

以轴与平面的交点作为原点创建基准坐标系的具体操作步骤如下。

(1) 沿用上一实例文件。单击"坐标系"按钮，选取轴线 A1，按住 Ctrl 键，选取顶平面，如图 3.128 所示。

(2) 在"坐标系"对话框中选择"方向"选项卡，单击 右边的下三角按钮，选择 Y 轴为该轴的坐标轴，如图 3.129 所示。单击第 2 个"使用"后面的空白区，选择两面相交的侧边，如图 3.130 所示。接受默认的 Z 轴方向，单击"坐标系"对话框中的"确定"按钮，即可完成坐标系的创建，如图 3.131 所示。

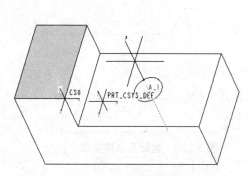

图 3.128 选取轴线和上平面

图 3.129 确定 Y 坐标轴

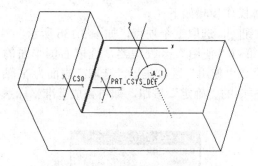

图 3.130 选取决定坐标轴的边

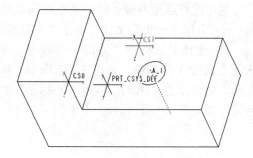

图 3.131 坐标系创建完成

3.6.3 在平面上创建点为原点创建基准坐标系

在平面创建点为原点创建基准坐标系的具体操作步骤如下。

(1) 沿用上一实例文件。单击"坐标系"按钮，选取上平面，如图 3.132 所示。

(2) 鼠标拖动绿色句柄到右侧和后侧两条边位置，分别输入离右侧距离 80，离后侧距离 75，如图 3.133 所示。

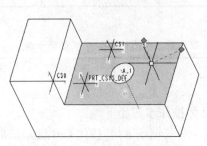

图 3.132 选取放置原点的面

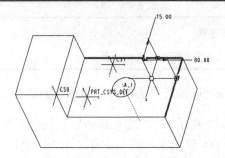

图 3.133 定位坐标系原点

(3) 选择"方向"选项卡,单击第 1"使用"区 [Z] 右边的下三角按钮,改为 Y 轴,单击第 2"使用"区 [X] 右边的下三角按钮,改为 Z 轴,如图 3.134 所示。单击对话框中的"确定"按钮,即可完成坐标系的创建,如图 3.135 所示。

图 3.134 设置坐标轴方向

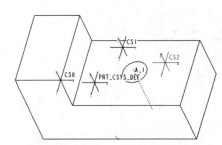

图 3.135 坐标系创建完成

3.6.4 用已有点作为原点创建基准坐标系

利用已有点作为原点创建基准坐标系的具体操作步骤如下。

(1) 沿用上一实例文件。单击"坐标系"按钮 ,选取 1 个顶点,如图 3.136 所示。

(2) 选择对话框中"方向"选项卡,单击第 1"使用"区收集器,选取右侧平面的法线方向为 X 坐标轴,如图 3.137 所示。单击第 2"使用"区收集器,选取上表面为 Y 轴方向,如图 3.138 所示。单击"坐标系"对话框中的"确定"按钮,即可完成基准坐标系创建,如图 3.139 所示。

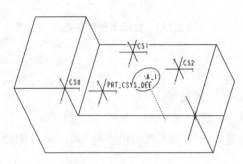

图 3.136 选取已有点

图 3.137 确定 X 轴方向

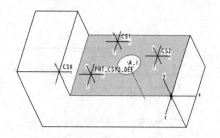
图 3.138 选取坐标轴方向

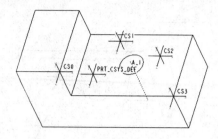
图 3.139 坐标系创建完成

3.6.5 通过偏距坐标系创建基准坐标系

通过对参照坐标系的偏移和旋转来创建基准坐标系。

具体操作步骤如下。

(1) 沿用上一实例文件。单击"坐标系"按钮, 选取系统坐标系作为参照, 弹出的对话框如图 3.140 所示。"偏移类型"选项选为"笛卡儿", 设置偏距值为 $X=100$, $Y=50$, $Z=-40$, 如图 3.141 和图 3.142 所示。

图 3.140 "偏移"坐标系对话框

图 3.141 输入偏移值

(2) 选择对话框中的"方向"选项卡, 选中"所选坐标轴"单选按钮, 将各坐标轴的旋转角度设置为 $X=30$, $Y=20$, $Z=50$, 如图 3.143 和图 3.144 所示。单击"坐标系"对话框中的"确定"按钮, 完成基准坐标系的创建, 如图 3.145 所示。

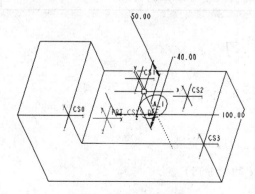
图 3.142 输入值后的显示

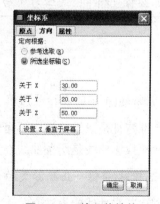
图 3.143 输入旋转值

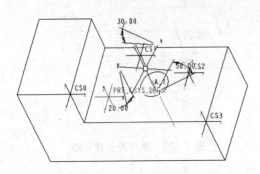
图 3.144　坐标轴旋转后的显示

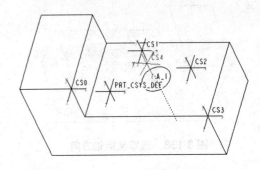
图 3.145　坐标轴创建完成

本 章 小 结

　　本章主要介绍了基准特征，包括基准平面、基准轴、基准点、基准曲线和基准坐标系。所有的基准特征都是用作参考特征和辅助特征的，它是特征创建中必不可少的特征。
　　基准平面特征是使用最频繁的特征，大多数特征的创建过程都要使用它。创建它的方式有两种，即直接创建法和临时创建法。直接创建法创建的特征可以重复使用，但使图面显得凌乱；临时创建法不能重复使用，但使图面显示简洁。设计者可以根据需要灵活使用。
　　基准曲线特征是创建曲面时必不可少的特征，创建方法有 14 种之多，设计者应熟练掌握其方法，其中，投影曲线和包络曲线的创建是曲面上打字必不可少的方法。两次投影曲线是创建空间曲线较有效的方法。基准坐标系的创建在制造模块中使用最多，在装配模块中也常使用。基准轴和基准点也是使用较为普遍的特征，多在放置特征中使用。
　　在实际设计过程中，需要根据当前的模型条件来创建符合设计需要的基准特征，而当前的模型条件千差万别，因此，必须灵活掌握不同条件下创建基准特征的方法。在以后的三维建模中，我们还会结合实际设计过程进一步介绍基准特征的创建方法与用途，所以多练、多记、多思、多比较、多归纳是学好本章的要诀。如果本章有些难点实在弄不懂，那么暂且搁下，等学习了后面章节再回过头来复习本章的内容。

思 考 与 练 习

一、判断题(正确的在括号内填 "T"，错误的填 "F")

1．基准特征是三维建模中不可缺少的特征。　　　　　　　　　　　　　　　(　　)
2．两次投影曲线是两条曲线在不同投影面上投影的交线。　　　　　　　　　(　　)

二、选择题(将唯一正确答案的代号填入题中的括号内)

1．创建基准曲线的方法有(　　)种。
　　A．9　　　　　　　B．11　　　　　　　C．14　　　　　　　D．15

2. 创建基准平面的方法有(　　)种。
   A. 2　　　　　B. 6　　　　　C. 7　　　　　D. 8
3. 创建基准坐标系的方法有(　　)种。
   A. 4　　　　　B. 5　　　　　C. 6　　　　　D. 7

三、问答题

1. 基准特征包括哪些类型？各有什么特点？
2. 举例说明基准特征的作用。
3. 基准特征与其他特征有什么区别？
4. 基准点有哪些基本类型？各有何特点？

四、练习题

1. 绘制图 3.146 所示的扫描轨迹线，并将其复合成基准曲线。

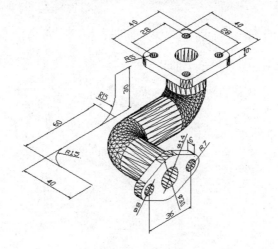

图 3.146　扫描轨迹线

2. 创建图 3.147 所示图形的基准平面 DTM1 和 DTM3。DTM1 离底面距离为 180，DTM3 离 FRONT 的距离为 90。

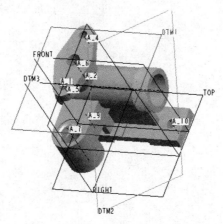

图 3.147　创建图形的基准平面

3. 自己动手根据以下方程创建基准曲线。建立环境：笛卡儿坐标系。

$$\begin{cases} h=50 \\ a=\text{pi}/2 \\ x=90+90*t \\ y=0.5*h*(1-\cos(t*\text{pi}*90/a)) \\ z=0 \end{cases}$$

第 4 章　三维建模基础特征

教学目标

通过本章的学习，掌握三维特征构建的基本思路和方法，结合实例的学习，举一反三，达到能够根据零件的已有参数顺利构建基本三维模型。

教学要求

能力目标	知识要点	权　重	自测分数
了解模型树和零件参数的基本设置	模型树的显示和相关设置，零件的材料、精度、单位等相关参数的设置	5%	
掌握拉伸、旋转、混合、扫描等特征的创建思路和方法	拉伸、旋转、混合、扫描等基础特征操控面板、菜单选项的应用及创建思路和方法	45%	
掌握扫描混合、螺旋扫描、可变截面扫描、边界混合特征的创建思路和方法	扫描混合、螺旋扫描、可变截面扫描、边界混合特征操控面板、菜单选项的应用及创建思路和方法	50%	

 引例

图 4.1 所示模型是由两个圆柱、一个斜板用筋板连接而成的一个零件。在 Pro/ENGINEER 里完成这个模型的创建，需要加入拉伸、旋转、混合、扫描等基础特征和倒角、孔、阵列等工程特征才能完成。

从本章开始将逐章介绍三维建模的具体特征创建。一般而言，用 Pro/ENGINEER 创建三维模型的步骤通常为先创建基础特征，然后在基础特征上创建工程特征，如倒角、孔、筋、壳等。基础特征是三维模型的基础，是一个零件的轮廓特征，创建什么样的特征作为零件的基础特征是比较重要的，一般由设计者根据产品的设计意图和零件的特点灵活掌握。

图 4.1　引例模型

本章将首先介绍三维模型创建的有关设置，然后重点介绍三维模型基础特征的具体参数化设计。这些特征包括拉伸、旋转、混合、扫描、扫描混合、边界混合、螺旋扫描、可变截面扫描。其中将详细介绍这些特征的运用特点、构成要素和设计思路,并通过实例讲解这些特征的综合运用。

4.1 特征模型树

特征模型树是一个重要的信息窗口,是三维模型设计中常用的辅助功能,主要用于显示建模过程的特征顺序和信息,使设计者可以清晰地了解到产品建模的顺序及特征之间的父子关系,也可以直接在特征模型树上选取和编辑特征。图 4.2 所示为特征模型树的显示窗口。

4.1.1 特征模型树的设置

特征模型树主要包含产品模型的建模顺序和特征之间的父子关系。合理地设置特征模型树便于工作,并提高设计效率。

1. "显示"选项按钮

单击模型树窗口中的"显示"按钮,弹出"显示"菜单选项,如图 4.3(a)所示。

(1) 层树:用于显示"层树"选项卡,选择该选项,模型树窗口中自动增加"层"选项卡,同时"显示"菜单选项如图 4.3(b)所示。

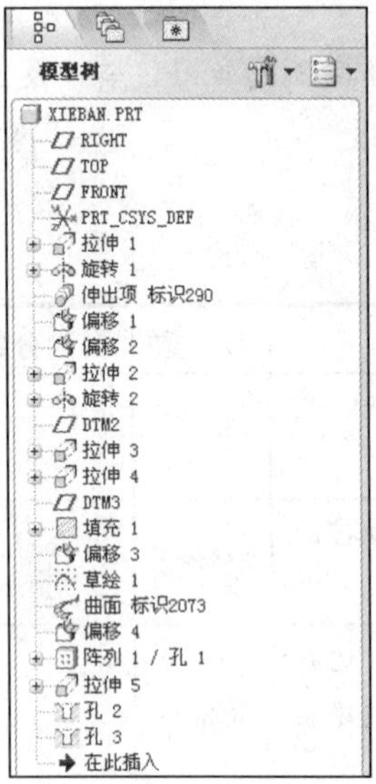

图 4.2 特征模型树的显示窗口

(2) 全部展开:模型树窗口内每个特征都以节点的形式显示在模型树中。如果一个节点中有子节点,可以控制子节点的显示状态,其中,"+"表示压缩,不显示子节点;而"-"表示展开,显示子节点。选择"全部展开"选项,模型树内所有的特征(包括节点和子节点)将以展开的形式显示。

(3) 全部收缩:将模型树内所有的特征(包括节点和子节点)以收缩的形式显示。

(4) 加亮几何:高亮显示选择的模型特征。

(5) 显示弹出式查看器:鼠标指示之处,该特征的名称、id 号显示(此为新增选项)。

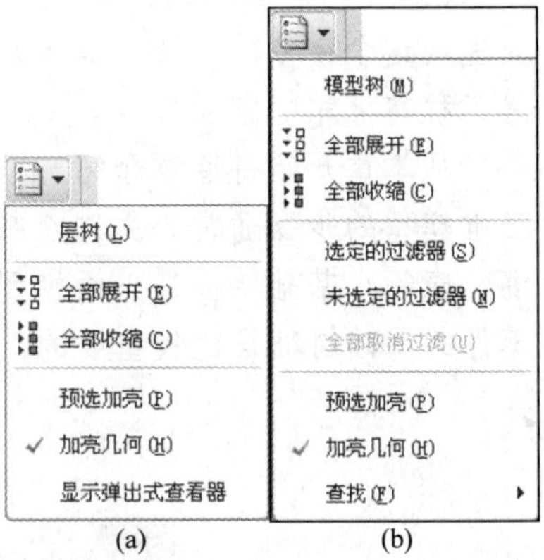

2. "设置"选项按钮

图 4.3 "显示"菜单选项

在模型树窗口中单击"设置"按钮,弹出"设置"菜单选项。

(1) 树过滤器:选择该选项,弹出"模型树项目"对话框。通过该对话框可以设置模型树窗口内特征的显示类型。

(2) 树列:选择该选项,弹出"模型树列"对话框。通过该对话框可以设置模型树窗口是否显示特征类型、特征名称或特征状态等参数。在"不显示"选项中选取要显示的项目，单击"添加列"按钮，可以看到选定的项目出现在"显示"选项中。

(3) 样式树：提供用于设置样式树的相关选项。样式树是"样式"特征中图元的列表。样式树中列出当前样式特征内的曲线，包含修剪的曲面和编辑的曲面以及基准平面。注意，在样式树中不会列出跟踪草绘。

(4) 打开设置文件：打开已保存的模型树配置文件。

(5) 保存设置文件：保存现有的模型树配置文件。

(6) 应用来自窗口的设置：用于应用其他窗口的设置。

(7) 保存模型树：系统自动创建模型树文本文件并将其保存在工作目录中。

4.1.2 特征模型树的使用

特征模型树的使用是指通过重命名、删除、隐含或编辑定义等操作来管理模型树中复杂的零件特征。熟练地运用特征模型树的操作不仅能够提高设计速度，而且还能提高零件模型的质量，减小出错概率。使用特征模型树对某一特征进行编辑，首先选择要编辑的特征，然后右击，弹出"编辑特征"快捷菜单，如图 4.4 所示。用户可以根据不同的需要对各项特征进行编辑和修改。

(1) 表示：此选项是新增功能选项。选择"表示"选项，将显示"排除"和"包括"两个子选项。

① 排除：将选定特征排除在可以编辑的范围之外。选择此选项之后，该特征前边的 消失，且右击时不再显示快捷

图 4.4 "编辑特征"快捷菜单

菜单。要恢复到修改以前状态，必须先选定该特征，然后执行"视图"|"表示"|"包括"命令。

② 包括：将选定特征包括在可以编辑的范围之内，也就是模型树没修改以前的显示情况。

(2) 删除：删除已选定的特征。

(3) 组：创建一个局部特征组。按 Ctrl 键，然后选择多个相关联的特征，再选择"组"选项，就可以将选定的多个特征组成一个局部组，用户可以对其进行统一的编辑操作，如镜像、阵列等。

(4) 隐含：抑制选定的零件特征。如果隐含的特征是父特征，则所有与其相关联的子特征也都被抑制。

(5) 重命名：重新命名选定的特征。选择该选项，系统自动将选定的特征名称转变为输入框，用户可以在此框内输入新的特征名称。双击此特征名称也可完成重命名选项的操作。

(6) 编辑：修改特征创建的表达式参数或其他定义数据。选择该选项，系统将自动显示特征的创建尺寸，如图 4.5 所示。设计者可以将显示的尺寸修改为新的尺寸。双击模型中某一特征也可使该特征进入编辑状态。

(7) 动态编辑：与编辑相同，不过增加显示了拖动句柄，如图 4.6 所示，可以通过拖动句柄来修改参数。这是 5.0 版新增的功能选项。

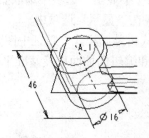
图 4.5 显示特征的创建尺寸

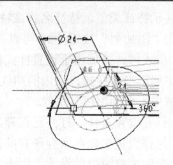
图 4.6 动态编辑

(8) 编辑定义：重新定义特征参数。选择该选项，系统自动进入选定特征的创建界面，设计者可以通过特征的操控面板或相关菜单重新设置相关参数或截面图形。

(9) 编辑参照：重新定义特征的相关参照，其中包括草绘参照、视图参照、尺寸参照等，相当于"重定次序"。

(10) 创建驱动尺寸注释元素：选择该选项，所有在特征创建过程中的截面尺寸显示于特征中，如图 4.7 所示。此为 5.0 版新增功能选项。

(11) 阵列：应用阵列工具对选定的特征进行阵列操作。

(12) 在此插入：选择该选项，则在此特征之后插入新的创建特征。

(13) 设置注解：对选定的特征注上解释，用户可以通过图 4.8(a)所示的"注释"对话框设置注释的名称、内容和放置等参数。单击"放置"按钮时，弹出"注释类型"菜单，可选择注释的标注方式，如图 4.8(b)所示。

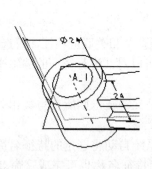
图 4.7 创建驱动尺寸注释元素

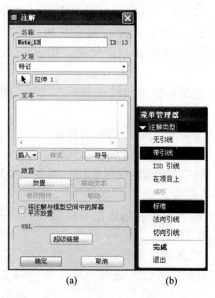
图 4.8 "注释"对话框及"注释类型"菜单

(14) 信息："信息"选项有 3 个子选项，即"特征"、"模型"和"参照查看器"。

① 特征：选择该选项，系统弹出如图 4.9 所示的"特征信息"，包括特征的父项、子项、特征元素数据、截面数据、层和特征尺寸等相关数据。单击右边的小按钮，恢复绘图区显示。

② 模型：选择该选项，系统弹出如图 4.10 所示的"模型信息"，包括模型的"类属零件"和特征列表。单击右边的小按钮，恢复绘图区显示。

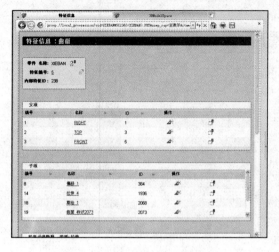

图 4.9　显示拉伸 1 特征信息

图 4.10　显示拉伸 1 的模型信息

③ 参照查看器：选择该选项，系统弹出如图 4.11 所示"参照查看器"窗口。在该窗口中有"文件"、"视图"和"操作"3 个菜单命令，可进行路径的保存、加载和导出等管理设置、进行父项和子项的显示设置和查找的路径设置。还有"参照过滤器"和"路径"两个选项卡，可用来设置显示参照的项目和查找参照的路径。

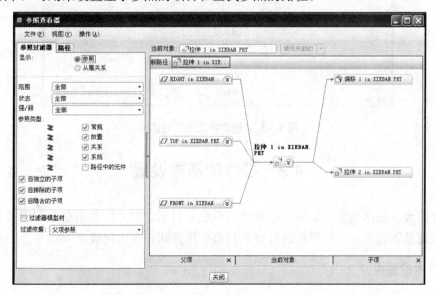

图 4.11　显示拉伸 1 的参照信息

(15) 隐藏：将选定的特征隐藏起来，以使图形显示简洁、清晰。隐藏图形后，快捷菜单中的"隐藏"选项变换为"取消隐藏"。

(16) 编辑参数：用户可以通过图 4.12 所示的"参数"窗口编辑特征的参数。单击 + 按钮可增加参数，单击 − 按钮可删除参数。也可单击 定制 按钮，在弹出的"过滤器定制"对话框中(图 4.13)定义"参数过滤器"的类型。

图 4.12 "参数"窗口

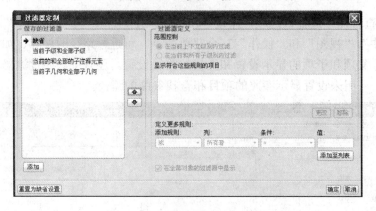

图 4.13 "过滤器定制"对话框

4.2 零件的基本设置

零件的设置包括设置产品零件的精度、单位、材料、尺寸、几何公差和有关参数等。对零件进行基本设置可以对零件进行分析和有效地提高三维建模效率。

4.2.1 基本设置内容

基本设置是通过"零件设置"菜单来进行设置的,它主要是设置零件的材料、精度、单位、公差等。

在菜单栏中执行"文件"|"属性"命令,弹出"模型属性"窗口,如图 4.14 所示。该窗口中分别有"材料"、"关系、参数和实例"、"特征和几何"、"工具"和"模型界面"5个列表框。

(1)"材料"列表框:此列表框包括材料、单位、精度和质量属性的设置。

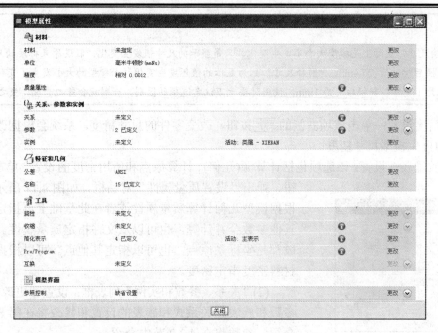

图 4.14 "模型属性"窗口

① 材料设置：在列表框中单击"材料"选项右边的 更改 按钮，系统弹出"材料"对话框，可以通过"材料目录"列表来选取所需的材料，然后单击 ▶▶▶ 按钮来定义选定模型的材料。如果列表中没有设计者所需的材料类型，可以单击对话框中的 按钮，系统弹出"材料定义"对话框。设计者可以在对话框中根据使用要求自行设置所需的材料。然后单击 保存到库 按钮，系统弹出"保存副本"对话框，选取对应的文件夹，可保存设置的材料进入系统的材料库，单击 保存到模型 按钮，即回到"材料"对话框，单击对话框中的"确定"按钮，完成材料的设置。

② 单位：Pro/ENGINEER 系统默认的单位为英寸磅秒制(inlbs)，国际单位制采用的是毫米牛顿秒制(mmNs)，在使用过程中可单击"单位"选项右侧的 更改 按钮，通过图 4.15 所示的"单位管理器"对话框，适当调整转换单位。具体操作方法为：选取要转换的单位制，如"英寸磅秒"制，单击"设置"按钮，弹出"改变模型单位"对话框，在"转换尺寸"或"解释尺寸"中任选一项，即可转换尺寸单位，如图 4.16 所示。

图 4.15 "单位管理器"对话框

图 4.16 "改变模型单位"对话框

> **提示**
>
> "转换尺寸"实际上是模型大小不发生变化,只是显示的尺寸值发生变化。假设原来标注的尺寸为 1 英寸,转换后标注为 25.4mm。"解释尺寸"则为显示的值不发生变化,而模型的大小发生了变化。假设原来标注为 1 英寸,转换后变为 1mm。使用时要千万注意选项的区别,否则就会差之毫厘,失之千里。

③ 精度设置:单击该项右侧的 更改 按钮,改变零件的尺寸精度,系统会根据改变的精度值自动再生模型尺寸精度。

④ 质量属性设置:该选项包括计算源(几何)、计算原点和所用密度的设置。单击 更改 按钮,弹出"设置质量属性"对话框,如图 4.17 所示。可以根据模型几何计算质量属性或者在此基础上再指定现有的其他参数合并计算,也可以从文件指定质量属性。原点一般都是坐标系原点,也可以指定其他点。可以根据设定的材料密度指定密度。

图 4.17 "设置质量属性"对话框

(2) "关系、参数和实例"列表框:设置和更改关系式、参数和族表。关系式和族表的设置和修改将在第 8 章详细介绍,参数将在 4.2.2 节中介绍。

(3) "特征和几何"列表框:用于设置几何的重命名以及公差的标准。

(4) "工具"列表框:用于设置零件的挠性(可变性)、收缩性(用于模具设计中)、表示和程序。

(5) "模型界面"列表框:用于设置模型的外部参照控制。

4.2.2 "用户参数"的设置

Pro/ENGINEER 作为一个参数化设计软件,设计时,系统会将相关参数显示在设计的进程中,这些参数称为系统参数,也可根据需要设置"用户参数"并给其赋值。如设置某一线段为 length,赋值为 100;设置某一线段为半径 radius,赋值为 50;设置使用材料为 material,赋值为 A3_steel 等,这些用户参数同模型一起保存,不必在关系式中定义。

要设置参数,须执行"工具"|"参数"命令,系统弹出"参数"窗口,如图 4.19 所示。打开"查找范围"的下拉列表框,可在列表中选择要建立参数的元素(如图 4.18 所示)。单击窗口中的 + 按钮,即可增加一行输入行,在"名称"栏中输入"length",在"类型"栏中选择"实数",在"值"栏中输入"100"。再单击窗口中的 + 按钮,在增加的行里按上述方法输入"radius",选择"实数"类型,输入值为"50",单击窗口中的 + 按钮,在增加的行里按上述方法输入

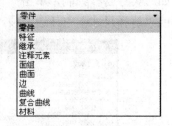

图 4.18 "查找范围"下拉列表

"material",选择"字符串"类型,输入值为"A3_Steel",如图 4.19(a)所示。单击"确定"按钮,即可完成"用户参数"的设置。

窗口中有关选项栏的含义说明如下。

(1) 指定:如果选定该选项,则在 PDM 中此参数是可见的。

第 4 章 三维建模基础特征

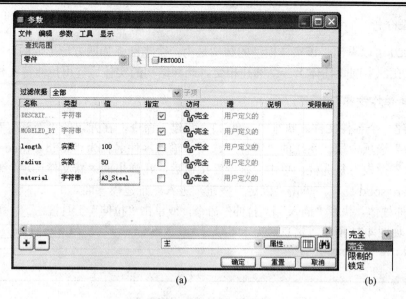

图 4.19 添加新参数示意

(2) 访问：确定访问类型。默认状态为"完全"。单击"完全"字符，可弹出下拉列表框，如图 4.19(b)图所示，它包括有"完全"、"限制的"和"锁定"3 个选项。

① 完全：所创建的用户参数可在任何地方修改它。
② 限制的：所创建的用户参数不能被"关系"修改，可由"族表"和"程序"修改。
③ 锁定：所创建的用户参数只能在外部"程序"内进行修改。

(3) 源：参数设置的源，如"用户定义的"。
(4) 说明：对已添加的新参数进行注释。

注意

设置用户参数时，参数名不得含有非字母字符，如"!"、"%"、"#"等字符。

4.3 拉伸特征

拉伸特征是基础特征中最为简单的特征。拉伸是指在完成二维截面的绘制后，垂直于截面沿着指定的方向和深度创建特征，用此法可以长出体积形成实体模型，可以切剪材料形成与二维截面形状相同的孔腔，可以生成薄板材料，还可以生成曲面。拉伸特征的特点是在拉伸过程中实体或曲面的截面形状、大小、方向上均不发生变化，适用于外形较为简单、规则的实体或曲面成形。

下面通过一个实例介绍拉伸特征的具体创建方法。

实例 1：创建如图 4.20 所示的实体模型。

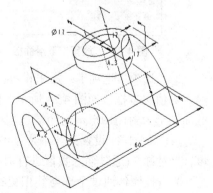

图 4.20 实例 1 模型

1. 模型分析

从图 4.20 可以看出，该实体模型的结构是由一个半圆弧加四方形形成的一个柱体，然后两个贯穿孔，半圆弧柱体上一个圆柱相交。此种结构的实体适宜用拉伸特征构建。

2. 具体操作步骤

(1) 新建一个零件文件。执行"文件"|"新建"命令，在弹出的"新建"对话框中，选择"类型"选项中默认系统的"零件"选项，输入零件名称为"solid_extrude"，取消选中"使用缺省模板"复选框，单击"确定"按钮后，在弹出的"新文件选项"对话框中选择 mmns_part_solid 选项，单击"确定"按钮，进入三维建模界面。

(2) 拉伸柱体。执行"插入"|"拉伸"命令，或单击"拉伸"工具按钮，弹出"拉伸"操控面板，如图 4.21 所示。消息区提示 。

图 4.21 "拉伸"操控面板

从图 4.21 可以看出，"拉伸"操控面板上有 3 个选项卡、10 个按钮和 1 个文本框。下面将分别介绍这些选项卡、按钮和文本框的含义。(属性选项卡只显示特征名称信息，此处不作详细介绍。)

① "放置"选项卡：用来选择拉伸的二维截面或通过草绘模块绘制待拉伸的二维截面。单击"放置"按钮，弹出"放置"下滑面板，如图 4.22 所示。如果已经绘制完成了二维截面，单击"草绘"收集器中的字符 选取 1 个项目，即可激活二维截面的选取。若要重新绘制二维截面，则单击其中的 定义 按钮，弹出"草绘"对话框来定义草绘平面，从而绘制拉伸截面，如图 4.23 所示。设计者可以通过"草绘"对话框选取草绘平面、设置视图方向和视图参照方向，单击"草绘"对话框中的"草绘"按钮，即可进入草绘界面。

图 4.22 "放置"下滑面板

图 4.23 "草绘"对话框

② "选项"选项卡：用来设置拉伸的方式和深度，包括"侧 1"、"侧 2"下拉列表框和输入数值文本框，如图 4.24 所示。图中灰色显示的单选按钮"封闭端"为拉伸曲面时，当截面图形为封闭图形，封闭端选项可以在曲面两端自动以平面封闭。

(a) "侧 1"：设置第 1 侧拉伸深度的限制方式，包括"盲孔"(即输入数值确定拉伸深度)、"对称"(通过输入数值进行对称拉伸)、"到下一个"(将拉伸体拉伸到下一个特征面)、"穿透"(拉伸体通过全部与其相交的特征)、"穿至"(将拉伸体拉伸到选定的对象)和"到选定项"(即拉伸到指定的点、线、面等几何图元)，如图 4.25 所示。

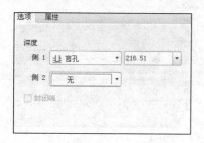
图 4.24 "选项"下滑面板

图 4.25 "侧 1"下拉列表

> 提示
> "到下一个"、"穿透"和"穿至"选项只有在已有特征存在,然后在此基础上再进行拉伸时才会出现。

(b) "侧 2":设置第 2 侧的拉伸深度,但当设置第 1 侧为对称方式时,第 2 侧拉伸方向式不起作用。其下拉菜单选项与侧 1 大致相同。

③ "拉伸为实体" ▭:设置拉伸的结果为实体,如图 4.26 所示。拉伸为实体时,其草绘截面必须封闭,否则系统会提示"截面不完整"。

④ "拉伸为曲面" ▭:设置拉伸的结果为曲面,如图 4.27 所示。拉伸为曲面时,其二维截面可以不封闭。

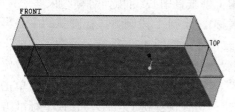
图 4.26 拉伸为实体

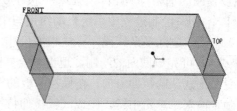
图 4.27 拉伸为曲面

⑤ "反向" ▭:切换拉伸方向,如图 4.28 所示。

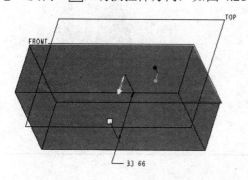
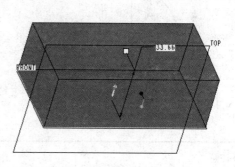
图 4.28 "切换拉伸方向"示意

⑥ "去除材料" ▭:设置拉伸特征为去除材料,如图 4.29 所示。

⑦ "加厚草绘" ▭:拉伸的结果为薄壁件,该功能只能拉伸为实体,且需输入厚度值,如图 4.30 所示。

⑧ "暂停" ▭:暂时中止当前的特征工具,以访问其他可用的工具。

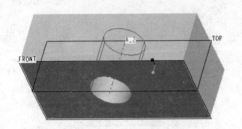
图4.29 "去除材料"示意图

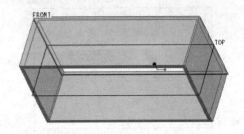
图4.30 "加厚草绘"示意图

"退出暂停模式" ▶：单击"暂停"模式按钮或单击"预览"按钮后，此按钮显示，以退出"暂停"或"预览"模式。

⑨ "预览"：切换动态预览的格式。选中 □ 进行模型几何预览，选中 ∞ 进行模型特征预览。

⑩ "确定/取消" ✓✗：确认/取消当前特征的建立。

(3) 绘制拉伸截面。接受系统默认的"拉伸生成实体"的设置(即"拉伸为实体"处于激活状态。在"拉伸"操控面板中选择"放置"选项卡，再在弹出的"放置"下滑面板中单击 定义... 按钮，弹出"草绘"对话框。在绘图区内选择FRONT平面为草绘平面，接受系统默认的视图方向和视图参照方向，单击"草绘"按钮，进入截面绘制。关闭基准平面显示(以使图面清晰)，单击"中心线"按钮 ¦，绘制1条垂直中心线(用作对称约束参照)；绘制1个矩形(绘制过程中系统自动约束与中心线对称)，绘制1段圆弧，在圆弧的中心再绘制1个圆，删除多余线段，标注相关尺寸，并修改尺寸，如图4.31所示。单击"完成"按钮 ✓，即可完成截面的绘制，退出草绘界面。接受系统默认的"给定拉伸值" ⊥ 的设定，接受系统默认的拉伸方向，在操控面板的"数值"文本框中输入拉伸深度值"60"，单击中键确定输入。单击中键，完成底板拉伸特征的创建，按住快捷键Ctrl+D，使模型标准方向显示，如图4.32所示。

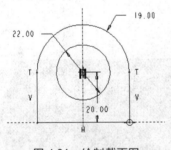
图4.31 绘制截面图

图4.32 拉伸完成

> 💡 注意
> 在设置拉伸深度时，除了在"选项"下滑面板和操控面板中输入数值两种方法外，也可以通过拖动句柄设置拉伸深度，还可以双击数值，在弹出的数值框中输入新的数值。

(4) 拉伸横向贯穿圆柱孔。单击"拉伸"工具按钮 ⊡，在"拉伸"操控面板中单击"移除材料"按钮 ⊘，选择"放置"选项卡，单击 定义... 按钮，定义拉伸实体的右侧表面为草绘平面，如图4.33所示(箭头所示方向为视图方向)，接受系统默认的视图参照，选择"方向"

向右，如图 4.34 所示。单击"草绘"按钮，进入草绘界面。单击"无隐藏线线框显示"按钮⬚，使视图无隐藏线线框显示，绘制一个圆，如图 4.35 所示。单击"完成"按钮✓，即可完成截面绘制，退出草绘界面，图形显示如图 4.36 所示。其中，箭头方向表示移除材料方向，表示黑色区域的材料将被移除。单击箭头或"反向"按钮⇄，可以改变移除材料的方向。此例选择接受默认的移除材料方向。在"拉伸"操控面板中单击⬚按钮右边的下三角按钮，在下拉列表中选择"穿透"选项⬚，单击"拉伸"操控面板中的"确定"按钮✓，完成操作。按 Ctrl+D 组合键，显示如图 4.37 所示。

图 4.33 选取草绘平面

图 4.34 选取视图参照和方向

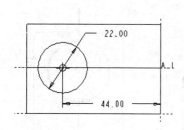

图 4.35 绘制截面

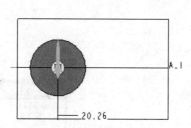

图 4.36 移除材料方向示意图

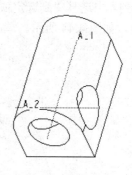

图 4.37 拉伸完成

(5) 拉伸相交圆柱体。单击"拉伸"工具按钮⬚，选择"放置"选项卡，单击 定义... 按钮，单击"基准平面"按钮⬚，在"模型树"中选取 TOP 平面作为偏移参照，输入偏移值 44，单击"确定"按钮，图形上自动显示刚建立的基准平面(如图 4.38 所示)，"草绘"对话框中也自动列入该平面为草绘平面。单击"草绘"按钮，进入草绘界面。绘制 1 个圆，修改相关尺寸，如图 4.39 所示。单击"完成"按钮✓，即可完成截面的绘制，退出草绘界面。在"拉伸"操控面板中单击⬚按钮右边的下三角按钮，在下拉列表中选择"到选定项"选项⬚，按住 Ctrl+D 组合键，使视图标准方向显示，选取圆弧面，如图 4.40 所示。单击中键，完成创建，如图 4.41 所示。

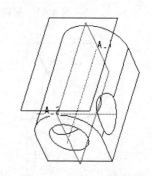

图 4.38 创建基准平面示意图

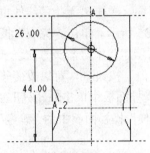
图 4.39 绘制截面尺寸示意

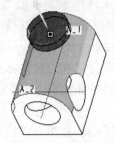
图 4.40 选取拉伸深度参照

(6) 拉伸顶部圆柱孔。单击"拉伸"工具按钮，在"拉伸"操控面板中单击"移除材料"按钮，选择"放置"选项卡，单击 定义 按钮，选取相交圆柱体的上表面为草绘平面，接受系统默认的视图方向和视图参照，单击"草绘"按钮，进入草绘界面。单击"使用边"工具按钮 右边的，单击"偏移"按钮，弹出"类型"对话框，如图 4.42(a)所示。选中"环"单选按钮，单击圆，图形显示如图 4.42(b)所示(箭头所示方向为偏移方向)，并弹出输入框，提示为：于箭头方向输入偏移[退出]。在输入框中输入值"-4.5"，单击中键确定。图形显示如图 4.43 所示。单击"完成"按钮，即可完成截面的绘制，退出草绘界面。接受系统默认的移除材料方向，在"拉伸"操控面板中单击 按钮右边的下三角按钮，在下拉列表中选择"到选定项"选项，按住 Ctrl+D 组合键，使视图标准方向显示，选取轴线A1，如图 4.44 所示。单击中键，完成操作。按 Ctrl+D 组合键，显示如图 4.45 所示。

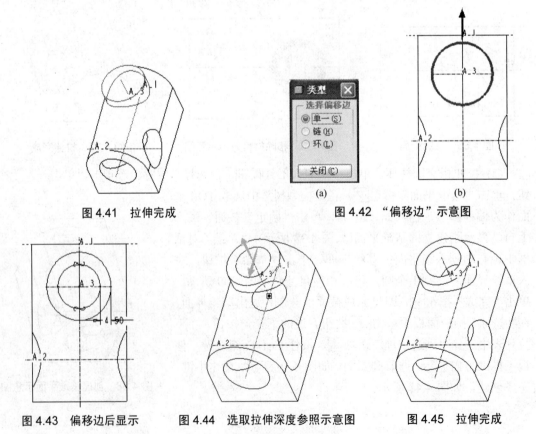

图 4.41 拉伸完成　　　图 4.42 "偏移边"示意图

图 4.43 偏移边后显示　　图 4.44 选取拉伸深度参照示意图　　图 4.45 拉伸完成

(7) 保存文件，拭除内存。

4.4 旋 转 特 征

旋转特征是将截面绕着一条中心轴线旋转而形成的形状特征，它所形成的实体其横截面的大小可以变化，但截面的形状不能变化，适用于构建盘类、轴类、锥类实体，特别适用于内孔截面大小有变化的轴类实体构建。

创建旋转特征绘制二维截面时需注意如下几点。

(1) 需画中心线作为旋转轴，且截面需有相对于中心线的参数，否则系统提示截面不完整。

(2) 若截面有两条以上的中心线，则需在截面绘制的时候指定中心轴。

(3) 如果旋转成实体，则截面必须封闭，否则系统将提示截面不完整；如果旋转成曲面，则截面可以不封闭。

(4) 截面所有的图元需位于中心线的一侧。

下面通过一个实例介绍旋转特征的创建方法。

实例2：创建如图4.46所示的实体模型。

1. 模型分析

该实体是由4个相同轴线而直径不同的圆柱体和3个相同轴线直径不同的孔组合而成的1个管接头。具体尺寸如图4.46所示。这类模型按可以绘制7个截面分7次拉伸完成，但如果用旋转特征完成，只绘制1个截面就可以了。

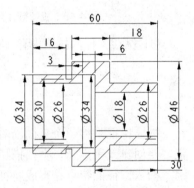

图 4.46　实例2模型

2. 具体操作步骤

(1) 新建一个零件文件。单击"新建"按钮，在弹出的"新建"对话框中选择"零件"类型，设置"子类型"为"实体"，输入名称为"guanjietou"，取消选中"使用缺省模板"复选框，单击"确定"按钮，在弹出的"新文件选项"对话框中选择 mmns_part_solid 选项，单击"确定"按钮，进入三维建模界面。

(2) 单击"旋转"工具按钮，系统弹出"旋转"特征操控面板，如图4.47所示。

图 4.47　"旋转"特征操控面板

从图4.47可以看出，"旋转"特征操控面板与"拉伸"特征的操控面板差别不大，多了一个"旋转轴"按钮，其作用就是用来选取内部旋转轴。其余选项与拉伸基本类似，这里不再赘述。

(3) 绘制旋转截面。单击"放置"按钮，定义FRONT平面为草绘平面，接受系统默认的视图方向和视图参照，单击"草绘"按钮，进入草绘界面。先绘制一条水平几何线(用几何中心线时，系统默认的弱尺寸在对称方向均为直径)，绘制如图 4.48 所示截面。单击"完成"按钮☑，完成截面的绘制，退出草绘界面。接受系统默认的旋转 360°的设置。单击中键，完成创建，如图 4.49 所示。

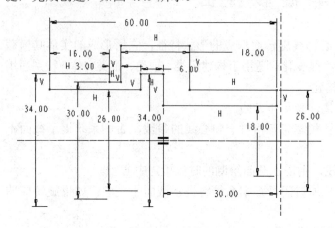

图 4.48　旋转截面尺寸示意图　　　　图 4.49　旋转特征完成

(4) 保存文件，拭除内存(此文件将作为工程特征中的源文件)。

4.5　扫　描　特　征

扫描特征是将一个截面沿着一个给定的轨迹"掠过"而生成的，所以又称"扫掠"特征。要创建或重定义一个扫描特征，必须给定两大特征要素：扫描轨迹和扫描截面。

扫描特征的特点是形成特征的截面形状和大小不发生变化，而截面的方向随着轨迹线的方向而变化，即始终垂直轨迹线各点的法线。

创建扫描特征时，扫描轨迹的曲率半径必须大于截面的内侧边单边尺寸，否则系统在处理数据时会报出错。

执行"插入"|"扫描"命令，在"扫描"子菜单中有 7 个命令，如图 4.50 所示。

(1) 伸出项：扫描生成实体特征。
(2) 薄板伸出项：扫描生成薄板实体特征。
(3) 切口：扫描生成切剪特征。
(4) 薄板切口：扫描生成薄板切剪特征。
(5) 曲面：扫描生成曲面特征。
(6) 曲面修剪：用扫描特征作曲面修剪。
(7) 薄曲面修剪：用扫描薄板切口作曲面修剪。

下面通过一个实例介绍扫描特征的创建方法。

实例 3：创建如图 4.51 所示的回形针。

1. 模型分析

回形针是由一个圆形截面绕着原始轨迹扫描而生成的实体，可用扫描特征一次完成。原始轨迹是由两次投影完成的曲线。模型尺寸如图 4.51 所示。

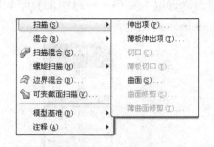

图 4.50 "扫描"子菜单

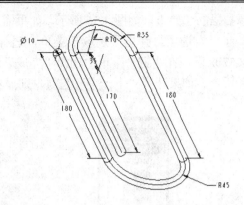

图 4.51 实例 3 模型

2. 具体操作步骤

(1) 打开实例源文件 curve_2projection-ok.prt，如图 4.52 所示。

(2) 执行"插入"|"扫描"|"伸出项"命令，弹出"扫描轨迹"菜单和"伸出项：扫描"对话框，如图 4.53 所示。

图 4.52 实例源文件

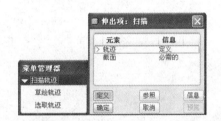

图 4.53 "扫描轨迹"菜单和"伸出项：扫描"对话框

在"扫描轨迹"菜单中有两个选项。

① 草绘轨迹：通过草绘获得扫描轨迹，系统会提示指定草绘平面。完成指定草绘平面后，系统要求指定特征生成的方向和草绘平面的参考面，然后进入草绘模式。

② 选取轨迹：通过选取已有的曲线获得扫描轨迹。

(3) 在菜单中选择"选取轨迹"选项，弹出选取轨迹方法的"链"类型菜单，如图 4.54 所示。

各菜单释义如下。

① 依次：表示一段一段地选取曲线轨迹，直到选完为止。

② 相切链：用于选取相切的边缘曲线。

③ 曲线链：用于选取相连的曲线，可以选取全部相连的线，也可以只选择某点至某点之间的曲线。

④ 边界链：用于选取与曲面相切的边界。

⑤ 曲面链：用于选取属于同一曲面上的一条链。

⑥ 目的链：用于选取实体边链作为扫描路径。

(4) 在"链"类型菜单中选择"曲线链"选项，单击曲线一端，弹出"链选项"菜单，如图 4.55 所示，选择"全选"选项后，"链"菜单转换成图 4.55(b)所示。同时，所选曲线显示扫描的起始点，如图4.56所示。如果需要变换起始点的位置，则可以选择"链"菜单的"起点"选项，弹出"选取"菜单，选择"下一个"选项，再选择"接受"选项，如图4.57所示。在"链"菜单中选择"完成"选项，弹出"选取"菜单，同时图形显示如图4.58所示。如果选择"下一个"选项，则显示如图4.59所示的图形。

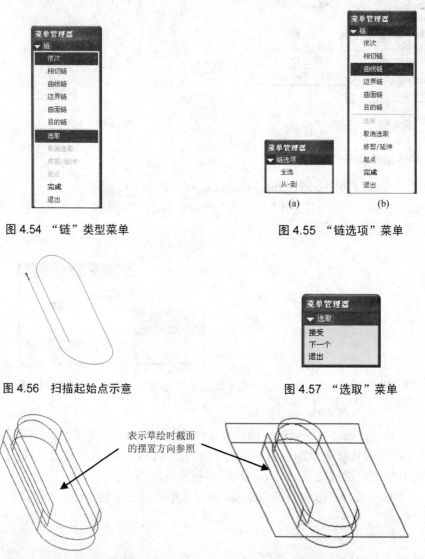

图4.54 "链"类型菜单　　图4.55 "链选项"菜单

图4.56 扫描起始点示意　　图4.57 "选取"菜单

图4.58 选定截面方向示意图1　　图4.59 选定截面方向示意图2

(5) 在"选取"菜单中选择"接受"选项，显示如图4.60所示的图形，在"方向"菜单中选择"确定"选项，系统显示截面草图绘制界面，如图4.61所示。中心线相交点即为轨迹的起始点。单击"圆心和点"工具图标 [O]，在相交点绘制直径为10的圆，单击"完成"按钮 [✓]，即可完成截面的绘制，退出草绘界面。单击"伸出项：扫描"对话框中的"确定"按钮，即完成操作，单击 [图标] 右下方的下三角按钮，在下拉列表框中选择"标准方向"选项，系统显示如图4.62所示的图形。

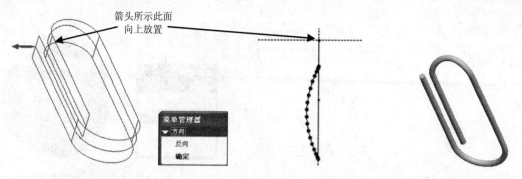

图 4.60　选定草绘视图方向示意图　　图 4.61　绘制截面界面　　图 4.62　扫描完成

(6) 执行"文件"|"保存副本"命令，找到所需要的文件目录，输入新名称为"huixingzhen"，单击"确定"按钮，完成保存操作。执行"文件"|"拭除"|"当前"命令，拭除内存。

3. 扫描特征有关"属性"的处理

1) "内表面"的处理

在创建扫描特征时，扫描的轨迹可以是开放的，也可以是封闭的。如果是封闭的平面轨迹线，系统将弹出如图 4.63 所示"属性"菜单，可以通过此菜单选择合适的方式创建扫描特征。

(1) 添加内表面：将一个非封闭的截面顺着封闭的轨迹线扫描出"没有封闭"的曲面，然后系统自动在开口处加入曲面，成为封闭曲面，并在封闭的曲面内部自动填充材料，成为实体，如图 4.64 所示。

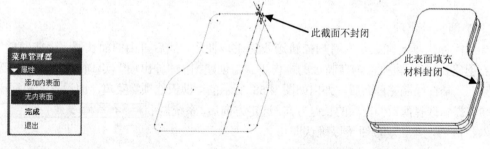

图 4.63　"属性"菜单　　　　图 4.64　"添加内表面"示意图

注意

该选项只适应于开放截面和封闭轨迹线的扫描特征。

(2) 无内表面：将一个封闭的截面顺着一个轨迹线(可以是封闭的，也可以是开放的)扫描出实体，系统不需加入任何封闭面，如图 4.65 所示。

2) "终点"结合的处理

在创建扫描特征的过程中，当扫描轨迹与已有实体特征相交时，系统将弹出"属性"菜单，可以通过如图 4.66 所示的"属性"菜单选择合适的连接方式。

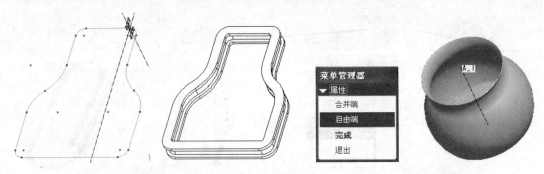

图 4.65 "无内表面"扫描特征　　　　图 4.66 "终点"处理选项

(1) 合并端：把扫描的端点合并到相连接的实体上，选择此项时，轨迹线与实体边缘必须有交点，且交点处轨迹的法线不能与实体边缘相切，如图 4.67(a)所示。

(2) 自由端：扫描终点不与实体边缘相合并，如图 4.67(b)所示。

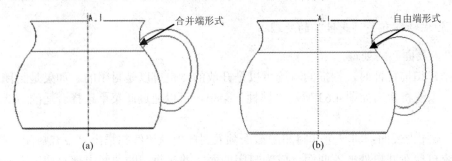

图 4.67 连接方式比较

4. 扫描特征的其他项

1) 薄板伸出项

薄板伸出项实际上是沿着扫描轨迹线先生成曲面，然后再由曲面长厚，生成薄壁实体。

创建扫描"薄板伸出项"特征的操作步骤与创建扫描"伸出项"实体特征的操作步骤基本类似。只是在绘制完截面后，弹出如图 4.68 所示的"薄板选项"菜单，由设计者根据窗口中的箭头提示选择薄板伸出项的长厚方向，选定方向后，系统显示 输入薄特征的宽度 1.9819 ，输入数值后，单击 ✓ 按钮予以确认即可。

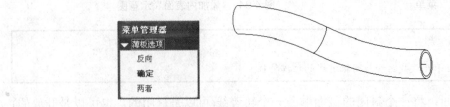

图 4.68 "薄板选项"菜单和模型示意

2) 切口

切口扫描是指截面沿着扫描轨迹线进行扫描，从而裁剪原有的实体特征，类似于拉伸特征的减材料操作。

4.6 混合特征

在三维物体的造型中，截面的形状、尺寸大小和方向在很多情况下是变化的。扫描特征解决了截面方向变化的问题，但不能解决截面的形状变化与尺寸大小变化的问题。Pro/ENGINEER 提供了一个极好的工具来解决这个问题，这就是混合特征。

混合特征是一种复杂的，必须通过两个以上的二维截面混合而成的三维特征。创建混合特征时，要求每个截面的图元数目必须相等。设计者可以设置截面的分布类型，其中包括平行、旋转和一般 3 种选项。

(1) 平行：所有混合截面都位于剖面草绘中的多个平行面上。

(2) 旋转：第 2 个混合截面开始可以绕着 Y 轴旋转，最大的旋转角度为 120°，每个截面都单独草绘并用截面坐标系对齐。

(3) 一般：第 2 个混合截面开始可以绕着 X、Y、Z 轴旋转。

混合特征具体又可分为伸出项、薄板伸出项、切口、薄板切口、曲面、曲面修剪和薄曲面修剪 7 种类型。

下面分 3 种分布方式介绍混合特征的创建方法。

4.6.1 平行混合特征

下面通过一个实例具体介绍平行混合特征的创建方法。

实例 4：创建如图 4.69 所示的漏斗模型。

1. 模型分析

此漏斗由两个直径不同圆形截面和 1 个腰形截面平行混成的漏斗和腰形平板形成的把手部分组合而成。漏斗部分符合平行混合特征的特点，用平行混合特征完成。把手部分截面形状大小、方向都无变化，符合拉伸特征的特点，用拉伸特征完成。平行混合特征可以用薄板伸出项完成，也可以用伸出项完成。本例用伸出项完成，然后使用壳特征形成薄壁件。

图 4.69 漏斗模型

2. 具体操作步骤

(1) 新建一个零件文件，输入名称"loudou"，取消选中"使用缺省模板"复选框，选择 mmns_part_solid 模板，单击"确定"按钮，进入零件设计界面。

(2) 执行"插入"|"混合"|"伸出项"命令，系统弹出图 4.70 所示的"混合选项"菜单。该菜单中共有 9 个选项，前 3 个选项是截面分布类型的选项，前面已经介绍，这里不再赘述。下面介绍其余 6 个选项的含义。

① 规则截面：特征的截面使用绘制的方式形成。

② 投影截面：将所绘截面向选定曲面上投影，该命令只用于平行混合特征，且限于使用混合切减材料。

③ 选取截面：选择已有的截面图元，该命令对平行混合特征无效。
④ 草绘截面：草绘截面图元。
⑤ 完成：完成混合选项的选取。选取完混合选项之后，单击该选项，即可进入下一步操作。
⑥ 退出：退出混合特征的创建。

(3) 在菜单中选择"平行"、"规则截面"、"草绘截面"选项，选择"完成"选项，弹出"属性"菜单和"伸出项：混合，平行，..."对话框，如图4.71所示。

图 4.70 "混合选项"菜单

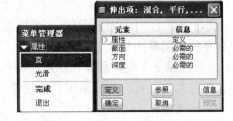

图 4.71 "属性"菜单

① 直：设置截面点对点之间通过直线连接。
② 光滑：设置所有截面点对点之间通过平滑曲线连接。当只有两个截面图形时，直的、光滑两种方式没有区别。

(4) 选择"光滑"、"完成"选项，弹出"设置草绘平面"菜单，如图4.72所示。
① 使用先前的：使用上一次使用过的草绘平面。
② 新设置：重新设置草绘平面。
③ 平面：在绘图区内选取基准平面。
④ 产生基准：创建一个基准平面作为草绘平面，即如前所述的临时基准面。
⑤ 退出平面：不选取平面。

(5) 在绘图区内选取系统基准平面 TOP 平面，弹出"方向"菜单，绘图区显示提示草绘截面混合方向的箭头，如图4.73所示。

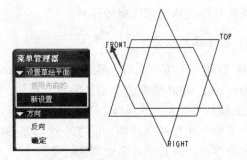

图 4.72 "设置草绘平面"菜单　　　　　　图 4.73 菜单和显示示意图

(6) 选择"反向"选项(即截面由上往下混合)，再选择"确定"选项，弹出"草绘视图"菜单，如图4.74所示。

各选项释义如下。

① 顶：所选平面的正方向指向顶部，亦即该平面法线方向指向顶部。
② 底部：所选平面的正方向指向底部。
③ 右：所选平面的正方向指向右方。
④ 左：所选平面的正方向指向左方。
⑤ 缺省：系统默认的视图摆置方向。一般情况下，默认即可。

(7) 选择"右"选项，弹出"设置平面"菜单，如图 4.75 所示。在绘图区选择 RIGHT 平面，即进入草绘界面，如图 4.76 所示。

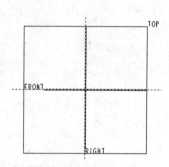

图 4.74 "草绘视图"菜单　　　图 4.75 "设置平面"菜单　　　图 4.76 草绘界面

> **注意**
> 如果选择"缺省"选项，系统按默认的视图方向参照进入草绘界面，其结果与上述选择相同。

(8) 绘制第 1 个截面。关闭基准平面显示，单击"圆心和端点"按钮，绘制 1 个半圆弧，单击"线"按钮，绘制 3 条直线(两条水平线过半圆弧的两个端点)，单击"圆形"按钮，分别对上水平线与垂直线和下水平线与垂直线倒角。修改尺寸，如图 4.77 所示。单击"中心线"按钮，过倒角与直线的交点和半圆弧的圆心点，作 4 条中心线(此中心线用作后面截面的分割依据)。带有箭头的点是系统默认的起始点，如果需要设置另一个点为起始点，可以单击选取该点(该点变为红色显示)，然后执行"草绘" | "特征工具" | "起点"命令，或在该点右击，在弹出的快捷菜单中执行"起点"命令，如图 4.78 所示。

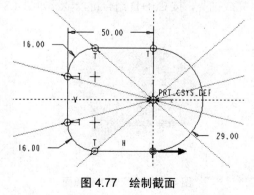

图 4.77 绘制截面　　　　　　图 4.78 变换"起点"

(9) 绘制第 2 个截面。执行"草绘"|"特征工具"|"切换截面"命令，或者右击截面，在弹出的快捷菜单中执行"切换截面"命令，进入第 2 个截面绘制界面。单击"圆心和点"按钮，在半圆弧圆心点位置绘制 1 个圆，修改直径为 14。单击"分割"按钮，从圆与垂直中心线的下交点开始顺时针方向选取中心线与圆的交点，绘制 6 个分割点(即分成 6 个图元)，截面如图 4.79 所示。

(10) 绘制第 3 个截面。执行"草绘"|"特征工具"|"切换截面"命令，进入第 3 个截面绘制界面。单击"圆心和点"按钮，在半圆弧圆心点位置绘制 1 个圆，修改直径为 7。单击"分割"按钮，从圆与垂直中心线的下交点开始顺时针方向选取中心线与圆的交点，绘制 6 个分割点(即分成 6 个图元)，截面如图 4.80 所示。

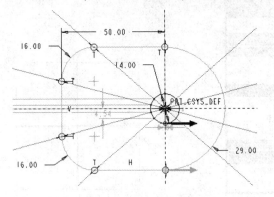 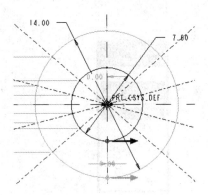

图 4.79　绘制第 2 个截面示意　　　　图 4.80　绘制第 3 个截面示意

> 注意
> 第 1 个分割点系统默认为起始点，如果不符合设计意图，可以调换起始点位置。

(11) 设置混合截面之间的距离。单击"完成"按钮，退出截面绘制界面。系统弹出"深度"菜单，接受默认的"盲孔"选项，单击"完成"按钮，系统弹出"输入框"并提示输入截面2的深度，输入数值 42，单击中键或单击"输入框"上的"接受值"按钮，系统提示输入截面3的深度，输入数值 25，单击中键，确认输入。单击"伸出项：混合，平行…"对话框中的"确定"按钮，完成特征创建，如图 4.81 所示。

(12) 生成薄壁件。单击"壳"工具按钮，单击选取上表面作为移除材料的第 1 个参照面，如图 4.82 所示，按住 Ctrl 键，单击选取下表面作为移除材料的第 2 个参照面，如图 4.83 所示。双击厚度值，修改为 1，单击中键，完成抽壳，按 Ctrl+D 组合键，显示如图 4.84 所示。

 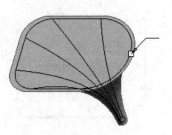

图 4.81　平行混合完成　　　　图 4.82　选取第 1 参照面

上述特征的创建也可通过执行"插入"|"混合"|"薄板伸出项"命令，按上述操作步骤操作，绘制截面，然后输入壁厚值，可省去下一步的"壳"特征。

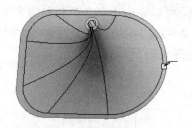
图 4.83 选取第 2 参照面

图 4.84 "抽壳"完成

(13) 创建把手。单击"拉伸"按钮，在"拉伸"操控面板中选择"放置"选项卡，单击"定义"按钮，选取实体上平面为草绘平面，接受系统默认的视图方向和视图参照，单击"草绘"按钮，进入草绘界面。单击"使用边"工具按钮，选中"单个"单选按钮，选取上表面的内侧边，如图 4.85 所示。单击"圆心和端点"按钮，绘制两个 R35 的半圆弧，单击"线"按钮，绘制两条水平线，分别与两段圆弧上下相切。标注左端圆弧到右中心线的尺寸，并输入值 67，如图 4.86 所示。单击"完成"按钮，退出截面绘制界面。单击方向箭头(使箭头向下)，双击尺寸值，在"输入框"输入值为"1"，单击中键，完成创建，按快捷键 Ctrl+D，单击"着色显示"按钮，显示如图 4.87 所示。

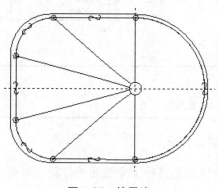
图 4.85 使用边

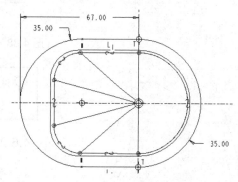
图 4.86 拉伸截面

(14) 保存文件，拭除内存。(最后的孔留作第 5 章的"孔"特征再做。)

3. 一些特殊情况的特殊处理

在创建平行混合特征时，由于截面的形状不同，构成截面的图元数量也会有所不同，而混合则要求将各截面之间对应的点连接起来，此时需要对不同截面进行分割或混合顶点的工作。如前步骤(9)和(10)的分割点操作就是将圆分割成 6 个图元，形成 6 个连接点，分别与第 1 截面的 6 个点相连。如果是一个三边形与四边形混合，则需要混合顶点。如图 4.88 所示为混合截面图形，第 1 个截面为矩形，4 个连接点；第 2 个截面为有倒圆角的矩形，有 8 个连接点；第 3 个截面为三角形，只有 3 个连接点。解决的具体方法是选取矩形的 4 个顶点，分别执行"草绘"|"特征工具"|"混合顶点"命令(或右击，在弹

图 4.87 拉伸完成

出的快捷菜单中执行"混合顶点"命令),获得 4 个混合顶点,然后选取三边形的一个顶点连续 3 次设置混合顶点,再将其他两个顶点设置为混合顶点,获得 5 个混合顶点。此时,矩形具有 4+4 个连接点,三角形具有 3+5 个连接点,可以对应于第 2 个截面的 8 个连接点。按步骤输入截面 1~2 之间的深度为"100",截面 2~3 之间的深度为"100",单击中键,确认输入,单击对话框中的"确定"按钮,即可见图 4.89 所示的实体。

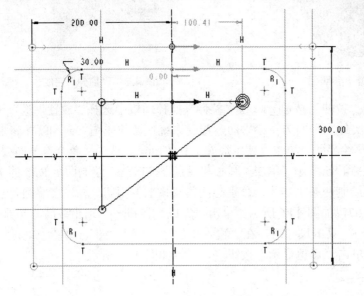

图 4.88 设置混合顶点

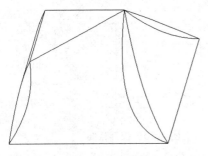

图 4.89 混合顶点

> **注意**
> 起始点不能设置为混合顶点。

4.6.2 旋转混合特征

旋转混合特征是将后 1 个截面的位置相对前 1 截面绕着 Y 轴旋转一定角度,绘制新的截面,然后在截面间混合。在旋转混合特征的创建过程中,必须建立一个截面坐标系,以定位截面之间的尺寸关系。

下面通过一个实例介绍旋转混合特征的创建方法。

实例 5:创建 1 个瓷面盆模型,如图 4.90 所示。

1. 模型分析

该瓷盆在出水口中心线位置剖切,4 个截面各不相同,且每个截面的方向都相对 Y 轴旋转 90°,完全符合旋转混合特征的特点。所以该模型可用旋转混合完成。

2. 具体操作步骤

(1) 新建 1 个零件文件,输入名称"cipen",取消选

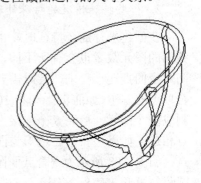

图 4.90 瓷面盆模型

中"使用缺省模板"复选框,单击"确定"按钮,在"新文件选项"对话框中选择 mmns_part_solid 选项,单击"确定"按钮,进入零件设计界面。

(2) 执行"插入"|"混合"|"伸出项"命令,在弹出的菜单中选择"旋转的"、"规则截面"、"草绘截面"、"完成"选项,弹出"属性"菜单,如图 4.91 所示,选择"光滑"、"封闭的"选项,然后选择"完成"选项,弹出"设置草绘平面"菜单,选取 FRONT 平面为草绘平面,弹出"方向"子菜单,如图 4.91 所示。接受系统默认的视图方向,单击"确定"按钮,在"设置草绘平面"菜单中选择默认选项(默认系统设置),进入草绘界面。

各菜单选项释义如下。

① 开放:设置创建的旋转混合特征为开放的特征。

② 封闭的:设置创建的旋转混合特征为封闭的特征。

图 4.91　相关菜单设置选项

(3) 绘制第 1 截面。单击"坐标系"工具按钮,在绘图区适当位置单击,建立截面坐标,绘制如图 4.92 所示截面。单击"完成"图标,系统弹出消息窗口:[为截面2 输入y_axis 旋转角(范围:0 - 120)],输入 90,即第 2 个截面相对第 1 个截面绕 Y 轴旋转的角度。单击鼠标中键,确定输入之后,进入第 2 个截面的绘制。

> **注意**
>
> 千万不要忘记截面坐标系的建立,否则系统将提示截面不完整。同时,在信息栏中会提示建立截面坐标系。

(4) 单击"坐标系"工具按钮,在绘图区的中心位置单击,建立截面坐标系。然后绘制图 4.93 所示的截面,选择图中箭头指示点为起点。单击"保存"按钮,将截面保存,留待第 4 截面使用。单击"完成"按钮,系统弹出"确认"对话框,问[继续下一截面吗? (Y/N)],单击"是"按钮,系统提示[为截面3 输入y_axis 旋转角(范围:0 - 120)],输入 90,即第 3 截面相对第 2 截面绕 Y 轴旋转的角度。单击中键,确认输入之后,进入第 3 截面的绘制。

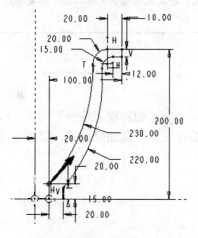

图 4.92　截面 1 的尺寸

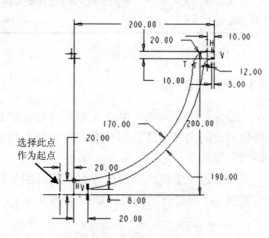

图 4.93　截面 2 的尺寸

(5) 单击"坐标系"工具按钮 ⊥,在绘图区的中心位置单击,建立截面坐标系。然后绘制如图 4.94 所示的截面,选择图中箭头指示点为起点。单击"完成"按钮 ✓,系统弹出"确认"对话框,问 继续下一截面吗? (Y/N),单击"是"按钮,系统再次弹出输入框,并提示 为截面4 输入y_axis 旋转角(范围: 0 - 120),输入 90,即第 4 截面相对第 3 截面绕 Y 轴旋转的角度,进入第 4 截面绘制。

(6) 单击"坐标系"工具按钮 ⊥,在绘图区的中心位置单击,建立截面坐标系。执行"草绘"|"数据来自文件"|"文件系统"命令,在刚保存的第 2 截面文件路径中找出该文件,单击"打开"按钮,并单击截面坐标系位置以放置调入图形的中心点,在"移动和调整大小"对话框中设定"缩放"为 1,其余不变。单击中键,确定图形放置。如放置位置有误,可使用约束,将图形中的坐标点与截面坐标系对齐,如图 4.93 所示。单击"完成"按钮 ✓,系统弹出"确认"对话框,问 继续下一截面吗? (Y/N),单击"否"按钮,即不再绘截面。单击"伸出项,旋转混合"对话框中的"确定"按钮,完成创建,如图 4.95 所示。

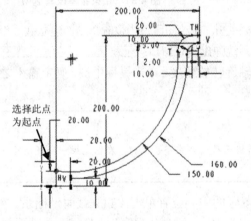

图 4.94 绘制第 3 个截面

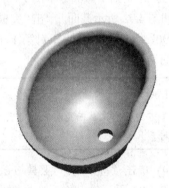

图 4.95 创建完成

> **提示**
> 起点位置一定要统一,否则生成的模型将发生扭曲。因此,每次截面绘制完毕以后,需要确认或重新制定起点位置。

(7) 保存文件,拭除内存。

4.6.3 一般混合特征

一般混合特征是指从第 2 个截面开始,以后的绘制平面可相对绕着前一平面 X、Y、Z 轴旋转一定的角度形成新的截面。一般混合特征也需要建立一个截面坐标系,以确定截面之间的位置关系。

下面通过一个实例介绍一般混合特征的创建方法。

实例 6:创建把手模型,如图 4.96 所示。

1. 模型分析

从图形中可以看出该把手模型由 4 个截面组成,第 1 个截面为椭圆,第 2 个截面为圆,且相对第1截面的X、Y、Z分别旋转70、70、20的角度，第3截面为圆，相对第2截面的X、Y、Z分别旋转30、10、10的角度，第4截面为一点。第1、2截面之间的距离为33，第2、3截面之间的距离为50，第3、4截面之间的距离为20，完全符合一般混合特征的创建特点。所以，该模型用一般混合特征创建。

2. 具体操作步骤

(1) 新建一个零件文件，输入名称为"bashou"，取消选中"使用缺省模板"复选框，选择 mmns_part_solid 模板，进入草绘界面。

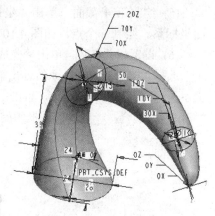

图 4.96　把手模型

(2) 绘制第1截面。执行"插入"|"混合"|"伸出项"命令，在"混合选项"菜单中选择"一般"、"规则截面"、"草绘截面"选项，再选择"完成"选项，在"属性"菜单中选择"光滑"选项，再选择"完成"选项，选取 TOP 平面为草绘平面，单击"确定"(接受默认的混合方向)按钮，在"草绘视图"中选择"缺省"选项，进入草绘界面。单击"坐标系"工具按钮，在绘图区的中心位置单击，建立截面坐标系。绘制1个椭圆，将椭圆长轴的两端点分割成两图元，尺寸如图 4.97 所示。单击"完成"按钮，系统弹出输入框，并提示 给截面2 输入 x_axis旋转角度 (范围:+-120)，输入70，单击中键，系统又提示 给截面2 输入 y_axis旋转角度 (范围:+-120)，输入70，单击中键，系统再提示 给截面2 输入 z_axis旋转角度 (范围:+-120)，输入20，单击中键，进入第2截面绘制界面。

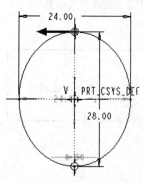

图 4.97　第1截面尺寸

(3) 绘制第2截面。单击"坐标系"工具按钮，在绘图区的中心位置单击，建立截面坐标系。绘制1个圆，将上下两端点分割成两图元，设置上端点为起点，尺寸如图 4.98 所示。单击"完成"按钮，系统弹出"确认"对话框，单击"是"按钮，系统弹出输入框，提示 给截面3 输入 x_axis旋转角度 (范围:+-120)，输入30，单击中键，按提示分别输入 Y, 10, Z, 10，单击中键，进入截面3绘制界面。

(4) 绘制第3截面。单击"坐标系"工具按钮，在绘图区的中心位置单击，建立截面坐标系。绘制1个圆，将上下两端点分割成两图元，设置上端点为起点，尺寸如图 4.99 所示。单击"完成"按钮，系统弹出"确认"对话框，单击"是"按钮，系统弹出输入框，按提示全部输入为0，即不改变角度。单击中键，进入第4截面绘制界面。

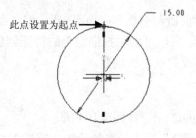

图 4.98　第2截面尺寸

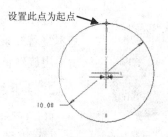

图 4.99　第3截面尺寸

(5) 绘制第 4 截面。单击"坐标系"工具按钮，在绘图区的中心位置单击，建立截面坐标系。绘制一个点，如图 4.100 所示。

(6) 设置相关参数。单击"完成"按钮，系统弹出"顶盖类型"菜单，如图 4.101 所示。选择"光滑"选项，系统弹出输入框，提示 输入截面2的深度，输入 33，单击中键确认，系统提示 输入截面3的深度，输入 50，单击中键，系统提示 输入截面4的深度，输入 20，单击中键，再单击"伸出项：混合，一般"对话框中的"确定"按钮，完成创建，如图 4.102 所示。

图 4.100　第 4 截面尺寸　　图 4.101　"顶盖类型"菜单　　图 4.102　创建完成示意

(7) 保存文件，拭除内存。

> **注意**
> 一般混合与旋转混合一样，绘制每个截面时，都必须建立截面的坐标系，否则系统将提示截面不完整。

4.7　扫描混合特征

扫描特征具有构成特征的截面的形状和大小不发生变化，只有截面的方向随着扫描轨迹的法线方向连续变化的特点，而混合特征的特点是截面的大小和形状都可以发生变化，但方向变化很有限，不如扫描特征那样可以人为控制连续变化。

扫描混合特征既具有扫描的截面方向连续变化的特点，又具有截面形状和大小也可以随意变化的特点。所以，扫描混合特征是既需要一条扫描轨迹线，又需要两个以上的截面构成的特征。

图 4.103　吊钩模型

下面通过一个实例介绍扫描混合特征的创建方法。

实例 7：创建如图 4.103 所示的吊钩模型。

1. 模型分析

该模型钩体部分的截面形状和大小及方向均不一致，但截面方向基本绕着一条轨迹线发生变化，所以可以用扫描混合的特征创建，然后再用旋转特征完成上部，完成此模型的创建。

2. 具体操作步骤

(1) 打开实例源文件 diaogou2.prt，如图 4.104 所示。

(2) 执行"插入"|"扫描混合"命令，系统弹出"扫描混合"操

控面板,如图 4.105 所示。该操控面板共含有 5 个选项卡,即"参照"、"截面"、"相切"、"选项"和"属性"。

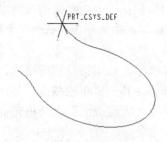

图 4.104 diaogou2.prt 文件

图 4.105 "扫描混合"操控面板

① "参照"选项卡:主要用来为扫描混合特征选择参照,单击该按钮弹出下滑面板,如图 4.106 所示。该下滑面板含有一个轨迹参照列表框和 3 个控制参照列表框,即"剖面控制"、"水平/垂直控制"和"起点的 X 方向参照"。

剖面控制:用于控制剖面选项的列表,共有 3 个选项,如图 4.106 所示。

 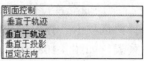

图 4.106 "参照"下滑面板

(a) 垂直于轨迹:创建扫描混合特征的截面垂直于指定的轨迹线,系统默认此选项。

(b) 垂直于投影:扫描混合特征的每个截面垂直于一条假想的曲线,该曲线是某个轨迹在指定平面或坐标轴上的投影。

(c) 恒定法向:创建扫描混合特征的每个截面的法向保持与指定的方向参照平行。

水平/垂直控制:控制沿扫描的剖平面方向。当"剖面控制"为"垂直于投影"选项时,"水平/垂直控制"不起作用。该项目有 3 个选项:"垂直于曲面"、"自动"和"X 轨迹"。

(a) 垂直于曲面:Y 轴指向选定曲面的方向,垂直于与原点轨迹相关的所有曲面。此选项只有当原点轨迹为空间曲线时,才起作用,且为默认选项。单击"下一个"按钮,可切换可能的曲面。

(b) 自动:剖切平面具有自动的 XY 方向。当只有原始轨迹作为扫描轨迹时,在"水平/垂直控制"项目中只有"自动"选项,此时,X 轴方向沿原始轨迹确定。

(c) X 轨迹:当选取两条轨迹作为扫描轨迹时,在"水平/垂直控制"选项中有两个选项,即"自由"和"X 轨迹"。选取"X 轨迹"选项时,选取的第 2 条线系统自动确定为 X 轨迹。此时,X 轨迹要比原始轨迹长。

起点的 X 方向参照:在原始轨迹起点上初始化截面平面的 X 方向。通过单击"缺省"

激活参照收集器来指定轨迹起始处的 X 轴方向。只有当"剖面控制"为"垂直于轨迹"和"恒定法向"选项时，该项才起作用。

② 截面：该选项卡用于启动扫描混合截面的定义，为扫描混合所草绘的或选取的截面会列在截面表中，不能组合截面类型。选择"截面"选项卡，系统弹出"截面"下滑面板，如图 4.107 所示。

该下滑面板中包括截面的创建方式、截面的创建和移除、截面的位置等选项。其中截面的创建方式一种是"草绘截面"，另一种是"所选截面"。其中"草绘截面"是在轨迹上选取一点，并单击 草绘 按钮来绘制扫描混合的截面，而"所选截面"则是将先前定义的截面选取为扫描混合的截面。

截面：为扫描混合定义的截面表。每次只有一个截面是活动的，在表格中以蓝色加亮此活动截面。当将截面添加到列表时，会按时间顺序对其进行编号和排序，标记为#的列中显示草绘剖面的图元数。

(a) 插入 插入：插入一个新截面。单击此按钮，可激活新收集器，新截面为活动截面。只有完成一个截面之后，此按钮才会激活。

(b) 移除 移除：删除一个截面。单击可删除表格中的选定截面和扫描混合。

(c) 草绘 草绘：打开"草绘器"，为截面定义草绘。

截面位置：激活可收集链端点、顶点或基准点以定位截面。

(a) 旋转：指定相对初始截面关于 X 轴的旋转角度（为 $-120°\sim+120°$）。

(b) 截面 X 轴方向：为活动截面设置 X 轴方向。只有选择"水平/垂直控制"中的"自动"选项并与起始处 X 方向同步时，此项才起作用。

③ 相切：用于控制扫描混合特征与其他特征的相切过渡。此选项卡只有在绘制两个截面以后才显示，选择该选项卡，弹出"相切"下滑面板，如图 4.108(a)所示。单击"条件"列表框，弹出下拉列表，如图 4.108(b)所示。通过此列表，可选择与其他特征的"自由"、"相切"或"垂直"的相切过渡形式。当截面图形为点时，出现"尖点"、"平滑"过渡形式。

图 4.107 "截面"下滑面板

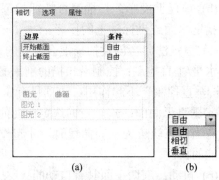

图 4.108 "相切"下滑面板

④ 选项：用于控制截面的形状。选择"选项"选项卡，系统弹出"选项"下滑面板，如图 4.109(a)所示。

(a) 封闭端点：设置曲面的端面封闭。

(b) 无混合控制：将不设置任何混合控制。

(c) ○设置周长控制：混合中各截面的周长将沿轨迹线呈线性变化，这样通过修改某个已定义截面的周长便可以控制特征中各截面的形状。当选中此单选按钮时，"选项"界面如图 4.109(b)所示。

(d) ○设置剖面面积控制：设置为指定扫描混合特定位置的剖面面积，用以调整特征的形状。此单选按钮只有在绘制第 2 个截面以后才激活，如图 4.109(c)所示。

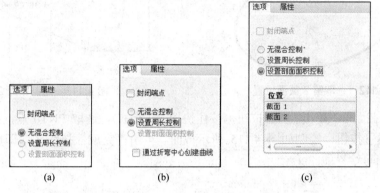

图 4.109 "选项"下滑面板

下面继续实例操作：

(3) 选取轨迹。单击"实体"按钮□，确认生成实体。单击轨迹曲线，轨迹线显示变红，并在两个端点显示小方框，表示轨迹线的两个端点，如图 4.110 所示。箭头所在位置为起点位置，单击箭头，可以改变起点位置到另一端点。单击"参照"按钮，在下滑面板中的"剖面控制"选项中选择"垂直于轨迹"选项，其他选项接受系统默认设置。

(4) 绘制截面 1。选择"截面"选项卡，接受默认的"草绘截面"选项，单击"起始点"位置点，单击 草绘 按钮，进入草绘界面。在交叉中心点位置绘制 1 个圆，修改直径值为 45。单击"分割"按钮，即可绘制 6 个分割点，将图元分成 6 个图元，具体尺寸如图 4.111 所示。单击"完成"按钮，完成截面 1 的绘制，退出草绘界面。

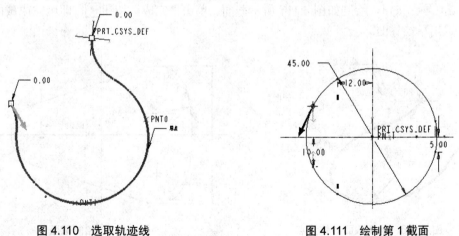

图 4.110 选取轨迹线　　　　　图 4.111 绘制第 1 截面

(5) 绘制截面 2。单击 插入 按钮，按住快捷键 Ctrl+D，单击选取曲线两段圆弧的相切点，如图 4.112 所示。单击 草绘 按钮，绘制如图 4.113 所示的截面。单击"完成"按钮☑，即可完成截面 2 的绘制，退出草绘界面。

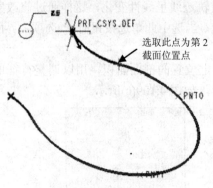

图 4.112 选取第 2 截面位置

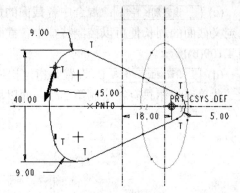

图 4.113 绘制截面 2

(6) 绘制截面 3。单击 插入 按钮，按住快捷键 Ctrl+D，选取 PNT0 点，如图 4.114 所示，单击 草绘 按钮，绘制如图 4.115 所示截面。单击"完成"按钮☑，即可完成截面 3 的绘制，退出草绘界面。

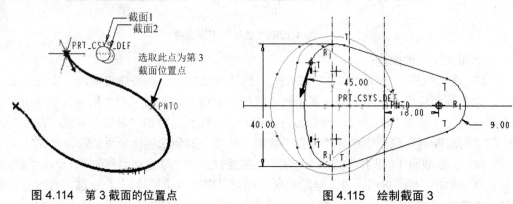

图 4.114 第 3 截面的位置点　　　　　　图 4.115 绘制截面 3

(7) 绘制截面 4。单击 插入 按钮，按住快捷键 Ctrl+D，选取 PNT1 点，如图 4.116 所示。单击 草绘 按钮，绘制如图 4.117 所示截面。单击"完成"按钮☑，即可完成截面 4 的绘制，退出草绘界面。

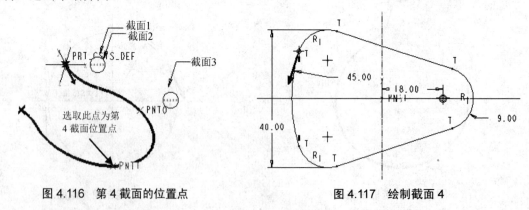

图 4.116 第 4 截面的位置点　　　　　　图 4.117 绘制截面 4

(8) 绘制截面 5。单击 插入 按钮，按住快捷键 Ctrl+D，选取圆弧连接点，如图 4.118 所示。单击 草绘 按钮，绘制如图 4.119 所示截面。单击"完成"按钮☑，即可完成截面 5 的绘制，退出草绘界面。

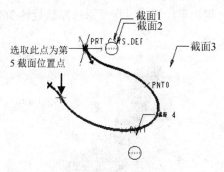
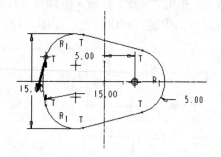

图 4.118 第 5 截面的位置点　　　　　图 4.119 绘制截面 5

(9) 绘制第 6 截面。单击 插入 按钮，按住快捷键 Ctrl+D，单击选取轨迹线的终点，单击 草绘 按钮，绘制 1 个圆，修改直径值为 1，单击"分割"按钮，绘制 6 个分割点，将图分成 6 个图元，具体尺寸如图 4.120 所示。单击"完成"按钮，即可完成截面 6 的绘制，退出草绘界面，显示如图 4.121 所示。

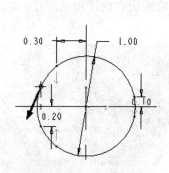
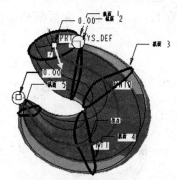

图 4.120 绘制截面 6　　　　　　图 4.121 截面绘制完成

(10) 设置与其他特征的相切过渡。选择"相切"选项卡，系统弹出"相切"下滑面板，在开始截面位置的"条件"栏单击"自由"字符，在下拉菜单中选择"垂直"选项，在终止截面设置为"自由"，如图 4.122 所示。单击中键，完成扫描混合的创建，如图 4.123 所示。

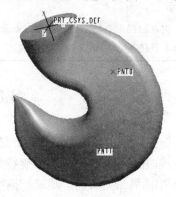

图 4.122 设置相切选项示意　　　　图 4.123 扫描混合完成

(11) 创建连接部分。单击"旋转"工具按钮，定义 FRONT 平面为草绘平面，接受系统默认的视图方向和视图参照，单击"草绘"按钮，进入草绘界面。绘制如图 4.124 所示截面。单击"完成"按钮☑，即可完成截面绘制，退出草绘界面。接受系统默认旋转360°设置，单击中键，完成创建，如图4.125所示。

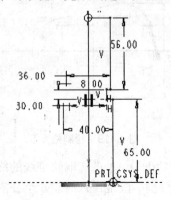

图4.124 绘制旋转截面

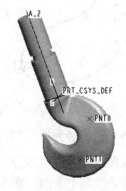

图4.125 设置旋转特征

(12) 倒圆角。单击"倒圆角"工具按钮，选取两条边链，如图4.126所示。输入倒角半径为1，单击中键，完成倒角，如图4.127所示。隐藏所有曲线和基准点，如图4.103所示。

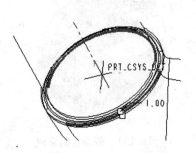

图4.126 选取倒圆角边链

图4.127 倒圆角完成

(13) 保存文件，拭除内存。

> **提示**
> 此例在扫描混合的创建过程中，如果将轨迹线的起点设置在勾尖处(即本例的终点处)，则所绘截面的方向要旋转180°，截面顺序也要颠倒。本例的截面图形都是将起点设在勾顶处开始绘制的。

4.8 螺旋扫描

螺旋扫描是指将截面沿螺旋轨迹线进行扫描，从而创建螺旋扫描特征。螺旋轨迹线是通过旋转曲面的轮廓(定义从螺旋特征的截面原点到其旋转轴之间的距离)和螺距(螺旋线之间的距离)两者来定义的。螺旋扫描特征具体又可分为伸出项、薄板伸出项、切口、薄板切口、曲面、曲面修剪和薄曲面修剪7种类型。

下面通过两个实例介绍螺旋扫描特征的创建过程。

实例8：创建一根螺旋杆模型，如图4.128所示。

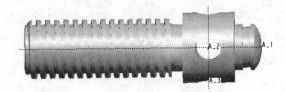

图 4.128 螺旋杆模型

1. 模型分析

该螺杆为一个千斤顶的螺旋杆,可以由旋转特征创建基本圆柱体,然后创建螺旋扫描切口特征,即可创建出此模型。

2. 具体操作步骤

(1) 单击"打开"按钮,在"实例和源文件(4)"文件夹中找到名称为"luogan.prt"的源文件,单击"打开"按钮,如图 4.129 所示。

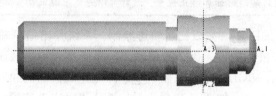

图 4.129 源文件"luogan.prt"

(2) 执行"插入"|"螺旋扫描"|"切口"命令,系统弹出"属性"菜单和"切剪:螺旋扫描"对话框,如图 4.130 所示。

菜单各选项含义如下。

① 常数:表示螺旋线的螺距为常数。
② 可变的:表示螺旋线的螺距是变化的,由设计者根据不同的点设置。
③ 穿过轴:表示螺旋扫描的截面穿过轴线,与其穿过轴线径向平面共面。
④ 垂直于轨迹:表示螺旋扫描的截面始终与轨迹线的法向垂直。
⑤ 右手定则:表示螺旋线为右旋。
⑥ 左手定则:表示螺旋线为左旋。

(3) 选择"常数"、"穿过轴"、"右手定则"选项,选择"完成"选项,系统弹出"设置草绘平面"菜单,如图 4.131 所示。选取 FRONT 平面为草绘平面,在"方向"子菜单中选择"确定"选项,在"草绘视图"子菜单中选择"顶"选项,选取 RIGHT 平面正方向指向顶部,进入扫引轨迹绘制界面,如图 4.132 所示。

图 4.130 "属性"菜单和"切剪:螺旋扫描"对话框   图 4.131 "设置草绘平面"菜单

(4) 绘制扫引轨迹线。绘制一条水平中心线，作为螺旋线的旋转轴线，执行"草绘"｜"参照"命令，加选圆柱体母线作为参照(其目的是绘制扫引轨迹时，系统将自动约束重合)，绘制一条螺旋轨迹线，截面尺寸如图 4.133 所示。

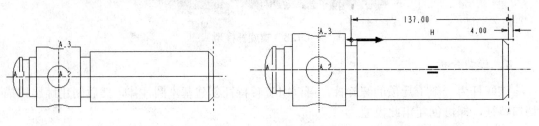

图 4.132　扫引轨迹绘制界面　　　　　图 4.133　扫引轨迹尺寸示意

> **提示**
> 绘制扫引轨迹时，最好超过起始和终止位置，这样可以避免出现未切剪的残留材料端。

(5) 单击"完成"按钮✓，完成扫引轨迹绘制。系统弹出信息输入窗口提示 输入节距值 ，输入数值为"8"，单击鼠标中键，确认数值输入，系统进入扫描截面绘制界面。绘制一个矩形，如图 4.134 所示。单击"完成"按钮✓，即可完成截面的绘制。系统弹出"方向"菜单，并提示材料移除方向，如图 4.135 所示。选择"确定"选项，单击对话框中的"确定"按钮，即可完成特征的创建。按快捷键 Ctrl+D，使视图标准方向显示如图 4.136 所示。

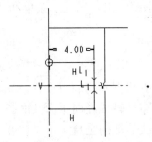 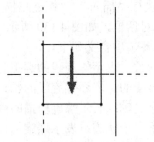

图 4.134　扫描截面的尺寸　　　　　　图 4.135　移除材料方向

(6) 保存文件，拭除内存。

实例 9：创建变节距弹簧，如图 4.137 所示。

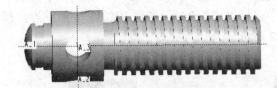 

图 4.136　螺旋扫描切口完成　　　　　图 4.137　变节距螺旋弹簧模型

创建变节距弹簧的关键就是要在扫引轨迹上设置变节距的点，此弹簧是为了保证两端并紧的效果，变节距点较少，但也能概括变截距的方法。模型尺寸如图 4.138 所示。

具体操作步骤如下。

(1) 新建一个零件文件，命名为"tanhuang.prt"，取消选中"使用缺省模板"复选框，使用 mmns_part_solid 模板。单击"确定"按钮进入零件设计界面。

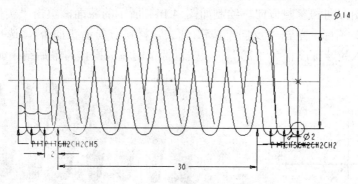

图 4.138　模型尺寸

(2) 执行"插入"|"螺旋扫描"|"伸出项"命令，弹出"属性"菜单，选择"可变的"、"穿过轴"、"右手定则"选项，选择"完成"选项。设置 FRONT 平面为草绘平面，接受系统默认的视图方向和参照方向，进入扫引轨迹绘制界面。

(3) 绘制扫引轨迹。通过 RIGHT 平面绘制一条垂直中心线，作为螺旋线的旋转轴，在离中心线一定距离的位置绘制一条直线，单击"分割点"按钮，在直线上创建 6 个分割点，尺寸如图 4.139 所示。

(4) 输入节距值。单击"完成"按钮☑，完成截面的绘制。系统弹出消息输入窗口 在轨迹起始输入节距值，输入起始点节距值，输入值为"2"，单击鼠标中键，确认输入值。系统再次弹出消息输入窗口 在轨迹末端输入节距值，输入值为"2"，单击鼠标中键确认。系统弹出"图形"菜单和"节距图形"窗口，如图 4.140 所示。单击分割点，在消息输入窗口中分别输入节距值为"2"、"2"、"5"、"5"、"2"、"2"，"节距图形"窗口显示各点的螺距值，如图 4.141 所示。单击鼠标中键确认输入值，在"图形"菜单中选择"完成"选项，进入螺旋弹簧截面绘制界面。绘制一个圆，尺寸如图 4.142 所示。单击"完成"按钮☑，完成截面的绘制。单击窗口中的"确定"按钮完成操作，如图 4.143 所示。

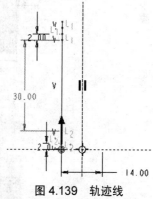

图 4.139　轨迹线

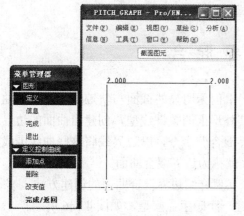

图 4.140　"图形"菜单和"节距图形"窗口

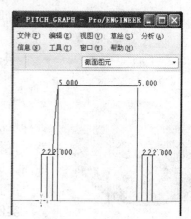

图 4.141　节距分布图

(5) 切出弹簧两端磨平位置。单击"拉伸"按钮，定义 FRONT 平面为草绘平面，接受系统默认的视图方向和参照方向。绘制如图 4.144 所示的截面，单击"实体"图标，再单击"移除材料"图标，单击"反向"按钮(使去除材料方向箭头向外)，选择"对称拉伸"深度选项，输入拉伸深度值为"20"。双击鼠标中键完成操作，最后结果如图 4.145 所示。

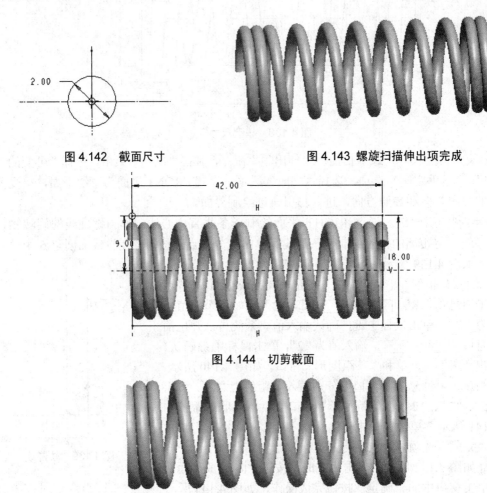

图 4.142 截面尺寸　　　　　　　　　图 4.143 螺旋扫描伸出项完成

图 4.144 切剪截面

图 4.145 拉伸切剪完成

4.9 边界混合

当曲面呈现平滑但无明显的截面与轨迹线时，常以曲线的各种用法先绘制其外形上的关键线型，创建出曲面的边界线，然后再利用"边界混合"命令，以边界线将这些曲线围成一张曲面。这样的曲面就称为边界混合曲面。

下面通过一个实例介绍边界混合曲面的创建方法。

实例 10：创建一个暖手壶模型，如图 4.146 所示。

图 4.146 暖手壶模型

1. 模型分析

该暖手壶为 1 扁形椭球面，难以用一般的曲面创建方式创建。为此创建 3 条控制外形轮廓的曲线，通过边界混合的方法来创建。模型的具体尺寸如图 4.147 所示。

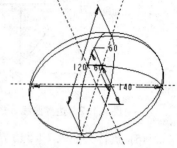

图 4.147　模型尺寸示意

2. 具体操作步骤

(1) 新建一个零件文件，输入名称为"nuanshouhu"，取消选中"使用缺省模板"复选框，使用 mmns_part_solid 模板。单击"确定"按钮进入零件设计界面。

(2) 创建边界曲线 1。单击"草绘"工具按钮，定义 FRONT 平面为草绘平面，接受系统默认的视图方向和视图参照，单击"草绘"按钮，进入草绘界面，绘制如图 4.148 所示的截面。单击"完成"按钮，完成边界曲线 1 的创建，如图 4.149 所示。

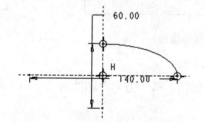

图 4.148　边界曲线 1 的截面尺寸

图 4.149　边界曲线 1 完成

(3) 创建边界曲线 2。单击"草绘"工具按钮，定义 RIGHT 平面为草绘平面，接受系统默认的视图方向，设置 TOP 平面正方向指向顶部为视图参照，单击"草绘"按钮，进入草绘界面。执行"草绘"|"参照"命令，加选刚绘制的曲线作为参照，绘制如图 4.150 所示的截面(注意约束边界曲线 1 与所绘曲线在交接位置的共点，否则边界混合曲面不能完成)。单击"完成"按钮，完成边界曲线 2 的创建，如图 4.151 所示。

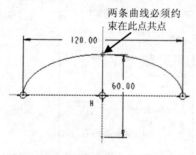

图 4.150　边界曲线 2 的截面尺寸

图 4.151　边界曲线 2 完成

(4) 创建边界曲线 3。单击"草绘"工具按钮，定义 TOP 平面为草绘平面，接受系统默认的视图方向，设置 RIGHT 平面正方向指向右部为视图参照，单击"草绘"按钮，进入草绘界面。执行"草绘"|"参照"命令，加选已绘制的两条曲线作为参照，绘制如图 4.152 所示的截面(注意约束边界曲线 1、曲线 2 与所绘曲线在交接位置的共点，否则边界混合曲面不能完成)。单击"完成"按钮，完成边界曲线 3 的创建，如图 4.153 所示。

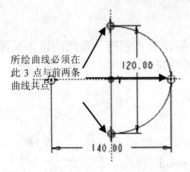
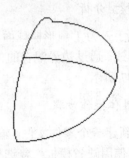

图 4.152 边界曲线 3 的截面尺寸　　　　图 4.153 边界曲线 3 完成

(5) 执行"插入"|"边界混合"命令，或单击"边界混合"按钮，系统弹出"边界混合"操控面板，如图 4.154 所示。

图 4.154 "边界混合"操控面板

操控面板各选项含义如下。

① 曲线：设置创建边界混合特征的参照曲线，包括"第一方向"和"第二方向"两种，如图 4.155 所示。

(a) 第一方向：设置创建边界混合特征的第一方向曲线。

(b) 第二方向：设置创建边界混合特征的第二方向曲线。

(c) 细节：通过"链"对话框来修改或重定义曲线。

(d) 闭合混合：设置边界混合特征为闭合特征，此选项只有在只存在一个方向的边界线时才起作用。

② 约束：设置边界混合特征的约束方式和约束对象，包括边界、图元和拉伸值。"约束"下滑面板如图 4.156 所示。

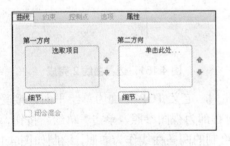
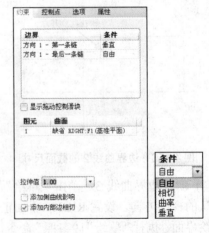

图 4.155 "曲线"下滑面板　　　　图 4.156 "约束"下滑面板

(a) 边界：显示约束的对象和对应的约束方式，包括自由、相切、曲率和垂直 4 个选项。

自由：自由地沿边界进行特征创建，不需要任何约束条件。

相切：设置混合曲面沿边界与参照曲面相切。在应用切线约束条件时，可以通过拖动控制滑块或数值调整相切的大小变化。

曲率：设置混合曲面沿边界具有曲率连续性，其操作步骤与相切一致。

垂直：设置混合曲面与参照曲面或基准平面垂直。

(b) 显示拖动控制滑块：显示用于调整约束数值的控制滑块，拖动时拉伸值随之变化。在"自由"约束条件下不起作用。

(c) 图元曲面：设置用于参考的曲面或基准平面。

(d) 拉伸值：输入数值确定约束数值，与拖动控制滑块的意义一致。

(e) 添加侧曲线影响：使用侧曲线的影响来调整曲面形状。

(f) 添加内部边相切：为混合曲面的一个或两个方向设置相切内部边条件。此功能适用于具有多段边界的曲面。通过该功能可以创建盖有曲面片(通过内部边并与之相切)的混合曲面。

③ 控制点：通过输入曲线上的映射位置来添加控制点并形成曲面，等同于控制第二方向曲线。使用这一选项时，用户可以右击选定点，在弹出的快捷菜单中重定义曲线的排序和定义，如图 4.157 所示。

④ 选项：选取曲线链来影响混合曲面的形状和逼近方向，包括影响曲线、平滑度和在方向上的曲面片 3 种参照。此项功能用于创建圆锥曲面。单击"选项"按钮，弹出的下滑面板如图 4.158 所示。

图 4.157 "控制点"下滑面板

图 4.158 "选项"下滑面板

(a) 影响曲线：设置影响混合曲面形状的曲线，如图 4.159 所示。

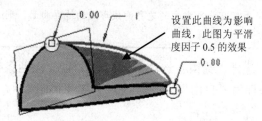

图 4.159 "影响曲线"示意

(b) 平滑度因子：设置曲面与影响曲线的逼近程度，所设值越小，与影响曲线越逼近，值越大，离影响曲线逼近越远，如图 4.160 所示。

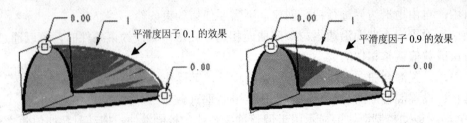

图 4.160 "平滑度因子"影响

(c) 在方向上的曲面片:在第一方向(U)和第二方向(V)设置曲面片的个数,如图 4.161 所示。曲面片数越多,曲面与影响曲线越靠近,曲面越光滑。

下面继续实例操作:

(6) 构建边界曲面。选取边界曲线 2,按住 Ctrl 键选取边界曲线 3,如图 4.162 所示。单击 [单击此处添加项目] ,选取边界曲线 1,如图 4.163 所示。

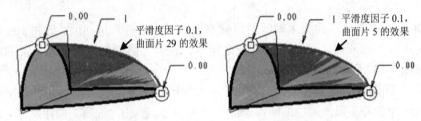

图 4.161 "在方向上的曲面片"

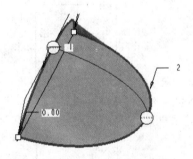

图 4.162 选取第 1 方向边界曲线

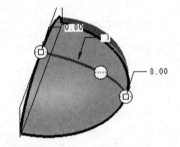

图 4.163 选取第 2 方向边界曲线

> 注意
> 选取边界曲线时,如果是只有一个方向的边界曲线形成的边界曲面,则选取的顺序很重要,顺序不同,形成的曲面也不同。

(7) 设置边界约束。选择"约束"选项卡,选择方向 1 上两条链的边界条件均为"垂直",方向 2 上的边界条件为"自由",如图 4.164 和图 4.165 所示。单击中键,完成创建,如图 4.166 所示。

(8) 镜像曲面。选取边界曲面,执行"编辑"|"镜像"命令,选取 RIGHT 平面为镜像参照平面,单击中键,完成镜像,如图 4.167 所示。

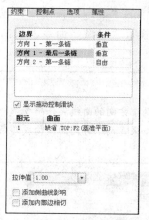
图 4.164 设置边界约束

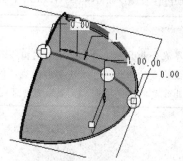
图 4.165 约束后的效果

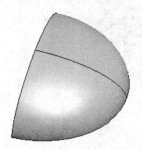
图 4.166 边界曲面完成

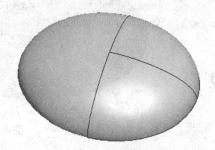
图 4.167 镜像完成

(9) 合并曲面。选取边界曲面，按住 Ctrl 键选取镜像曲面，执行"编辑"|"合并"命令，如图 4.168 所示。单击中键，完成合并。

(10) 镜像曲面。选取刚合并的曲面，执行"编辑"|"镜像"命令，选取 TOP 平面为镜像参照，单击中键，完成镜像，如图 4.169 所示。

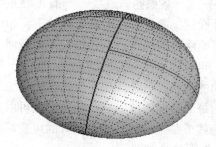
图 4.168 合并曲面

图 4.169 镜像曲面

(11) 合并曲面。选取刚镜像的曲面，按住 Ctrl 键，选取已合并的曲面，单击"合并"按钮，如图 4.170 所示。单击中键，完成合并。

(12) 隐藏曲线。单击"层"工具按钮，在"层项目"窗口右击，在弹出的快捷菜单中，执行"新建层"命令，在弹出的"层属性"对话框中输入名称为"CURVE"，在"过滤器"中选择"曲线"选项，框选

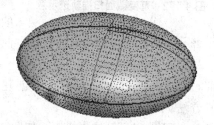
图 4.170 合并曲面

图形,所有曲线被选中,如图 4.171 所示。单击对话框中的"确定"按钮,完成新建层的创建。选取新建层标示并右击,在弹出的快捷菜单中,执行"隐藏"命令,单击"重画"工具按钮,图形显示如图 4.146 所示。

> **注意**
> 边界混合曲面可以由一个方向的曲线混合而成,也可以由两个方向的曲线混合而成。一个方向的多条曲线构成的曲面,可以不要求曲线之间有连接点。但是,如果是两个方向曲线构成的曲面,则必须要求曲线之间有连接点,且必须为首尾相连(造型曲面除外)。

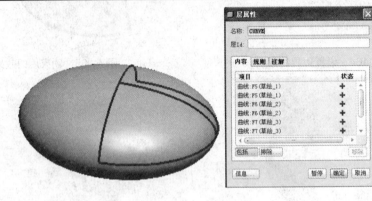

图 4.171 选取曲线

(13) 保存文件,拭除内存。

4.10 可变截面扫描

可变截面扫描特征是一种截面(剖面,即剖截面)在方向和形状上可以变化的扫描特征。如图 4.172 所示,可变截面扫描特征的创建一般要定义一条原始轨迹线、一条 X 轨迹线、多条一般轨迹线和一个截面。其中原始轨迹线是截面扫描的轨迹,即截面开始于原始轨迹的起点,终止于原始轨迹的终点;X 轨迹线决定截面上坐标系的 X 轴方向,可以用来控制截面的方向;多条一般轨迹线用于控制截面的形状;另外,还需要定义一条法向轨迹线以控制特征的每个截面的法向,法向轨迹线可以是原始轨迹线、X 轨迹线或某个一般轨迹线。有的可变截面扫描可以只绘制一条原始轨迹线,不需要绘制控制截面变化的轨迹线,而通过一个图形或者一个函数来控制截面的变化,此时必须输入表达图形或函数与截面变化的关系式。

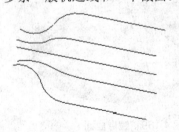

图 4.172 可变截面扫描轨迹示意

下面通过一个实例介绍创建可变截面扫描特征的具体方法。

实例 11:创建牛奶瓶,如图 4.173 所示。

图 4.173 牛奶瓶模型

1. 模型分析

牛奶瓶的外形轮廓在纵向变化较大，但截面的形状基本可以用轮廓轨迹来控制，辅之以图形函数控制倒角变化，即可以完成牛奶瓶的创建。模型尺寸如图4.174所示。

2. 具体操作步骤

(1) 打开实例源文件nnp.prt，如图4.175所示，内含图形文件N1。

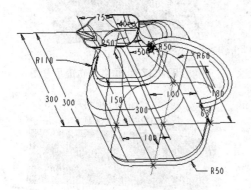
图4.174 模型尺寸

图4.175 实例源文件

(2) 执行"插入"|"可变截面扫描"命令，或者单击 按钮，系统弹出"可变截面扫描"操控面板，如图4.176所示。

操控面板共有4个选项卡，下面就有关选项的含义说明如下。

图4.176 "可变截面扫描"操控面板

① "参照"选项卡：用来设置可变截面扫描特征的参照项目，包括轨迹列表框、剖面控制、水平/垂直控制和起点的X方向控制参照等。单击"参照"按钮，弹出"参照"下滑面板，如图4.177所示。

(a) 轨迹：设置可变截面扫描特征的轨迹。轨迹的类型有原始轨迹(N)、X轨迹(X)、相切轨迹(T)(也称一般轨迹)。设计者第一次选取的轨迹系统定义为原始轨迹。随后选取的轨迹，用户可通过单击有关按钮来定义，如单击X按钮，则该轨迹定义为X轨迹。定义原始轨迹后，系统自动定义原始轨迹的起始点，如果需要更改起始点的位置，可以在表示箭头的位置右击，在弹出的快捷菜单中执行"反向链方向"命令，起始点便自动调换位置。如果需要修改、重定义所选轨迹线，可以单击"细节"按钮，弹出"链"对话框，进行修改或重定义。

(b) 剖面控制：设置可变截面扫描特征的截面方向的控制类型，包括垂直于轨迹、垂直于投影和恒定法向3种类型。

垂直于轨迹：设置可变截面扫描特征的每个截面垂直于某个轨迹，该轨迹一般是指定的原点轨迹，如图4.178所示。

垂直于投影：可变截面扫描特征的每个截面垂直于一条假想的曲线，该曲线是指定轨迹在指定平面上的投影曲线，如图4.179所示(选择此选项后，原来设定的原点轨迹标志自动消失)。

恒定法向：设置可变截面扫描特征的每个截面法线方向保持与指定的方向参照平行，如图4.180所示。

图 4.177 "参照"下滑面板

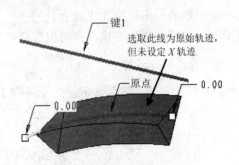

图 4.178 垂直于轨迹示意图

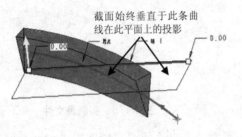

图 4.179 "垂直于投影"示意

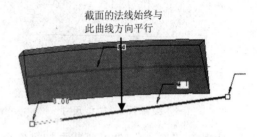

图 4.180 "恒定法向"示意图

(c) 水平/垂直控制：设置可变截面扫描特征的截面通过草绘平面法向进行可变截面扫描的类型，包括垂直于曲面、X 轨迹和自动 3 种类型。

垂直于曲面：每点上截面的 Y 轴垂直于原点轨迹所在的曲面，如图 4.181 所示。如果原点轨迹参照为曲面上的曲线、曲面上的单侧边、曲面的双侧边或实体边、曲面交线、投影曲线、两次投影曲线时，此项为默认项。单击"下一个"按钮，可切换到下一个法相曲面。

X 轨迹：有两条轨迹时显示。截面的 X 轴通过指定的 X 轨迹和沿扫描的截面的交点，如图 4.181 所示。

自动：截面由 XY 方向自动定向。对于没有参照任何曲面的原点轨迹，该项为默认选项。

当"剖面控制"选择"垂直于投影"选项时，"水平/垂直控制"不起作用。当选择一条轨迹线为 X 轨迹时，该控制锁定为 X 轨迹控制，此时截面变化如图 4.182 所示。该选项设定为"自动"时，截面方向显示如图 4.180 所示。

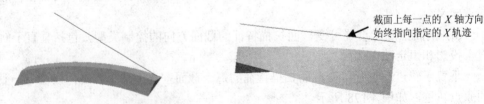

图 4.181 "恒定法向"的"垂直于曲面"控制　　图 4.182 "恒定法向"的"X 轨迹"控制

② "选项"选项卡：用于设置创建可变截面扫描的截面类型，包括可变剖面和恒定剖面两种。

(a) 可变剖面：设置剖面随着所选轨迹线的轨迹可以变化，此项为系统默认选项。

(b) 恒定剖面：设置剖面不随所选轨迹而变化。

当创建的模型为可变截面扫描曲面时,"选项"下滑面板将弹出"封闭端点"复选框。
(a) "封闭端点":设置创建封闭的可变截面扫描特征。
(b) "草绘放置点":设置另一个草绘截面的放置点,并且在原有草绘截面上绘制一个新的草绘轮廓,从而创建若干个通过相同轨迹但不同截面的混合特征。
③ "相切"选项卡:通过指定的相切轨迹控制曲面。
下面继续实例操作。

(3) 选取轨迹线。单击"实体"按钮□,确认生成实体。单击选取中间轨迹线,再按住 Ctrl 键依次选取其他 4 条曲线,单击"参照"按钮,在"参照"下滑面板中的"轨迹"列表中选取"原点"轨迹为原始轨迹,其他轨迹可任意确定一条为 X 轨迹(也可不确定)。在"剖面控制"选项中,选取"垂直于轨迹"选项,其他选项接受系统默认选项,如图 4.183 所示。

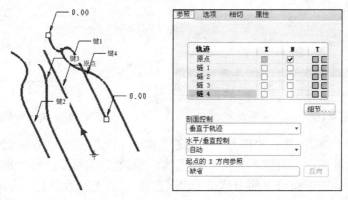

图 4.183 选取轨迹

(4) 绘制截面。单击"选项"按钮,选取"可变剖面"选项,接受默认草绘放置点。单击"创建或编辑扫描剖面"按钮,进入截面绘制界面。单击"矩形"按钮□,绘制 1 个矩形截面,约束 4 条边与 4 条轨迹线共点,若弹出如图 4.184 所示"解决草绘"对话框,则删除"对称"约束。单击"圆形"按钮,将矩形 4 个角倒圆角,约束 4 个倒角相等,执行"信息"|"切换尺寸"命令,图形显示如图 4.185 所示。

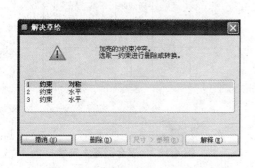

图 4.184 解决草绘

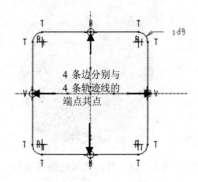

图 4.185 绘制截面

(5) 输入关系式。执行"工具"|"关系"命令,系统弹出"关系"窗口,输入如下关系式:

sd9=evalgraph("n1",trajpar*300)

其关系式的含义为：倒角尺寸(sd9)按照"图形"n1 进行计算，计算的轨迹长度为 300，如图 4.186 所示。单击窗口中的"确定"按钮，完成关系式的输入。再次执行"信息"|"切换尺寸"命令，图形显示如图 4.187 所示。单击"完成"按钮☑，完成截面的绘制，单击中键，完成可变截面扫描实体的创建，如图 4.188 所示。

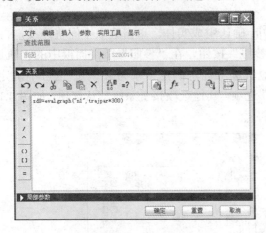
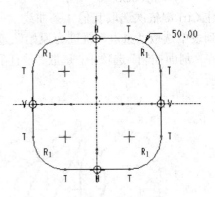

图 4.186　输入关系式　　　　　　　图 4.187　输入关系式后截面显示

(6) 创建瓶口尖嘴。执行"插入"|"混合"|"伸出项"命令，在"混合选项"菜单中接受系统默认的各选项，选择"完成"选项，在"属性"菜单中选择"光滑"选项，再选择"完成"选项，选取瓶口平面为草绘平面，选择"反向"(确定混合方向向下)选项，再选择"确定"选项，然后选择"缺省"选项，进入草绘界面。单击"隐藏线"按钮◻，执行"草绘"|"参照"命令，选取 FRONT 和 RIGHT 平面为尺寸参照，绘制如图 4.189 所示截面。执行"草绘"|"特征工具"|"切换截面"命令，进入第二截面绘制界面。绘制一点，尺寸如图 4.190 所示。单击"完成"按钮☑，完成截面绘制，设置截面之间深度值为 30，单击中键，单击对话框中的"确定"按钮，完成瓶口尖嘴的创建，如图 4.191 所示。

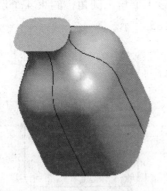
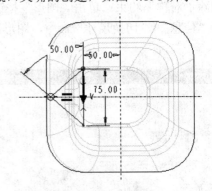

图 4.188　可变截面扫描完成　　　　　图 4.189　混合截面 1 尺寸

(7) 倒圆角。单击"倒圆角"工具按钮◻，选取尖嘴处 3 条边链，设置半径为 6，如图 4.192 所示。选择"集"选项卡，单击"新建集"字符，选取底部边链，设置倒角半径为 20，如图 4.193 所示。单击中键，完成倒圆角创建，如图 4.194 所示。

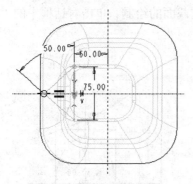

图 4.190 混合截面尺寸 2

图 4.191 混合完成

图 4.192 选取倒圆角边链 1

图 4.193 选取倒圆角边链 2

(8) 抽壳。单击"壳"工具按钮 ▣，选取瓶口表面，设置壳厚度为 1.5，单击中键，完成抽壳创建，如图 4.195 所示。

图 4.194 倒圆角完成

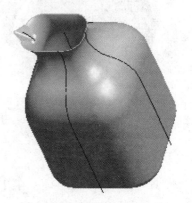

图 4.195 创建壳特征完成

(9) 创建把手。执行"插入"|"扫描"|"伸出项"命令，在"扫描轨迹"菜单中选择"草绘轨迹"选项，选取 FRONT 平面为草绘平面，选择"确定"选项，再选择"缺省"选项，进入草绘界面。单击"隐藏线"按钮 ▣，执行"草绘"|"参照"命令，加选右侧外轮廓线为参照，绘制如图 4.196 所示截面。单击"完成"按钮 ✓，完成轨迹线绘制，在"属性"菜单中选择"合并端"选项，再选择"完成"选项，进入扫描截面绘制界面。绘制如

图 4.197 所示截面。单击"完成"按钮☑，即可完成截面的绘制。单击对话框中的"确定"按钮，即可完成模型的创建，如图 4.198 所示。

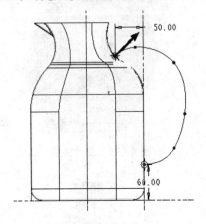

图 4.196　扫描轨迹截面尺寸

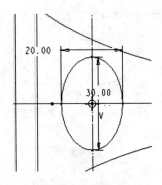

图 4.197　扫描截面尺寸

(10) 隐藏曲线。单击"层"工具按钮▨，在"层项目"窗口右击，在弹出的快捷菜单中执行"新建层"命令，在弹出的"层属性"对话框中输入名称为"curve"，在"过滤器"中选择"曲线"选项，框选图形，所有曲线被选中，如图 4.199 所示。单击对话框中的"确定"按钮，完成新建层的创建。选取新建层标示并右击，在弹出的快捷菜单中执行"隐藏"命令，单击"重画"工具按钮▨，图形显示如图 4.173 所示。

(11) 执行"文件"|"保存副本"命令，输入新名称为"naiping_ok"，拭除内存。

图 4.198　扫描特征完成

图 4.199　选取隐藏曲线

4.11　综合实例

在上述章节中已经介绍了基础特征的创建方法，下面将通过几个综合实例进一步讲解它们的综合应用，以达到进一步巩固提高的效果。

综合实例 1：创建引例的斜板模型，如图 4.1 所示。

1. 模型分析

该斜板由两个互成 90°的圆柱体和 1 个两端截面大小不同的连接板连接起来，然后再加 1 个旋转 30°的带孔连接板。此模型构建的第 1 难点在于连接筋的创建不能用简单的筋完成,而需用平行混合先创建筋,然后再曲面替换与两圆柱体相接。第 2 难点在于与斜板连接位置处得圆弧倒角,需要用扫描曲面替换切减材料。具体尺寸如图 4.200 所示。

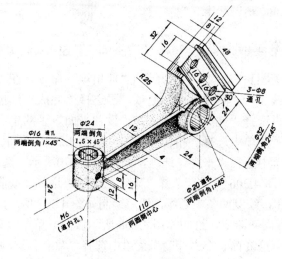

图 4.200 模型尺寸

2. 具体操作步骤

(1) 新建一个零件文件,输入名称为"xieban.prt",取消选中"使用缺省模板"复选框,选用 mmns_part_solid 模板,单击"确定"按钮,进入零件设计界面。

(2) 创建右端的替换曲面。单击"拉伸"工具按钮，单击"曲面"按钮，确定拉伸为曲面。选择"放置"选项卡,定义 FRONT 平面为草绘平面,接受系统默认的视图方向和参照,进入草绘界面。关闭基准平面显示,绘制一个半圆弧,修改半径尺寸为 16,如图 4.201 所示。单击"完成"按钮，即可完成截面的绘制。设置对称,输入深度值为"24",单击中键,完成拉伸的创建,如图 4.202 所示。

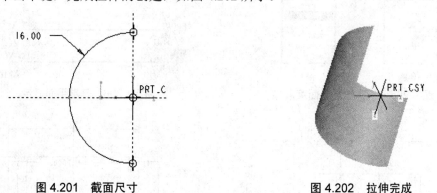

图 4.201 截面尺寸　　　　　　图 4.202 拉伸完成

(3) 创建左端的替换曲面。单击"旋转"工具按钮，单击"曲面"按钮，选择"放置"选项卡,定义 使用先前的 ,进入草绘界面。单击"几何中心线"按钮，绘制 1 条几何中心线,标注与右端半圆弧中心的距离为 110。单击"线"按钮，绘制一条线,修改尺寸如图 4.203 所示。单击"完成"按钮，即可完成截面的绘制,退出草绘界面。设置旋转方式为"对称",输入角度值 180,单击中键,完成创建,如图 4.204 所示。

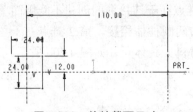

图 4.203 旋转截面尺寸　　　　　图 4.204 旋转曲面完成

(4) 创建连接体。执行"插入"|"混合"|"伸出项"命令,在"混合选项"菜单中选择"平行的"、"规则截面"、"草绘截面"选项,再选择"完成"选项。在"属性"菜单中选择"光滑"选项,再选择"完成"选项,在"设置平面"子菜单中选择"产生基准"选项,在"基准平面"子菜单中选择"相切"选项,如图 4.205(a)所示,选取左端半圆弧面,在"基准平面"子菜单中选择"平行"选项,如图 4.205(b)所示;选取 RIGHT 平面,选择"完成"选项,显示如图 4.206 所示。选择"确定"选项,选择"缺省"选项,进入草绘界面。单击"线框"按钮,绘制两条中心线,然后绘制如图 4.207 所示的截面。执行"草绘"|"特征工具"|"切换截面"命令,绘制如图 4.208 所示截面。单击"完成"按钮☑,即可完成截面的绘制,退出草绘界面。在"深度"菜单中选择"盲孔"选项,选择"完成"选项,输入 82,单击中键,单击对话框中的"确定"按钮,完成创建,如图 4.209 所示。

图 4.205 创建基准平面菜单

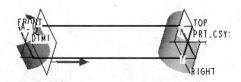

图 4.206 基准平面显示

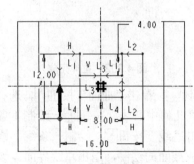

图 4.207 混合截面 1 尺寸

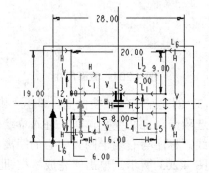

图 4.208 混合截面 2 尺寸

(5) 创建右端面的圆弧结合面。选取混合实体的右端面，执行"编辑"|"偏移"命令，在操控面板中单击 ，然后在下拉列表中选择"替换曲面特征"选项 ，按提示选取右端拉伸曲面，单击中键，完成操作，如图4.210所示。

图4.209 混合特征完成

图4.210 右端结合曲面完成

(6) 创建左端面的圆弧结合面。选取混合实体的左端面，执行"编辑"|"偏移"命令，在操控面板中单击 ，然后在下拉列表中选择"替换曲面特征"选项 ，按提示选取左端旋转曲面，单击中键，完成操作，如图4.211所示。

(7) 创建右端圆柱体。单击"拉伸"工具按钮 ，选择"放置"选项卡，定义FRONT平面为草绘平面，接受系统默认的视图方向和参照，进入草绘界面。关闭基准平面显示，绘制一个圆，修改直径尺寸为32，如图4.212所示。单击"完成"按钮 ，即可完成截面的绘制。设置对称拉伸，输入深度值为"24"，单击中键，完成拉伸的创建，如图4.213所示。

图4.211 左端结合曲面完成

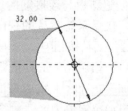
图4.212 右端圆柱体截面尺寸

(8) 创建左端圆柱体。单击"旋转"工具按钮 ，选择"放置"选项卡，定义 使用先前的 ，进入草绘界面。单击"中心线"按钮 ，绘制两条中心线，垂直中心线约束与A1对齐，单击"矩形"按钮 ，绘制一个矩形，修改尺寸如图4.214所示。单击"完成"按钮 ，完成截面的绘制，退出草绘界面。接受默认的旋转360，单击中键，完成创建，如图4.215所示。

图4.213 右端圆柱体完成

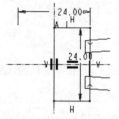
图4.214 旋转截面尺寸

(9) 创建斜板。首先创建一个基准平面作为草绘平面，单击"基准平面"按钮 ，选取右端圆柱体轴线，按住Ctrl键选取TOP平面，输入偏移角30°，单击"确定"按钮，完成创建，如图4.216所示。单击"拉伸"工具按钮 ，定义刚创建的基准平面为草绘平面，定义FRONT平面正方向指向底部为视图方向和视图参照，单击"草绘"按钮，进入草绘界面，加选A2作为参照，绘制如图4.217所示的截面。单击"完成"按钮 ，完成截面的绘制，退出草绘界面。选择"选项"选项卡，"侧1"输入值为32，"侧2"输入值为16，单击中键，确认输入，单击中键，完成创建，如图4.218所示。

图 4.215 左端圆柱体创建完成

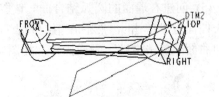
图 4.216 创建斜板草绘平面

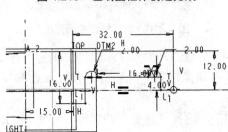
图 4.217 斜板截面尺寸

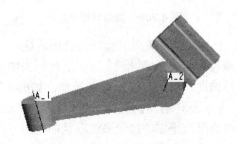
图 4.218 斜板拉伸特征

(10) 创建斜板与连接筋的连接圆弧。单击"拉伸"工具按钮，定义 FRONT 平面为草绘平面，接受系统默认的视图方向和视图参照，单击"草绘"按钮，进入草绘界面。单击"使用边"工具按钮，选取斜板的左侧边、连接筋的上侧边及右侧圆柱体的连接部分，再单击"3 点/相切端"工具按钮，绘制一段圆弧，删除多余线段，截面如图 4.219 所示。单击"完成"按钮，完成截面的绘制，退出草绘界面。选择"选项"选项卡，设置"侧 1"(向前方向)拉伸值为 8，"侧 2"(向后方向)拉伸值为 12。单击中键，完成创建，如图 4.220 所示。

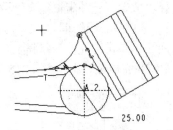
图 4.219 连接圆弧截面尺寸

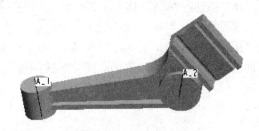
图 4.220 圆弧连接完成

(11) 去除圆弧连接部分的多余材料。单击"基准平面"工具按钮，选取连接筋的后侧表面，如图 4.221 所示，设置偏移值为 0，单击"确定"按钮，完成基准平面创建。执行"编辑"|"填充"命令，选择"参照"选项卡，定义 DTM3 为草绘平面，接受系统默认的视图方向和视图参照，单击"草绘"按钮，进入草绘界面。加选 A1 轴作为参照，绘制如图 4.222 所示的截面，尺寸大小无要求。单击"完成"按钮，完成截面的绘制，退出草绘界面。单击中键，完成填充曲面的创建。选取背部表面，如图 4.223 所示，执行"编辑"|"偏移"命令，单击"替换曲面特征"按钮，按提示选取刚创建的填充曲面，单击中键，完成切剪材料，如图 4.224 所示。

第 4 章 三维建模基础特征

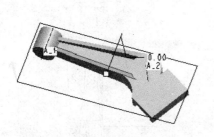

图 4.221 选取基准平面的参照

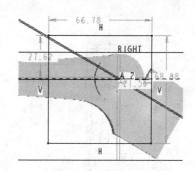

图 4.222 填充曲面截面尺寸

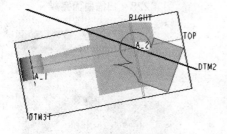

图 4.223 选取偏移曲面

图 4.224 切剪完成

(12) 切剪前部倒角的圆弧面。单击"草绘"工具按钮，选取与斜板相接的矩形表面为草绘平面，如图 4.225 所示，接受系统默认的视图方向和视图参照，单击"草绘"按钮，进入草绘界面。加选 A2 轴作为参照，用样条线绘制如图 4.226 所示截面。单击"完成"按钮，完成草绘。执行"插入"|"扫描"|"曲面"命令，在"扫描轨迹"菜单中选择"选取轨迹"选项，选取刚绘制的轨迹线，选择"完成"选项，在"属性"菜单中选择"开放端"选项，再选择"完成"选项，进入草绘界面。用样条线绘制如图 4.227 所示截面。单击"完成"按钮，单击"曲面：扫描"对话框中的"确定"按钮，完成扫描曲面创建，如图 4.228 所示。选取圆弧倒角的前端表面，如图 4.229 所示，执行"编辑"|"偏移"命令，单击"替换曲面特征"选项按钮，按提示选取刚创建的扫描曲面，单击中键，完成切剪材料，如图 4.230 所示。

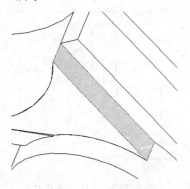

图 4.225 选取草绘平面

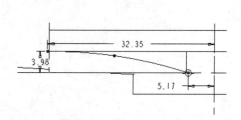

图 4.226 草绘轨迹尺寸

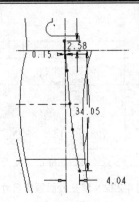
图 4.227 扫描截面尺寸

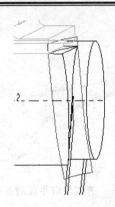
图 4.228 扫描曲面完成

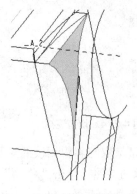
图 4.229 选取偏移曲面

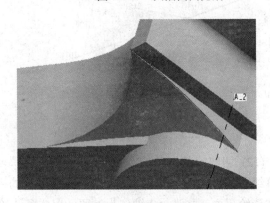
图 4.230 曲面切剪完成

(13) 创建斜板上的 3 个孔。单击"拉伸"工具按钮，在其操控面板中单击"移除材料"按钮，定义斜板前表面为草绘平面，如图 4.231 所示，接受系统默认的视图方向和视图参照，单击"草绘"按钮，进入草绘界面。加选上边缘和 A2 轴线为参照，绘制 3 个圆，尺寸如图 4.232 所示。单击"完成"按钮，完成截面的绘制，退出草绘界面。单击拉伸箭头，使拉伸方向指向背部，设置拉伸深度为"穿透"，单击中键，完成 3 个孔的创建，如图 4.233 所示。

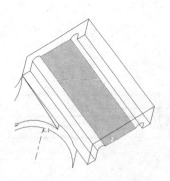
图 4.231 选取草绘平面

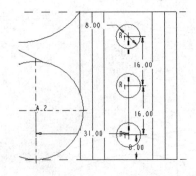
图 4.232 3 孔截面尺寸

(14) 创建右圆柱孔。单击"拉伸"工具按钮，在操控面板中单击"移除材料"按钮，定义右圆柱前表面为草绘平面，接受系统默认的视图方向和视图参照，单击"草绘"按钮，进入草绘界面。单击"圆心和点"工具按钮 ⊙,绘制一个圆,修改直径尺寸为 20,如图 4.234 所示。单击"完成"按钮 ✓,完成截面的绘制,退出草绘界面。设置拉伸深度为"穿透",单击中键,完成孔的创建,如图 4.235 所示。

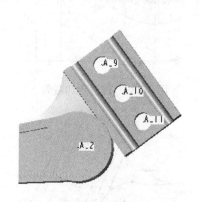
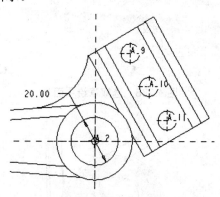

图 4.233　3 孔完成　　　　　　　图 4.234　圆柱孔截面尺寸

(15) 创建左端圆柱孔。单击"拉伸"工具按钮 ,在操控面板中单击"移除材料"按钮 ,定义左圆柱上表面为草绘平面,接受系统默认的视图方向和视图参照,单击"草绘"按钮,进入草绘界面。加选 A1 为参照,单击"圆心和点"工具按钮 ⊙,绘制一个圆,修改直径尺寸为 16,如图 4.236 所示。单击"完成"按钮 ✓,完成截面的绘制,退出草绘界面。设置拉伸深度为"穿透",单击中键,完成孔的创建,如图 4.237 所示。

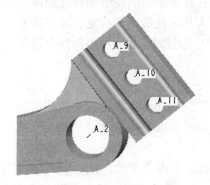
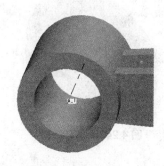

图 4.235　右端圆柱孔完成　　图 4.236　左端圆柱孔截面尺寸　　图 4.237　左端圆柱孔完成

(16) 创建斜板与圆柱的连接。单击"拉伸"工具按钮 ,定义斜板前面为草绘平面,如图 4.238 所示,接受系统默认的视图方向和视图参照,单击"草绘"按钮,进入草绘界面。加选 A2 为参照,单击"使用边"工具按钮 ,选取斜板左侧边、圆柱体下侧边及连接圆弧,单击"线"工具按钮 ,绘制一条直线,删除多余线段,如图 4.239 所示。单击"完成"按钮 ✓,完成截面的绘制,退出草绘界面。选择"选项"选项卡,设置"侧1"为"到选定项",选取圆柱体的前面,如图 4.240 所示,设置"侧2"为"到选定项",选取斜板后侧,如图 4.241 所示。单击中键,完成创建,如图 4.1 所示。

(17) 保存文件,拭除内存。

图 4.238 选取草绘平面

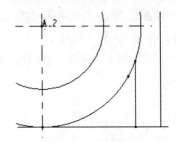

图 4.239 选取边和截面

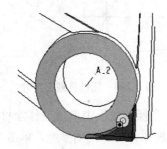

图 4.240 侧 1 拉伸"到选定项"

图 4.241 侧 2 拉伸"到选定项"

图 4.242 盘形凸轮

综合实例 2：创建一个盘形凸轮，如图 4.242 所示。

该盘形凸轮由一个基圆圆柱体按给定的轮廓曲线在径向可变截面扫描而成，其原始轨迹为基圆曲线，其给定轨迹曲线为"图形"曲线。创建可变截面扫描特征时，截面的剖面控制选择"垂直于投影"选项。

具体操作步骤如下。

(1) 新建一个零件，命名为"cam.prt"，取消选中"使用缺省模板"复选框，使用 mmns_part_solid 模板，单击"确定"按钮，进入零件设计界面。

(2) 拉伸一个基圆圆柱实体。单击"草绘"图标，定义 TOP 平面为草绘平面，接受系统默认的视图方向和参照，进入草绘界面，绘制如图 4.243 所示的截面。单击 图标，完成截面的绘制。单击"拉伸"工具按钮，输入拉伸深度为"30"，生成拉伸实体，如图 4.244 所示。

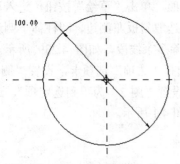

图 4.243 拉伸截面尺寸

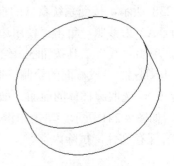

图 4.244 拉伸基圆圆柱实体

(3) 拉伸切剪一个键槽孔。单击"草绘"图标，选取圆柱体的上表面为草绘平面，接受系统默认的视图方向和参照，进入草绘界面，绘制如图 4.245 所示的截面。单击"拉伸"图标，单击"去除材料"图标，选择"穿透"拉伸深度，双击鼠标中键，完成操作。

(4) 创建一个图形文件。执行"插入"|"模型基准"|"图形"命令，在消息输入窗口 为feature 输入一个名字 中输入名称为"cam"，单击"坐标系"图标，创建一个截面坐标系，绘制如图 4.246 所示的截面图形。单击"完成"按钮，完成截面的绘制。模型树窗口中显示图形文件 CAM。

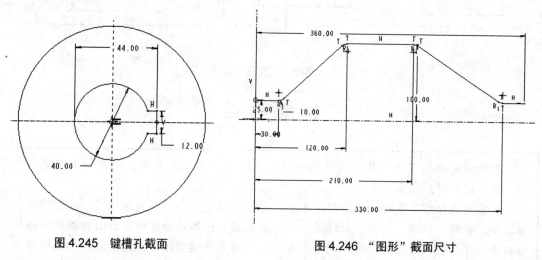

图 4.245　键槽孔截面　　　　　　图 4.246　"图形"截面尺寸

(5) 在模型树中右击"草绘 1"特征，在弹出的快捷菜单中执行"取消隐藏"命令，使得"草绘 1"显示在窗口中。执行"插入"|"可变截面扫描"命令，在窗口中选取"草绘 1"圆曲线，轨迹线显示为一条红线，并标示有箭头，表示轨迹线的起点位置。在"参照"下滑面板的"剖面控制"选项中选取"垂直于投影"选项，选取 TOP 平面为轨迹线投影参照面，如图 4.247 所示。

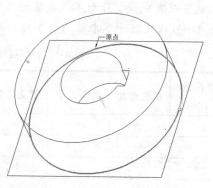

图 4.247　参照选取

(6) 绘制截面，形成凸轮曲面轮廓。单击"创建或编辑截面"图标，进入截面绘制界面。绘制如图 4.248 所示的截面，执行"信息"|"切换尺寸"命令，截面显示尺寸标号 sd5，执行"工具"|"关系"命令，在弹出的"关系"对话框中输入"sd5=evalgraph("cam",trajpar*360)"关系式(其意义是：sd5 的尺寸按图形"cam"计算，轨迹在 360°范围内)。单击对话

框中的"确定"按钮,单击"完成"按钮☑,完成截面的绘制。单击"扫描为实体"图标▭,双击鼠标中键,完成凸轮轮廓的创建,如图 4.242 所示。

(7) 保存文件,拭除内存。

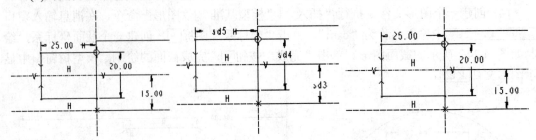

图 4.248 截面尺寸示意

本 章 小 结

本章首先介绍了三维模型设计的一些基本设置,这些设置将会使设计工作更加精确,效率也会得到提高。

本章重点介绍了基础特征的创建方法,并辅之以实例介绍其具体技巧。这些特征包括拉伸、旋转、扫描、混合、扫描混合、螺旋扫描、边界混合和可变截面扫描等。拉伸特征是创建外形较为简单、截面方向不发生变化的零件模型较为快捷的方法。旋转特征特别适用于轴类和圆盘类零件的设计。扫描特征较为适用于能够找到截面变化轨迹的特征设计。螺旋扫描适用于截面具有螺旋变化规律的零件设计。混合、扫描混合、边界混合和可变截面扫描特征的创建适用于外观形状稍微复杂一些的零件设计。只要能够找到控制这些零件变化规律的轨迹,就可以通过上述方法之一设计出来。

以上这些基础特征是最实用的特征,也是最常用的特征。掌握了这些特征的创建方法和技巧,就可以完成模型外形不太复杂的零件的设计了。

通过表 4-1 可以比较一下本章所讲各特征的异同。

表 4-1 各特征特点和用途

特征类型 \ 特点用途	截面形状	截面大小	截面方向	用 途
拉伸	—	—	—	外形较为简单、规则的实体或曲面成形
旋转	—	可变	—	内孔截面大小有变化的轴、圆盘类实体
扫描	—	—	连续可变	能够找到截面轨迹变化特征的设计
混合	可变	可变	变化有限	截面之间形状和方向变化不大的零件
扫描混合	可变	可变	可变	具有混合和扫描的共同特征
螺旋扫描	—	—	可变	截面具有螺旋变化规律的零件
边界混合	可变	可变	可变	外形变化较大的曲面
可变截面扫描	可变	可变	可变	使用可以变化的剖面创建扫描特征,用于创建曲面变化更加丰富的场合

注意

表中的"—"表示"不变"。

思考与练习

一、填空题(将正确答案填在题中的横线上)

1．螺旋扫描是指将截面沿_____进行扫描,从而创建螺旋扫描特征。螺旋轨迹线是通过_____和_____两者来定义的。

2．拉伸是指在完成二维截面的绘制后,_____于截面沿着指定的方向和深度创建特征,用此法可以长出体积形成实体模型,可以切剪材料,形成与二维截面形状相同的_____,可以生成_____材料,还可以生成曲面。

3．旋转特征是将截面绕着一条_____旋转而形成的形状特征。

4．扫描特征的特点是形成特征的截面形状和大小不发生变化,而截面的方向随着_____的方向而变化,即始终_____轨迹线各点的法线。

5．在边界混合曲面的创建中,_____用来设置曲面与影响曲线的逼近程度,所设值越_____,与影响曲线越逼近,值越_____,离影响曲线越远。

6．_____在混合特征和扫描混合特征中经常用到,主要用来圆滑过渡。

二、判断题(正确的在括号内填入"T",错误的填入"F")

1．特征可以被视为一个小型包含多种信息的基本几何模型。（　）

2．可变截面扫描和扫描混合特征必须具有3根以上的轨迹线。（　）

3．设置用户参数时,参数名可以含有非字母字符,如"!"、"%"、"#"等字符。
（　）

4．拉伸为实体或曲面时,其草绘截面必须封闭,否则系统会提示"截面不完整"。
（　）

5．切口扫描指的是截面沿着扫描轨迹线进行扫描,从而裁剪原有实体特征的方法,类似于拉伸特征的减材料操作。（　）

6．平行混合特征的创建中,第一个分割点系统默认为起始点,如果不符合设计意图,可以调换起始点位置。起始点可以设置为混合顶点。（　）

7．创建平行混合特征时,由于截面的形状不同,则构成截面的图元数量也会有所不同,因此要求将各截面之间对应的点连接起来,此时不需要对不同截面进行分割或混合顶点的工作。（　）

8．在旋转混合特征的创建过程中,可不进行截面坐标系的建立来定位截面之间的尺寸关系,此时系统也不会提示截面不完整信息。（　）

9．绘制每个截面时,一般混合与旋转混合一样,都必须建立截面的坐标系,否则系统将提示截面不完整。（　）

10．变节距弹簧除了用螺旋扫描方法创建外,还可以用输入关系式的方法创建。
（　）

11. 设置边界混合特征为闭合特征，此选项可以在存有几个方向的边界线时起作用。
( )
12. 选取边界曲线的顺序不很重要，顺序不同也无所谓。   ( )

三、选择题(将唯一正确答案的代号填入题中的括号内)

1. 定义螺旋扫描特征有(   )个要素。
   A. 2   B. 3   C. 4   D. 5
2. 基础特征命令的执行是配合(   )完成的。
   A. 选择基准面   C. 创建草绘平面   C. 操控面板   D. 创建新截面
3. 创建扫描混合曲面需要单个轨迹和(   )
   A. 单个截面   B. 两个截面   C. 3个截面   D. 多个截面
4. 在设置拉伸深度时，有(   )种方法可以进行拉伸深度的设置。
   A. 2   B. 1   C. 3   D. 4
5. 扫描特征有两大特征要素：(   )和扫描截面。
   A. 扫描踪迹   B. 边界曲线   C. 扫描轨迹   D. 扫描法线
6. 创建扫描特征时，扫描轨迹的曲率半径必须(   )截面的尺寸，否则系统在处理数据时会出错。
   A. 等于   B. 大于   C. 小于   D. 大于等于

四、问答题

1. 伸出项特征与切剪特征有什么区别？
2. 实体特征与薄壁特征有什么区别？
3. 在创建扫描实体特征时，为什么有时需要两次进入二维草绘模式绘制草图？
4. 在特征模型树的使用中，如何创建一个局部特征组？
5. 在扫描特征有关"属性"的"内部因素"的处理中，试述"增加内部因素"和"无内部因素"的区别。
6. 怎样将两个具有不同顶点数的截面进行混合产生混合实体特征？
7. 创建边界混合曲面时，如何隐藏曲线？

五、练习题

1. 按图4.249所示的尺寸创建实体模型。

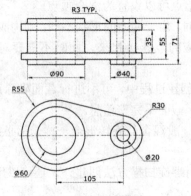

图4.249　创建实体模型1

2. 按图 4.250 所示的尺寸创建实体模型。

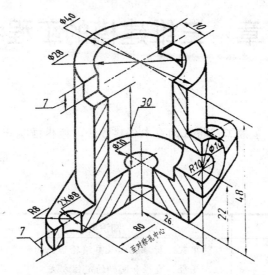

图 4.250　创建实体模型

3. 按图 4.251 所示的尺寸创建实体模型。

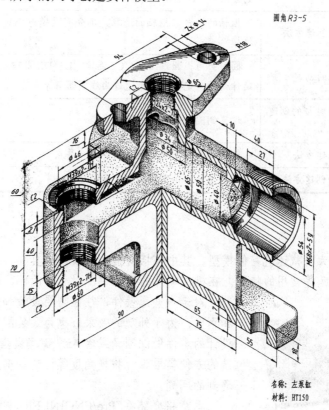

图 4.251　创建实体模型

4. 综合运用拉伸、旋转、扫描和混合等方法，参考身边的事物(比如淋浴喷头等)，创建一个三维实体模型。

第5章 三维建模的工程特征

教学目标

通过本章的学习，掌握工程特征的基本创建方法，能根据零件的强度、刚度等具体要求，灵活使用工程特征。

教学要求

能力目标	知识要点	权重	自测分数
掌握孔特征的创建方法	简单孔、标准孔以及草绘轮廓孔的创建以及线性、半径、直径和同轴的定位方法	15%	
掌握壳特征的创建方法	同厚度的抽壳、不同厚度的抽壳以及排除曲面的方法	10%	
掌握拔模特征的创建方法	枢轴的概念、枢轴的选取、不分割拔模与分割拔模	25%	
掌握倒圆角特征的创建方法	圆形圆角、圆锥圆角、C2连续、D1*D2圆锥、延伸曲面、完全倒圆角通过曲线倒圆角等方法	25%	
掌握自动倒圆角特征的创建方法	设置倒圆角的范围和圆角半径	5%	
掌握筋特征的创建方法	轨迹筋和轮廓筋的概念及其创建要点	10%	
掌握倒角特征的创建方法	倒边角和拐角倒角的概念及创建方法	10%	

引例

图 5.1 所示为一减速机箱体模型，其中包括有抽壳、拔模、直孔、螺纹孔、加强筋、倒圆角和 45°倒角等常用的特征。在机械零件的设计中，对于法兰件，通常需要一些联结孔；对于一些薄壁件，往往需要设计加强筋，以增加强度和刚度；为了外观的效果，也为了装配的方便，常需要对设计的零件做倒圆角或者 45°倒角处理；有些零件为了制造的方便需要设计拔模角度等；这些都是工程设计中经常遇到的问题。

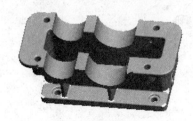

图 5.1 箱体模型

本章将介绍在 Pro/ENGINEER 中如何解决孔、倒圆角、倒角、抽壳、生成筋和产生拔模角的问题。按照 Pro/ENGINEER 特征的概念，它们统称为工程特征或者放置特征。

5.1 孔 特 征

一般情况下，孔特征常见于产品的联结部位，特别是法兰类零件更为常见。

在 Pro/ENGINEER 中，孔分为直孔、草绘孔和标准孔。使用孔特征时，只需要指定孔的放置平面，并设置孔的参照尺寸、直径和深度即可。

下面通过实例介绍创建孔特征的具体方法。

5.1.1 创建线性排列孔

实例 1：创建如图 5.2 所示实体上的线性排列孔。

1. 模型分析

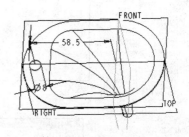

图 5.2 创建孔特征实例

该模型上的孔是一个距 FRONT 平面 58.5，位于 RICHT 平面位置的直孔，其定位尺寸由 FRONT 平面和 RIGHT 平面确定。

2. 具体操作步骤

(1) 打开实例源文件 loudou.prt，如图 5.3 所示。

(2) 执行"插入"|"孔"命令，或者单击"孔"特征工具按钮 ，系统弹出"孔"特征操控面板，如图 5.4 所示。

图 5.3 实例源文件

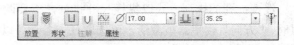

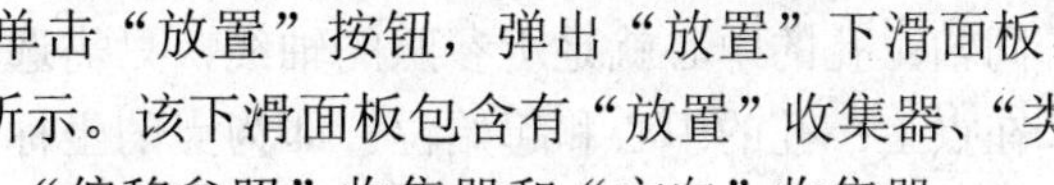

图 5.4 "孔"特征操控面板

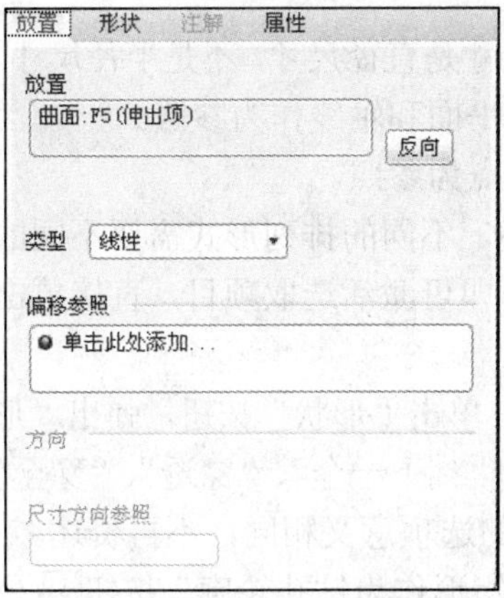

"孔"特征操控面板各选项含义如下。

① "放置"选项卡：用于设置孔的放置位置和参照尺寸。单击"放置"按钮，弹出"放置"下滑面板，如图 5.5 所示。该下滑面板包含有"放置"收集器、"类型"列表框、"偏移参照"收集器和"方向"收集器。

(a) "放置"收集器：用于显示放置孔的参照项目。后面的"反向"按钮，用于切换孔的生成方向。

(b) "类型"列表框：用于设置孔位置点的放置类型。有"线性"、"径向"、"直径"、"同轴"和"在点上"5 种类型。"线性"是系统默认的类型。单击列表框右边的下三角按钮，显示有"线性"、"径向"和"直径"。当孔的放置位置选中基准轴时，"类型"列表框显示"同轴"，如

图 5.5 "放置"下滑面板

图5.6所示。当选中基准点时,则显示为"在点上",如图5.7所示。

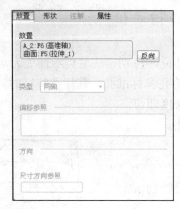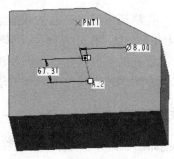

图 5.6　同轴排列

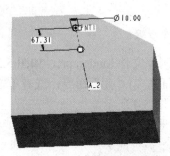

图 5.7　在点上排列

线性:孔的排列方式以纵横尺寸排列,需要两个参照面定义位置。当选取一轴线为参照时,"方向"收集器被激活,可选取任一条边,以确定一个方向的尺寸,"尺寸方向参照"显示该参照,并可修改尺寸,另一方向系统将自行确定,只需修改值。

径向:孔的排列方式为沿轴线向外辐射排列。需要相对一根轴线的半径尺寸和相对一平面的角度尺寸来定义孔的位置。

直径:孔的排列形式与径向排列相同,不同的是标注的尺寸是直径尺寸,不是半径尺寸。

同轴:孔的中心就是所参照的轴线,只需选取放置孔的平面和轴线作为参照。

在点上:孔的中心和起始位置即为点的坐标,只需选取点为参照。

(c) "偏移参照"收集器:定义孔位置的参照。如前所述,不同的排列形式需要不同的参照元素。单击"偏移参照"中的"单击此处添加..."字符,即可激活选取项目,直接单击选取。

② "形状"选项卡:用以设置孔的截面形状和孔的深度。单击"形状"按钮,弹出"形状"下滑面板,如图5.8所示。孔的深度有"盲孔"、"对称"、"到下一个"、"穿透"、"穿至"和"到选定的" 6个选项。选项的含义与拉伸特征中所对应的选项意义相同,不再赘述。

与"形状"选项卡配套的有3个按钮,即"使用预定义矩形作为钻孔轮廓"按钮 (位于工具条的第三项)、"用标准孔轮廓作为钻孔轮廓"按钮 和"使用草绘定义轮廓"按钮 。

其中"使用草绘定义轮廓"只适用于创建直孔,其他两个适用于直孔和标准孔。单击"使用草绘定义轮廓"按钮,操控面板弹出"打开"按钮和"草绘"激活按钮。单击"打开"按钮,可调入已保存的二维截面作为孔的截面图形。单击"草绘"激活按钮,可以进入草绘界面,绘制孔的轴向截面图形。

③"注解"选项卡:显示孔的参数信息,只有在创建标准孔时才有用。

④"创建简单孔":创建简单的圆柱孔,位于工具条的第一项。

⑤"创建标准孔":所谓标准孔是取用现存标准规格的孔型,并能表现螺纹的孔。标准孔有 3 种标准类型,即 ISO、UNC、UNF。

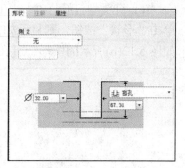

图 5.8 "形状"下滑面板

(a) ISO:国际标准值的螺纹,我国广泛采用这种螺纹。用这种标准制的螺纹标示为 M+螺纹大径 x.螺距值,如图 5.9(a)所示。

(b) UNC:粗牙螺纹,用于快速装卸和容易遭受腐蚀和轻微损伤的部位,其螺纹标示方式如图 5.9(b)所示。

(c) UNF:细牙螺纹,用于螺纹锁定强度高于螺纹零件的抗拉强度、抗压强度或抗扭强度等要求的场合,如图 5.9(c)所示。

(a)　　　　　　　(b)　　　　　　　(c)

图 5.9　各种标准的螺纹标示

标准孔的轴向截面形状在 Pro/ENGINEER 里设置了 4 种类型,即一般螺钉孔、锥形螺钉孔、沉头螺钉孔和埋头螺钉孔。

(a) 一般螺钉孔:在操控面板中,单击"添加攻丝"图标,再单击"形状"按钮,同时选择孔的深度为"盲孔",系统出现如图 5.10(a)所示的螺孔形状截面。如果选择孔的深度为"穿透",则变成如图 5.10(b)所示的图形,可在"全螺纹"和"可变"中选择螺纹长度。如果再选中"退出埋头孔"复选框,则变成如图 5.10(c)所示的图形。

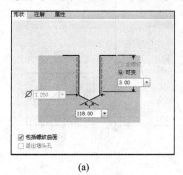 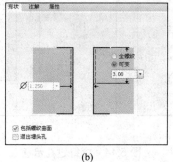 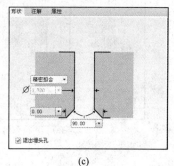

(a)　　　　　　　(b)　　　　　　　(c)

图 5.10　一般螺钉孔

(b) 锥形螺钉孔：用于设置管螺纹的孔。此为 5.0 版本的新增功能。单击"锥形孔"按钮，"形状"下滑面板显示如图 5.11 所示。

(c) 沉头螺钉孔：在操控面板中单击"添加攻丝"图标 和"添加沉孔"图标 ，再单击"形状"按钮，则显示如图 5.12(a)所示的图形，如果选择孔的深度为"穿透"，则显示如图 5.12(b)所示的图形。可在"全螺纹"和"可变"中选择螺纹长度。

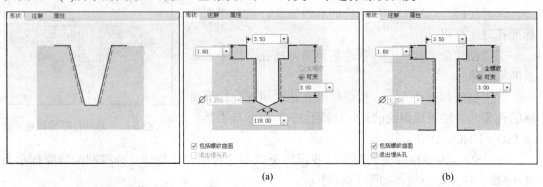

(a)   (b)

图 5.11 锥形螺钉孔   图 5.12 沉头螺钉孔

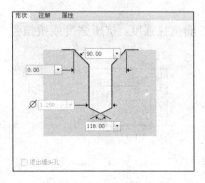

(d) 埋头螺钉孔：在操控面板中单击 图标(取消螺纹显示)，单击"创建钻孔"按钮 和"添加埋头孔"图标 ，再单击"形状"按钮，显示如图 5.13 所示的图形。此时深度控制右边增加了一个下拉列表框，包括有"钻孔肩部深度"按钮 和"钻孔深度"按钮 。

图 5.13 埋头螺钉孔

还有一种是螺钉过孔，即在操控面板中取消选择 、 和 按钮，单击"创建间隙孔"按钮 ，则螺钉孔显示如图 5.14(a)所示。在"钻孔深度"中选择"穿透"选项，则显示如图 5.14(b)所示。

图中 的下拉列表有 3 个选项，即"精密拟合"、"中等拟合"和"自由拟合"，如图 5.14(c)所示。所谓精密拟合即为紧密配合，亦即铰制孔，自由拟合即为间隙配合孔，中等拟合即介乎之间的孔。

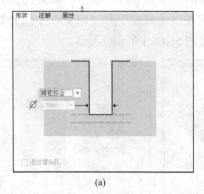 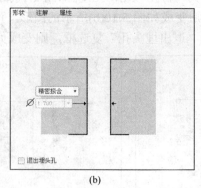

(a)   (b)   (c)

图 5.14 螺钉过孔示意

下面继续实例操作。

(3) 放置孔的位置和确定孔径。选取漏斗的上表面,图形区显示如图 5.15(a)所示。表面上增加了 3 个白色方形句柄和两个绿色句柄。拖拉紧靠的两个白色句柄中右边 1 个可以调整孔的直径大小;拖动左边句柄可以移动孔的位置;拖动下面的白色句柄可以调整孔的深度。两个绿色句柄是用来确定参照的。按住鼠标左键,将绿色句柄拖到 FRONT 平面,使句柄变成中间白点圆点后,松开鼠标左键,双击尺寸值,修改为 58.5,如图 5.15(b)所示。按住鼠标左键,将另一绿色句柄拖至 RIGHT 平面上松开鼠标左键,双击尺寸值,修改为 0,如图 5.15(c)所示。修改直径值为 8,修改深度为 3。单击中键,完成操作。

(4) 保存文件,拭除内存。

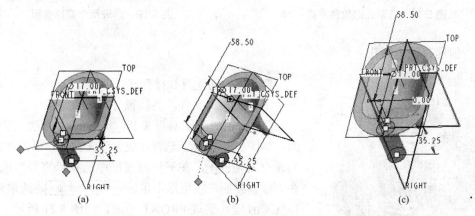

图 5.15 选取尺寸参照平面的线性排列孔

5.1.2 创建径向排列孔

实例 2:创建如图 5.16 所示模型的孔。

具体操作步骤如下。

(1) 打开源文件"fati.prt",如图 5.17 所示。

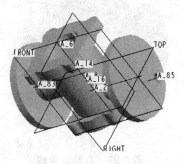

图 5.16 径向孔的模型

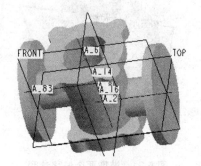

图 5.17 实例源文件

(2) 单击"孔工具"按钮,选取右边法兰的右平面,如图 5.18 所示。选择"放置"选项卡,单击"类型"列表框右边的,在下拉列表框中选择"径向"选项,在"偏移参照"收集器中单击,选取轴线,按住 Ctrl 键,选取 FRONT 平面,如图 5.19 所示。双击角度尺寸值,修改尺寸为 45;双击半径尺寸值,修改尺寸为 28;修改孔径尺寸为 9;修改深度值为 12;单击中键,完成孔的创建,如图 5.16 所示。

(3) 保存文件。

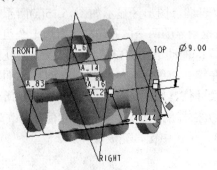

图 5.18 选取孔的放置平面

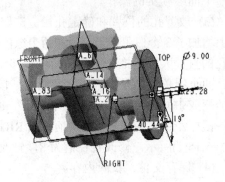

图 5.19 选取两个偏移参照

5.1.3 创建直径排列孔

实例 3：创建直径排列孔。

沿用上例源文件，具体操作步骤如下。

(1) 单击"孔工具"按钮，选取左侧法兰的左侧面，如图 5.20 所示。选择"放置"选项卡，单击"类型"列表框右边的，在下拉列表框中选择"直径"选项，在"偏移参照"收集器中单击 ，选取轴线，按住 Ctrl 键，选取 FRONT 平面，如图 5.21 所示。双击角度尺寸值，修改尺寸为 45；双击直径尺寸值，修改尺寸为 56；修改孔径尺寸为 9；修改深度值为 12；单击中键，完成孔的创建，如图 5.22 所示。

(2) 保存文件。

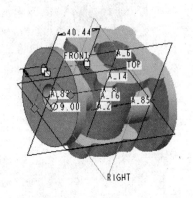

图 5.20 选取孔的放置平面

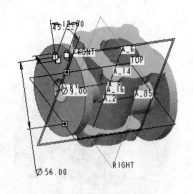

图 5.21 选取两个偏移参照

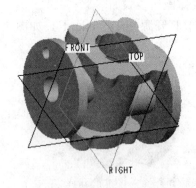

图 5.22 孔特征完成

5.1.4 创建同轴孔

实例 4：创建同轴孔。

沿用上例源文件，具体操作步骤如下。

(1) 单击"孔工具"按钮，选取右侧法兰的右侧面，如图 5.23 所示。按住 Ctrl 键选取轴线,双击孔径尺寸值,修改为 20,单击"深度"下拉列表右边的，单击"钻孔至选定的点、曲线、平面或曲面"按钮，在模型前侧圆柱表面上右击在弹出的快捷菜单中执行"从列表中拾取"命令,如图 5.24(a)所示。然后在"从列表中拾取"对话框中单击 按钮,选择"曲面:F21(旋转_5)"选项,如图 5.24(b)所示。单击"确定"按钮,完成选取。单击中键,完成孔的创建,如图 5.25 所示。

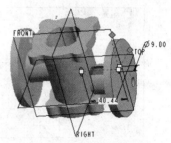

图 5.23 选取孔的放置面

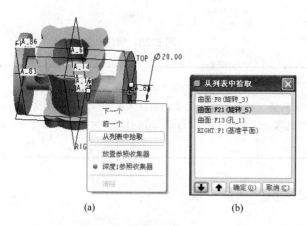

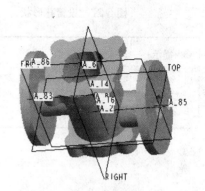

(a)　　　　　　　　(b)

图 5.24 选取深度参照面　　　　图 5.25 同轴孔完成

(2) 保存文件。

5.1.5 创建螺纹孔

实例 5：创建螺纹孔。

沿用上例源文件,具体操作步骤如下。

(1) 单击"孔"特征工具按钮，单击"标准孔"工具按钮，选择标准为 ISO,选择螺纹规格为 M6x1,选取上法兰表面为孔的放置平面,如图 5.26 所示。选择"放置"选项卡,"类型"选择为"直径",单击"偏移参照"收集器中的 ，选取轴线 A_6 作为参照,按住 Ctrl 键,选取 RIGHT 平面为角度参照,修改直径值为 68,修改角度值为 45,设置螺孔深度为"盲孔",输入值 12。选择"形状"选项卡,设置螺纹深度为 12,螺孔形状为"沉头螺孔",沉头直径为 7,如图 5.27 所示。单击中键完成孔的创建,如图 5.28 所示。

(2) 执行"文件"|"保存副本"命令,输入新名称为"fati_1",单击"确定"按钮,完成文件保存(此例还将留作阵列时的源文件。)

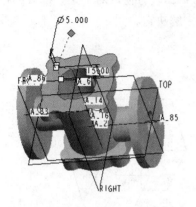

图 5.26 选取孔的放置面

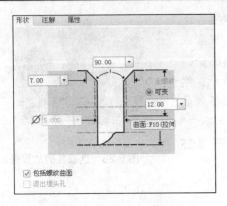

图 5.27 设置孔形状

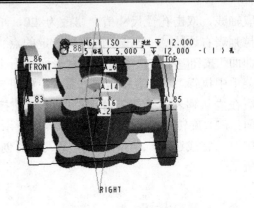

图 5.28 螺纹孔完成

> **提示**
> 螺孔创建完后，留下注释，包含有螺孔底径、螺距、螺孔深度和螺纹深度等信息。如不需要显示此信息，可在创建孔的同时，选择"注释"选项卡，取消选中 添加注解 复选框即可。也可单击"注释元素显示"按钮，使其不显示。

5.2 壳 特 征

壳特征常见于塑料或铸造零件，成型品是将实体内部挖空，壁厚均匀的薄壁实体。如图 5.3 所示就是一个混合特征之后的壳特征。

建立壳特征时会挖空实体内部，留下指定壁厚的壳，并可以移除一个或多个面。用户甚至可以不选择任何面，直接保持真空。

下面通过一个实例介绍创建壳特征的具体方法。

实例 6：创建一个壳体，如图 5.29 所示。

1. 模型分析

此模型作为一个不等壁厚的箱体，使用"壳"特征来得比较方便，对于某一部分的特殊壁厚，则可利用"壳"特征中的特殊功能(即指定壁厚)来解决它。

2. 具体操作步骤

(1) 打开实例源文件 choukejian.prt，如图 5.30 所示。

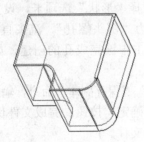

图 5.29 壳体模型

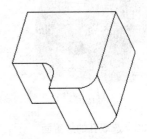

图 5.30 实例源文件

(2) 执行"插入"|"壳"命令，或单击"工程特征"图标 ，系统弹出"壳"特征操控面板，如图 5.31(a)所示。

操控面板共有 3 个选项卡："参照"、"选项"和"属性"。"属性"选项卡在此不再解释。

操控面板各选项卡的含义如下。

① "参照"选项卡：用于设置壳特征的"移除的曲面"和"非缺省厚度"。其下滑面板如图 5.31(b)图所示。

(a) "移除的曲面"收集器：该收集器用来设置创建壳特征中实体上要删除的曲面。如果用户没有选择任何曲面，系统则会将零件的内部掏空来创建一个封闭壳，且空心部分没有入口，如图 5.32 所示。激活该列表框后，可以在实体表面选取一个或多个移除曲面。选取两个以上面时，必须按住 Ctrl 键。

(a)

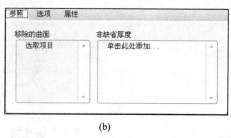
(b)

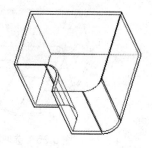

图 5.31 "壳"特征操控面板和"参照"下滑面板　　　图 5.32 空心封闭壳体

(b) "非缺省厚度"收集器：用来选取指定厚度的曲面。选取指定厚度的曲面后，再针对对应的每一个曲面指定单独的厚度值，剩余非指定的曲面将统一按默认的厚度赋值，默认的厚度用户可以在操控面板中指定，如图 5.29 所示。

> 注意
>
> 用户也可以右击，在弹出的快捷菜单中执行相应的命令来执行上述两个选项的选择，如图 5.33 所示。

② "选项"选项卡：主要用来设置排除曲面的有关选项。选择"选项"选项卡，系统弹出"选项"下滑面板，如图 5.34 所示。该下滑面板包括"排除的曲面"收集器、"曲面延伸"选项区域和"凹角"、"凸角"单选按钮。

图 5.33 快捷菜单

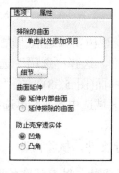

图 5.34 "选项"下滑面板

(a) "排除的曲面"收集器：用来设置要从壳中排除的曲面。单击该收集器以激活，然后添加或删除参照。单击"细节"按钮，可打开"曲面集"对话框。

(b) "延伸内部曲面": 延伸壳的内部曲面, 在壳特征的内部曲面上形成一个盖。
(c) "延伸排除的曲面": 延伸排除的曲面, 在壳特征的排除曲面上形成一个盖。
(d) "凹角": 防止壳在凹角处切割实体。此为新增功能。
(e) "凸角": 防止壳在凸角处切割实体。此为新增功能。

在操控面板中有一个调整方向的按钮 ⌧, 单击此按钮可调整厚度生成方向。系统在默认状态下的方向是按指定厚度后在材料里面切除剩余的材料, 如果单击"反向"按钮, 则将材料沿原材料方向向外长材料到指定厚度后, 再将原来的材料切除。

下面继续实例操作。

(3) 在实体中选取箱体上表面, 设置壳厚度为 5, 如图 5.35 所示。单击中键, 完成壳特征, 如图 5.36 所示。

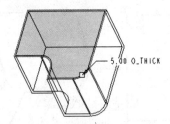 

图 5.35 选取移除面　　　　图 5.36 壳特征完成

(4) 在模型树窗口选取"壳"并右击, 在快捷菜单中执行"编辑定义"命令, 进入壳特征创建界面。选择"参照"选项卡, 单击"非缺省厚度"收集器中的 ⌧, 选取底部表面, 修改厚度值为 20, 按住 Ctrl 键选取侧表面, 修改厚度值为 10, 如图 5.37(a)所示。单击鼠标中键, 完成"编辑定义", 如图 5.37(b)示。

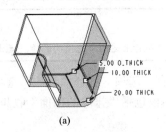 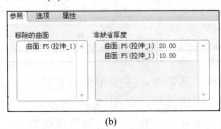

(a)　　　　　　　　　　　　(b)

图 5.37 编辑定义"非缺省厚度"示意

(5) 在模型树窗口选取"壳"并右击, 在快捷菜单中执行"编辑定义"命令, 进入壳特征创建界面。选择"选项"选项卡, 单击"排除的曲面"收集器中的 ⌧, 选取倒角圆弧曲面(图 5.38), 在"曲面延伸"区域选中 ⌧ 延伸内部曲面 单选按钮, 在"防止壳穿透实体"区域选中 ⌧ 凹角 单选按钮, 如图 5.39 所示。单击鼠标中键, 完成"编辑定义", 如图 5.40 所示。

(6) 保存文件, 拭除内存。

3. 创建壳特征时应注意的事项

(1) 壳特征不能创建相交到一点的曲面实体。
(2) 如果要删除的曲面具有与其相切的邻接曲面, 特征将不能创建。

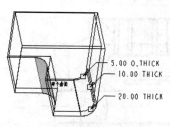 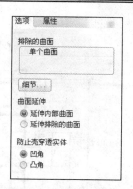 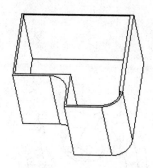

图 5.38　选取排除曲面　　　图 5.39　选项设置示意　　　图 5.40　排除曲面完成

(3) 如果要删除的曲面顶点有 3 个曲面相交，则不能选择。

(4) 如果实体有 3 个以上曲面形成的转角，则无法创建壳特征。

(5) 当选择的曲面按独立的厚度与其他曲面相切时，所有相切曲面必须具有相同的厚度，否则系统将提示壳特征失败。

(6) 预设情况下，壳特征的建立具有恒定壁厚的几何特征，如果输入的厚度低于此值，特征建立将告失败。

(7) 壳特征一般在创建完成产品的外形后建立，它与"倒圆角"和"斜角"特征有特定的创建顺序关系，倒过来可能导致创建特征的失败。

5.3　筋　特　征

筋又称加强筋，是设计中连接实体表面的薄翼或腹板伸出项，在产品设计中起着十分重要的作用，对薄壳外形产品有提升强度的功能。一般而言，加强筋的外形为薄板，其位置常见于两个相邻面的连接处，用于增加强度或刚度。

"筋"可分为轮廓筋和轨迹筋，"筋"特征的构建与"拉伸"特征相似。在选定的草绘平面上，绘制筋的外形必须为"开放型"，再指定材料的填充方向和厚度值。

下面通过实例分两类分别介绍创建"筋"特征的具体方法。

5.3.1　轮廓筋的创建

实例 7：创建轮廓筋，如图 5.41 所示。

1. 模型分析

该阀体有 4 个筋，用以加强泵体的强度。这 4 个筋都位于 FRONT 平面，且对称两边长材料，厚度均为 5。具体尺寸如图 5.42 所示。考虑到篇幅的限制，本实例只作一条筋，其余 3 条筋留作后面实例和练习完成。

2. 具体操作步骤

(1) 打开实例源文件"fati_1.prt"，如图 5.43 所示。

(2) 执行"插入"|"筋"|"轮廓筋"命令，或者单击"轮廓筋"特征工具按钮，系统弹出"筋"特征操控面板，如图 5.44 所示。

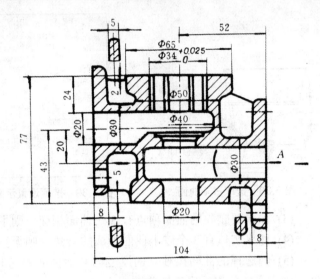

图 5.41 创建"筋"实例模型　　　　图 5.42 模型"筋"特征尺寸

"筋"特征操控面板上只有"参照"和"属性"两个选项卡,"参照"选项卡的作用是用来定义、编辑筋特征的草绘平面和材料填充方向。选择"参照"选项卡,系统弹出"参照"下滑面板,如图 5.45 所示。

图 5.43 实例源文件　　　图 5.44 "轮廓筋"特征操控面板　　　图 5.45 "参照"下滑面板

(3) 单击"参照"按钮,单击"定义"按钮,选取 FRONT 为草绘平面,接受系统默认的视图方向和视图参照,单击"草绘"按钮,进入草绘界面。执行"草绘"|"参照"命令,加选上法兰的右边缘和右边圆形法兰的左边缘为尺寸参照,绘制一条直线,如图 5.46 所示。单击"完成"按钮☑,完成截面的绘制,退出草绘界面。此时,操控面板中"更改两个侧面之间的厚度选项"按钮☒被激活。系统默认状态下是对称于草绘平面向两个方向长材料,同时图形区的模型上显示黄色箭头,如图 5.47 所示,表示加材料的方向。输入筋厚度为"6",单击图形上的反向箭头,令加材料方向向下,如图 5.48 所示。单击中键,完成筋特征 1 的创建,如图 5.49 所示。

> ☞提示
> 　　对于"更改两个侧面之间的厚度选项"按钮☒,单击的次数不同,形成筋的方向也不同。默认状态下是向两侧长材料形成筋,单击一次之后,向前侧、单侧生成筋,再单击一次向后侧,再单击一次恢复双侧。

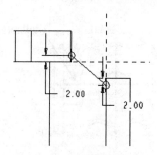

图 5.46 筋特征截面尺寸

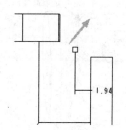

图 5.47 筋特征加材料方向

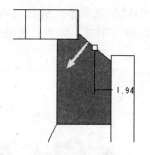

图 5.48 材料方向箭头

图 5.49 筋特征完成

5.3.2 创建轨迹筋

轨迹筋就是通过定义轨迹来生成设定参数的筋特征，用于 3 个方向具有轮廓而 1 个方向处于开放状态的实体创建筋特征，常用于塑料制品中，以增加制品的刚度或强度。此功能是新增功能。

下面通过一个实例来介绍轨迹筋的创建方法。

实例 8：沿用上例源文件创建如图 5.50 所示的筋特征。

具体操作步骤如下。

(1) 执行"插入"|"筋"|"轨迹筋"命令，或单击"轨迹筋"按钮，系统弹出"轨迹筋"操控面板，如图 5.51 所示。该操控面板含有 3 个选项卡："放置"、"形状"和"属性"。"放置"选项卡用来定义轨迹放置的草绘平面。选择"放置"选项卡，弹出"放置"下滑面板，如图 5.52 所示。单击"定义"按钮，选取阀体的下法兰平面，如图 5.53 所示。接受系统默认的视图方向和视图参照，单击"草绘"按钮，进入草绘界面。加选 FRONT 平面、右侧法兰的左侧边和草绘平面法兰的右侧弧为参照，绘制一条直线，如图 5.54 所示。单击"完成"按钮，退出草绘界面。

图 5.50 实例模型

图 5.51 "轨迹筋"操控面板

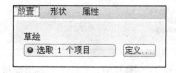

图 5.52 "放置"下滑面板

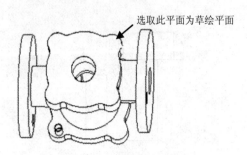
图 5.53 选取草绘平面

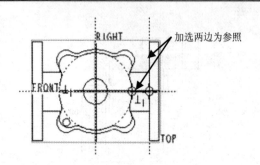
图 5.54 绘制轨迹示意

(2) 单击"在内部增加倒圆角"形状按钮，选择"形状"选项卡，弹出"形状"下滑面板，如图 5.55 所示。修改宽度值为 5，修改 R 值为 2，单击中键，完成轨迹筋的创建，如图 5.56 所示。

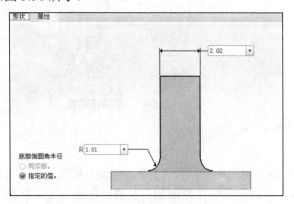
图 5.55 "形状"下滑面板 1

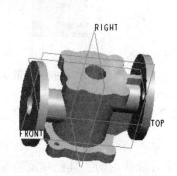
图 5.56 "轨迹筋"创建完成

(3) 在模型树窗口选取 Trajectory Rib 1 并右击，执行"编辑定义"命令，系统返回"轨迹筋"创建窗口。在操控面板中单击"在暴露边添加倒圆角"按钮，选择"形状"选项卡，弹出如图 5.57 所示"形状"下滑面板。在"顶部倒圆角依据"区选中"指定的值"单选按钮，修改值为 2，在"底部倒圆角半径"区选中"同顶部"单选按钮，单击中键，完成"编辑定义"，如图 5.58 所示。

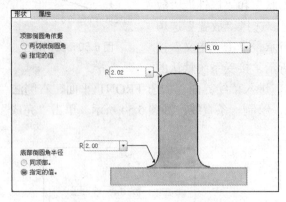
图 5.57 "形状"下滑面板 2

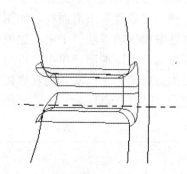
图 5.58 "在暴露边添加倒圆角"轨迹筋

(4) 再进行编辑定义,恢复步骤(2)完成状态的轨迹筋。

(5) 创建第 2 条轨迹筋,首先建立一个基准平面。单击"基准平面"按钮,选取上法兰表面,拖动句柄向下,输入偏移值为 2,如图 5.59 所示。单击"确定"按钮,完成基准平面的创建。单击"轨迹筋"按钮,定义刚创建的基准平面为草绘平面,接受系统默认的视图方向和视图参照,单击"草绘"按钮,进入草绘界面。加选 FRONT 平面、草绘平面左侧的弧和左法兰右侧面为参照,绘制一条直线,如图 5.60 所示。单击"完成"按钮,退出草绘界面。单击"在内部增加倒圆角"形状按钮,修改宽度值为 5。选择"形状"选项卡,在"底部倒圆角半径"区修改 R 为 2,单击中键,完成筋的创建,如图 5.50 所示。

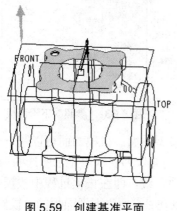

图 5.59 创建基准平面　　　　　　　　图 5.60 轨迹筋 2 的截面

> **提示**
> 操控面板区域的 3 个形状按钮可单个选取,也可同时选取几个。"形状"下滑面板中的显示不同,同学们可自行尝试。"放置"选项卡右边的方向按钮只决定加材料的方向,与轮廓筋的方向按钮有所不同。

5.4 拔模特征

在塑料注塑件、金属铸造件和锻造件中,为了便于加工脱模,在成品与模具壁之间一般均会制作 1°~5°的倾斜角,称为"拔模角"或"脱模角"。在实际生产中,只要是需要配合模具成型的零件,都必须要制作拔模角度。单一平面、圆柱面或曲面都可创建拔模角度,系统允许的拔模角为-30°~+30°。

从拔模曲面是否分割看,拔模又分为分割拔模与不分割拔模。

5.4.1 不分割拔模

所谓不分割拔模,就是在拔模的过程中所选拔模曲面只往指定的一个方向拔模。下面通过一个实例介绍创建不分割拔模特征的具体方法。

实例 9:创建圆筒的拔模坯料,如图 5.61 所示。

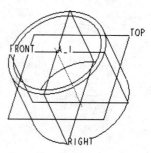

图 5.61 圆筒拔模模型

具体操作步骤如下。

(1) 打开实例源文件"yuantong.prt",如图 5.61 所示。

(2) 执行"插入"|"斜度"命令,或者单击"拔模"特征工具按钮 ,系统弹出"拔模"操控面板,如图 5.62 所示。

操控面板包括 4 个主要选项卡,即"参照"、"分割"、"角度"、"选项"。

下面先介绍"参照"选项卡的含义。

"参照"选项卡主要用于设置拔模曲面、拔模枢轴、拖动方向。单击"参照"按钮,可显示"参照"下滑面板,如图 5.63 所示。

图 5.62 "拔模"操控面板　　　　　图 5.63 "参照"下滑面板

① "拔模曲面"收集器:用于显示要进行拔模的模型曲面。拔模曲面可以是一个,也可以是多个。选取曲面后,"参照"下滑面板的"拔模曲面"列表框中显示所选的曲面。

② "拔模枢轴"收集器:用于显示拔模中性面或中性线,即在拔模过程中拔模曲面绕着该平面或者该曲线进行旋转变形。选取拔模枢轴可以在"参照"下滑面板的"拔模枢轴"收集器中单击文字激活收集器进行选取,也可以在操控面板中单击 。

③ "拖动方向"收集器:用于显示测量拔模角度方向的参照,通常为模具开模的方向。该参照可以由平面、直边、基准轴或坐标轴来定义。一般情况下不选取,因为在选取拔模枢轴后,通常默认地以枢轴平面为拔模角度的参照平面。如果需要重新选取,可在操控面板 中右击,执行"移除"命令,再选取需要作为参照方向的平面或曲线,若需反向,单击右侧的 图标即可。

下面继续实例操作。

(3) 拔模外表面。选取外圆柱曲面作为拔模曲面,如图 5.64 所示。在操控面板"拔模枢轴"收集器中单击 ,选取下底面作为中性面,系统显示拔模方向和拔模角度,如图 5.65 所示。拖动方形柄改变方向向左,或者单击 右侧的"反向"按钮,双击数字,修改角度值为 2,单击中键,确定完成创建,如图 5.66 所示。

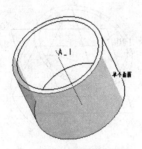　　　　

图 5.64 选取拔模曲面　　图 5.65 拖动方向和拔模角度显示　　图 5.66 拔模结果 1

(4) 拔模内表面。单击"拔模"按钮 ，选取内圆柱表面，如图 5.67 所示。在"拔模枢轴"收集器中单击 ，选取下底面，系统显示拔模方向和拔模角度，如图 5.68 所示。拖动方形柄改变方向向右，或者单击 右侧的"反向"按钮，双击数字，修改角度值为 1，单击中键，确定完成创建，如图 5.69 所示。

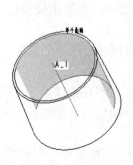 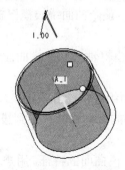 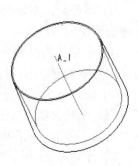

图 5.67　选取拔模曲面　　　　图 5.68　显示拖动方向和拔模角度　　　　图 5.69　拔模结果 2

(5) 执行"文件"|"保存副本"命令，输入新名称为"bamo_ok"，单击"确定"按钮，完成文件保存。

上一实例主要介绍的是以一个枢轴平面不做分割处理的拔模特征。有时对一个模型需要进行两个方向或多个方向的拔模。下面将介绍分割拔模和可变角度的拔模处理。

5.4.2　分割拔模

所谓分割拔模就是通过一个分割对象对拔模曲面进行不同方向和不同角度的拔模。

1. 根据枢轴平面分割

下面通过一个实例介绍根据枢轴平面分割创建拔模特征的方法。

实例 10：创建根据枢轴平面分割拔模。

具体操作步骤如下。

(1) 打开实例源文件 yuantong.prt，如图 5.61 所示。

(2) 执行"插入"|"斜度"命令，选取圆柱面为拔模曲面，选取 TOP 平面为枢轴平面，如图 5.70 所示。在系统弹出的"拔模"操控面板中单击"分割"按钮，系统弹出"分割"下滑面板，如图 5.71 所示。

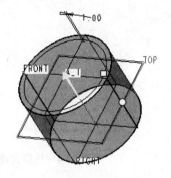 

图 5.70　选取拔模曲面和枢轴平面　　　　图 5.71　"分割"下滑面板

"分割"选项卡包括 3 个选项,即分割选项、分割对象和侧选项。

下面介绍各选项含义。

① 分割选项:单击"分割选项"下拉列表框右边的下三角按钮,系统弹出下拉列表。该下拉列表提供了对拔模曲面的 3 种分割方式,如图 5.71 所示。

(a) 不分割:不分割拔模曲面,整个曲面绕拔模枢轴旋转,创建单一参数的拔模特征。此项为系统的默认选项。

(b) 根据拔模枢轴分割:沿拔模枢轴分割拔模曲面,然后将拔模面的两个分割区域内分别指定参数创建拔模特征。

(c) 根据分割对象分割:使用面组或草绘分割拔模曲面。如果使用不在拔模曲面上的草绘分割,系统会以垂直于草绘平面的方向将其投影到拔模曲面上。如果选取此选项,则系统会激活"分割对象"收集器。

② 分割对象:用于选择分割拔模曲面的特征。用户可以使用 定义 按钮草绘分割曲线,或者单击 选取 1 个项目 选取曲面面组或外部草绘曲线。此选项只有选择了"根据分割对象分割"选项后才会被激活。

③ 侧选项:设置分割后拔模角度的确定类型。此选项只有在选择了分割之后才会被激活,包括 4 个选项,即独立拔模侧面、从属拔模侧面、只拔模第一侧和只拔模第二侧,如图 5.72 所示。

(a) 独立拔模侧面:为拔模曲面的每一侧指定独立的拔模角度。

图 5.72 "侧选项"列表框

(b) 从属拔模侧面:指定一个拔模角度,第二侧以相反的方向以同一角度拔模。此选项仅在拔模曲面以拔模枢轴分割或使用两个枢轴分割拔模时可用。

(c) 只拔模第一侧:只拔模曲面的第一侧(以拔模方向确定,箭头所指方向为第一侧方向),第二侧保持中性位置。此选项不适用于使用两个枢轴的分割拔模。

(d) 只拔模第二侧:只拔模曲面的第二侧。

下面继续实例操作:

(3) 单击"分割选项"下拉列表框右边的下三角按钮,选择"根据拔模枢轴分割"选项。在"侧选项"中选择"独立拔模侧面"选项,拖动两个方向的方柄都向里侧,设置第一侧拔模角度为 10,第二侧为 5,如图 5.73 所示。单击中键,完成操作,结果如图 5.74 所示。

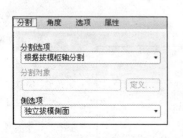 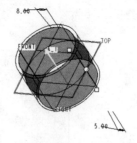 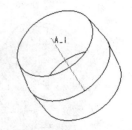

图 5.73 枢轴平面分割独立拔模侧面　　　　图 5.74 拔模完成

(4) 在模型树中选取"斜度 1"并右击,在快捷菜单中执行"编辑定义"命令,保留上述选项,只在"侧选项"中改选"从属拔模侧面"选项,单击"预览"按钮,显示如

图 5.75 所示。单击"退出暂停模式"按钮▶，返回界面。在"侧选项"中再改选"只拔模第一侧"选项，单击"预览"按钮✓∞，如图 5.76 所示。单击"退出暂停模式"按钮▶，在"侧选项"中改选"只拔模第二侧"选项，单击"预览"按钮✓∞，如图 5.77 所示。单击"退出暂停模式"按钮▶，返回界面。单击中键，完成拔模。

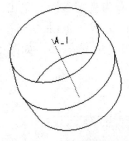 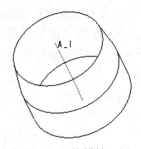 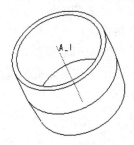

图 5.75　丛属拔模侧面　　　图 5.76　只拔模第一侧　　　图 5.77　只拔模第二侧

（5）单击"拔模"按钮，选取圆柱上表面为拔模曲面，选取 FRONT 为枢轴平面，设置拔模角度为 5°，选择"角度"选项卡，系统弹出"角度"下滑面板，如图 5.78 所示。该选项卡主要用于设置单一方向的不同角度拔模。在下滑面板的角度值位置右击，系统弹出快捷菜单，如图 5.79 所示。执行"添加角度"命令，下滑面板中添加另一角度值，并标示添加点的位置，如图 5.80 所示。将点 1 的位置改为 0，将点 2 的位置改为 1，点 1 的角度值改为 10，点 2 的角度值改为 5，如图 5.81 所示。单击中键，完成操作，如图 5.82 所示。

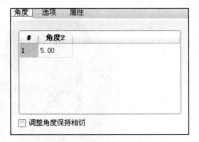 

图 5.78　角度下滑面板　　　　　　　　图 5.79　"添加角度"命令

 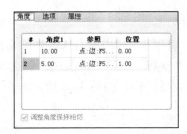 

图 5.80　"添加角度"示意　　图 5.81　修改添加点的位置和角度值　　图 5.82　不同角度拔模完成

> 注意
>
> 圆柱体表面不宜可变角度拔模。

2. 根据分割对象分割

所谓根据分割对象分割就是根据草绘曲线或者投影曲线进行分割。

下面沿用上一实例进行分割对象的分割。具体操作步骤如下。

(1) 单击"拔模"工具按钮，选取圆柱面为拔模曲面，选取 TOP 平面为枢轴平面，如图 5.83 所示。选择"分割"选项卡，在"分割选项"中选择"根据分割对象分割"选项，此时"分割对象"收集器被激活，如图 5.84 所示。单击"分割对象"收集器右边的 定义 按钮，定义 FRONT 平面为草绘平面，选择 RIGHT 平面正方向向右为视图参照，单击"草绘"按钮，进入草绘界面。绘制如图 5.85 所示的矩形截面。单击"完成"按钮，完成截面的绘制，退出草绘界面。设置第一侧拔模角度为 9，第二侧的拔模角度为 15，如图 5.86 所示。单击中键，完成操作，如图 5.87 所示。

图 5.83 选取拔模曲面和枢轴平面

图 5.84 设置"分割选项"

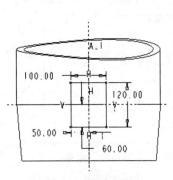

图 5.85 绘制分割曲线

图 5.86 设置拔模角度

图 5.87 拔模完成

(2) 在模型树窗口选取"斜度 3"标志并右击，在弹出的快捷菜单中执行"编辑定义"命令，其他选项不变，选择"分割"选项卡，改选"侧选项"为"只拔模第一侧"选项，如图 5.88 所示。单击中键，完成操作，如图 5.89 所示。

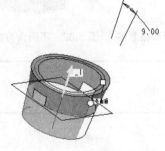

图 5.88 只拔模第一侧

图 5.89 拔模完成

3. 枢轴曲线拔模

所谓枢轴曲线拔模就是选取一条曲线作为枢轴进行拔模。其枢轴可以是草绘曲线，也可以是投影曲线。下面沿用上一实例介绍通过枢轴曲线拔模的具体方法。

具体操作步骤如下。

(1) 单击"草绘"工具按钮 ，定义圆柱底面为草绘平面，接受系统默认的视图方向和视图参照，单击"草绘"按钮，进入草绘界面。绘制如图5.90所示的截面图形。单击"完成"按钮 ，完成截面绘制，退出草绘界面，如图5.91所示。

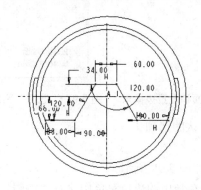 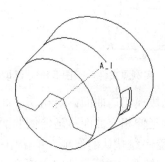

图5.90 草绘曲线截面　　　　　　　图5.91 草绘曲线完成

(2) 单击"拔模"工具按钮 ，选取圆柱底面为拔模曲面，单击"拔模枢轴"收集器中的字符，激活枢轴选取，选取草绘曲线为枢轴，如图5.92所示。单击"拖动方向"收集器中的字符，选取RIGHT平面正方向为拖动方向，如图5.93所示。设置拔模角度为5°，单击中键，完成操作，如图5.94所示。

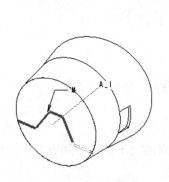 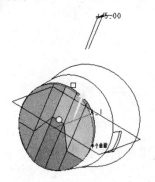 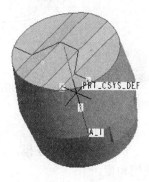

图5.92 选取拔模曲面和枢轴　　图5.93 选取拖动方向平面　　图5.94 拔模完成

4. 有相交曲面的拔模

所谓有相交曲面的拔模就是拔模的零件或模型由两个特征组合而成，两个特征之间有相交面，而拔模时只对其中一个特征拔模，此时存在一个对另一特征如何处理的选择。

下面通过一个实例介绍有相交曲面的拔模处理方法。

实例11：创建一个有相交曲面的拔模。

具体操作步骤如下。

(1) 打开实例源文件 bamo_xj.prt，如图5.95所示。

(2) 单击"拔模"工具按钮，选取方形块的左侧表面为拔模曲面，单击"拔模枢轴"收集器中的字符，选取方形块下表面为枢轴平面，设置拔模角度为 15°，如图 5.96 所示。选择"选项"选项卡，系统弹出"选项"下滑面板，如图 5.97 所示。该选项卡有两个复选框，即"拔模相切曲面"和"延伸相交曲面"。

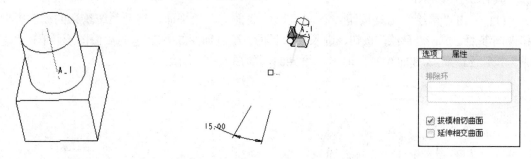

图 5.95 实例源文件　　图 5.96 选取拔模曲面、枢轴平面和设置拔模角　　图 5.97 "选项"下滑面板

① 拔模相切曲面：沿相切曲面拔模，是系统默认的选项。
② 延伸相交曲面：延伸侧曲面。
接受系统默认的选项，单击中键，完成拔模，如图 5.98 所示。
(3) 在模型树窗口选取"斜度 1"标志并右击，在弹出的快捷菜单中执行"编辑定义"命令，选择"选项"选项卡，选中"延伸相交曲面"复选框，单击中键，完成拔模，如图 5.99 所示。

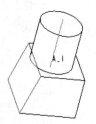 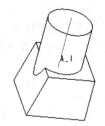

图 5.98 拔模相切曲面　　　　　　　　图 5.99 延伸相交曲面

5. 曲面分割拔模

所谓曲面分割拔模，就是选用曲面作为分割对象，将曲面的上下部分分别设置不同的拔模角度。

下面沿用上一实例源文件介绍创建曲面分割拔模的具体方法。具体操作步骤如下。

(1) 单击"拉伸"工具按钮，在操控面板中单击"曲面"选项按钮，确认拉伸生成曲面。选择"放置"选项卡，单击 定义... 按钮，定义 FRONT 平面为草绘平面，接受系统默认的视图方向和视图参照，单击"草绘"按钮，进入草绘界面，绘制如图 5.100 所示的截面。单击"完成"按钮，完成截面的绘制，退出草绘界面。设置拉伸深度为"对称拉伸"，深度值为 160，单击中键，完成拉伸曲面的创建，如图 5.101 所示。

> 注意
> 作为分割对象的曲面，其边界必须超出拔模曲面，否则系统将不能计算。

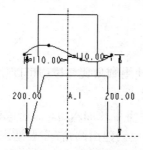
图 5.100 拉伸曲面截面

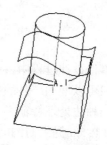
图 5.101 拉伸曲面完成

(2) 单击"拔模"工具按钮，选取圆柱曲面为拔模曲面，在操控面板中单击"拔模枢轴"收集器中的字符，激活拔模枢轴平面的选取，选取圆柱面与方形块相交的平面为枢轴平面，如图 5.102 所示。选择"分割"选项卡，在"分割选项"中选取"根据分割对象分割"选项，单击"分割对象"收集器中的字符，选取拉伸曲面为分割对象，如图 5.103 所示。拖动第一侧句柄向外侧，修改角度值为 15，拖动第二侧句柄向里侧，修改角度值为 25，如图 5.104 所示。单击中键，完成拔模，如图 5.105 所示。

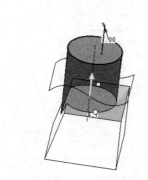
图 5.102 选取拔模曲面和枢轴平面

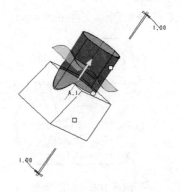
图 5.103 选取分割曲面

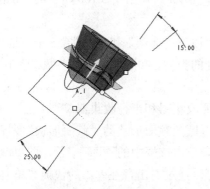
图 5.104 设置拔模角度

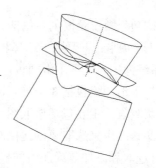
图 5.105 拔模完成

> 注意
> 在创建拔模特征时，如果特征上含有倒圆角或倒边角特征，拔模过程中系统将出现计算错误。所以，应尽可能地将拔模特征放在倒圆角或倒角特征之前完成。

5.5 倒圆角特征

在现代零件设计过程中，圆角是重要的结构之一。使用圆角代替棱边可以使模型表面更光滑，不但可以增加产品的美观，还能提高产品的实用性。

圆角是一种边处理特征类型，使用倒圆角时，系统会将半径加入边、边链或曲面之间。Pro/ENGINEER 5.0 提供的倒圆角功能可以让设计者迅速地创建出圆角，主要适用于"实体"和"曲面"特征。另外，对于较复杂的圆角特征，还提供了"过渡区"变化设置、倒圆角的截面形状、完全倒圆角、通过曲线倒圆角和自动倒圆角等。

1. 恒定倒圆角

所谓恒定倒圆角就是在一条边链上的圆角半径处处相等。恒定倒圆角是工程中应用最为广泛的倒圆角方式。下面通过一个实例介绍创建恒定倒圆角的方法。

实例 12：创建如图 5.106 所示零件的倒圆角特征。

具体操作步骤如下。

(1) 打开实例源文件 jietou.prt，如图 5.107 所示。

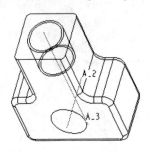

图 5.106 实例模型

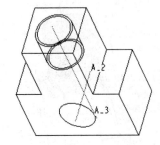

图 5.107 实例源文件

(2) 执行"插入"|"倒圆角"命令，或者单击 图标，弹出图 5.108 所示的"倒圆角"操控面板。

"倒圆角"操控面板主要包括"集"、"过渡"、"段"、"选项"和"属性"5 个主选项卡。

"集"选项卡：主要用于选择和设置倒圆角特征的类型、参照和尺寸等参数。单击"集"按钮，系统弹出"集"下滑面板，如图 5.109 所示。

"集"下滑面板包括 3 个列表，即集列表、参照收集器和半径收集器。

① 集列表：主要包括选取图元的收集器和设置圆角截面形状的"截面形状"列表。

"收集器"用来选取要创建倒圆角的链或面组。单击该框中的 新建集 字符，即可激活收集器进行选取和添加链或面组的操作。同时，还可以通过右击，在弹出的快捷菜单对所选取的对象进行移除等修改操作。

"截面形状"列表主要用来设置创建倒圆角特征的截面形状和类型。其中截面形状有圆形、圆锥、C2 连续和 D1×D2 圆锥 4 种形状。

(a) 圆形：创建具有圆形横截面形状的倒角，系统默认设置状态，也是常见的倒角形状。

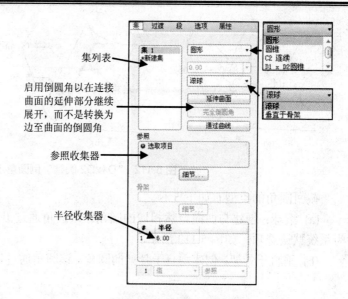

图 5.108 "倒圆角"操控面板　　　　图 5.109 "集"下滑面板

(b) 圆锥：创建圆锥形截面的圆角，选择该项后，输入框被激活，可以输入 0.05～0.95 之间相应的数值或拖动圆锥句柄修改圆锥参数，如图 5.110 所示。其中图 5.110(b)图为圆锥参数为 0.05 时的倒圆角形状，接近于一个平面；图 5.110(c)图为圆锥参数为 0.95 时的倒圆角形状，接近于一条直线。

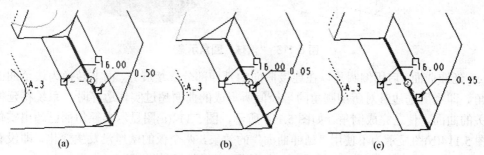

图 5.110 "圆锥形"倒圆角示意

(c) C2 连续：使用曲率延伸至相邻曲面的样条剖面倒圆角，曲率为 0.05～0.95。此项为新增功能。图 5.111 为不同曲率的显示。

(d) D1×D2 圆锥：创建两个独立偏距的圆锥形截面圆角，如图 5.112 所示。

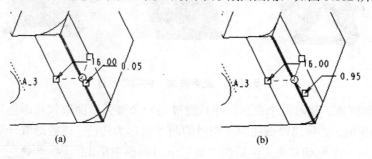

图 5.111 "C2 连续"倒圆角示意

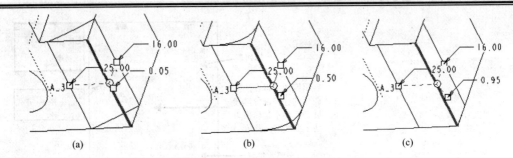

图 5.112 "D1xD2 圆锥"倒圆角示意

截面圆角的类型有如下 5 种。

(a) 滚球：创建与曲面自然相切的圆角，该圆角通过沿曲面滚动球体进行创建。此选项为系统默认选项，如图 5.113 所示。

(b) 垂直于骨架：创建垂直于骨架的圆角，该圆角通过骨架的圆弧或圆锥截面进行创建。

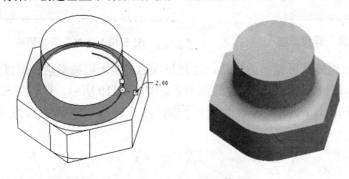

图 5.113 "滚球"圆角示意

(c) 延伸曲面：启用倒圆角以在连接曲面的延伸部分继续展开，而非转换为边至曲面的倒圆角。即当所选边链对所倒圆角的半径值所形成的曲面超过实体边界时，系统将延伸与之相关的曲面，使之完成倒角。如图 5.114 所示，图 5.114(a)图显示半径句柄已超出实体边界；图 5.114(b)图显示为不使用"延伸曲面"的效果，两个板的壁厚没发生变化，即没有曲面延伸；图 5.114(c)图使用"延伸曲面"的效果，下板壁厚增加了 0.5mm。

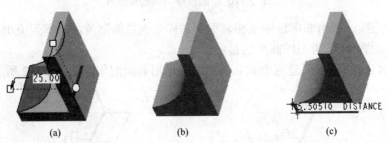

图 5.114 "延伸曲面"倒圆角示意

(d) 完全倒圆角：移除一个曲面，并且通过另一个圆弧曲面取代从而创建完全倒圆角。创建完全倒圆角时，必须选取该曲面上相对的两条边作为边链；或者选取一对相对的曲面，但此时还需选取一个驱动曲面，然后在"集"下滑面板中单击 完全倒圆角 按钮，即可创建完全倒圆角，如图 5.115 所示。

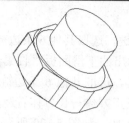 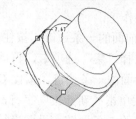

图 5.115　完全倒圆角示意

(e) 通过曲线：让倒圆角的半径由一条所选曲线来驱动，选取该项后，"驱动曲线"收集器被激活，驱动曲线可以被选取。具体操作方法是：在"集"下滑板中单击 通过曲线 按钮，然后选取驱动曲线，再单击"参照"收集器里的字符，选取倒角的边链，单击中键即可完成，如图 5.116 所示。

 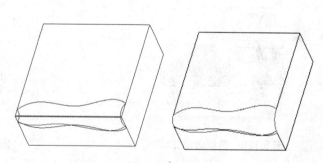

图 5.116　"通过曲线"倒圆角

② 参照集：由主参照集收集器和次参照集收集器两个集组成。

主参照集收集器的作用是通过激活收集器选取需要倒角的参照，即选取边链或曲面。

次参照集收集器的作用是通过激活收集器选取次参照，会根据作用于倒圆角的类型而启动，它包括驱动曲面、驱动曲线和骨架 3 种类型。

(a) 驱动曲线：当选择"通过曲线"倒圆角时，驱动曲线收集器会启动，可选择驱动倒圆角半径的驱动曲线。

(b) 驱动曲面：当选择以曲面对曲面的方式创建完全倒圆角时，该收集器被启动，以选取驱动曲面。

(c) 骨架：包含与"骨架法向"选用的骨架参照和"可变"的曲面对曲面倒圆角组。

③ 半径集：主要用于变半径倒圆角的设置。半径的位置可以输入值，也可用已有的点作为半径参照点。具体操作方法是：单击 1 值 的 ，选择"参照"选项，然后选取参照点，即可由参照点确定倒角半径值，如图 5.117 所示。

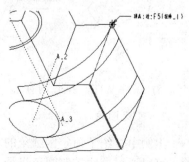

图 5.117　由参照点确定倒角半径位置

下面继续实例操作

(3) 选取正方体前面的一条边链，按住 Ctrl 键，选取其他 6 条边链，如图 5.118 所示。设置半径值为 5，选择"集"选项卡，再单击弹出的下滑面板"收集器"中的"新建集"字符，选取正方体后面的一条边链，按住 Ctrl 键，选取其他 6 条边链，修改半径为 8，如图 5.119 所示。再次单击"新建集"字符，选取正方体与长方体右边的交接线，按住 Ctrl 键，选取其他同方向的 5 条边链，设置半径值为 10，如图 5.120 所示。单击中键，完成倒圆角的创建，如图 5.121 所示。

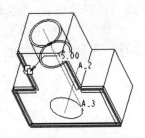

图 5.118 选取边链 1

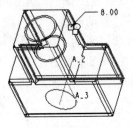

图 5.119 选取边链 2

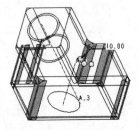

图 5.120 选取边链 3

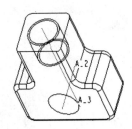

图 5.121 倒圆角完成

(4) 在模型树窗口选取"倒圆角 1"并右击，在弹出的快捷单菜中，执行"编辑定义"命令，在操控面板中单击"切换到过渡模式"按钮，倒圆角位置显示过渡曲面，单击过渡曲面，过渡形式列表框被激活 缺省(仅限倒圆角 2)，单击右边的下三角按钮，显示有"缺省(仅限倒圆角 2)"、"相交"、"拐角球"、"仅限倒圆角 1"和"曲面片"5 个选项。依次分别如图 5.122(a)～(e)所示。选择默认模式，单击中键，完成倒角。

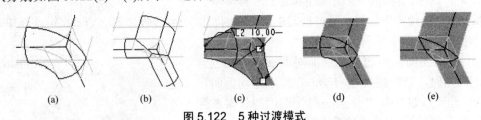

图 5.122 5 种过渡模式

(5) 保存文件，拭除内存。

2. 可变圆角

上例中介绍了恒定倒圆角的方法，下面介绍设置可变半径的圆角。创建可变半径圆角除了可以通过曲线控制圆角半径的方法之外，还可以通过直接设置不同点的半径值来创建可变圆角。下面通过一个实例来介绍可变半径圆角的创建方法。

实例 13：创建可变半径圆角，如图 5.123 所示。

具体操作步骤如下。

(1) 打开实例源文件"qxdyj.prt"，如图 5.124 所示。

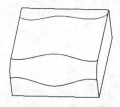
图 5.123 可变半径倒圆角实例

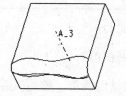
图 5.124 实例源文件

(2) 单击"倒圆角"工具按钮，选取边链，如图 5.125 所示。选择"集"选项卡，在"半径收集器"中的空白处右击，在弹出的快捷菜单中执行"添加半径"命令，如图 5.126 所示。"半径收集器"中增加一个半径位置点，同时图形中也显示添加点的位置，如图 5.127 所示。再连续 3 次右击鼠标，在弹出的快捷菜单中执行"添加半径"命令，添加 3 个半径位置点，如图 5.128 所示。

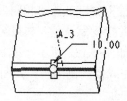
图 5.125 选取边链

图 5.126 设置添加半径

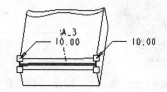

图 5.127 添加半径后的显示

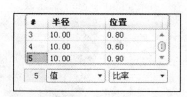

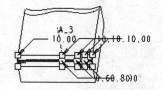

图 5.128 再添加 3 个半径位置点

(3) 在"半径收集器"中修改 3 点"位置"为 0.5，4 点"位置"为 0.7，5 点"位置"为 0.3，1 点和 2 点的"半径"值均为 15，3 点的"半径"值为 25，4 点和 5 点的"半径"值均为 20，如图 5.129 所示。单击中键，完成变半径倒圆角的创建，如图 5.123 所示。

(4) 保存文件，拭除内存。

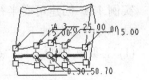

图 5.129 修改位置点和半径值

3. 自动倒圆角

所谓自动倒圆角，就是按照所给定的参数系统自动查找边链创建倒圆角特征。自动倒圆角是一种快捷创建倒圆角的方法，可以免去多次选取边链的麻烦，对边链较多的圆角特征创建特别有效。此项特征是 5.0 版的新增功能。

实例 14：自动倒圆角。

具体操作步骤如下。

(1) 打开源文件"zddyj.prt"，如图 5.130 所示。

(2) 执行"插入"|"自动倒圆角"命令，系统弹出"自动倒圆角"操控面板，如图 5.131 所示。 ▢ 1.05 表示对所有凸边倒圆角，输入框的值表示凸边圆角的半径值，在此输入半径值为 2。 ▢ 相同 表示对所有凹边倒圆角，右边输入框默认为"相同"值，表示半径值与凸边相同。如需变化，则在输入框输入新的值，在此接受默认值。如果需要对某些凸边或凹边不倒圆角，则选择"排除"选项卡，其下滑面板如图 5.132 所示，选取不倒圆角的边。在此选取圆柱体顶边，如图 5.133 所示。单击中键，完成自动倒圆角，如图 5.134 所示。

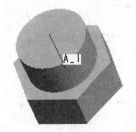
图 5.130 zddyj.prt 文件

图 5.131 "自动倒圆角"操控面板

图 5.132 "排除"下滑面板

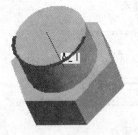
图 5.133 排除边链

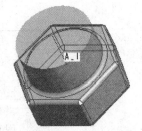
图 5.134 自动倒圆角完成

5.6 倒 角 特 征

倒角特征与上一节的倒圆角特征类似，主要区别在于：倒圆角特征的横截面形状为圆弧或圆锥,而倒角特征的横截面为斜线。倒角又称为去角,主要用于处理特征周围较为尖锐的棱角。倒角有两种类型,即边倒角和拐角倒角。

1. 边倒角

边倒角就是选取边链创建倒角特征。下面通过一个实例介绍倒角特征的创建方法。

实例 15:创建实例 7 的孔口倒角和上部倒角特征,如图 5.135 所示。

具体操作步骤如下。

(1) 打开实例源文件"jietou-ok.prt",如图 5.136 所示。

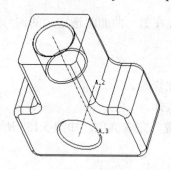
图 5.135 实例 13 文件

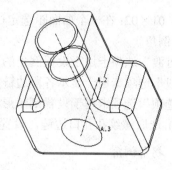
图 5.136 源文件图形

(2) 执行"插入"|"倒角"|"边倒角"命令,或者单击 图标,系统弹出"边倒角"操控面板,如图 5.137 所示。

该操控面板共包括 4 个主要选项卡,即"集"、"过渡"、"段"和"选项"。

操控面板各选项含义如下。

"集"选项卡用来设置倒角特征的大小和参照,由 3 个收集器组成,如图 5.138 所示。

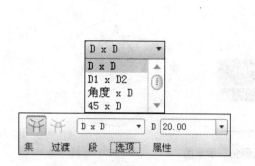
图 5.137 "边倒角"操控面板

图 5.138 "集"下滑面板

① "选取"收集器:用来激活选取边链的功能,单击收集器中的"新建集"字符可以增选边链。

② "参照"收集器:用来激活选取参照的功能,单击收集器中的"选取项目"字符可以激活收集器。在选取收集器中选取了边链之后,该收集器显示边链的信息。"细节"按钮用来编辑、修改参照的设置。

③ "尺寸"收集器：用于显示各参照间的尺寸，单击尺寸数值，可以修改尺寸值。设置倒角尺寸的方式有 6 种，如图 5.137 上图所示。

(a) D×D：选取距边链相等的尺寸倒角。系统默认此种方式倒角。

(b) D1×D2：选取距边链不同的尺寸倒角，如 2×3。

(c) 角度×D：选取相对一个面的夹角和一个尺寸倒角，如 3×60°。

(d) 45×D：选取距边链的一个尺寸，以固定的 45°夹角为倒角。

(e) 0×0：在沿各曲面上的边偏移(O)处创建倒角。仅当 D×D 不适应时，才会默认选取此项。

(f) 01×02：在一个曲面距选定边的偏移距离(01)、在另一曲面距选定边的偏移距离(02)处创建倒角。

"过渡"选项卡用于设置倒角的过渡形式。

"段"选项卡用于显示各段边链的信息，可以在此修改。

"选项"选项卡用于设置倒角形成的是曲面还是实体。

(3) 选取螺纹孔孔口边链，设置 D 为 2，单击中键，完成倒角，如图 5.135 所示。

2. 拐角倒角

拐角倒角就是对相交顶点创建斜面倒角特征。具体操作步骤如下。

执行"插入"|"倒角"|"拐角倒角"命令，系统弹出"倒角(拐角)：拐角"对话框。信息栏提示 选择要倒角的角。，在窗口中选取实体上的顶点，系统弹出"选出/输入"菜单，并提示"在绿色边上选择尺寸位置，或从菜单选择'输入'"，如果实体上存在所适用的点，则直接选取该点，如果无适用点，则选择"输入"选项，输入框提示"输入沿加亮边标注的长度，输入数值 20，单击中键，"选出/输入"菜单返回，再次选择"输入"选项，输入框又提示 输入沿加亮边标注的长度，输入数值 15，再选择"输入"选项，在输入框中输入数值 15，单击中键，单击对话框的"确定"按钮，即可创建如图 5.139 所示的"拐角倒角"特征。

 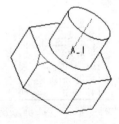

图 5.139 "拐角倒角"示意图

5.7 综合实例

在上述章节中已经介绍了工程特征的具体创建方法，下面通过一个综合实例来温习运用这些方法。

完成如图 5.1 所示的箱体模型。

1. 模型分析

该箱体有 1 个等壁厚的箱体,加上下连接板、4 个半圆轴承孔、4 个支撑加强筋和 4 个螺栓连接柱体及 8 个螺栓连接孔组成。为了铸造方便,轴承半孔的柱体、螺栓连接的柱体部分都需要 2°的拔模处理。箱体主体由于等壁厚,可以拉伸后抽壳处理。加强筋可以用轨迹筋创建。连接孔和出油孔可以用孔特征完成,各处倒圆角和倒角都可以用倒角特征处理。

2. 具体操作步骤

(1) 新建 1 个零件文件,输入名称为"xiangti",取消选中"使用缺省模板"复选框,选择 mmns_part_solid 模板,单击"确定"按钮,进入零件设计界面。

(2) 拉伸箱体:单击"拉伸"按钮,定义 FRONT 平面为草绘平面,接受系统默认的视图方向和视图参照,单击"草绘"按钮,进入草绘界面。绘制如图 5.140 所示截面。单击"完成"按钮,退出草绘界面。设置深度为"对称",输入深度值为 52,单击中键,完成创建,如图 5.141 所示。

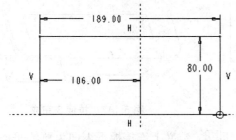

图 5.140 截面 1 尺寸

图 5.141 拉伸完成

(3) 抽壳:单击"壳"按钮,选取长方体上表面为删除曲面,设置厚度值为 6,选择"参照"选项卡,单击"非缺省厚度"列表框的字符,选取长方体下表面,设置厚度值为 12,单击中键,完成壳特征创建,如图 5.142 所示。

(4) 创建轴承座:单击"拉伸"按钮,定义壳体内侧表面为草绘平面,单击视图方向箭头,接受系统默认的视图参照,单击"草绘"按钮,进入草绘界面。绘制如图 5.143 所示截面。单击"完成"按钮,退出草绘界面。输入拉伸深度值 32,单击中键,完成创建,如图 5.144 所示。

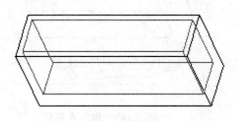

图 5.142 壳特征完成

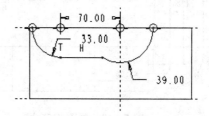

图 5.143 截面 2 的尺寸

(5) 镜像轴承座:选取刚创建的轴承座,执行"编辑"|"镜像"命令,选取 FRONT 平面为参照平面,单击中键,完成镜像,如图 5.145 所示。

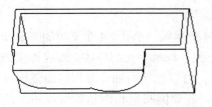
图 5.144 拉伸 2 完成

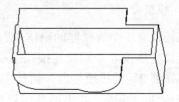
图 5.145 镜像完成

(6) 拉伸上连接板：单击"拉伸"按钮，定义箱体上表面为草绘平面，接受系统默认的视图方向和视图参照，单击"草绘"按钮，进入草绘界面。绘制如图 5.146 所示截面。单击"完成"按钮，退出草绘界面。单击"反向"按钮，输入拉伸深度值 8，单击中键，完成创建，如图 5.147 所示。

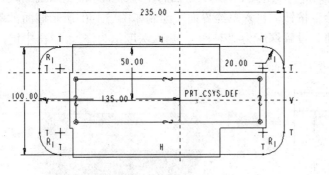
图 5.146 截面 3 尺寸

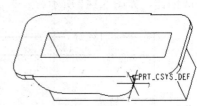
图 5.147 拉伸 3 完成

(7) 创建左边连接螺栓座：单击"拉伸"按钮，定义上连接板下表面为草绘平面，接受系统默认的视图方向和视图参照，单击"草绘"按钮，进入草绘界面，绘制如图 5.148 所示截面。单击"完成"按钮，退出草绘界面。输入拉伸深度值 18，单击中键，完成创建，如图 5.149 所示。

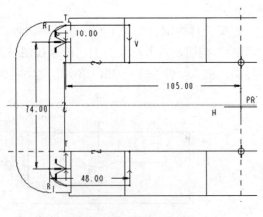
图 5.148 截面 4 尺寸

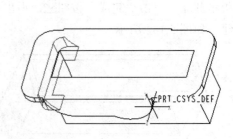
图 5.149 拉伸 4 完成

(8) 创建右边连接螺栓座：单击"拉伸"按钮，定义"使用先前的"，单击"草绘"按钮，进入草绘界面，绘制如图 5.150 所示截面。单击"完成"按钮，退出草绘界面。输入拉伸深度值 15，单击中键，完成创建，如图 5.151 所示。

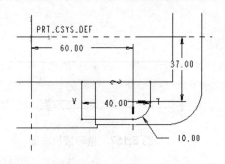 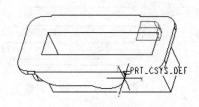

图 5.150　截面 4 尺寸　　　　　图 5.151　拉伸 5 完成

(9) 镜像螺栓座：选取刚创建的右边螺栓座，执行"编辑"|"镜像"命令，选取 FRONT 平面，单击中键，完成镜像，如图 5.152 所示。

(10) 创建底座连接板：单击"拉伸"按钮，定义箱体下表面为草绘平面，接受系统默认的视图方向和视图参照，单击"草绘"按钮，进入草绘界面。绘制如图 5.153 所示截面。单击"完成"按钮，退出草绘界面。单击"反向"按钮，输入拉伸深度值"13"，单击中键，完成创建，如图 5.154 所示。

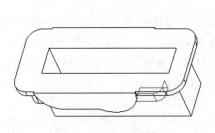 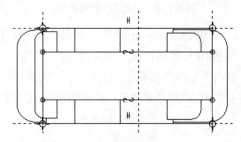

图 5.152　镜像完成　　　　　图 5.153　截面 6 尺寸

(11) 创建右侧出油孔凸台：单击"拉伸"按钮，定义箱体右侧表面为草绘平面，设置后侧面指向右侧为视图参照，单击"草绘"按钮，进入草绘界面。绘制如图 5.155 所示截面(注意圆心约束在 FRONT 平面上)。单击"完成"按钮，退出草绘界面。输入拉伸深度值 1，单击中键，完成创建，如图 5.156 所示。

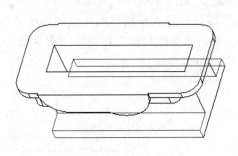 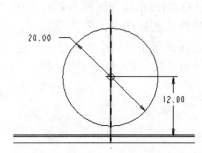

图 5.154　拉伸 6 完成　　　　　图 5.155　截面 7 尺寸

(12) 创建拔模。单击"拔模"工具按钮，选取前轴承座圆柱面和连接面，如图 5.157 所示。单击"拔模枢轴"收集器中的字符，选取轴承座前侧表面为枢轴平面，如图 5.158 所示。拖动句柄向左，设置拔模角度为 2°。单击中键，完成拔模特征的创建，如图 5.159 所示。

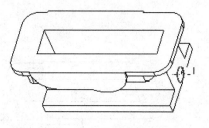

图 5.156 拉伸 7 完成

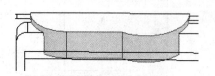

图 5.157 选取拔模曲面

> 提示
> 另一侧镜像过去的轴承座拔模与该侧相同，不再赘述。

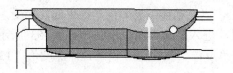

图 5.158 选取枢轴平面

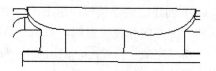

图 5.159 拔模完成

(13) 创建轴承孔：单击"拉伸"按钮，定义轴承座前侧表面为草绘平面，接受系统默认的视图方向和视图参照，单击"草绘"按钮，进入草绘界面。绘制如图 5.160 所示截面。单击"完成"按钮，退出草绘界面。单击"移除材料"按钮，单击"反向"按钮，设置拉伸深度为"穿透"，单击中键，完成创建，如图 5.161 所示。

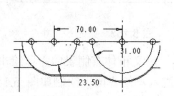

图 5.160 截面 8 的尺寸

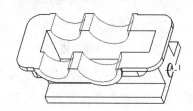

图 5.161 拉伸 8 完成

(14) 创建箱体内底部斜坡：单击"拉伸"按钮，定义 FRONT 平面为草绘平面，接受系统默认的视图方向和视图参照，单击"草绘"按钮，进入草绘界面，绘制如图 5.162 所示截面。单击"完成"按钮，退出草绘界面。单击"移除材料"按钮，设置拉伸深度为"对称"，输入值"40"，单击中键，完成创建，如图 5.163 所示。

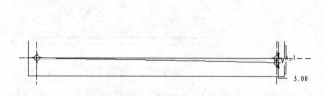

图 5.162 截面 9 的尺寸

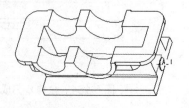

图 5.163 拉伸 9 完成

(15) 单击"倒圆角"按钮，选取箱体内腔 4 条边链，设置圆角半径为 6，单击中键，完成倒圆角，如图 5.164 所示。

(16) 螺栓孔底座拔模：单击"拔模"工具按钮，选取螺栓孔底座的外侧曲面(图 5.165)，单击"拔模枢轴"收集器中的字符，选取底座表面为枢轴平面(图 5.166)，拖动句柄向左，设置拔模角度为 2°。单击中键，完成拔模特征的创建，如图 5.167 所示。

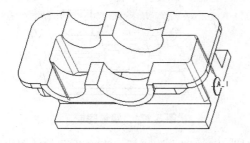
图 5.164 倒圆角完成

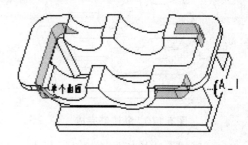
图 5.165 选取拔模曲面

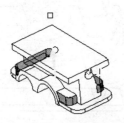
图 5.166 选取枢轴平面

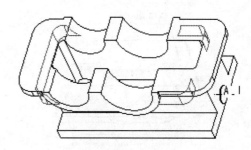
图 5.167 拔模完成

(17) 创建轨迹筋：单击"基准平面"按钮，选取箱体前表面为参照平面，拖动句柄向箱体方向移动，输入偏移值为 2(图 5.168)，单击"确定"按钮，完成基准平面创建。单击"轨迹筋"按钮，定义刚创建的基准平面为草绘平面，接受系统默认的视图方向和视图参照，单击"草绘"按钮，进入草绘界面。加选底部连接板的上边缘和轴承座的下边缘为参照，绘制如图 5.169 所示截面。单击"完成"按钮，退出草绘界面。单击"添加拔模"按钮，选择"形状"选项卡，设置拔模斜度为 1，设置筋的厚度为 6，单击中键，完成创建，如图 5.170 所示。

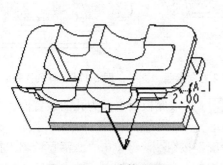
图 5.168 创建基准平面

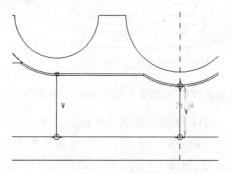
图 5.169 轨迹筋截面示意

(18) 镜像筋特征：选取刚创建的轨迹筋，执行"编辑"|"镜像"命令，选取 FRONT 平面，单击中键，完成镜像，如图 5.171 所示。

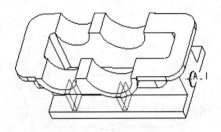 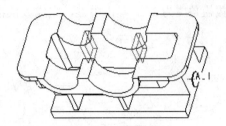

图 5.170　轨迹筋完成　　　　　　　　图 5.171　镜像完成

(19) 创建上连接板的连接孔：单击"孔"按钮，选取上连接板上表面为孔的放置面，拖动绿色句柄中的 1 个至 RIGHT 平面，输入距离为 105，拖动另 1 个绿色句柄至 FRONT 平面，输入距离为 37，修改孔径为 10，深度为 27，如图 5.172 所示。单击中键，完成孔的创建，如图 5.173 所示。

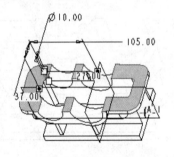 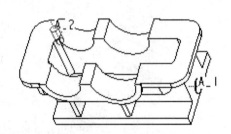

图 5.172　设置孔的参数示意　　　　　图 5.173　孔完成

(20) 阵列孔：选取刚创建的孔，单击"阵列"按钮，单击 尺寸 右边的，在下拉列表中选择"方向"选项，选取连接板右侧面为第 1 方向参照，输入距离为 165(图 5.174)，单击"第 2 方向"收集器中的 单击此处添加项目 ，选取连接板前侧表面为第 2 方向参照，输入距离 74(图 5.175)，单击中键，完成孔的创建，如图 5.176 所示。

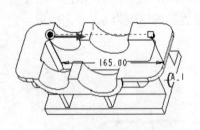 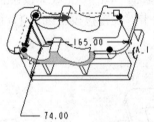 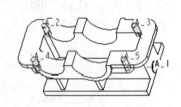

图 5.174　选取第 1 方向参照　　图 5.175　选取第 2 方向参照　　图 5.176　阵列孔完成

(21) 创建底板沉头连接孔：单击"孔"按钮，选取底板上表面为孔的放置面，拖动绿色句柄中的一个至右侧面，输入距离为 20，拖动另一个绿色句柄至 FRONT 平面，输入距离为 39(图 5.177)。单击"使用草绘定义钻孔轮廓"按钮，再单击"激活草绘器"按钮，进入草绘界面，绘制如图 5.178 所示截面。单击"完成"按钮，单击中键，完成孔的创建，如图 5.179 所示。

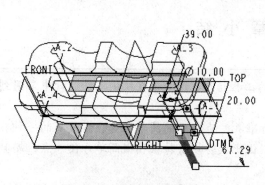

图 5.177 设置孔位置参数

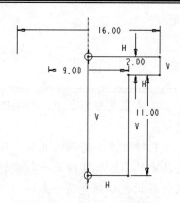

图 5.178 草绘孔截面尺寸

(22) 阵列孔：选取刚创建的孔，单击"阵列"按钮，单击 尺寸 右边的，在下拉列表中选择"方向"选项，选取底板左侧面为第 1 方向参照，输入距离为 145，单击"第 2 方向"收集器中的 单击此处添加项目 ，选取底板后侧表面为第 2 方向参照，输入距离 78，单击中键，完成孔的创建，如图 5.180 所示。

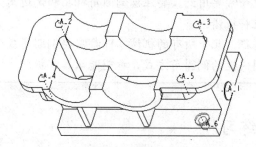

图 5.179 草绘孔完成

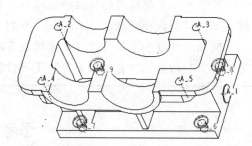

图 5.180 阵列完成

(23) 创建右侧出油螺钉孔：单击"孔"按钮，选取凸台表面为孔的放置面，按住 Ctrl 键选取轴线 A1(同轴放置)，单击"标准孔"按钮，设置螺纹为 M8×1.25，设置螺纹深度为 9，单击中键，完成螺纹孔创建，如图 5.181 所示。

(24) 自动倒圆角：执行"插入"|"自动倒圆角"命令，设置半径值为 3，选择"排除"选项卡，选取轴承孔的 16 条边链和所有孔的孔口，如图 5.182 所示。单击中键，完成倒圆角创建，如图 5.1 所示。

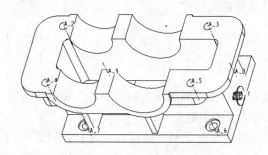

图 5.181 螺纹孔完成

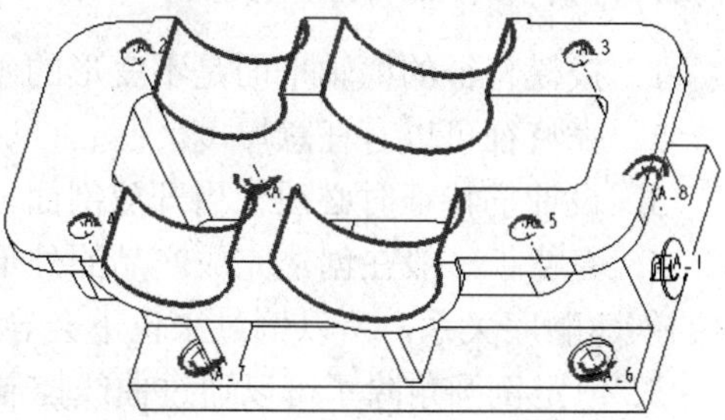

图 5.182 自动倒圆角的排除项

(25) 保存文件，拭除内存。

本 章 小 结

本章主要介绍了 Pro/ENGINEER 中的工程特征，这些是在机械零件设计中常用到的特征。

孔特征主要有两种类型，即直孔和标准孔。直孔中的简单孔是应用最多的一种孔，直孔中的草绘孔实质是一种旋转切割孔，但比旋转切剪特征稍微简单方便一点，而且适应的形状也稍微复杂一点。

筋特征有两种形式，即轮廓筋和轨迹筋。它的实质是一种拉伸特征，但比拉伸生成的筋特征要方便快捷得多。在创建筋特征的截面时，常需要加选有关图元作为尺寸参照，这主要是为了便于抓取图元，减少设置约束的麻烦。同时，在创建筋特征时，千万要注意特征形成的方向。

壳特征是比较简单的特征，但要注意章节中所提到的 7 点注意事项。

拔模特征是较实用的特征，在模具设计中经常要用到。要注意倒圆角特征和倒边角特征都应放到拔模特征之后来完成，否则系统将报错。

倒圆角特征和边倒角特征是应用最多的特征，几乎所有的机械零件都需要倒圆角或边倒角。新增功能"自动倒圆角"是一种特别快捷的倒圆角方式，希望能认真掌握。

思 考 与 练 习

一、填空题(将正确答案填在题中的横线上)

1. 倒角特征与倒圆角特征主要区别在于：倒圆角特征的横截面形状为_____或_____，而倒角特征的横截面为_____。倒角又称为_____，主要用于处理特征周围较为尖锐的_____。

2. 倒角有两种类型，即_____和_____。

3. 根据设计需要，可以将筋分成两大类：_____筋特征和_____筋特征。

二、判断题(正确的在括号内填入"T"，错误的填入"F")

1. 拔模特征的枢轴平面是不变形的平面。   （ ）
2. 壳特征可以有任意厚度。   （ ）
3. 设计筋特征时必须使用开放剖面。   （ ）
4. 壳特征一般在创建完成产品的外形后建立，它与"倒圆角"和"斜角"特征没有特定的创建顺序关系，所以倒过来也不会导致创建特征的失败。   （ ）
5. 恒定倒圆角除了可以通过曲线控制圆角半径的方法之外，还可以通过直接设置不同点的半径值来创建。   （ ）
6. 作为分割对象的曲面，其边界必须超出拔模曲面，否则系统将不能计算。 （ ）

三、选择题(将唯一正确答案的代号填入题中的括号内)
1. 孔特征的操控面板上的选项卡包括位置、形状、注释和(　　)。
   A．属性　　　　　　　B．类型　　　　　　　C．大小　　　　　　　D．标准
2. 拔模特征的极限拔模角度为(　　)。
   A．-20°～+20°　　　B．-30°～+30°　　　C．-40°～+40°　　D．-10°～+10°
3. 孔的类型基本上分成(　　)。
   A．直孔　　　　　　　　　　　　　　　B．穿孔与标准孔
   C．标准孔　　　　　　　　　　　　　　D．直孔与标准孔

四、问答题

1. 拔模特征的枢轴有什么作用？
2. 孔特征的主要用途是什么？
3. 在一个倒圆角特征中是否可以包含半径大小不同的几种圆角？
4. 使用壳特征和薄板特征都可以创建薄壁结构，二者有何区别？

五、练习题
1. 按如图 5.183 所示的尺寸，创建如图 5.184 所示实体的底部法兰的螺纹孔。

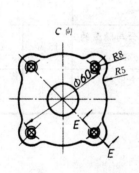

图 5.183　题 5.1

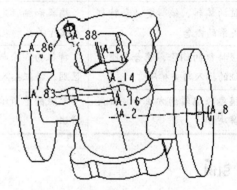

图 5.184　题 5.1 实体图

2. 按如图 5.42 所示的尺寸，完成图 5.50 中未完成的最后一个筋特征，并用"自动倒圆角"特征完成图示的所有圆角特征。
3. 对 4.4 节旋转特征中实例 2 所做的管接头零件做工程特征处理，尺寸自定。

第 6 章 特征的编辑、修改

教学目标

通过本章的学习,掌握特征的编辑和修改方法,以便提高设计效率,为后面的学习打下良好的基础。

教学要求

能力目标	知识要点	权 重	自测分数
掌握复制特征的创建方法	相同参照复制、新参考复制、平移复制、旋转复制	20%	
掌握阵列特征的创建方法	尺寸阵列、方向阵列、轴阵列、表阵列、参照阵列、曲线阵列、点阵列	25%	
特征的编辑、编辑定义和特征父子关系的概念	编辑和编辑定义的区别、编辑的再生、特征父子关系的几种情况	15%	
掌握特征的删除、隐含与隐藏和特征的插入与重排序	特征的删除与隐含的区别、隐含与隐藏的区别、特征插入和重排序的几种方法	15%	
掌握参照编辑的方法和特征失败的解决方法	参照的重新编辑以及再生特征失败的解决方法	25%	

引例

如图 6.1 所示模型,在基础特征完成之后,要加入一些直孔和螺纹孔。这些孔特征基本相同,其位置不同,如果一个一个地做,相当费时。Pro/ENGINEER 给了我们提高效率的方法,这就是用复制、阵列的方法来完成多个相同特征的创建。在 Pro/ENGINEER 中,三维零件模型的主体由各种特征完成后,有时并不能一次就完成所有的操作。或者需要进行相应的修改,或者需要对某一特征进行多次重复创建,这些工作可以通过 Pro/ENGINEER 提供的编辑和修改功能来完成。

编辑修改功能包括复制、阵列、编辑参照、重新排序、重定义、插入特征、特征的隐含与恢复、特征的隐藏与恢复等功能。本章将主要介绍这些功能的具体操作方法和技巧。

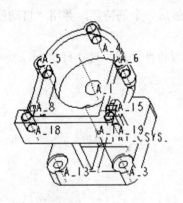

图 6.1 引例模型

6.1 特征的复制

通过特征复制的方法可以快速地创建具有相同特点的已有对象，并将其放置到一个零件的其他位置上，从而避免重复设计，提高设计效率。

特征复制功能主要是针对单个特征、局部组或数个特征，经复制后产生相同的特征。由复制产生的特征与原特征的外形、尺寸可以相同，也可以不同。另外，除了可以从当前的模型中选取特征外，还可以从其他文件中挑选某些特征进行复制。复制后的特征与原来特征之间的尺寸关系可为"独立"或"从属"，即改变原特征的某一尺寸时，复制后的特征的相对尺寸可保持不变(独立)或者随之改动(从属)。

与复制特征相对应的工具是"粘贴"与"选择性粘贴"。"粘贴"可以对复制的特征进行重定义操作。如果多个特征的复制粘贴，则由第 1 个特征决定重定义界面。"选择性粘贴"可以对特征进行移动和旋转的变换。下面分为粘贴和选择性粘贴来介绍复制特征的创建方法。

6.1.1 特征复制的粘贴

实例 1：创建图 6.2 所示的复制特征。

1. 模型分析

该复制特征与原始特征在放置平面和参考对象上发生了变化，所以需选用粘贴的方式产生复制。

2. 具体操作步骤

(1) 打开实例源文件 "zhantie.prt"，如图 6.3 所示。

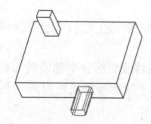

图 6.2 复制实例

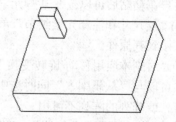

图 6.3 实例源文件

(2) 选取原始特征，如图 6.4 所示，执行"编辑"|"复制"命令，或者单击"复制"按钮，此时，"粘贴"和"选择性粘贴"按钮被激活，单击"粘贴"按钮，系统进入特征编辑定义界面，选择"放置"选项卡，系统提示"选取一个平面或曲面以定义草绘平面"，定义前侧平面为草绘平面，如图 6.5 所示。接受系统默认的视图方向和视图参照，单击"草绘"按钮，进入草绘界面。此时，鼠标指标上粘有截面图形，在适当位置单击，则图形显示在鼠标单击的位置。修改截面和尺寸为如图 6.6 所示。单击"完成"按钮，退出草绘编辑界面。修改拉伸深度为 120，单击中键，完成复制粘贴，如图 6.2 所示。此时模型树的特征标识为 拉伸 3 。

> **提示**
>
> 粘贴时的重定义实际上等同于编辑参照和编辑定义。

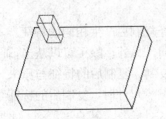 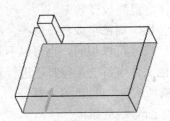 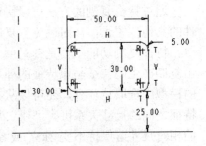

图 6.4　选取原始特征　　图 6.5　选取草绘平面和视图参照　　图 6.6　新特征的截面及尺寸

（3）保存副本，命名为"zhantie_ok"。

6.1.2 特征复制的选择性粘贴

沿用上例完成文件，具体操作步骤如下：

（1）选取原始特征，单击"复制"按钮 ，再单击"选择性粘贴"按钮 ，系统弹出"选择性粘贴"对话框，如图 6.7 所示。该对话框含有 3 个复选框："从属副本"、"对副本应用移动/旋转变换"和"高级参照配置"。其具体含义如下。

① "从属副本"复选框：用于创建原始特征的从属副本。复制特征可以从属于原始特征的尺寸或草绘，或完全从属于原始特征的所有属性、元素和参数。该选项为系统默认选项。如果取消选中该复选框，则可以创建原始特征或特征集的独立副本。该复选框后面有两个单选按钮："完全从属于要改变的选项"和"仅尺寸和注释元素细节"。

(a) "完全从属于要改变的选项"单选按钮：复制特征所定义的所有元素都将从属于原件，用户在粘贴后可以改变某些元素的从属关系。

(b) "仅尺寸和注释元素细节"单选按钮：仅能将复制特征的尺寸/草绘或注释元素详细信息链接到其原件。

② "对副本应用移动/旋转变换"复选框：可通过平移或旋转或平移旋转来移动副本。该选项可以与"从属副本"同时选中。此复选框适应单个原始特征的所有阵列类型，但对于组阵列或阵列的阵列不可用。

③ "高级参照配置"复选框：审阅并指定新副本的参照列表。选中该复选框，单击"确定"按钮，系统弹出"高级参照配置"对话框，如图 6.8 所示。在此对话框中可以对复制特征的位置通过参照进行设置。

（2）在"选择性粘贴"对话框中接受系统的默认设置，单击"确定"按钮，系统进入特征编辑定义界面，选择"放置"选项卡，单击"编辑"按钮，系统弹出"草绘编辑"对话框，如图 6.9 所示。单击"是"按钮，系统提示："选取一个平面或曲面以定义草绘平面"，选取右侧平面，如图 6.10 所示。选取底面指向底部作为视图参照，单击"草绘"按钮，进入草绘编辑界面。修改截面和尺寸，如图 6.11 所示。单击"完成"按钮 ，退出草绘编辑界面。单击中键，完成复制选择性粘贴，如图 6.12 所示。此时模型树的特征标识为 拉伸 2 (2)。

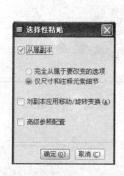
图 6.7 "选择性粘贴"对话框

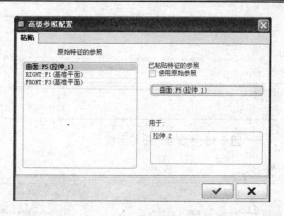
图 6.8 "高级参数配置"对话框

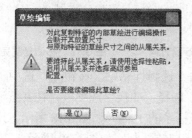
图 6.9 "草绘编辑"对话框

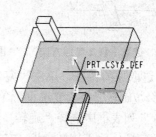
图 6.10 选取镜像的原始特征

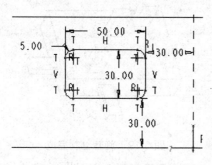
图 6.11 新特征截面及尺寸

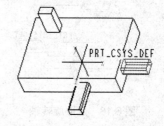
图 6.12 选择性粘贴 1 完成

(3) 选取原始特征,单击"复制"按钮,单击"选择性粘贴"按钮,选中"完全从属于要改变的选项"单选按钮,单击"确定"按钮,图形区图形并未改变,模型树区的特征标识为 复制的 拉伸 4 。

(4) 选取原始特征,单击"复制"按钮,单击"选择性粘贴"按钮,选中"对副本应用移动/旋转变换"复选框,单击"确定"按钮,系统弹出"转换"操控面板,如图 6.13 所示。选择"变换"选项卡,系统弹出"变换"下滑面板,如图 6.14 所示。接受系统默认的"移动"选项,选取右侧表面为方向参照,如图 6.15 所示。拖动方形句柄向右,修改数值为 100,单击"变换"下滑面板中"移动"收集器中的"新移动"字符,选取前侧表面为方向参照,如图 6.16 所示。拖动方向句柄向前,修改值为 40,单击中键,完成移动,如图 6.17 所示。

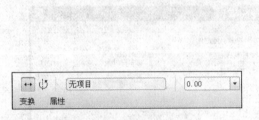

图6.13 "转换"操控面板　　　　图6.14 "变换"下滑面板

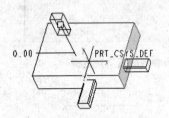 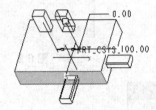 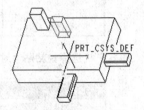

图6.15 选取平移1参照方向　　图6.16 选取平移2参照方向　　图6.17 移动复制完成

(5) 选取原始特征，单击"复制"按钮，单击"选择性粘贴"按钮，选中"对副本应用移动/旋转变换"复选框，单击"确定"按钮，选择"变换"选项卡，在其下滑面板的"设置"列表框中选择"旋转"选项，选取系统坐标系的 Y 轴，如图6.18所示。逆时针方向拖动句柄，输入旋转角度175°，单击中键，完成旋转复制，如图6.19所示。

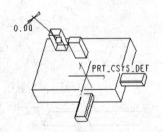 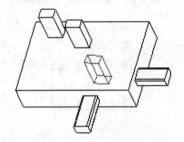

图6.18 选取旋转轴　　　　　　　　图6.19 旋转复制完成

(6) 选取原始特征，单击"复制"按钮，单击"选择性粘贴"按钮，选中"高级参照配置"复选框，单击"确定"按钮，图形显示如图6.20所示，系统提示"选择与原始参照相对应的参照"，在"高级参照配置"对话框"参照"收集器中单击 RIGHT:F1(基准平面)，单击"确定"按钮，系统弹出"预览"对话框，单击"反向"按钮，显示如图6.21所示。单击"预览"按钮，显示如图6.22所示。

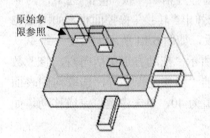 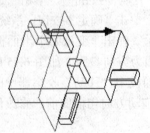 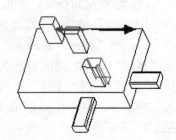

图6.20 象限参照　　　　图6.21 反向参照示意　　图6.22 高级参照配置复制完成

(7) 保存文件，拭除内存。

6.2 特征的镜像

特征的镜像实际上就是一种指定平面的对称镜像副本，使用镜像特征可以快速获得一些具有某种对称关系的模型效果，使整个设计效率提高。镜像特征的操作十分简单，选取需要镜像的特征，执行"编辑"|"镜像"命令，或单击"镜像"按钮，再选取镜像参照平面即可。在前几章的实例中多次应用到"镜像"命令，这里不再赘述。

6.3 特征阵列

在三维特征建模时，有时候需要创建多个相同结构的特征，而这些特征在模型特定的位置上规则地排列，这时特别适合用阵列的方法创建这些特征。特征阵列是指将一定数量的对象按照有序的规则进行排列。比起复制特征的单个数量，特征阵列具有快速、准确地创建数量较多、排列规则且形状相近的一组结构特征的特点。一般来说，面对"规则性重复"的造型且数量较多时，使用"阵列"功能是最佳选择。它不仅可以减少多次重复创建同一特征的麻烦，还可减少多次重复修改的麻烦。在阵列里，只要修改原始特征(或称阵列导引)，其阵列成员的所有特征都一起更新。

"阵列"按类型可以分为尺寸阵列、方向阵列、轴阵列、填充阵列、表阵列、参照阵列、曲线阵列和点阵列。下面通过实例详细介绍各种阵列的创建方法。

6.3.1 尺寸阵列

所谓尺寸阵列就是通过使用驱动尺寸并指定阵列的增量变化来控制阵列，可以单向，也可以双向。增量具有方向性，如果增量与原标注尺寸的方向相同，则输入正值；如果相反，输入负值。下面通过实例具体介绍其创建方法。

实例 2：创建如图 6.23 所示模型底部 4 沉头孔。

具体操作步骤如下。

(1) 打开实例源文件"keti_1.prt"，如图 6.24 所示。

图 6.23　实例 2 模型

图 6.24　实例 2 源文件

(2) 在模型树中选取需要阵列的特征(孔 1)，执行"编辑"|"阵列"命令，或者右击鼠标，在弹出的快捷菜单中执行"阵列"命令，或者单击"阵列"按钮，系统均会弹出"阵

列"操控面板,如图 6.25 所示。同时与阵列特征有关的尺寸信息显示在模型中,如图 6.26 所示。

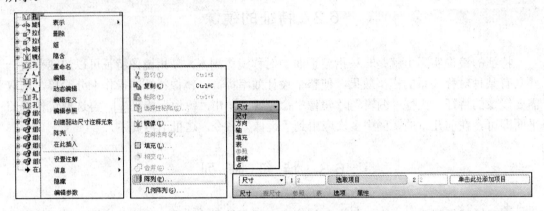

图 6.25 "阵列"菜单及其操控面板

该操控面板主要包括设置阵列驱动方式、阵列排列方式和阵列再生方式等 3 个方面的选项。操控面板随着选择的阵列驱动方式不同,前 4 个选项卡的显示有所变化,与所选驱动方式有关的选项卡将被激活。只有"选项"选项卡和"属性"选项卡是始终处于激活状态。系统默认状态是"尺寸"阵列,单击"驱动方式"列表框右边的下三角按钮,弹出下拉列表框,如图 6.25 所示。

阵列的驱动方式有 8 种,即尺寸、方向、轴、填充、表、参照、曲线和点。这 8 种方式阵列的创建方法将逐一介绍。

下面继续实例操作:

(3) 按"尺寸"驱动方式创建阵列。单击 1 2 选取项目 中的字符,选取第一方向尺寸,设置增量为-52(因增量方向与尺寸标注方向相反),阵列数目为 2,图形显示如图 6.27(a)所示。单击 2 2 单击此处添加项目 中的字符,选取第二方向的尺寸,设置增量为-52,阵列数目为 2,如图 6.27(b)所示。单击鼠标中键,完成创建,如图 6.23 所示。

图 6.26 特征尺寸信息显示

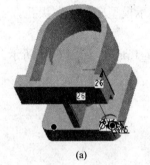
(a)

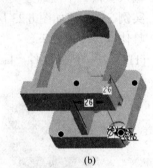
(b)

图 6.27 选取尺寸驱动

6.3.2 方向阵列

方向阵列就是通过指定方向并设置阵列增长方向的增量值和成员个数来控制阵列的。下面通过实例来介绍方向阵列的具体方法。

实例 3：创建如图 6.28 所示阵列。

具体操作步骤如下。

(1) 打开源文件"fxzl.prt"，如图 6.29 所示。

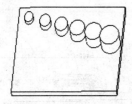 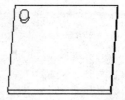

图 6.28　实例 3 示意　　　　　　　　图 6.29　fxzl.prt 示意图

(2) 选取"拉伸 2"，单击"阵列"按钮▦，在操控面板的驱动方式列表框中单击右侧的▾按钮，在下拉列表中选择"方向"选项，选取底板的右侧面作为第 1 方向参照平面，如图 6.30 所示。在"第 1 方向"输入框输入阵列间距为 80，"阵列成员"数为 6，如图 6.31 所示。单击"第 2 方向"收集器中的字符，选取底板前侧平面为第 2 方向参照平面，如图 6.32 所示。双击间距值，修改为 90，输入阵列成员数为 3，如图 6.33 所示。单击中键，完成阵列，如图 6.34 所示。

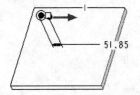 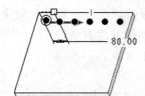 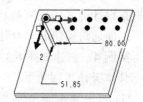

图 6.30　选取方向阵列　　　图 6.31　阵列间距和阵列成员数　　　图 6.32　选取第 2 方向参照

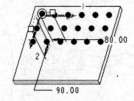 

图 6.33　第 2 方向阵列增量和阵列数设置　　　图 6.34　方向驱动阵列完成

(3) 在模型树窗口选取刚创建的阵列并右击，在弹出的快捷菜单中执行"编辑定义"命令，返回阵列创建窗口。在"第 2 方向"收集器中右击鼠标，在弹出的快捷菜单中执行"移除"命令，选择"尺寸"选项卡，弹出"尺寸"下滑面板，如图 6.35 所示。单击"方向 1"收集器中的字符，图形中阵列特征的尺寸信息全部显示，如图 6.36 所示。单击高度尺寸值 20，修改值为 10，表示阵列成员在高度方向每增加 1 个，高度方向的值增加 10。按住 **Ctrl** 键，单击定位尺寸值 180，修改为-30，表示每增加 1 个，距 FRONT 平面的值减少 30。按住 **Ctrl** 键，单击椭圆长轴值 60，修改为 10，表示每增加 1 个，长轴值增加 10。再按住 **Ctrl** 键，单击椭圆短轴值，修改为 10，表示每增加 1 个，短轴值增加 10。单击中键，完成阵列，如图 6.28 所示。

图 6.35 "尺寸"下滑面板示意

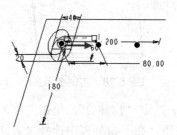

图 6.36 特征尺寸信息显示

6.3.3 轴阵列

轴阵列是指通过设置阵列的角度增量和径向增量来创建径向阵列。在实际应用中，可以根据设计需要将轴阵列巧妙地设置成为螺旋形阵列效果。

下面通过实例具体介绍轴阵列的创建方法。

实例 4： 创建如图 6.37 所示的 4 孔。

具体操作步骤如下。

(1) 打开实例源文件"fati_2.prt"，如图 6.38 所示。

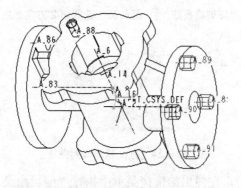

图 6.37 实例 4 模型

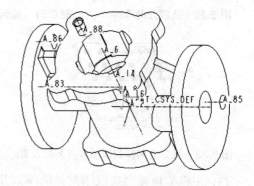

图 6.38 实例源文件

(2) 选取右侧法兰的孔，单击"阵列"按钮 ▦，单击"阵列类型"列表框右边的 ▾ 按钮，选择"轴"选项。信息栏提示选取基准轴、坐标系轴来定义阵列中心，选取轴线 A2，如图 6.39 所示。在"角度输入框"输入角度 30，输入阵列成员数为 12，图形显示如图 6.40 所示。选择"尺寸"选项卡，在"方向 1"收集器中单击字符，原始特征各尺寸信息显示在图形中，如图 6.41 所示。单击尺寸 R28，修改为-1，表示阵列成员每增加 1 个，半径方向距离缩小 1。按住 Ctrl 键，单击尺寸 φ9，修改为-0.5，表示阵列成员每增加 1 个，直径值缩小 0.5。单击中键，完成阵列，如图 6.42 所示。

第 6 章 特征的编辑、修改

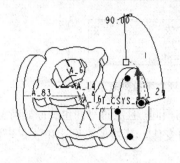

图 6.39 选取轴示意

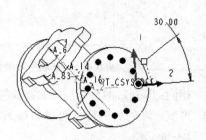

图 6.40 轴阵列设置

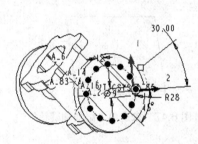

图 6.41 尺寸信息显示

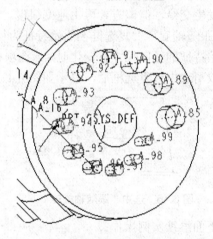

图 6.42 轴阵列完成

(3) 在模型树窗口选取刚创建的阵列并右击，在弹出的快捷菜单中执行"编辑定义"命令，返回阵列创建界面。在输入框输入角度值为 60，阵列成员数为 3，如图 6.43 所示。单击"阵列角度范围"按钮 ，图形显示如图 6.44 所示。此时角度值输入框中的值变为灰色显示，说明该值已不起作用，表示在 360°范围内排列 3 个阵列成员，系统自动将其变为 120°。修改"阵列角度范围"列表框的值，表示在输入值的范围内阵列前面所输入的阵列成员数，其角度值随着角度范围的变化而变化。再次单击"阵列角度范围"按钮 ，则返回如图 6.43 所示。选择"选项"选项卡，弹出"选项"下滑面板，如图 6.45 所示。该选项卡包括两个内容："再生选项"下拉列表框和"跟随轴旋转"复选框。"再生选项"下拉列表框有 3 个选项供选择："相同"、"可变"和"一般"。

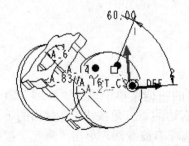

图 6.43 修改阵列成员角度值

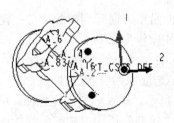

图 6.44 修改阵列角度范围

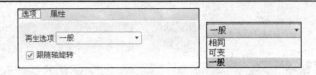

图 6.45 "选项"下滑面板及"再生选项"下拉列表示意

① 相同：阵列后的特征与原始特征的形状和大小均相同，且放置平面也和原始特征相同。

② 可变：阵列后的特征可以与原始特征有一定的变化，其外形、尺寸和放置平面可以改变，但不能交错。

③ 一般：阵列后的特征有较大的自由度，外形、尺寸可做一定的改变，而且允许它们之间发生交错，但该方式再生速度很慢。系统默认设置为"一般"。

"跟随轴旋转"复选框在原始特征为径向尺寸各向一致时永远选中(如圆柱形孔或轴)。当原始特征的径向尺寸有变化时，该选项可以取消选中。选中时，图形显示如图 6.46 所示。

取消选中该复选框后，显示如图 6.47 所示。

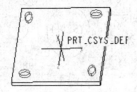
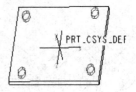

图 6.46 选中"跟随轴旋转"　　　　图 6.47 未选中"跟随轴旋转"

下面继续实例操作：

延续步骤(3)：在"再生选项"下拉列表中选择"相同"选项，在角度值输入框修改角度值为 90，阵列成员数为 4。单击中键，完成阵列，如图 6.37 所示。

> **提示**
> 此例中因前步骤已设置了径向尺寸和孔径尺寸的变化，所以编辑定义时要将其修改为"相同"，这样才能保证各阵列特征的完全一致。如果没有设置尺寸变化，则不需要设置此选项。如果取消选中"跟随轴旋转"复选框之后，系统会弹出 使用替代原件 ，选中该复选框之后，需内部建立基准点，然后阵列将随其基准点产生轴阵列。

6.3.4 填充阵列

所谓填充阵列就是绘制一个封闭的或非封闭的二维轮廓进行实体特征填充，从而创建阵列特征。

下面沿用方向阵列的源文件创建填充阵列。

具体操作步骤如下。

(1) 打开实例源文件"fxzl.prt"，如图 6.29 所示。

(2) 选取原始特征(拉伸椭圆柱)并右击，在弹出的快捷菜单中执行"阵列"命令，如图 6.48 所示，进入阵列创建界面。单击 尺寸 右边的下三角按钮，在弹出的下拉列表中选择"填充"选项，此时，操控面板的"参照"选项卡被激活。单击"参照"按钮，定义草绘平面，进入草绘界面，草绘二维轮廓，如图 6.49 所示。单击"完成"按钮✓，图形显示如图 6.50 所示。

图 6.48 快捷菜单

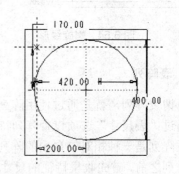

图 6.49 填充阵列的二维截面图形

(3) 此时"阵列成员间隔的栅格模板"下拉列表框被激活,默认排列方式为正方形,单击下三角按钮,可以选择合适的选项,排列阵列图形。填充阵列的排列类型包括正方形、菱形、六边形、同心圆形、螺旋线和草绘曲线 6 种,如图 6.50～图 6.55 所示。

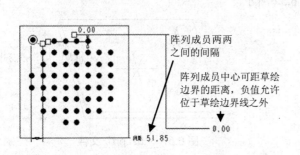

图 6.50 正方形填充阵列显示

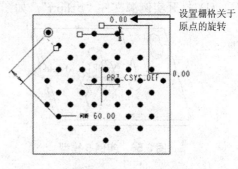

图 6.51 菱形示意

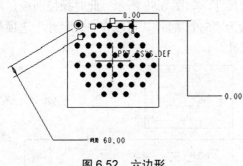

图 6.52 六边形

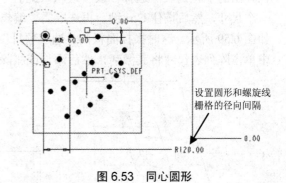

图 6.53 同心圆形

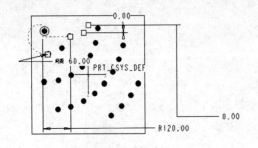
图 6.54 螺旋线形

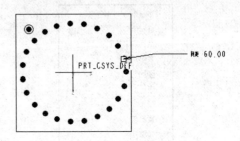
图 6.55 草绘曲线形

6.3.5 表阵列

所谓表阵列，就是通过使用阵列表设置阵列特征的参数，从而创建阵列特征。设计者可以通过"表尺寸"选项设置阵列特征的相关参数。

表阵列是一种相对较自由的阵列方式，常用于创建不太规则布置的特征阵列。即在创建表阵列之前，首先收集特征的尺寸参数创建编辑阵列表，最后用这阵列表生成阵列特征。同时可以为一个阵列建立多个表，通过变换阵列表来改变阵列。

下面通过实例来介绍表阵列的具体方法。

实例 5：创建如图 6.56 所示图形的表阵列。

具体操作步骤如下。

(1) 打开实例源文件"bzl.prt"，如图 6.57 所示。

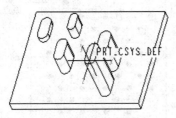
图 6.56 实例 5 模型

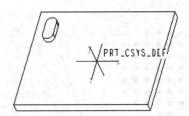
图 6.57 "bzl.prt" 文件

(2) 选取原始特征"拉伸 2"，单击"阵列"按钮，单击 尺寸 右边的下三角按钮，在弹出的下拉列表中选择"表"选项，此时，操控面板的"表尺寸"选项卡被激活。选取一个尺寸，然后按住 Ctrl 键，再选取需要编辑的尺寸，如图 6.58 所示。此时操控面板显示如图 6.59 所示。这时操控面板的"选取项目"变为"5 个项目"，可以在"表尺寸"选项卡中单击阵列表尺寸将其激活，然后添加或删除尺寸。

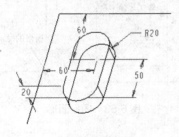
图 6.58 选取表尺寸

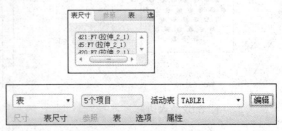
图 6.59 表阵列操控面板

第 6 章 特征的编辑、修改

(3) 单击 编辑 按钮，自动弹出编辑阵列表，输入图 6.60 所示阵列表。在"阵列表"编辑器中执行"文件"|"保存"命令，单击"阵列表编辑器"右边的"关闭"按钮 ✕，退出编辑器。图形显示如图 6.61 所示。单击"完成"按钮 ✓，显示如图 6.56 所示。

	d19 (60.00)	d21 (60.00)	d5 (20.00)	d20 (20.00)	d18 (50.00)
1	180.00	60.00	50.00	15.00	40.00
2	180.00	200.00	80.00	20.00	50.00
3	360.00	200.00	120.00	22.00	40.00
4	360.00	300.00	180.00	20.00	50.00

图 6.60　阵列表 1

(4) 在模型树窗口选取刚创建的阵列并右击，在弹出的快捷菜单中执行"编辑定义"命令，在操控面板中选择"表"选项卡，弹出"表"下滑面板，如图 6.62 所示。在空白处右击鼠标，执行"添加"命令，系统再次弹出"阵列表编辑器"，如图 6.63 所示。输入如图 6.64 所示阵列表，在"阵列表编辑器"中执行"文件"|"保存"命令，单击右边的"关闭"按钮 ✕，退出编辑器。图形显示如图 6.65 所示。单击"完成"按钮 ✓，显示如图 6.66 所示。

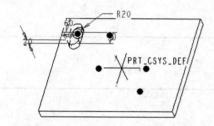

图 6.61　选取完阵列尺寸后模型显示

图 6.62　"表"下滑面板

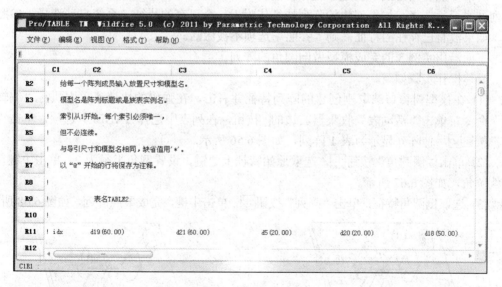

图 6.63　阵列表 2 编辑器

在阵列表编辑器中执行"编辑"命令，可以实现插入、删除、复制等操作。由于篇幅限制，这里不再详述，同学们可以根据提示自行尝试。

表名TABLE2.

idx	d19(60.00)	d21(60.00)	d5(20.00)	d20(20.00)	d18(50.00)
1	120.00	100.00	*	*	55.00
2	170.00	180.00	30.00	25.00	*
3	230.00	240.00	35.00	35.00	60.00
4	300.00	320.00	40.00	45.00	65.00

图 6.64 编辑阵列表 2 示意

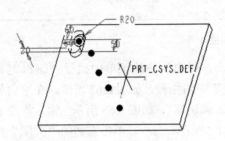

图 6.65 表 2 阵列显示

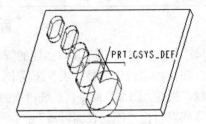

图 6.66 表阵列 2 完成

(5) 保存副本，输入名称"bzl_ok"。

> 注意
> 在阵列表中，"*"代表该参数与原始特征对应参数相同。

6.3.6 参照阵列

所谓参照阵列方式，就是以已存在的阵列特征为参照创建其他特征的阵列特征。这种阵列方式无须选择，如果创建的阵列特征依附于一个已有的特征，系统自动选择为参照阵列，如果没有已存在的特征，则"参照"选项不被激活。

下面沿用实例 5 的完成模型做倒圆角的阵列。

具体操作步骤如下。

(1) 在模型树窗口选取刚创建的阵列特征并右击，在弹出的快捷菜单中执行"编辑定义"命令，单击"活动表"收集器右边的 按钮，在列表中选择 TABLE1 选项，单击"完成"按钮，使阵列显示为表 1 阵列，如图 6.56 所示。

(2) 单击"倒圆角"按钮，选取原始特征上边链，设置倒角半径为 2，单击中键，完成倒圆角，如图 6.67 所示。

(3) 选取倒圆角特征，单击"阵列"按钮，单击中键，完成参照阵列，如图 6.68 所示。

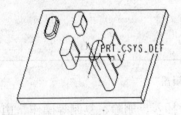

图 6.67 倒圆角示意

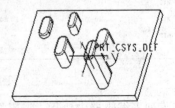

图 6.68 "参照"阵列完成

6.3.7 曲线阵列

所谓曲线阵列，就是通过指定的曲线设置阵列成员间距离和成员数目的阵列。要创建曲线阵列，需要草绘一条曲线，而曲线阵列的起始点始终位于曲线的起点，曲线阵列的方向始终为从曲线的开始处到曲线的结束处。

下面通过实例介绍曲线阵列的方法。

具体操作步骤如下。

(1) 打开实例源文件"bzl.prt"，如图 6.57 所示。

(2) 选取原始特征"拉伸 2"，单击"阵列"按钮，单击 尺寸 右边的下三角按钮，在弹出的下拉列表中选择"曲线"选项，选择"参照"选项卡，定义上平面为草绘平面，绘制一条弧线，如图 6.69 所示。单击"完成"按钮，退出草绘界面。单击"间距"按钮，输入间距值为 80，此时阵列成员数自动变为 7，图形显示如图 6.70 所示。单击中键，完成创建，如图 6.71 所示。

(3) 保存副本，输入名称为"qxzl_ok"。

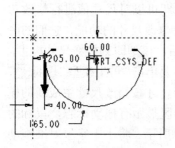 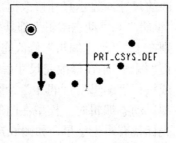 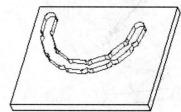

图 6.69　绘制曲线　　　　图 6.70　设置间距值　　　　图 6.71　曲线阵列完成

> 提示
> 如果设置阵列成员数，则间距值将自动随着阵列成员数的变化而变化，也就是曲线长度不变阵列的成员数变大，则间距值变小。

6.3.8 点阵列

所谓点阵列就是通过草绘点来定义阵列成员，此项是 5.0 版的新增功能。

下面通过实例介绍点阵列的创建方法。

沿用上一实例源文件，具体操作步骤如下。

(1) 在模型树窗口选取刚创建的曲线阵列并右击，在弹出的快捷菜单中执行"删除阵列"命令。

(2) 选取原始特征，单击"阵列"按钮，单击 尺寸 右边的下三角按钮，在弹出的下拉列表中选择"点"选项，单击操控面板中的"使用来自基准点特征的点"按钮，再单击"点"按钮，创建 3 个基准点，如图 6.72 所示。单击"返回"按钮，单击中键，完成创建，如图 6.73 所示。

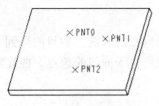
图 6.72　增加内部基准点

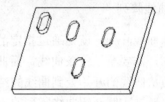
图 6.73　点阵列完成

6.4　编辑特征

在第 4 章介绍模型树的设置时，曾经提到可以利用模型树对选定的特征进行编辑和修改。当设计者要对所创建的特征进行相关尺寸的修改时，可以首先在模型树窗口中选取需要修改的特征，然后右击，在弹出的快捷菜单中执行"编辑"或者"动态编辑"命令，窗口模型即显示该特征截面的各部分组成尺寸。双击需要修改的尺寸，显示尺寸修改框，即可以对尺寸值进行修改。"编辑"和"动态编辑"都具有修改尺寸的功能，它们的区别在于："动态编辑"修改完后，模型即刻按新尺寸再生，而"编辑"则在修改完尺寸后，要单击"再生模型"图标，或执行"编辑"|"再生"命令，才按修改尺寸生成新的模型。动态编辑时，模型在图形区显示有拖动标志，鼠标的光标粘有小十字星，如图 6.74 所示。将小十字星对准拖动标志，移动鼠标，即可修改相应尺寸。

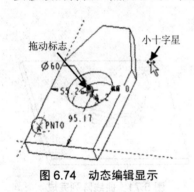
图 6.74　动态编辑显示

6.5　编辑定义

使用"编辑"功能可以修改特征的外形尺寸，但是无法修改特征的截面形状和尺寸关系等。当需要对特征进行较为全面的修改时，可以通过"编辑定义"功能来实现。

"编辑定义"在前面的实例中已多次使用过。为了加深对它的理解，再用一个实例介绍它的使用方法。

具体操作步骤如下。

(1) 打开实例源文件 "board.prt"，如图 6.75 所示。

(2) 在模型树窗口选取"拉伸 1"并右击，在弹出的快捷菜单中执行"编辑定义"命令，系统自动进入特征创建的操控面板状态。

(3) 选择"放置"选项卡，单击"编辑"按钮，系统进入截面绘制界面，如图 6.76 所示。修改截面图形和尺寸如图 6.77 所示。单击"完成"按钮，完成截面的修改。修改拉伸深度为"对称"，单击中键，完成编辑定义，如图 6.78 所示。

> 💡 注意
> 如果要修改其他项目，可以在操控面板上选择相应的选项卡进行修改，如果要修改关系式，可以在编辑截面时执行"工具"|"关系"命令。

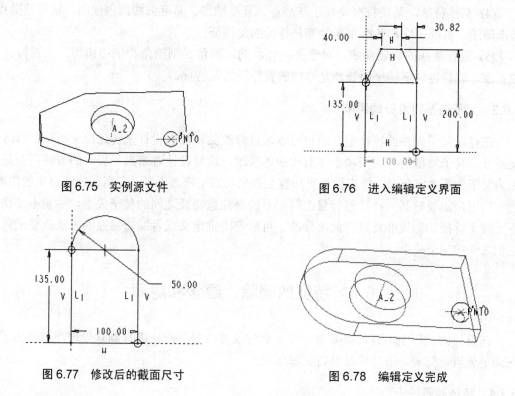

图 6.75 实例源文件　　　　　　　　图 6.76 进入编辑定义界面

图 6.77 修改后的截面尺寸　　　　　　图 6.78 编辑定义完成

6.6 特征的父子关系

在 Pro/ENGINEER 中创建实体模型时，有些特征必须依赖一些基础特征或者基准特征才能建立，如扫描特征的轨迹线、可变截面扫描的原始轨迹线等。另外，某些特征的定位也需要其他特征作为参照。所有这些被依赖或作为参照的特征都被称为特征的父特征，而依赖它们所创建的特征则称为该特征的子特征。它们之间存在着"父子"关系。具有"父子"关系的特征之间存在着一定的关联性，对它们进行特征修改时，必须充分注意到这一点。

6.6.1 存在父子关系的几种情况

父子关系是参数化设计中最强大的功能之一，在整个模型设计中占据了非常重要的地位。父子关系一般存在于下列几种情况之中。

(1) 草绘平面和参照平面。在创建实体模型时，往往需要选择草绘平面和相关的参照面，这些选定的草绘平面和参照面都是这些特征的父特征。

(2) 约束图元。在绘制特征截面时，往往需要进行一些必要的约束，如共线、对齐、共点、平行、垂直等，这些锁定约束的参照图元是所创建特征的父特征。

(3) 尺寸标注参照。在设计的过程中，往往需要标注尺寸来对特征进行定位，这些作为标注尺寸的参照就是这些特征的父特征。

(4) 基准特征。某些特征是基于基准点、基准轴线、基准曲线而创建的，这些基准点、基准轴线、基准曲线和基准平面等都是特征的父特征。

(5) 放置特征的放置参照。对于孔、壳、筋、斜角、倒圆角和倒边角等，放置特征的放置面、放置边、枢轴平面等都是这些放置特征的父特征。

6.6.2 父子关系对设计的影响

在存在父子关系的特征中，用户可以通过修改父特征的设计来传递给子特征，修改了父特征，其子特征的相关子项也跟着相应地修改，这给设计者带来了极大的方便。但是也因为父子关系非常复杂，使得模型更加复杂起来，如果修改不当，会引起特征再生的失败。

当用户需要对某一特征进行修改时，要特别注意特征之间的父子关系，尽量不要伤及下一级子特征。如果非要进行此项修改，可以使用重定义或者编辑参照的方法改变或断开它们之间的父子关系。

6.7 特征的删除、隐含和隐藏

在设计的过程中，有时需要对一些多余的或者错误的特征进行删除处理，有时为了使图面更加清晰简明，需要将某些特征遮蔽起来。

6.7.1 特征的删除

删除特征就是对选定的特征进行删除处理。删除特征的方法有两种，即右击，在弹出的快捷菜单中执行"删除"命令，如图 6.79(a)所示；或者选中要删除的特征，直接按 Delete 键。执行上述操作之后，系统会弹出一个"删除"对话框，由用户确认，如图 6.79(b)所示；如果删除的特征是父特征，则会弹出如图 6.79(c)所示的"删除"对话框。

单击"确定"按钮，整个特征将被删除，如果不需要整个删除，则可单击"选项"按钮，系统弹出"子项处理"窗口，如图 6.80 所示。

(a)   (b)   (c)

图 6.79 "删除"特征

第 6 章　特征的编辑、修改

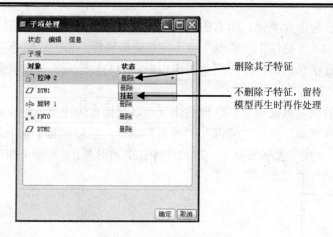

图 6.80 "子项处理"窗口

6.7.2 特征的隐含与隐藏

特征的隐含与隐藏都是控制特征可见性的方法，但它们之间又有区别。隐含是将选定的对象暂时排除在模型之外，如果该对象含有子特征，则所有的子特征都一起被隐含起来。隐藏是将选定的对象遮蔽起来，但该对象仍然存在于模型之中。

隐含的方法很简单，即在模型树窗口中选取需要隐含的特征，右击鼠标，在弹出的快捷菜单中执行"隐含"命令，或者执行"编辑"|"隐含"|"隐含"命令，即可以完成对特征的隐含操作。隐含特征时，系统会给予提示，并且在模型树中该特征的所有子特征将被作为隐含的对象处于被选中状态，窗口中将被隐含的对象也加亮显示，如图 6.81 所示。单击"确定"按钮，所有选中对象将被隐含，如果需要选择性地隐含，则单击"选项"按钮，在弹出的"子项处理"窗口中进行选择。执行"隐含"命令之后，模型树中不再显示被隐含的特征信息。

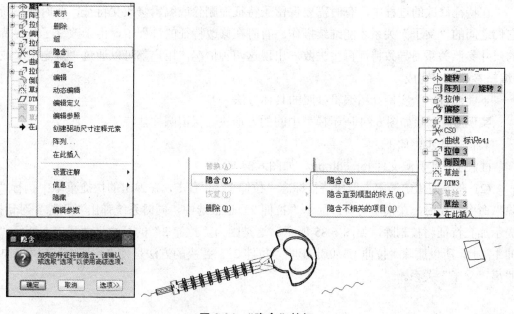

图 6.81 "隐含"特征

隐藏操作方法与隐含类似，即右击鼠标，在弹出的快捷菜单中执行"隐藏"命令，也可以执行"视图"|"可见性"|"隐藏"命令完成隐藏操作，如图 6.82 所示。完成隐藏操作后，被隐藏的特征信息仍然保存在模型树窗口中，只是被隐藏特征以灰色显示，说明该对象被隐藏。

隐藏和隐含的恢复也很简单。隐藏的恢复可以直接在快捷菜单中执行"取消隐藏"命令即可。隐含的恢复则要执行"编辑"|"恢复"命令，然后在其子菜单中选择。如图 6.83 所示，"恢复上一个集"表示恢复上一次隐含操作中的对象，"恢复全部"表示恢复前面所有隐含操作中被隐含的对象。

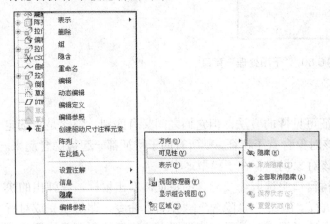

图 6.82　隐藏操作　　　　　　　　　　图 6.83　隐含的恢复

6.8　编辑参照

在特征修改的过程中，有时需要保留子特征而删除或编辑修改父特征，此时必须断开它们之间的"父子"关系才能继续操作。有时在修改特征的过程中，由于改变了与父特征的尺寸参照关系而导致特征再生失败。出现这两种情况，用户都可以通过"重定义"或者"编辑参照"来完成。

下面通过一个实例介绍编辑参照的具体方法。

实例 6：删除如图 6.84 所示模型中间的方形块，保留圆柱体特征。

具体操作步骤如下。

(1) 打开实例源文件 ref_edit.prt，如图 6.84 所示。

(2) 在模型树中选取方形块特征标志"拉伸 1"并右击，在弹出的快捷菜单中执行"删除"命令，此时，在模型树窗口显示"拉伸 2"也被选中，同时系统弹出"删除"对话框，提示加亮特征将被删除，如图 6.85 所示。这是因为"拉伸 2"的草绘平面建立在特征"拉伸 1"上，所以删除"拉伸 1"必定影响"拉伸 2"，解决的方法是使"拉伸 2"与"拉伸 1"脱离"父子"关系。

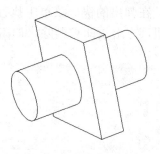

图 6.84 实例 6 模型

图 6.85 "删除"对话框

(3) 在"删除"对话框中单击"取消"按钮，在模型树窗口选取圆柱体特征标志"拉伸 2"并右击，在弹出的快捷菜单中执行"编辑参照"命令，系统弹出"确认"对话框，单击"否"按钮，系统弹出"重定参照"菜单，如图 6.86 所示。此时，"拉伸 2"特征的草绘平面显示蓝色线框，如图 6.87 所示。信息栏提示"选取一个替代草绘平面"，在模型树窗口选取基准平面 FRONT，此时垂直参照平面 RIGHT 平面蓝色线框显示，如图 6.88 所示，信息栏提示"为草绘器选取一个替代垂直参照平面"。选择"相同参照"(不改变垂直参照平面)选项，信息栏又提示"选取一个替代尺寸标注参照"。选择"相同参照"(不改变尺寸标注参照)选项，此时，TOP 平面蓝色线框显示，如图 6.89 所示，信息栏提示"选取一个替代尺寸标注参照"，选择"相同参照"选项，圆柱体即与方形块脱离"父子关系"，如图 6.90 所示。

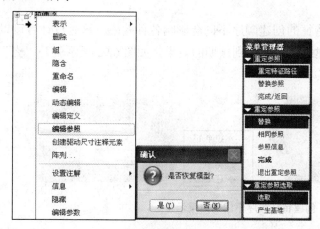

图 6.86 "编辑参照"命令和菜单

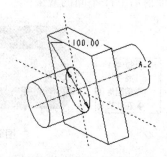

图 6.87 显示子特征的草绘平面

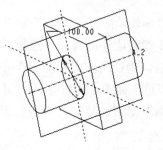

图 6.88 显示子特征的垂直参照

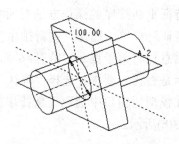

图 6.89 显示子特征的尺寸标注参照

(4) 在模型树窗口选取方形块标志"拉伸1"并右击,在弹出的快捷菜单中执行"删除"命令,在弹出的"删除"对话框中单击"确定"按钮,方形块即被删除,如图6.91所示。

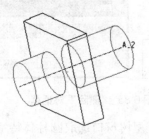

图6.90 编辑参照完成

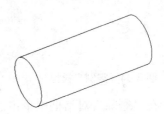

图6.91 删除完成

(5) 保存文件,拭除内存。

> **注意**
> 编辑参照的过程中对于参照的替换要特别注意,一定要找到相应的参照进行替换,如果替换错误,编辑将无法正常进行。

6.9 特征的重新排序

在特征的创建过程中,有时候特征的创建顺序不同会影响各种效果,这时设计者可以通过重新排序的方法调整特征的创建顺序,以达到预期的效果。如图6.92所示就是"壳"特征前后顺序不同的效果。

图6.92 创建特征顺序不同的效果示意

特征的重新排序指的是调整特征的建立顺序,但有"父子"关系的特征之间不允许重新排序。

特征重新排序的操作方法有两种:一种是执行"编辑"|"特征操作"命令,系统弹出"特征"菜单。选择"重新排序"选项,选取需要调整次序的特征,选择"完成"选项,信息栏将给予提示"特征#6 将插到特征#7 之后,确认/取消",设计者可根据图面的显示是否符合要求,选择"确认"或者"取消"即可,如图6.93(a)所示;另一种就是直接在模型树窗口中选取重新排序的特征,按住鼠标左键拖动放置到适当位置即可,如图6.93(b)所示。

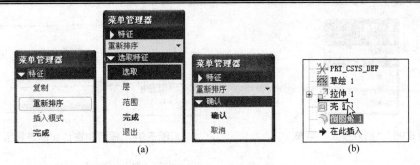

图 6.93 重新排序

6.10 插 入 模 式

插入模式就是在已有的特征之间插入一个新的特征。使用特征插入模式，可以任意地从过去的创建流程中追加特征，改变创建的顺序。它与重新排序的不同点在于插入模式可在建立的过程中任意地添加特征，而重新排序是针对现有的特征作次序上的调整。

使用插入模式通常用于防止特征生成失败的场合。下面通过一个实例介绍插入模式的使用。

实例 7：将图 6.94 所示的模型创建成图 6.95 所示的拔模特征。

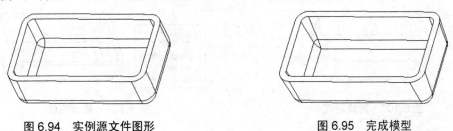

图 6.94 实例源文件图形　　　　　　图 6.95 完成模型

1. 模型分析

图 6.94 所示的模型具有一定的倒圆角特征，而具有倒圆角特征的曲面无法进行拔模处理，所以必须将拔模特征创建于倒圆角特征之前，这时可以利用插入模式在拉伸特征和倒圆角特征之间插入一个拔模特征。

2. 具体操作步骤

(1) 打开实例源文件"insert.prt"，如图 6.94 所示。

(2) 执行"编辑"|"特征操作"命令，系统弹出"特征"菜单，在菜单中选择"插入模式"选项，系统弹出"插入模式"菜单，如图 6.96 所示。选择"激活"选项，信息栏提示 选取在其后插入的特征，在模型树窗口选取"拉伸 1"标志，模型树窗口和图形窗口显示如图 6.97 所示。

(3) 单击"拔模"工具按钮，选取所有直立的曲面为拔模曲面，如图 6.98 所示。单击"拔模枢轴"收集器中的字符，选取上表面为拔模枢轴平面，拖动方向句柄向内，修改拔模角度为 5，如图 6.99 所示。单击中键，完成拔模的创建，如图 6.100 所示。

图 6.96 "插入模式"菜单　　　　图 6.97 模型树窗口和图形显示

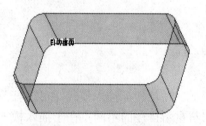　　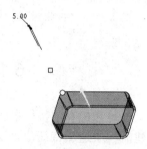

图 6.98 选取拔模曲面　　　　图 6.99 设置拔模角度

(4) 在模型树窗口拖动 ➡在此插入 往下至最后位置,插入模式创建特征完成,模型树窗口和图形窗口显示如图 6.101 所示。

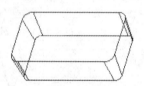　　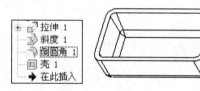

图 6.100 拔模完成　　　　图 6.101 最后完成

(5) 保存文件,拭除内存。

6.11　特征生成失败的解决

先举一个例子,对如图 6.102 所示的模型进行抽壳处理时,由于超出特征参数允许的范围,特征无法完成。所以,单击"预览"按钮 ☑ ∞ 时,系统弹出"故障排除器"对话框,提示故障的项目及原因,如图 6.103 所示。如果不首先单击 ☑ ∞ 按钮,而直接单击"完成"按钮 ☑,则信息栏提示 ⚠壳被中止.几何不能构建.,同时 ☑ 按钮显示为 进入环境来解决失败特征.按钮 ⓘ。单击 进入环境来解决失败特征.按钮 ⓘ,系统弹出"诊断失败"窗口和"求解特征"菜单,如图 6.104 所示。"诊断失败"窗口显示了再生失败的原因,用户可以利用"求解特征"菜单管理器进一步对失败特征进行修正或调查失败的原因。

> 💡注意
> 　　一旦进入"诊断失败"环境,必须使用"求解特征"菜单成功地解决造成特征再生失败的问题后,才能使用其他命令。

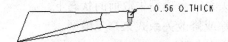

图 6.102 抽壳模型

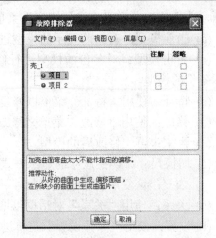

图 6.103 "故障排除器"对话框

图 6.104 "诊断失败"窗口和"求解特征"菜单

"求解特征"菜单各选项含义如下。

① 取消更改：选择"取消更改"选项，可以放弃先前对模型所做的改变，并将模型还原到前一个再生成功的状态。利用此方法可以迅速地离开失败解决环境，但对由于参照边消失造成的特征失败，则无法使用"取消更改"解决模型再生失败的问题(此时这一选项不显示)。用户需要使用"修复模型"或"快速修复"重新定义再生失败特征的尺寸或参照面。

② 调查：使用"调查"选项可以查询导致特征再生失败的原因，并可将模型返回至上一次再生成功的状态，选择"调查"选项后，菜单管理器弹出下一级"检测"菜单，"检测"菜单包括 7 个选项，如图 6.105 所示。

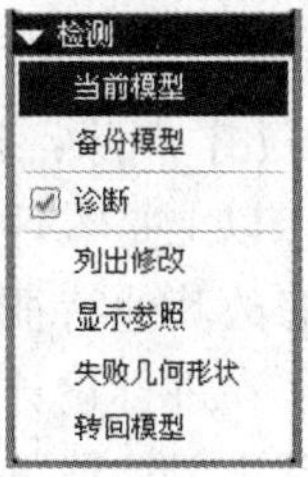

(a) 当前模型：对当前显示的模型进行调查。

(b) 备份模型：对备份的模型进行调查。选择此选项时系统会打开另一个对话框用来显示备份的模型。

(c) 诊断：控制"诊断失败"对话框的显示与否。

(d) 列出修改：显示模型中被修改过的几何尺寸及其相关信息。

(e) 显示参照：显示模型中失败特征的所有参照特征。

(f) 失败几何形状：显示失败特征中无效的几何尺寸，弹出"故障排除器"对话框。

图 6.105 "检测"菜单

(g) 转回模型：将模型返回至失败特征、特征失败前、上一次再生成功的状态或指定的特征。其中将模型返回至失败特征仅限于备份模型上。

③ 修复模型：使用"修复模型"选项可以改变模型中的特征尺寸，以解决模型失败的

问题，选择该选项弹出"修复模型"菜单，如图 6.106 所示。

(a) 当前模型：对当前显示的模型进行修复。

(b) 备份模型：对备份的模型进行修复。选择此选项时系统会打开另一个对话框用来显示备份的模型。

(c) 特征：使用"特征"菜单以修复模型。

(d) 修改：使用"修改"菜单来修改尺寸。

(e) 再生：再生修改后的模型。

(f) 切换尺寸：切换尺寸的显示方式(符号或数值)。

(g) 恢复：恢复所有的改变、尺寸、参数或关系式至模型失败前的状态下。

(h) 关系：使用"关系"对话框以增加、删除或修改关系式来修复模型。

(i) 设置：使用"零件设置"菜单进行零件参数设置。

(j) 剖面：使用"视图管理器"菜单以增加、删除或修改模型的剖截面图。

(k) 程序：进入程序环境。

④ 快速修复：使用"快速修复"选项可以针对失败特征进行快速修复。选择"快速修复"选项，弹出"快速修复"菜单，如图 6.107 所示。

图 6.106 "修复模型"菜单

图 6.107 "快速修复"菜单

(a) 重定义：进入编辑定义状态，对模型进行编辑定义操作。

(b) 重定参照：进入编辑参照状态。

(c) 隐含：将失败特征和所有的子特征隐含起来，只能解决当前的失败状态，但不能彻底解决再生失败的问题。

(d) 删除：删除失败特征与所有相关的特征。

以上是零件创建过程中经常出现的情况，最常用的方法是"取消更改"，重新设置参数或修改其他特征参数。

在进行设计变更的过程中，如果所给的约束条件和设计规范与其他特征发生冲突，也经常出现特征再生失败。归纳起来有如下几种情况。

(1) 所建立的新特征并未与现存的模型连接。

(2) 设计变更时导致其他特征的参照边、参照面或参照线消失。

(3) 打开装配体文件时无法找到包含于其中的零件。

(4) 破坏了尺寸关系式的限制。

遇到以上情况时，系统会自动打开"提示警告"对话框，如图 6.108 所示。提示特征再生失败，并提供了两种选择："接受结果"和"撤销更改"。

下面通过一个实例介绍设计更改时特征再生失败的处理方法。

图 6.108 "提示"对话框

实例 8：将如图 6.109 所示的模型变更设计为如图 6.110 所示的模型。

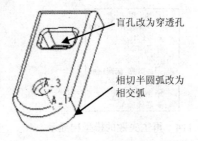

图 6.109 实例源文件　　　　　　　图 6.110 修改后模型

具体操作步骤如下。

(1) 打开实例源文件 "resolve1.prt"，如图 6.109 所示。

(2) 在模型树窗口选取 "伸出项 标识7" 并右击，在弹出的快捷菜单中执行 "编辑定义"命令，在操控面板中选择 "放置" 选项卡，单击 编辑 按钮，进入草绘界面，如图 6.111 所示。先绘制一条圆弧，删除原始圆弧，在删除圆弧时，系统弹出 "警告" 对话框，单击 是(Y) 按钮，如图 6.112 所示。标注圆弧半径为 48，圆弧至上边缘尺寸为 160，如图 6.113 所示。单击 "完成" 按钮 ✓，完成截面的修改。单击中键，完成编辑定义。此时，系统弹出 "提示警告" 对话框，如图 6.108 所示，且模型树窗口中所有再生失败的特征均红色显示，如图 6.114 所示。单击 "确定" 按钮，即选择 "接受结果"。

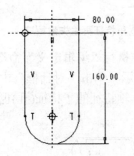

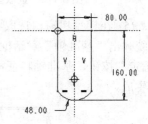

图 6.111 进入编辑界面　　　图 6.112 "警告"对话框　　　图 6.113 修改截面图形

(3) 单击 "再生管理器" 按钮 或执行 "编辑" | "再生管理器" 命令，系统弹出 "再生管理器" 对话框，如图 6.115 所示。该对话框有两个菜单选项，即 "首选项" 和 "信息"，还有一个再生列表区，该列表区显示了再生失败特征的父子项信息和状态。打开 "首选项"菜单，弹出子菜单，包括两个选项，即 "失败处理" 和 "创建备份模型"。失败处理有两个选项，即 "解决模式" 和 "非解决模式"。系统默认为 "非解决模式"。选择 "解决模式"

选项，单击"再生"按钮，系统弹出"诊断失败"对话框和"求解特征"菜单，可以用"修复模型"和"快速修复"的方式修改失败特征。而选择"非解决模式"选项，则需要逐个编辑定义失败特征，解决特征再生失败的问题。后一种方法相对较为简单些，下面使用"非解决模式"解决再生失败特征的问题。

图6.114　再生失败的模型树显示　　　　图6.115　"再生管理器"对话框

(4) 单击"再生管理器"对话框中的"再生"按钮，选取"倒圆角 标识74"，右击，在弹出的快捷菜单中执行"编辑定义"命令，系统弹出"重定义"菜单，选择"参照"选项，再选择"完成"选项，系统弹出"增加/删除边"菜单，选择"添加"选项，系统弹出"边选取"子菜单，选择"单一"选项，选取新创建的弧边，如图6.116所示。选择"完成"选项，倒圆角特征再生失败问题解决，如图6.117所示。

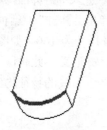
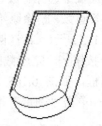

图6.116　选取参照　　　　　　　　图6.117　倒圆角特征再生失败解决

(5) 在模型树窗口选取"A_1"，右击，在弹出的快捷菜单中执行"编辑定义"命令，系统弹出"基准轴"对话框，选取新建的圆弧面，如图6.118所示。单击"对话框"中的"确定"按钮，基准轴特征再生失败问题解决，如图6.119所示。轴特征的子特征(孔)也一并生成。

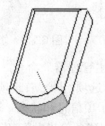

图6.118　选取轴线参照　　　　　　图6.119　基准轴特征再生失败解决

(6) 选取 切剪 标识144 并右击，在弹出的快捷菜单中执行"编辑定义"命令，进入拉伸特征界面。选择"放置"选项卡，单击"编辑"按钮，进入编辑界面，"参照"对话框提示缺少参照，选取弧边作为尺寸参照，修改切剪槽到弧边的尺寸为 102，切剪槽的长宽尺寸分别为 45、26，如图 6.120 所示。单击"完成"按钮 ✓，退出草绘界面。单击中键，切剪槽特征再生失败问题解决，如图 6.121 所示。

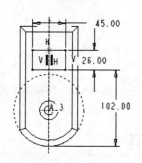

图 6.120　加选尺寸参照和修改尺寸示意

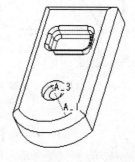

图 6.121　切剪槽特征再生失败问题解决

(7) 修改切剪槽为贯穿槽。在模型树窗口选取 切剪 标识144 并右击，在弹出的快捷菜单中执行"编辑定义"命令，在操控面板中将拉伸深度修改为"穿透"，单击中键，系统再次弹出"提示警告"对话框，模型树窗口显示倒圆角特征再生失败。单击"确定"按钮，在模型树窗口选取 倒圆角 标识202，右击，在弹出的快捷菜中执行"编辑定义"命令，在"重定义"菜单中选择"参照"选项，再选择"完成"选项，在"增加/删除边"菜单中选择"添加"选项，在"边选取"子菜单中选择"链"选项，选取切剪槽的上下两条边链，如图 6.122 所示，选择"完成"选项，再选择"完成"选项，倒圆角特征再生失败问题解决，如图 6.123 所示。

图 6.122　选取倒圆角边链

图 6.123　倒圆角特征再生失败问题解决

(8) 保存文件，拭除内存。

> 注意
>
> 在上例中的第一步修改圆弧时，如果设计者在"编辑定义"的过程中不删除弧线，而用另一段弧线替换此弧线，就不会出现再生特征失败的问题。具体操作方法如下：绘制一条新的弧线，如图 6.124 所示。执行"编辑"|"替换"命令，按提示先选取被替换曲线(即外侧圆弧线)，再选取要替换的曲线(新绘制的曲线)，弹出"替换图元"对话框，单击"是"按钮，单击"完成"按钮 ✓，完成编辑定义，再单击鼠标中键，完成操作，特征再生成功，如图 6.125 所示。这样就可以免除修改特征再生失败的麻烦。

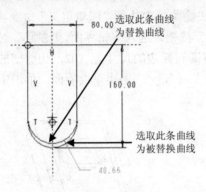
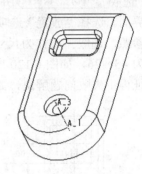

图 6.124　替换　　　　　　　　　图 6.125　特征再生图形

6.12　综合实例

综合实例：创建如图 6.126 所示的喷淋头。

1. 模型分析

该喷淋头杆体可由边界曲面和填充曲面创建，喷头部分的水孔可用填充阵列完成，喷头的旋盖部分可用旋转实体和扫描切口加轴阵列完成。

2. 具体操作步骤

(1) 新建一个零件文件，输入名称"plt"，取消选中"使用缺省模板"复选框，选择 mmns_part_solid 模板，单击"确定"按钮，进入零件设计界面。

(2) 创建边界曲线 1。单击"草绘"按钮，选取 TOP 平面为草绘平面，设置 RIGHT 平面正方向向右为视图参照，单击"草绘"按钮，进入草绘界面，绘制如图 6.127 所示的截面。单击"完成"按钮，退出草绘界面。按住快捷键 Ctrl+D，视图标准方向显示，如图 6.128 所示。

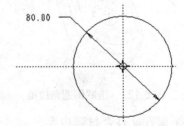

图 6.126　喷淋头模型　　　　　　　图 6.127　边界曲线 1 截面尺寸

(3) 创建边界曲线 2。单击"基准平面"按钮，选取 RIGHT 平面为参照平面，拖动句柄向左，输入偏移距离 200，单击"确定"按钮，完成基准平面创建，如图 6.129 所示。单击"草绘"按钮，选取刚创建的基准平面为草绘平面，接受系统默认的视图方向和视图参照，单击"草绘"按钮，进入草绘界面。绘制如图 6.130 所示截面。单击"完成"按钮，退出草绘界面。按住快捷键 Ctrl+D，视图标准方向显示，如图 6.131 所示。

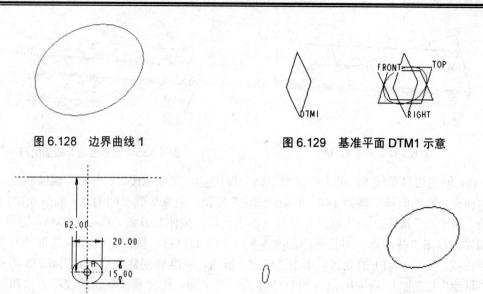

图 6.128 边界曲线 1

图 6.129 基准平面 DTM1 示意

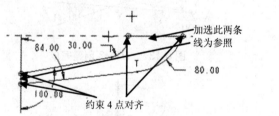

图 6.130 边界曲线 2 截面尺寸

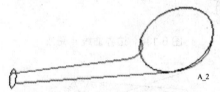

图 6.131 边界曲线 2 完成

(4) 创建边界曲线 3。单击"草绘"按钮，选取 FRONT 平面为草绘平面，接受系统默认的视图方向和视图参照，单击"草绘"按钮，进入草绘界面，加选边界曲线 1 和 2 为尺寸参照，绘制如图 6.132 所示的截面，约束曲线的端点与边界曲线 1 和边界曲线 2 共点。单击"完成"按钮，退出草绘界面。按住快捷键 Ctrl+D，视图标准方向显示，如图 6.133 所示。

图 6.132 边界曲线 3 截面尺寸

图 6.133 边界曲线 3 完成

> **注意**
>
> 此处约束一定要到位，否则边界曲面无法建立。

(5) 创建边界曲线 4。单击"基准平面"按钮，选取边界曲线 3 之上曲线弧线与直线的交点，按住 Ctrl 键，选取边界曲线 3 下曲线弧线与直线的交点，再按住 Ctrl 键，选取 FRONT 平面，单击"确定"按钮，完成基准平面的创建，如图 6.134 所示。单击"草绘"按钮，选取刚创建的 DTM2 为草绘平面，接受系统默认的视图方向和视图参照，单击"草绘"按钮，进入草绘界面。加选边界曲线 3 的两段弧线为参照，绘制一个圆，约束圆周与弧线共点，截面如图 6.135 所示。单击"完成"按钮，退出草绘界面。按住 Ctrl+D 组合键，视图标准方向显示，如图 6.136 所示。

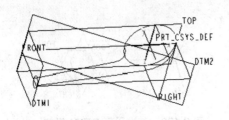
图6.134 创建DTM2

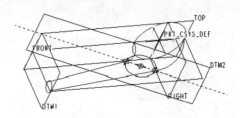
图6.135 边界曲面4截面图形

(6) 创建边界曲线5。单击"基准平面"按钮，选取RIGHT平面为偏移参照，拖动句柄向左，输入偏移距离为140，单击"确定"按钮，完成基准平面创建，如图6.137所示。单击"基准点"按钮，选取边界曲线3的上曲线，按住Ctrl键，选取DTM3，完成PNT0的创建。单击"基准点"对话框中的 新点，选取DTM3，按住Ctrl键，选取边界曲线3的下曲线，完成PNT1的创建，单击"确定"按钮，基准点创建完成，如图6.138所示。单击"草绘"按钮，选取刚创建的DTM3为草绘平面，接受系统默认的视图方向和视图参照，单击"草绘"按钮，进入草绘界面。加选PNT0和PNT1为参照，绘制一个椭圆，约束短轴端点与PNT0和PNT1分别共点，截面如图6.139所示。单击"完成"按钮，退出草绘界面。按住Ctrl+D组合键，视图标准方向显示，如图6.140所示。

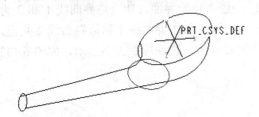
图6.136 边界曲线4完成

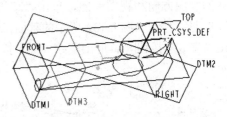
图6.137 DTM3创建完成

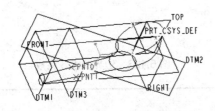
图6.138 创建基准点

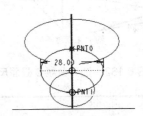
图6.139 边界曲线5尺寸

(7) 创建边界曲面。执行"插入"|"边界混合"命令，选取边界曲线3为第一方向曲线，如图6.141所示。单击"第二方向链收集器"中字符，依次选取边界曲线1、4、5、2为第二方向曲线，如图6.142所示。单击中键，完成边界曲面的创建，如图6.143所示。

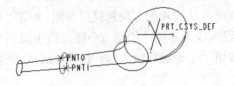
图6.140 边界曲线5完成

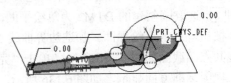
图6.141 选取第一方向曲线示意

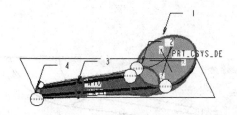
图6.142 选取第二方向曲线

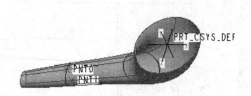
图6.143 边界曲面完成

(8) 封闭曲面两端面。执行"编辑"|"填充"命令,选取边界曲线1,单击中键,完成曲面上端面的封闭,如图6.144所示。再执行"编辑"|"填充"命令,选取边界曲线2,单击中键,完成曲面左端面的封闭,如图6.145所示。

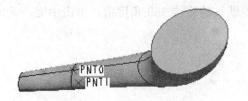
图6.144 封闭上端面

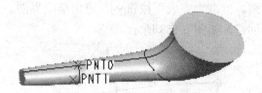
图6.145 封闭左端面

(9) 隐藏基准点和基准曲线。在模型树窗口选取基准点标志和基准曲线标志,右击,在弹出的快捷菜单中执行"隐藏"命令,基准点和基准曲线隐藏完成,如图6.146所示。

(10) 合并所有曲面。选取主体杆曲面,按住Ctrl键,选取上封闭曲面,再选取左封闭曲面,如图6.147所示。单击"合并"按钮，单击中键,完成曲面合并,如图6.148所示。

图6.146 隐藏基准点和基准曲线

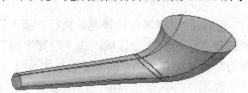
图6.147 选取合并曲面

(11) 将曲面实体化。选取刚合并的曲面,执行"编辑"|"实体化"命令,单击中键,完成曲面实体化,如图6.149所示。

图6.148 曲面合并完成

图6.149 曲面实体化完成

(12) 拉伸接口部分。单击"拉伸"按钮，定义左端面为草绘平面,接受系统默认的视图方向和视图参照,单击"草绘"按钮,进入草绘界面。绘制一个圆,尺寸如图6.150所示。单击"完成"按钮，退出草绘界面。单击"反向"按钮，令拉伸方向反向,输入拉伸深度为14,单击中键,确认输入,单击中键,完成创建,如图6.151所示。

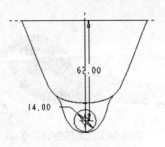
图 6.150 拉伸截面尺寸

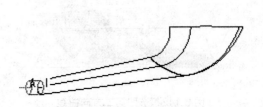
图 6.151 拉伸完成

(13) 创建喷头部分。单击"旋转"按钮，定义 FRONT 平面为草绘平面，接受系统默认的视图方向和视图参照，单击"草绘"按钮，进入草绘界面。绘制如图 6.152 所示截面。单击"完成"按钮，退出草绘界面。接受默认的旋转 360 角度值，单击中键，完成创建，如图 6.153 所示。

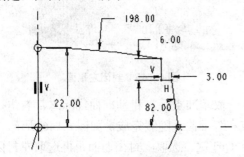
图 6.152 旋转截面尺寸

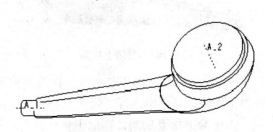
图 6.153 旋转完成

(14) 创建旋钮切口外观。执行"插入"|"扫描"|"切口"命令，在"扫描轨迹"菜单中选择"草绘轨迹"选项，在"设置平面"子菜单中选择"平面"选项，选取 FRONT 平面为草绘平面，在"方向"子菜单中选择"确定"选项，在"草绘视图"子菜单中选择"缺省"选项，进入草绘界面。绘制如图 6.154 所示轨迹线。单击"完成"按钮，退出草绘界面。在"属性"菜单中选择"自由端"选项，选择"完成"选项，进入扫描截面绘制界面。绘制如图 6.155 所示截面。单击"完成"按钮，退出草绘界面。在"方向"菜单中选择"确定"选项，单击"对话框"中的"确定"按钮，完成创建，如图 6.156 所示。

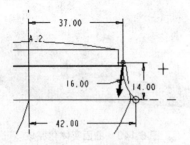
图 6.154 扫描轨迹尺寸

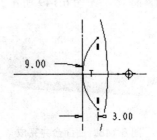
图 6.155 扫描截面尺寸

(15) 阵列扫描切口。选取扫描切口特征，执行"编辑"|"阵列"命令，在操控面板中单击 尺寸 右边的下三角按钮，选择"轴"选项，选取轴线 A2，输入角度间隔为 15，阵列成员数为 24，单击中键，完成阵列，如图 6.157 所示。

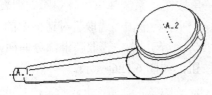
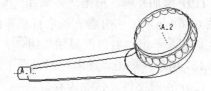

图 6.156 扫描切口完成　　　　　　图 6.157 轴阵列完成

(16) 创建壳体。单击"壳"按钮 ，选取左端拉伸表面为去除材料表面，输入厚度值为 2，单击中键，完成壳特征，如图 6.158 所示。

(17) 拉伸喷淋孔。单击"拉伸"按钮 ，定义 TOP 平面为草绘平面，接受系统默认的视图方向和视图参照，单击"草绘"按钮，进入草绘界面。绘制一个圆，修改直径为 1，如图 6.159 所示。单击"完成"按钮 ，退出草绘界面。单击"移除材料"按钮 ，设置深度值为"穿透"，单击中键，完成孔创建，如图 6.160 所示。

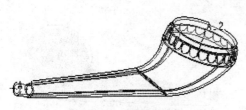
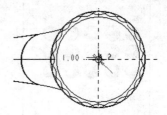

图 6.158 壳特征完成　　　　　　图 6.159 孔截面尺寸

(18) 阵列喷淋孔。选取刚创建的孔，执行"编辑"|"阵列"命令，在操控面板中单击 尺寸 右边的下三角按钮，选择"填充"选项，选择"参照"选项卡，定义 TOP 平面为草绘平面，接受系统默认的视图方向和视图参照，单击"草绘"按钮，进入草绘界面。绘制一个圆，尺寸如图 6.161 所示。单击"完成"按钮 ，退出草绘界面。设置阵列排列方式为"圆形"阵列，设置周向间隔为 3，径向间隔为 3，如图 6.162 所示。单击中键，完成阵列，如图 6.163 所示。

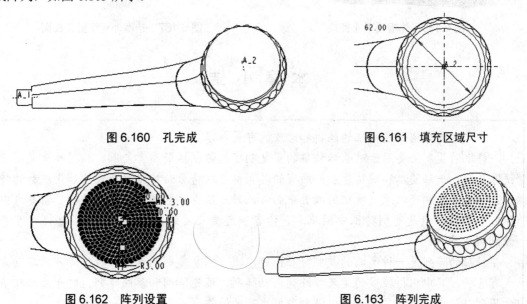

图 6.160 孔完成　　　　　　图 6.161 填充区域尺寸

图 6.162 阵列设置　　　　　　图 6.163 阵列完成

(19) 增加外观。单击"外观库" ⬤ 右边的下三角按钮,系统弹出"外观库"列表框,如图 6.164 所示。单击⬤,选取杆部曲面,如图 6.165 所示。单击"选取"对话框中的"确定"按钮,单击"着色"显示按钮 ▯,如图 6.166 所示。单击⬤,选取喷淋部分曲面,如图 6.167 所示。单击"选取"对话框中的"确定"按钮,如图 6.126 所示。

(20) 保存文件,拭除内存。

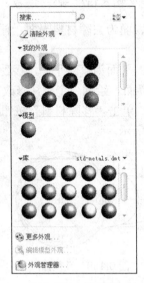

图 6.164　外观库

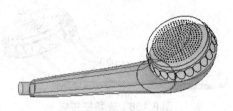

图 6.165　选取外观设置 1 曲面

图 6.166　外观设置 1 完成

图 6.167　选取外观设置 2 曲面

本 章 小 结

本章主要介绍的是特征的编辑和修改的有关内容。

特征的复制主要用于对原始特征的重复创建,它包括新参考复制、相同参考复制、镜像复制、平移复制和旋转复制。所有的复制都可以将原始特征改变尺寸后变成新的特征。新参考复制可以改变特征的放置平面,此时一定要注意相应的参照替换。新参考中相应参照的替换是复制特征中的难点,读者一定要反复练习,加深理解,这样才可能做到得心应手。

特征的阵列是一种高效的复制特征,可以减少重复复制的麻烦。特征阵列的驱动方式有 8 种,其中用得较多的是尺寸阵列、轴阵列、填充阵列和参照阵列。对于应用较多的阵列,读者应该反复练习,以达到熟能生巧的境界。

编辑和编辑定义都是用于修改特征的，但它们之间有区别。编辑的功能仅限于修改特征的外形尺寸，而编辑定义就较为全面，既可修改外形尺寸，又可修改截面轮廓和有关设置。

特征的父子关系是一个很重要的概念，在 Pro/ENGINEER 的参数化设计中起着十分重要的作用。读者要充分理解父子特征的概念，弄清楚父子特征产生的场合，根据具体情况确定是否需要使用父子特征，以使设计工作的效率提高。

编辑参照的实质就是调整父子特征的关系，其难点就是找出替换参照的位置，读者要反复练习，从实践中提高。

重新排序与插入特征是设计中经常用到的方法，用起来很简单，但能解决实际问题。

特征再生失败的解决方法是本章的重点内容，也是难点内容。其难点主要是替换参照的选定。

通过本章的学习，读者若能掌握本章所介绍的相关知识和技巧，其设计能力将会有很大的提高。

思考与练习

一、填空题(将正确答案填在题中的横线上)

1. 一旦进入"诊断失败"环境，必须使用"＿＿＿＿"菜单成功地解决造成特征再生失败的问题后，才能使用其他命令。

2. 修改尺寸完成之后，一定要执行"＿＿＿＿"命令，修改才能成功。

3. 在 Pro/ENGINEER 中创建实体模型时，有些特征必须依赖一些基础特征或者基准特征才能建立。所有这些被依赖或作为参照的特征都被称为特征的＿＿＿＿，而依赖它们所创建的特征则称为该特征的＿＿＿＿。它们之间存在着"＿＿＿＿"关系和＿＿＿＿。

4. 一般来说，面对"规则性重复"的造型且数量较多时，使用"＿＿＿＿"功能是最佳的选择。

5. 使用插入模式通常用于＿＿＿＿的场合。

二、判断题(正确的在括号内填入"T"，错误的填入"F")

1. 特征的隐藏与隐含具有相同的意义。   （ ）
2. 要删除具有子特征的父特征，必须对其子特征编辑参照，使其脱离父子关系。
                                                                （ ）
3. 编辑和编辑定义都是用于修改特征的，它们之间没有什么区别，既可修改外形尺寸，也可修改截面轮廓和有关设置。   （ ）
4. 有"父子"关系的特征之间可以允许重新排序。   （ ）
5. "编辑参照"与"新参考"特征复制的参照替换相同。   （ ）
6. 对已有阵列特征进行删除处理时，可以执行"删除"命令，其原始特征也不会被删除。   （ ）

三、选择题(将唯一正确答案的代号填入题中的括号内)

1. 对一特征进行修改后再生失败，最常见的原因是( )。
   A．修改时破坏特征之间的父子关系　　B．修改时尺寸关系不对
   C．修改时使用了非常规方法　　　　　D．修改时位置关系不对
2. 在创建特征时，( )因素不会对特征构成父子关系。
   A．草绘平面　　　　　　　　　　　　B．视图参照平面
   C．尺寸参照平面　　　　　　　　　　D．基准平面
3. 复制特征中的新参考复制，其实质是将新特征与原特征之间的( )进行改变。
   A．子特征　　　B．父特征　　　C．拉伸特征　　　D．旋转特征
4. "新参考"复制特征的关键就是要找对相应的( )。
   A．视图参照　　B．特征模型　　C．替换参照　　　D．草绘截面
5. 具有倒圆角特征的曲面无法进行拔模处理，所以必须将拔模特征创建于倒圆角特征之( )。
   A．后　　　　　B．前　　　　　C．上　　　　　　D．下

四、问答题

1. 特征隐藏和隐含有什么区别？
2. 父子关系一般存在于哪几种情况中？
3. 简述特征插入模式与重新排序的不同。

五、练习题

1. 将图 6.168 所示的图形修改成图 6.169 所示的图形，解决再生失败问题(打开文件"jjsx.prt")。

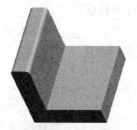
图 6.168　原图形

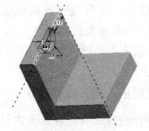
图 6.169　修改后的图形

2. 将图 6.170 所示的图形通过复制变换成图 6.171 所示的图形(打开文件"fzsl.prt")。

图 6.170　原图形

图 6.171　变换后的图形

3. 完成第 5 章 "fati.prt" 实例文件的所有光孔和螺孔的创建。具体尺寸如图图 6.172～图 6.174 所示。

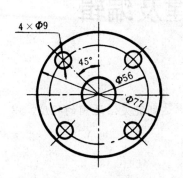 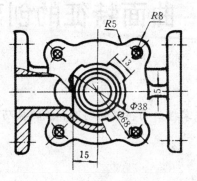 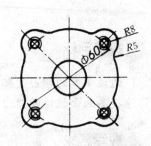

图 6.172　右法兰孔的尺寸　　图 6.173　上法兰螺孔的尺寸　　图 6.174　下法兰螺孔的尺寸

第 7 章 曲面特征的创建及编辑

教学目标

通过本章的学习,熟练掌握曲面特征的创建和编辑技巧,达到能灵活运用的程度,以迅速提高曲面设计的能力。

教学要求

能力目标	知识要点	权重	自测分数
掌握曲面合并的创建方法	曲面的相交合并与连接合并、合并曲面保留方向的设置	15%	
掌握曲面修剪的创建方法	曲面修剪、曲线修剪、薄修剪以及剪切方向的设置	20%	
掌握曲面延伸的创建方法	沿曲面延伸、延伸到曲面、相同延伸、相切延伸、逼近延伸以及延伸距离的设置	20%	
掌握曲面偏移的创建方法	标准偏移、拔模偏移、展开偏移和替换偏移	20%	
了解其他高级曲面的创建方法	圆锥曲面和曲面片、曲面间混合、将截面混合到曲面、将切面混合到曲面等	25%	

引例

图 7.1 所示为一足球模型。该模型用一般的实体特征创建有较大的困难,所以它是以曲面造型为主的创建的模型。

曲面造型在实体造型中起着十分重要的作用,对于一些难以用基础特征构建或者用基础特征构建较为麻烦的复杂外形实体,用曲面造型可以达到异曲同工的效果。

在前面的章节里介绍的基础特征命令中都具有创建曲面的功能,这里不再赘述。本章重点介绍曲面的编辑和一些高级曲面的创建功能。其中包括曲面合并、曲面修剪、曲面延伸、曲面偏移、曲面加厚、曲面实体化等曲面编辑功能以及圆锥曲面和 N 侧曲面片、将截面混合到曲面、曲面间混合、曲面自由形状等高级曲面功能。

图 7.1 引例模型

7.1 曲面合并

曲面合并就是将已有的两个曲面通过合并处理整合成一个曲面。曲面合并是曲面造型中使用频率最高的方法之一。

下面通过一个实例介绍曲面合并的具体方法。

实例 1：创建如图 7.2 所示的曲面。

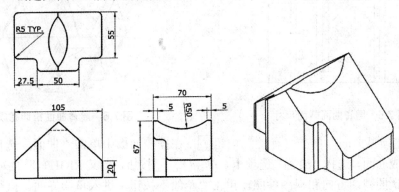

图 7.2 实例图形示意

1. 模型分析

该曲面由一个柱体曲面、一个三角曲面和一个旋转曲面组合而成，有两个曲面可通过拉伸曲面特征完成，另一曲面通过旋转，然后将其合并成一个曲面。

2. 具体操作步骤

(1) 新建一个零件，命名为"merge.prt"，取消选中"使用缺省模板"复选框，使用 mmns_part.solid 模板，单击"确定"按钮，进入零件设计界面。

(2) 创建柱体曲面。单击"拉伸"工具按钮 ，在操控面板中单击"曲面"选项按钮 ，确认拉伸生成曲面，选择"放置"选项卡，单击 定义... 按钮，定义 TOP 平面为草绘平面，接受系统默认的视图方向和视图参照，单击"草绘"按钮，进入草绘界面。绘制一条通过 RIGHT 平面的垂直中心线，绘制如图 7.3 所示截面图形。单击"完成"按钮 ，完成截面的绘制，退出草绘界面。设置拉伸深度为 70，选择"选项"选项卡，选中"封闭端"复选框，单击中键，完成曲面的创建，如图 7.4 所示。

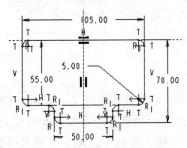

图 7.3 拉伸曲面截面尺寸

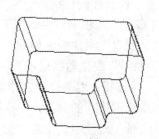

图 7.4 曲面拉伸完成

(3) 创建屋脊曲面。单击"拉伸"工具按钮 ◻，在操控面板中单击"曲面"选项按钮 ◻，确认拉伸生成曲面，选择"放置"选项卡，单击 定义... 按钮，定义柱体曲面的前侧平面为草绘平面，接受系统默认的视图方向和视图参照，单击"草绘"按钮，进入草绘界面。执行"草绘"|"参照"命令，加选柱体曲面的两侧边缘为尺寸参照，绘制如图 7.5 所示截面。单击"完成"按钮 ✓，完成截面的绘制，退出草绘界面。设置拉伸深度为"拉伸到选定曲面" ◻，选取草绘平面的对侧面，单击中键，完成拉伸圆弧曲面的创建，如图 7.6 所示。

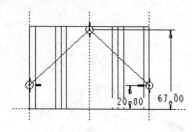

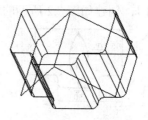

图 7.5　屋脊曲面截面尺寸　　　　　图 7.6　屋脊曲面拉伸完成

(4) 创建顶弧曲面。单击"旋转"按钮 ◻，在操控面板中单击"曲面"选项按钮 ◻，确认旋转生成曲面，选择"放置"选项卡，单击 定义... 按钮，定义 RIGHT 平面为草绘平面，接受系统默认的视图方向和视图参照，单击"草绘"按钮，进入草绘界面。执行"草绘"|"参照"命令，加选方形曲面的上缘尺寸参照，绘制如图 7.7 所示截面，单击"完成"按钮 ✓，完成截面的绘制，退出草绘界面。设置旋转角度为"对称"，输入角度值"180"，单击中键，完成曲面的创建，如图 7.8 所示。

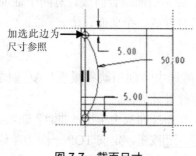

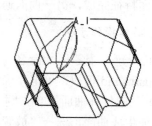

图 7.7　截面尺寸　　　　　图 7.8　圆弧曲面完成

(5) 合并柱体曲面和屋脊曲面。单击"过滤器"右边的 ▾ 按钮，在下拉列表中选择"面组"选项，选取柱体曲面，按住 Ctrl 键，选取屋脊曲面，如图 7.9 所示，执行"编辑"|"合并"命令，或者单击"合并"工具按钮 ◻，系统弹出"合并"操控面板。

"合并"操控面板包括两个主要选项卡，即"参照"和"选项"选项卡。

① "参照"选项卡：主要用于设置和显示合并面组的信息。选择"参照"选项卡，系统弹出"参照"下滑面板，如图 7.10 所示。

(a) "面组"收集器：显示合并曲面或面组的信息。

(b) 交换按钮：用来设置合并面组之间的合并顺序。交换按钮有 3 个，如图 7.10 所示。在收集器中选取排前的面组，下移按钮被激活，选取排后的面组，上移的两个按钮被激活。

② "选项"选项卡：主要用来设置合并的类型。选择"选项"选项卡，系统弹出"选项"下滑面板，如图 7.11 所示。该面板包括两个单选按钮，即"相交"和"连接"。

第 7 章 曲面特征的创建及编辑

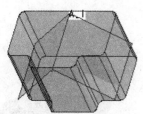

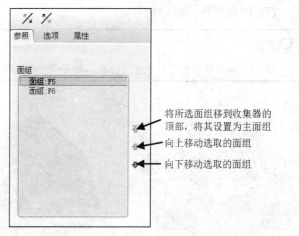

图 7.9 选取合并曲面　　　　图 7.10 "合并"操控面板和"参照"下滑面板

(a) 相交：合并两个相交面组，并且可以通过指定附加面组的方向选择保留的曲面部分。系统默认设置为此选项。

(b) 连接：合并两相邻曲面，并且一个曲面的一侧必须在另一曲面的上面。

> **提示**
> 通常情况下，系统会根据所选合并面组的情况自行判断是相交合并还是连接合并，不需进行选择。

③ ：用于选择附加面组的取舍方向，单击此按钮，可以通过窗口显示选择保留曲面部分。

(a) "改变要保留的第一面组的侧"按钮：单击此按钮，可以改变第一面组的合并保留部分(一般情况下认定为主面组)。

(b) "改变要保留的第二面组的侧"按钮：单击此按钮，可以改变第二面组的合并保留部分。

续步骤(5)，接受系统默认的"求交"选项，窗口显示如图 7.12 所示。箭头所示方向为保留曲面侧的方向，如果难以直接清晰判定方向是否正确，可以单击"预览"工具按钮，观察效果，如图 7.13 所示。若符合设计者的要求，则双击中键，确定合并完成，若保留侧方向不符合设计者的要求，则单击"退出暂停模式"按钮，返回重新设置保留侧方向，直到符合设计者要求为止。本例预览效果符合要求，双击中键，完成合并。

　　　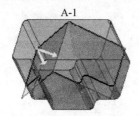　　　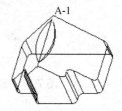

图 7.11 "选项"下滑面板　　图 7.12 合并曲面 1 中保留侧方向　　图 7.13 预览效果

(6) 将柱体曲面与旋转曲面合并。选取合并后的柱体曲面，按住 **Ctrl** 键选取旋转曲面，执行"编辑"|"合并"命令，显示如图 7.14 所示。单击"改变要保留的第一面组的侧"按钮，显示如图 7.15 所示。单击中键，完成合并，如图 7.16 所示。

(7) 保存文件，拭除内存。

> 注意
> 如果所选面组具有连接合并的特征，则可以一次选取两个以上的连接面组进行合并。

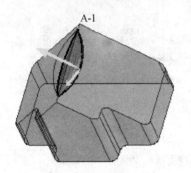

图 7.14 "相交"合并显示

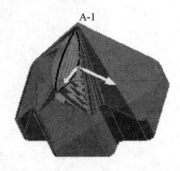

图 7.15 改变要保留的第一面组的侧

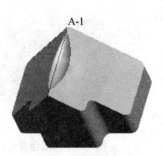

图 7.16 合并完成

7.2 曲面修剪

曲面修剪是利用曲面上的曲线、与曲面相交的另一曲面或基准平面对本体曲面进行剪切或分割的操作。本体面组称为修剪的面组，用作修剪的曲线、曲面或基准平面称为修剪对象。

修剪曲面的方法比较多，大致可分为两种主要方式，一种方式是利用"去除材料"特征工具对曲面进行去除材料剪切；另一种方式是利用"修剪"工具沿着曲面上的曲线或与之相交的面组或基准平面对曲面进行裁剪或分割。

利用"去除材料"特征工具对曲面进行修剪就是利用基础特征中的"曲面修剪"或"薄曲面修剪"功能来修剪曲面，这一功能的运用将通过实例进行串讲，下面主要介绍利用"修剪"工具修剪曲面的方法。

实例2：将图 7.17 所示的曲面修剪成图 7.18 所示的曲面。

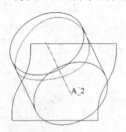

图 7.17 源文件曲面

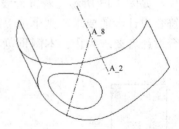

图 7.18 修剪完成曲面

1. 模型分析

由源文件图形曲面修剪成图 7.18 所示的曲面需经过拉伸修剪，剪出圆孔，再通过曲面修剪，剪去曲面以下部分，通过曲线修剪，剪去曲线以上部分，然后通过基准平面修剪，剪去后部半圆。

2. 具体操作步骤

（1）打开源文件"trim.prt"，如图7.17所示。

（2）切剪圆形孔。单击"拉伸"工具按钮，在操控面板中单击"曲面"选项按钮，在操控面板中单击"去除材料"工具按钮，选择"放置"选项卡，单击 定义 按钮，定义RIGHT平面为草绘平面，设置TOP平面指向顶部为视图参照，单击"草绘"按钮，进入草绘界面。绘制一个圆，修改尺寸如图7.19所示。单击"完成"按钮，完成截面的绘制，退出草绘界面。设置拉伸深度为 ，单击 面组 选取1 中的字符，选取圆柱曲面，图形显示如图7.20所示，两个箭头分别指示去除材料方向和拉伸方向。单击中键，完成修剪，如图7.21所示。

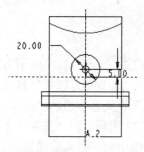
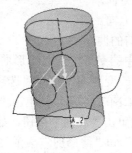
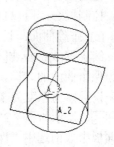

图 7.19　圆孔截面尺寸　　　图 7.20　拉伸深度方向和材料去除方向　　　图 7.21　圆形孔切剪完成

> **提示**
> 其余基础特征的曲面修剪方法，如旋转、混合、扫描混合、可变截面扫描等都与此方法类似，读者可以自行尝试。

（3）用曲面修剪曲面以下部分。选取圆柱曲面，执行"编辑"|"修剪"命令，或单击"修剪"工具按钮，系统弹出"修剪"操控面板。

"修剪"操控面板包括两个选项卡，即"参照"和"选项"选项卡。

①"参照"选项卡：主要用于设置被修剪的曲面和用作修剪对象的元素(曲线、曲面或基准平面)，并显示选取的信息。选择"参照"选项卡，系统弹出"参照"下滑面板，如图7.22所示。其中包括两个收集器：即"修剪的面组"和"修剪对象"。

(a) 修剪的面组：要被修剪的曲面或面组，一般在执行命令前已经选取。

(b) 修剪对象：用作修剪曲面的对象，可以是曲线、曲面或基准平面。单击收集器中的字符，激活收集器，即选取对象。此收集器与主操控面板中的收集器功能相同。

②"选项"选项卡：用于设置修剪的方式，包括两个复选框、一个"薄修剪"下拉列表框和一个"排除曲面"收集器。选择"选项"选项卡，系统弹出"选项"下滑面板，如图7.23所示。

(a) 保留修剪曲面：曲面修剪后，仍然保留作为修剪对象的曲面，此选项只有选曲面为修剪对象时才起作用，且为系统默认选项。

(b) 薄修剪：将修剪对象沿着指定方向加厚，再对曲面进行修剪。加厚的方式有3种，即垂直于曲面、自动拟合和控制拟合，选中"薄修剪"复选框，此下拉列表框才被激活。

垂直于曲面：从修剪曲面的法向方向偏移曲面进行修剪操作。

图 7.22 "修剪"操控面板和"参照"下滑面板　　　　图 7.23 "选项"下滑面板

自动拟合：系统自动确定拟合方向。

控制拟合：用户自行确定偏移方向。

(c) 排除曲面：设置禁止薄修剪的曲面。

续步骤(3)：单击 中的字符，选取弧形曲面，如图 7.24 所示。箭头所示方向为保留曲面的方向，单击箭头可改变方向。选择"选项"选项卡，选中"薄修剪"复选框，设置修剪厚度为 3，图形显示如图 7.25 所示。单击"修剪对象"收集器右边的"反向"按钮，显示如图 7.26 所示。再次单击"反向"按钮，显示如图 7.27 所示。在"选项"下滑面板中取消选中"保留修剪曲面"和"薄修剪"两个复选框，单击中键，完成曲面修剪，如图 7.28 所示。

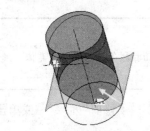　　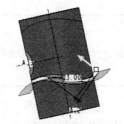　　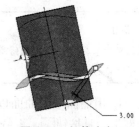

图 7.24 保留曲面侧方向显示　　图 7.25 薄修剪示意图　　图 7.26 切换方向 1

> 说明
> 通常情况下，第一次设置的箭头方向为向上长厚，单击"反向"按钮，则向下长厚，第二次单击"反向"按钮，则定义为双向长厚，再次单击，则又返回到向上长厚。

(4) 用曲线修剪曲线以上部分。选取圆柱曲面，执行"编辑"|"修剪"命令，单击 中的字符，选取投影曲线，如图 7.29 所示。单击箭头，令保留曲面侧反向，如图 7.30 所示。单击中键，完成修剪，如图 7.31 所示。

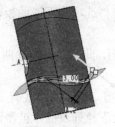　　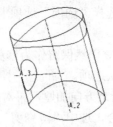　　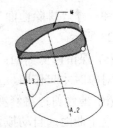

图 7.27 切换方向 2　　　　图 7.28 曲面修剪完成　　　　图 7.29 选取修剪曲线

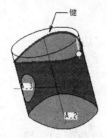
图 7.30 反向箭头

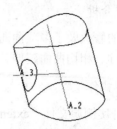
图 7.31 曲线切剪完成

(5) 用基准平面修剪前边部分。选取剩下的曲面，执行"编辑"|"修剪"命令，单击 选取1个项目 中的字符，在模型树窗口选取 RIGHT 平面，显示如图 7.32 所示。单击箭头令其保留曲面方向反向，单击中键，完成修剪，如图 7.33 所示。

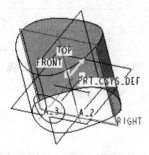
图 7.32 基准平面修剪

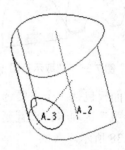
图 7.33 修剪完成

(6) 隐藏曲线。在模型树窗口选取 投影1 并右击，在弹出的快捷菜单中执行"隐藏"命令，投影曲线即被隐藏，如图 7.18 所示。

(7) 保存文件，拭除内存。

7.3 曲面延伸

在曲面设计中，有时会碰到曲面覆盖面积不够大，或者需要改变方向，此时需要延伸曲面。延伸曲面可以使曲面的延伸部分保持原来的形状，也可以使曲面的延伸部分变成所需要的形状。曲面延伸在模具设计创建分型面中起着十分重要的作用。

曲面延伸有两种方式，一种沿曲面延伸，一种为延伸到平面。下面通过一个实例介绍曲面延伸的具体方法。

实例 3：将图 7.34 所示的曲面修改成图 7.35 所示的曲面。

图 7.34 实例源文件曲面

图 7.35 修改完成曲面

1. 模型分析

该曲面的修改做了多项曲面延伸的工作，其中包括沿选定边延伸、垂直于选定边延伸、相同曲面延伸、相切曲面延伸、延伸到选定平面等。下面将逐一介绍这些延伸的方法。

2. 具体操作步骤

(1) 打开实例源文件"extend.prt"，如图 7.34 所示。

(2) 以相切曲面延伸右边边缘。单击曲面，再单击要延伸曲面的边缘，此时所选边缘变成红色，如图 7.36 所示。

(3) 执行"编辑"|"延伸"命令，系统弹出"延伸"操控面板，如图 7.37 所示。

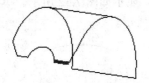

图 7.36 选取示意图

图 7.37 "延伸"操控面板

该操控面板包括 3 个主要选项卡，即"参照"、"量度"和"选项"。

① "参照"选项卡：设置延伸的边链参照，单击"参照"按钮，显示"参照"下滑面板，如图 7.38 所示。

② "量度"选项卡：设置延伸的参数，包括距离、距离类型、边、参照和位置等。单击"量度"按钮，显示如图 7.39 所示的下滑面板。

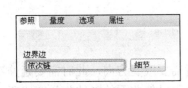

图 7.38 "参照"下滑面板

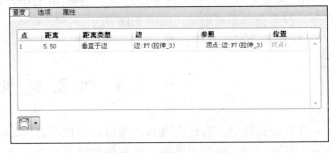

图 7.39 "量度"下滑面板

(a) 距离：通过数值确定延伸的距离。

(b) 距离类型：设置延伸距离的确定方式，包括垂直于边、沿边、至顶点平行和至顶点相切 4 种。

垂直于边：测量延伸点到延伸参照边的垂直距离。

沿边：沿测量边测量延伸距离，测量方式与垂直于边基本一致。

至顶点平行：在顶点处开始延伸边，并平行于边界边。

至顶点相切：在顶点处开始延伸边，并与下一单侧边相切。

(c) ▣：测量参照曲面中的延伸距离。

(d) ▣：测量选定平面中的延伸距离。

③ "选项"选项卡：设置延伸的创建内容，包括方法、拉伸第一侧和拉伸第二侧 3 种。单击"选项"按钮，显示"选项"下滑面板，如图 7.40 所示。

(a) 方法：设置延伸的创建方式，包括相同、相切和逼近 3 种类型。

相同：创建与原曲面相同类型的延伸曲面，延伸后曲面与原曲面无交线。

相切：创建与原曲面相切的直纹曲面，延伸后曲面与原曲面有交线。

逼近：创建原始曲面的边界边与延伸的边之间的边界混合。该选项常用于将曲面延伸至不在一条直线上的顶点。

(b) 拉伸第一侧：设置拉伸侧的类型，包括"沿着"和"垂直于"两种。"拉伸第二侧"与之相同。

④ ：沿原始曲面延伸曲面。

⑤ ：将曲面延伸到参照平面。

续步骤(3)：单击"选项"按钮，在下滑面板中的"方法"下拉列表中选择"相切"选项，在"拉伸第一侧"选择"沿着"选项，在"拉伸第二侧"选择"垂直于"选项，如图 7.41 所示。双击延伸数值，修改值为 40，如图 7.42 所示。单击中键，完成延伸，如图 7.43 所示。

图 7.40　"选项"下滑面板

图 7.41　选项设置

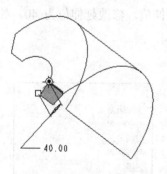

图 7.42　延伸值修改

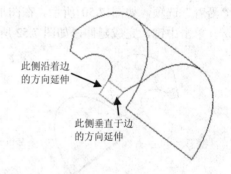

图 7.43　延伸 1 完成

(4) 以相切曲面延伸左边边缘。单击曲面，再单击要延伸曲面的边缘，如图 7.44 所示。执行"编辑"|"延伸"命令，单击"量度"按钮，在下滑面板空白处右击鼠标，执行"添加"命令，在第二点的"位置"栏单击数值，修改数值为 1，在第一点"距离类型"栏单击，在下拉列表中选择测距类型为"垂直于边"，在"距离"栏中单击数值，将其修改为 30。在第二点"距离类型"栏中单击，在下拉列表中选择距离类型为"沿边"，在"距离"栏中单击数值，将其修改为 20，如图 7.45 所示。单击"选项"按钮，在下滑面板中的"方法"下拉列表中选择"相切"选项，在"拉伸第一侧"下拉列表中选择"沿着"选项，在"拉伸第二侧"下拉列表中选择"垂直于"选项，如图 7.46 所示。窗口图形显示如图 7.47 所示。单击中键，完成延伸，显示如图 7.48 所示。

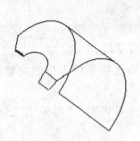 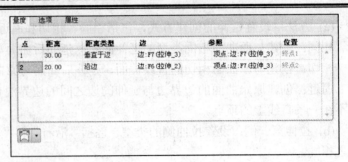

图 7.44　选取延伸边缘　　　　　图 7.45　设置"量度"选项

 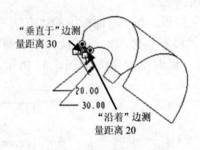 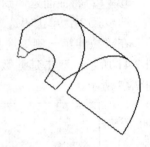

图 7.46　设置"选项"选项　　图 7.47　设置后的图形显示　　图 7.48　延伸 2 完成

(5) 以相同曲面延伸下边缘。单击曲面,再单击要延伸曲面的下边缘,如图 7.49 所示。执行"编辑"|"延伸"命令,单击"选项"按钮,在"方法"下拉列表中选择"相同"选项,在"拉伸第一侧"下拉列表中选择"垂直于"选项,在"拉伸第二侧"下拉列表中选择"沿着"选项,如图 7.50 所示。在图形窗口单击延伸值,修改延伸值为 40,如图 7.51 所示。单击中键,完成延伸,如图 7.52 所示。

图 7.49　选取延伸边缘　　　　　　　图 7.50　选项设置

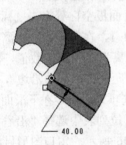 

图 7.51　设置延伸距离　　　　　　　图 7.52　延伸 3 完成

第 7 章 曲面特征的创建及编辑

(6) 将下边缘延伸到曲面。选取曲面，单击下边缘，如图 7.53 所示。执行"编辑"|"延伸"命令，在操控面板中单击"沿曲面延伸到参照平面"按钮，打开基准平面显示，单击参照平面收集器中的字符，激活参照平面选取，选取 TOP 平面为参照平面，关闭基准平面显示，图形显示如图 7.54 所示。单击中键，完成延伸到曲面的创建，如图 7.55 所示。单击按钮，选择 RIGHT 选项，如图 7.56 所示。

图 7.53 选取延伸边缘

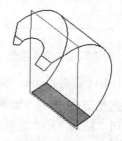

图 7.54 设置后的显示

图 7.55 延伸到曲面完成

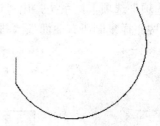

图 7.56 RIGHT 方向显示

> 注意
>
> 观察相切曲面延伸与相同曲面延伸的区别，垂直于边延伸与沿边延伸的区别以及沿边测量距离与垂直于边测量距离的区别。

7.4 曲面的复制与粘贴

复制曲面是将已有的曲面或者实体表面通过复制的方式创建一个新的曲面。

复制曲面有两种粘贴方式，一种是"粘贴"，另一种是"选择性粘贴"。"粘贴"是将复制的曲面直接粘贴在曲面或曲面上的某一区域内(草绘区域或选取区域)，不再进行其他转换操作；"选择性粘贴"是将复制的曲面进行平移或旋转等转换操作。

下面通过实例介绍曲面的复制与粘贴或选择性粘贴的具体方法。

7.4.1 粘贴

实例 4：将图 7.57 所示的模型表面复制成 7.58 所示曲面。

具体操作步骤如下。

(1) 打开实例源文件"qmfz.prt"，如图 7.57 所示。

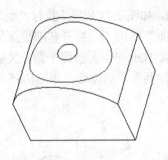
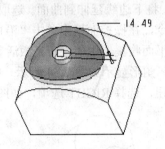

图 7.57 实例 4 模型　　　　　　　　　　图 7.58 完成模型

(2) 单击实体弧形表面，再次单击实体弧形表面(第一次单击选择的是实体特征，第二次单击选择的是曲面几何)，如图 7.59 所示。执行"编辑"|"复制"命令，或单击"复制"按钮，此时"粘贴"和"选择性粘贴"按钮被激活，单击"粘贴"按钮，系统弹出"粘贴"操控面板，如图 7.60 所示。该操控面板有两个主要选项卡："参照"和"选项"。"参照"选项卡主要用来设置和更换复制参照。"选项"选项卡主要用来设置产生曲面的类型，选择"选项"选项卡，系统弹出"选项"下滑面板，如图 7.61 所示。该选项卡有 3 个单选按钮："按原样复制所有曲面"、"排除曲面并填充孔"和"复制内部边界"。

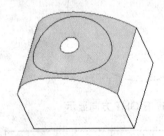
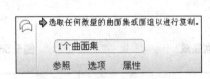
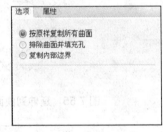

图 7.59 选取复制表面　　　图 7.60 "粘贴"操控面板　　　图 7.61 "选项"下滑面板

① "按原样复制所有曲面"单选按钮：精确复制原始曲面。此为系统默认选项。

② "排除曲面并填充孔"单选按钮：有选择的复制曲面，并在曲面内填充孔。选择此项，"填充孔/曲面"收集器被激活。

③ "复制内部边界"单选按钮：仅复制位于边界内的曲面，选择此项，面板中显示"边界曲线"选项。

续步骤(2)：选择"选项"选项卡，接受系统默认的选项，单击中键，完成复制，如图 7.62 所示。执行"编辑"|"偏移"命令，显示如图 7.63 所示。单击"撤销"按钮，返回。

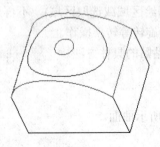
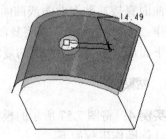

图 7.62 "按原样复制所有曲面"完成　　　　图 7.63 检验曲面

(3) 在模型树窗口选取刚复制的曲面并右击，在弹出的快捷菜单中执行"编辑定义"命令，返回曲面复制界面。选择"选项"选项卡，选中"排除曲面并填充孔"单选按钮，选取孔边界，如图 7.64 所示。单击中键，完成填充孔复制，执行"编辑"|"偏移"命令，如图 7.65 所示。单击"撤销"按钮返回。

(4) 在模型树窗口选取刚复制的曲面并右击，执行"编辑定义"命令，返回曲面复制界面。选择"选项"选项卡，选中"复制内部边界"单选按钮，选取投影曲线，如图 7.66 所示。单击中键，完成内部边界曲面复制。执行"编辑"|"偏移"命令，如图 7.58 所示。单击"撤销"按钮返回。

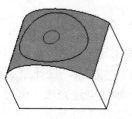 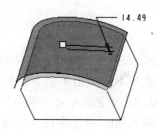 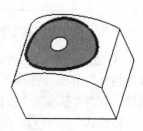

图 7.64　填充孔示意　　　图 7.65　检验复制曲面　　　图 7.66　选取复制边界

(5) 保存副本，输入名称"qmfz_ok"。

7.4.2　选择性粘贴

沿用上一实例源文件。

具体操作步骤如下。

(1) 选取复制的曲面并右击，在弹出的快捷菜单中执行"删除"命令。

(2) 选取实体表面几何，单击"复制"按钮，单击"粘贴"按钮，接受系统默认的设置，单击中键，完成复制。

(3) 选取刚复制的曲面几何(不能直接从模型树中选取)，单击"复制"按钮，单击"选择性粘贴"按钮，系统弹出"选择性粘贴"操控面板，如图 7.67 所示。该操控面板含有 3 个主要选项卡，即"参照"、"变换"和"选项"。

① "参照"选项卡：主要用来列出要移动或旋转的曲面、曲线、轴线等，可以删除或添加。

② "变换"选项卡：主要用来设置变换的类型及参数。选择"变换"选项卡，系统弹出"变换"下滑面板，如图 7.68 所示。该下滑面板含有一个移动列表、一个变换类型下拉列表、一个方向参照收集器和一个数值输入框。方向参照收集器和输入框与操控面板中的方向参照收集器和输入框意义相同。变换类型系统默认为"移动"。

图 7.67　"选择性粘贴"操控面板　　　图 7.68　"变换"下滑面板

③ "选项"选项卡：用来设置是否隐藏原始几何。"选项"下滑面板如图 7.69 所示。

续步骤(3)：单击"方向收集器"中的字符，选取前侧平面为移动参照，如图 7.70 所示。在输入框中输入 50，单击中键，完成平移，如图 7.71 所示。

 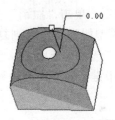

图 7.69　选项下滑面板　　　　　　图 7.70　选取平移参照

(4) 选取刚移动的曲面并右击，在弹出的快捷菜单中执行"编辑定义"命令，返回"选择性粘贴"界面。选择"变换"选项卡，单击类型下拉列表右边的 按钮，选择"旋转"选项，单击"基准轴"按钮 ，单击孔表面，单击"确定"按钮，轴线创建完成。单击"退出暂停模式"按钮 ，在输入框输入 90，单击中键，完成旋转，如图 7.72 所示。

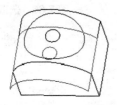 

图 7.71　平移复制完成　　　　　　图 7.72　旋转复制完成

> 💡 注意
>
> 在选取曲面时，要先单击曲面使其变成红色线框，然后移动鼠标至曲面之上，曲面显示变蓝色，然后再单击曲面，即可选中，此时，曲面变成红色。

7.5　曲面偏移

曲面偏移是指将选定的曲面或实体按指定的方向和距离进行偏移，通过偏移可以获得一个新的曲面，也可改变原来的形状，具体可分为标准偏移、拔模偏移、展开偏移、替换偏移等。

下面通过一个实例介绍创建曲面的具体方法。

实例 5：创建图 7.73 所示的香皂盒模型。

图 7.73　香皂盒模型

1. 模型分析

该香皂盒是在原香皂盒的壳体上偏距生成一个底座，然后在盒的边缘偏距生成一个字样。下面具体介绍其创建过程。

2. 具体操作步骤

(1) 打开实例源文件"xiangzaohe.prt"，如图 7.74 所示。

(2) 在模型树窗口选取 ⊞ 阵列1 / 拉伸2 并右击，执行"隐含"命令，如图 7.75 所示。

(3) 选取底部曲面，如图 7.76 所示，执行"编辑"|"偏移"命令，系统弹出"偏移"操控面板，如图 7.77 所示。

  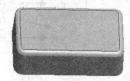

图 7.74 实例源文件　　　　　图 7.75 隐含后显示　　　　　图 7.76 选取偏移曲面

该操控面板共包括有一个"偏移类型"下拉列表框，两个主要选项卡，即"参照"和"选项"选项卡，还有一个输入框和一个"特殊处理"收集器。

① "参照"选项卡：主要用来设置偏移参照，并显示其信息。选择"参照"选项卡，打开"参照"下滑面板，如图 7.77 所示。

图 7.77 "偏移"操控面板

② "标准偏移"按钮：将选定的一个曲面按指定的方向和距离进行偏移，从而获得一个新的独立曲面。

③ "拔模偏移"按钮：在一个选定的实体草绘面上创建一个封闭面组，使其按指定的方向、距离和拔模斜度偏移。

④ "展开偏移"按钮：将一个或多个曲面按指定的方向和距离进行偏移，从而获得一个新的连续曲面。

⑤ "替换偏移"按钮：将实体上的一个曲面或面组用另一个实体上的曲面或面组替换实现偏移。此功能只有在实体上的曲面才能实现。

⑥ "选项"选项卡：主要用来设置偏移曲面的有关选项，偏移的类型不同，选项的内容也不尽一致，如图 7.78～图 7.81 所示。

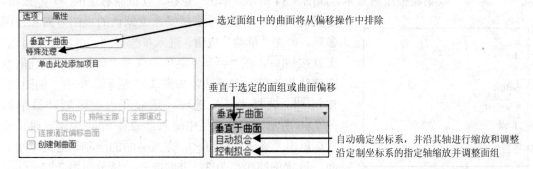

图 7.78 "标准偏移"选项下滑面板

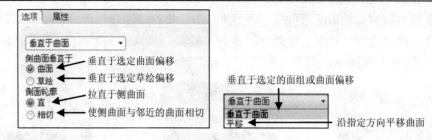

图 7.79 "拔模偏移"选项下滑面板

图 7.80 "展开偏移"下滑面板

图 7.81 "替换偏移"下滑面板

(4) 单击"标准偏移"按钮 ，选择"选项"选项卡，选择"垂直于曲面"选项，取消选中"创建侧曲面"复选框，单击"预览"按钮 ，显示如图 7.82 所示。单击"退出暂停模式"按钮 ，返回偏移设置界面，在"选项"下滑面板中，选中"创建侧曲面"复选框，单击"预览"按钮 ，显示如图 7.83 所示。单击"退出暂停模式"按钮 ，返回偏移设置界面。

图 7.82 无侧曲面示意

图 7.83 "标准偏移"中"创建侧曲面"示意

(5) 创建环形底座。单击"展开偏移"按钮 ，选择"选项"选项卡，在"偏移方向"下拉列表框中选择"垂直于曲面"选项，在"展开区域"中选中"草绘区域"单选按钮，此时，"草绘"收集器被激活显示，如图 7.84 所示。单击"草绘"收集器右边的 按钮，定义底平面为草绘平面，接受系统默认的视图方向和视图参照，单击"草绘"按钮，进入草绘界面。单击"使用边"工具按钮 ，在"类型"菜单中选择"环"选项，选取倒圆角边作为使用参照边，如图 7.85 所示。单击"偏距边"按钮 ，选择"环"选项，选取环内部区域，显示如图 7.86 所示，在信息栏中输入"-2"，单击中键，确认输入。单击"完成"按钮 ，完成截面的绘制，退出草绘界面。设置偏移距离为 3，方向向外，显示如图 7.87 所示。单击中键，完成偏移，如图 7.88 所示。

图 7.84 "草绘区域"选项示意

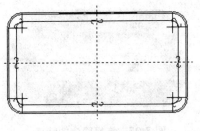
图 7.85 使用边示意

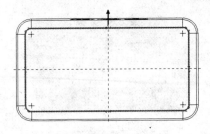
图 7.86 偏距边示意

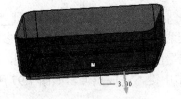
图 7.87 设置偏移值

图 7.88 完成偏移

(6) 创建字体。选取含有字符的表面，如图 7.89 所示，执行"编辑"|"偏移"命令，单击"拔模偏移"按钮，单击"选项"按钮，选择偏移方式为"垂直于曲面"，在"侧曲面垂直于"中选中"草绘"单选按钮，在"侧面轮廓"中选中"相切"单选按钮，如图 7.90 所示。选择"参照"选项卡，单击"草绘"收集器右边的 按钮，定义 FRONT 平面为草绘平面，接受系统默认的视图方向和视图参照，单击"草绘"按钮，进入草绘界面。单击"使用边"工具按钮，在"类型"菜单中选择"环"选项，选取"香皂盒"字符，如图 7.91 所示。单击"完成"按钮，完成截面的绘制，退出草绘界面。设置偏移厚度为 2，拔模角度为 0，如图 7.92 所示。单击中键，完成偏移，如图 7.93 所示。单击"着色显示"按钮，显示如图 7.94 所示。

(7) 恢复隐含的阵列特征。执行"编辑"|"恢复"|"恢复上一集"命令，显示如图 7.95 所示。

(8) 保存文件，拭除内存。

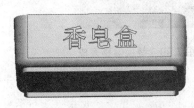
图 7.89 选取偏移曲面

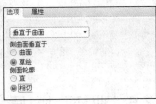
图 7.90 选项设置

图 7.91 "使用边"选取字符

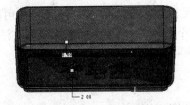
图 7.92 设置偏移厚度和拔模角度

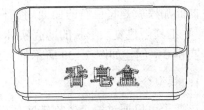
图 7.93 偏移完成

图 7.94　着色显示效果

图 7.95　恢复隐含的特征

下面再沿用上例介绍替换偏移的创建方法。具体操作步骤如下。

(1) 打开上例完成的文件，单击"拉伸"工具按钮，单击"曲面"选项按钮，确认拉伸生成曲面，定义 FRONT 平面为草绘平面，接受系统默认的视图方向和视图参照，进入草绘界面，绘制如图 7.96 所示的截面。单击"完成"按钮，完成截面的绘制，退出草绘界面。设置拉伸深度为"对称"，深度值为 70，单击中键，完成拉伸，如图 7.97 所示。

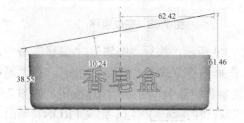
图 7.96　拉伸曲面截面

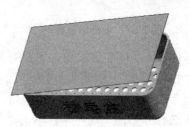
图 7.97　拉伸曲面完成

(2) 选择肥皂盒上边缘曲面，执行"编辑"|"偏移"命令，单击"替换偏移"选项按钮，单击"替换曲面"收集器中的字符，选取拉伸曲面，显示如图 7.98 所示。单击中键，完成替换偏移的创建，如图 7.99 所示。

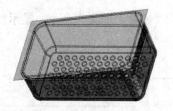
图 7.98　选取替换曲面

图 7.99　替换偏移完成

7.6　曲面加厚

曲面加厚就是将已有的曲面用加材料的方式将其长厚转换成薄壳实体。通常可以利用"加厚"工具创建复杂形状的薄壳实体。下面通过一个实例介绍曲面加厚的具体方法。

实例 6：创建如图 7.100 所示的实体。

1. 模型分析

该瓶子可以通过一个"旋转实体"特征，然后使用"壳"特征，瓶口倒圆角完成。但由于底部的几个圆角较为复杂，给"壳"特征带来了一些难度，用一个旋转曲面通过曲面加厚功能将简单一些。

2. 具体操作步骤

(1) 新建一个零件文件，输入名称为"jiahou"，取消选中"使用缺省模板"复选框，选择 mmns_part_solid 模板，单击"确定"按钮，进入零件设计界面。

(2) 创建旋转曲面。单击"旋转"工具按钮，单击"曲面"选项按钮，定义 FRONT 平面为草绘平面，接受系统默认的视图方向和视图参照，单击"草绘"按钮，进入草绘界面。绘制一条垂直中心线，然后绘制如图 7.101 所示的截面，图 7.102 所示为局部放大图。单击"继续当前操作"按钮，完成截面的绘制，退出草绘界面。接受系统旋转 360°的设置，单击中键，完成旋转曲面的创建，如图 7.103 所示。

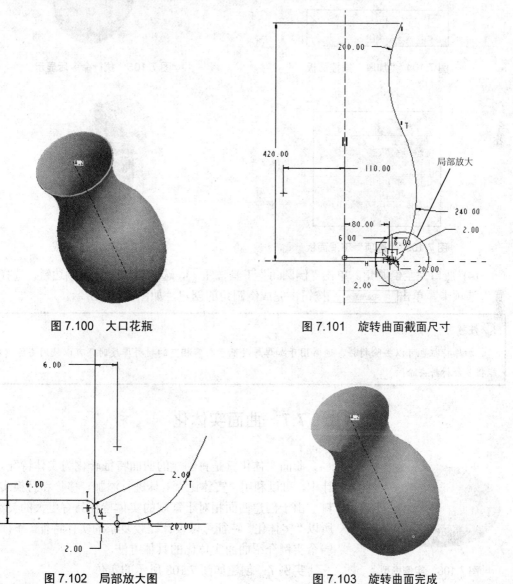

图 7.100　大口花瓶　　　　图 7.101　旋转曲面截面尺寸

图 7.102　局部放大图　　　　图 7.103　旋转曲面完成

(3) 曲面加厚。选取旋转曲面，执行"编辑"|"加厚"命令，系统弹出"加厚"操控面板，如图 7.104 所示。图形中显示箭头指示材料加厚方向，单击箭头可令其反向，如图 7.105 所示。选择"选项"选项卡，系统弹出"选项"下滑面板，如图 7.106 所示。在"选项"下滑面板中可以设置材料加厚的方式，其方式有 3 种，即"垂直于曲面"、"自动拟合"和"控制拟合"。其含义与"偏移"的相关选项相同。接受系统指示的加厚方向，修改加厚值为 4，单击中键，完成加厚的创建，如图 7.107 所示。

图 7.104 "加厚"操控面板

图 7.105 执行命令后显示

图 7.106 "选项"下滑面板

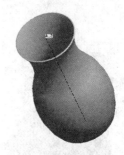

图 7.107 加厚完成

(4) 瓶口完全倒圆角。单击"倒圆角"工具按钮，选取瓶口两条对侧边链，选择"设置"选项卡，单击 完全倒圆角 按钮，完成倒圆角的创建，如图 7.100 所示。

> **注意**
> 加厚特征也可以去除材料，通常用于加厚厚度低于与其相交的材料厚度时，可以使用去除材料功能将多余材料去除。

7.7 曲面实体化

图 7.108 实例模型

曲面实体化就是将创建的曲面特征转化为实体特征。在设计中，可以利用"实体化"工具进行添加、移除和替换实体材料。由于创建曲面相对于常规的实体特征具有更大的灵活性，所以"实体化"特征可以设计比较复杂的实体特征。下面通过一个实例介绍曲面实体化的具体方法。

实例 7：创建如图 7.108 所示的实体。

1. 模型分析

该模型可以用拉伸实体特征完成主体设计，通过创建一个曲面，应用实体化去除材料挖一个顶部的凹坑，最后进行工程处理，就可以完成实体创建。

2. 具体操作步骤

(1) 新建一个零件文件，输入名称为"gai"，取消选中"使用缺省模板"复选框，选择 mmns_part_solid 模板，单击"确定"按钮，进入零件设计界面。

(2) 创建主体实体。单击"拉伸"工具按钮，定义 TOP 平面为草绘平面，接受系统默认的视图方向和视图参照，单击"草绘"按钮，进入草绘界面。绘制一个椭圆，尺寸如图 7.109 所示。单击"完成"按钮，完成截面的绘制，退出草绘界面。设置拉伸深度为 50，单击中键，完成拉伸实体的创建，如图 7.110 所示。

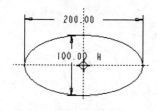

图 7.109 拉伸截面尺寸

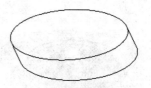

图 7.110 拉伸实体完成

(3) 创建顶部切割曲面。单击"拉伸"工具按钮，单击"曲面"选项按钮，确认生成曲面，选择"放置"选项卡，定义 FRONT 平面为草绘平面，接受系统默认的视图方向和视图参照，单击"草绘"按钮，进入草绘界面。绘制一个圆弧，尺寸如图 7.111 所示。单击"完成"按钮，完成截面的绘制，退出草绘界面。设置拉伸深度为"对称"，拉伸深度值为 160，单击中键，完成拉伸曲面的创建，如图 7.112 所示。

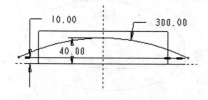

图 7.111 拉伸曲面截面尺寸

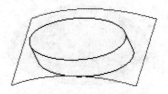

图 7.112 拉伸曲面完成

(4) 创建凹坑曲面。单击"旋转"工具按钮，单击"曲面"选项按钮，确认生成曲面。选择"放置"选项卡，定义"使用先前的"为草绘平面，进入草绘界面，绘制如图 7.113 所示的截面。单击"完成"按钮，完成截面的绘制，退出草绘界面。设置旋转角度为 360°，单击中键，完成旋转曲面的创建，如图 7.114 所示。

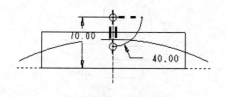

图 7.113 旋转曲面截面尺寸

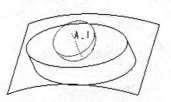

图 7.114 旋转曲面完成

(5) 切割弧形顶面。选取弧形曲面，执行"编辑"|"实体化"命令，系统弹出"实体化"操控面板，如图 7.115 所示，图形显示如图 7.116 所示。单击"去除材料"选项按钮，图形显示如图 7.117 所示。箭头所示方向为材料切除方向。单击箭头或单击"反向"按钮，可调整切除材料方向。接受系统指示的切除材料方向，单击中键，完成实体化的创建，如图 7.118 所示。

图 7.115 "实体化"操控面板

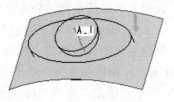

图 7.116 执行命令后显示

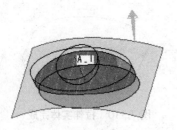

图 7.117 选择"去除材料"后显示

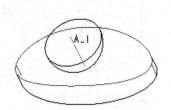

图 7.118 弧形顶部形成

(6) 切割顶部凹坑。选取旋转曲面，执行"编辑"|"实体化"命令，单击"去除材料"选项按钮，图形显示如图 7.119 所示。接受系统指示的切除材料方向，单击中键，完成实体化操作，如图 7.120 所示。

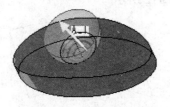

图 7.119 执行命令后显示

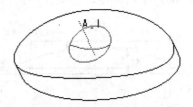

图 7.120 凹坑创建完成

(7) 倒圆角。单击"倒圆角"工具按钮，选取弧形顶部边链，设置倒角半径为 10，选择"集"选项卡，单击"新建集"字符，选取凹坑边链，设置倒角半径为 20，如图 7.121 所示。单击中键，完成倒圆角的创建，如图 7.122 所示。

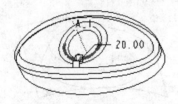

图 7.121 选取倒圆角边链

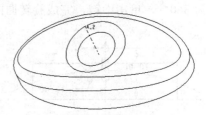

图 7.122 倒圆角完成

(8) 创建壳特征。单击"壳"工具按钮，选取实体底面为去除材料表面，设置壳厚度为 2，如图 7.123 所示。单击中键，完成实体的创建，如图 7.108 所示。

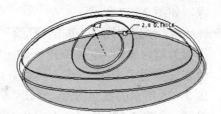

图 7.123 设置壳特征参数

(9) 保存文件，拭除内存。

7.8 圆锥曲面和 N 侧曲面片

圆锥曲面是由两条边界曲线和一条肩曲线或者相切曲线作为边界的混合曲面，它与边界混合曲面有点类似，不同的是，必须定义一条肩曲线或者相切曲线。

N 侧曲面片是由 5 条以上的空间曲线作为边界组成的边界混合曲面。

7.8.1 圆锥曲面

下面通过一个实例介绍圆锥曲面的创建方法。

实例 8：创建如图 7.124 所示的圆锥曲面。

具体操作步骤如下。

(1) 新建一个零件文件，输入名称为"surface_conic.prt"，取消选中"使用缺省模板"复选框，选择 mmns_part_solid 模板，单击"确定"按钮，进入零件设计界面。

(2) 创建边界曲线 1。单击"草绘"工具按钮，定义 TOP 平面为草绘平面，接受系统默认的视图方向和视图参照，单击"草绘"按钮，进入草绘界面。用样条线工具绘制如图 7.125 所示的截面图形。单击"完成"按钮，完成曲线的绘制，如图 7.126 所示，退出草绘界面。

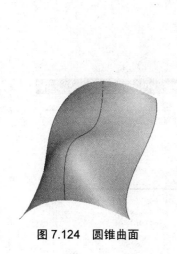

图 7.124 圆锥曲面

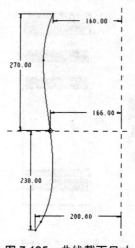

图 7.125 曲线截面尺寸

图 7.126 边界曲线 1 完成

(3) 创建边界曲线 2。选取曲线 1，执行"编辑"|"镜像"命令，选取 RIGHT 平面为镜像参照平面，单击中键，完成镜像，如图 7.127 所示。

(4) 创建曲线 3。单击"草绘"工具按钮，定义 RIGHT 平面为草绘平面，定义 TOP 平面正方向指向顶部为视图参照，单击"草绘"按钮，进入草绘界面。用样条线工具绘制如图 7.128 所示的截面图形。单击"完成"按钮，完成曲线的绘制，如图 7.129 所示，退出草绘界面。

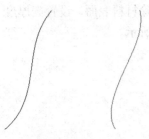

图 7.127　边界曲线 2 完成

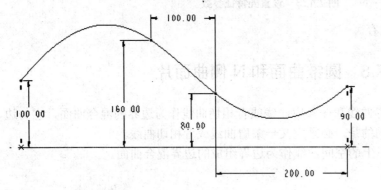

图 7.128　曲线 3 截面尺寸　　　　　　　图 7.129　曲线 3 完成

(5) 执行"插入"|"高级"|"圆锥曲面和 N 侧曲面片"命令，系统弹出"边界选项"菜单，如图 7.130(a)所示。在菜单中选择"圆锥曲面"选项，"边界选项"菜单中的次级选项被激活，如图 7.130(b)所示，选择"肩曲线"选项，选择"完成"选项，系统弹出"曲线选项"菜单和"曲面：圆锥，肩曲线"对话框，如图 7.130(c)和图 7.130(d)所示。单击选取两条曲线作为边界，"肩曲线"选项被激活，如图 7.131 所示。选择"肩曲线"选项，选取肩曲线，如图 7.132 所示。选择"确认曲线"选项，系统弹出输入框并提示 输入圆锥曲线参数，从0.05（椭圆），到.95（双曲线），单击中键，确认圆锥曲线参数为 0.5，单击对话框中的"确定"按钮，完成圆锥曲面的创建，如图 7.133 所示。

　　　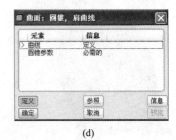

　　(a)　　　　　　(b)　　　　　(c)　　　　　　　(d)

图 7.130　各级菜单和对话框示意

  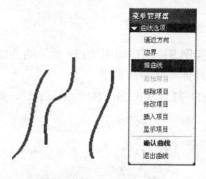

图 7.131　选取边界曲线和菜单显示　　　　　图 7.132　选取肩曲线

(6) 在模型树中选取圆锥曲面特征并右击，在弹出的快捷菜单中执行"编辑定义"命令，在对话框中选取"圆锥参数"项，单击"定义"按钮，在信息提示栏中输入"0.9"，则圆锥曲面变形为如图 7.134 所示。再把圆锥参数改为 0.1，则显示如图 7.135 所示。

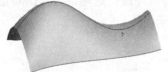 

图 7.133　圆锥参数为 0.5 的圆锥曲面　　　　图 7.134　圆锥系数为 0.9 的圆锥曲面

(7) 将肩曲线圆锥曲面改为相切曲线圆锥曲面。在模型树中选取圆锥曲面特征并右击，在弹出的快捷菜单中执行"删除"命令，然后再执行"插入"|"高级"|"圆锥曲面和 N 侧曲面片"命令，系统弹出"边界选项"菜单，选择"圆锥曲面"选项，"边界选项"菜单中次级选项被激活，选择"相切曲线"选项，选择"完成"选项，系统弹出"曲线选项"菜单和"曲面：圆锥，相切曲线"对话框，单击选取两条曲线作为边界，"相切曲线"选项被激活，选择"相切曲线"选项，选取相切曲线，选择"确认曲线"选项，系统弹出输入框并提示 输入圆锥曲线参数，从0.05（椭圆），到.95（双曲线），单击中键，确认圆锥曲线参数为 0.5，完成圆锥曲面的创建，如图 7.136 所示。按步骤(6)所述的方法把圆锥系数分别改为 0.9 和 0.1，显示如图 7.137 和图 7.138 所示。

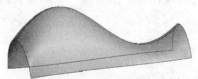 

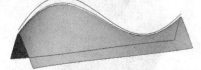 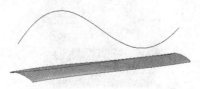

图 7.137　圆锥参数为 0.9 的相切曲线圆锥曲面　　　图 7.138　圆锥参数为 0.1 的相切曲线圆锥曲面

7.8.2 N 侧曲面片

实例 9：创建如图 7.139 所示的曲面。

具体操作步骤如下。

(1) 打开实例源文件"nside.prt"，如图 7.140 所示。

图 7.139　实例曲面模型

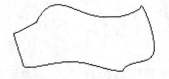
图 7.140　实例源文件

(2) 执行"插入"|"高级"|"圆锥曲面和 N 侧曲面片"命令，系统弹出"边界选项"菜单，在菜单中选择"N 侧曲面"、"完成"选项，系统弹出"链"菜单和"曲面：N 侧"对话框，按住 Ctrl 键依次选取 6 条曲线作为边界，选择"完成"选项，再单击对话框中的"确定"按钮，即完成 N 侧曲面的创建，如图 7.141 所示。

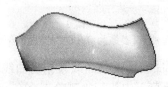

图 7.141　N 侧曲面片创建

(3) 保存副本，输入名称"nside_ok"，拭除内存。

7.9　将截面混合到曲面

将截面混合到曲面就是将一个截面延伸到指定的表面，并与此表面相切的操作。它既可以进行伸出项操作，也可以进行曲面操作和切减材料操作。下面通过一个曲面实例介绍将截面混合到曲面的具体方法。

实例 10：创建如图 7.142 所示曲面。

具体操作步骤如下。

(1) 打开实例源文件"blend_section.prt"，如图 7.143 所示。

图 7.142　实例模型

图 7.143　实例源文件

(2) 执行"插入"|"高级"|"将截面混合到曲面"|"曲面"命令，系统弹出"曲面：截面到曲面混合"对话框，如图 7.144(a)所示，并在信息栏提示 [为切边界选择曲面]。选取倒圆角的圆弧面，单击中键，确认选定，弹出"设置草绘平面"菜单如图 7.144(b)所示，选取源文件模型的上表面，弹出"新设置"子菜单，如图 7.144(c)所示。选择"反向"(使箭头朝上)选项，再选择"确定"选项，弹出"草绘视图"子菜单，如图 7.144(d)所示。选择"缺省"选项，进入草绘界面，绘制如图 7.145 所示的截面。单击"完成"按钮☑，完成截面的绘制。单击对话框中的"确定"按钮，完成创建，如图 7.142 所示。

(3) 保存文件，拭除内存。

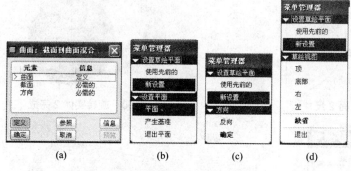

图 7.144　各级菜单显示示意

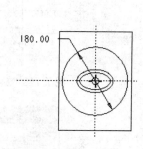

图 7.145　截面尺寸

7.10　曲面间混合

曲面间混合是将两个表面沿着相切方向混合，类似于将截面混合到曲面的形成方法。下面通过一个实例介绍曲面间混合的具体方法。

实例 11：创建一个曲面间混合的特征，如图 7.146 所示。
具体操作步骤如下。

(1) 新建一个零件，命名为"blend_surto.prt"，取消选中"使用缺省模板"复选框，使用 mmns_part_solid 模板，单击"确定"按钮，进入零件设计界面。

(2) 执行"插入"|"旋转"命令，定义 FRONT 平面为草绘平面，接受系统默认的视图方向和参照，进入草绘界面，绘

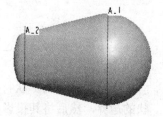

图 7.146　实例模型

制如图 7.147 所示的截面。单击"完成"按钮☑，完成截面的绘制，退出草绘界面。接受系统默认的旋转 360°，单击中键，完成旋转实体 1 的创建，如图 7.148 所示。再次执行"插入"|"旋转"命令，定义"使用先前的"平面为草绘平面，进入草绘界面，绘制如图 7.149 所示的截面，单击"完成"按钮☑，完成截面的绘制，退出草绘界面。接受系统默认的旋转 360°，单击中键，完成旋转实体 2 的创建，如图 7.150 所示。

(3) 执行"插入"|"高级"|"曲面间混合"|"伸出项"命令，系统弹出"伸出项：曲面到曲面混合"对话框，如图 7.151 所示，按信息栏提示先选取球体实体表面，再按提示选取椭球体表面，单击对话框中的"确定"按钮，即完成创建，如图 7.152 所示。

(4) 保存文件，拭除内存。

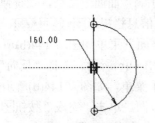
图 7.147 截面尺寸示意 1

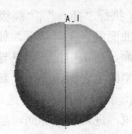
图 7.148 旋转实体 1 完成

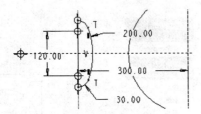
图 7.149 旋转截面 2 尺寸

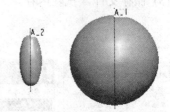
图 7.150 旋转实体 2 完成

图 7.151 "伸出项：曲面到曲面混合" 对话框

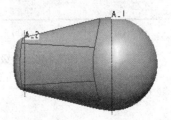
图 7.152 混合完成

7.11 实体自由形状

实体自由形状是通过对实体或曲面进行调整，交互地改变其形状，从而创建一个新的曲面。

创建实体自由形状特征可以使用指定曲面(底层基本曲面)的边界，也可以草绘自由形状的边界，然后将其投影到指定曲面上。"实体自由形状"命令既可以应用在曲面面组上，也可以应用到实体表面上。下面通过一个实例介绍实体自由形状的创建方法。

实例 12：创建一个自由成形曲面，如图 7.153 所示。

具体操作步骤如下。

(1) 打开实例源文件 "zyxz.prt"，如图 7.154 所示。

图 7.153 实例模型

图 7.154 实例源文件

第 7 章 曲面特征的创建及编辑

(2) 执行"插入"|"高级"|"实体自由形状"命令，系统弹出"形式选项"菜单，选择"平面草绘"选项，再选择"完成"选项，系统弹出"设置草绘平面"菜单和"自由生成：草绘截面"对话框，如图 7.155 所示，选取上表面，单击"确定"按钮，选择"缺省"选项，进入草绘界面。绘制一个圆，修改尺寸如图 7.156 所示。单击"完成"按钮☑，完成截面的绘制，退出草绘界面。系统提示 为自由印贴特征选取基础曲面组，选取上表面后，单击中键，弹出输入框，并提示 输入在指定方向的控制曲线号，即网格数，输入数值 10，单击中键，再在相同提示的消息输入窗口内输入数值 10，单击中键，实体表面上显示网格，如图 7.157 所示，同时系统弹出"修改曲面"对话框，单击模型上的网格点，对话框显示如图 7.158 所示。拖动"法向方向"的滑块，反复调整选定网格点的位置，如图 7.159 所示。确定形状之后，单击☑按钮，单击对话框中的"确定"按钮，自由形状曲面创建完成，如图 7.160 所示。如果需要重新调整形状，则在模型树中选取该标志后右击，在弹出的快捷菜单中执行"编辑定义"命令，即可再次调整形状。

(3) 保存文件，拭除内存。

> 💡 注意
> 曲面自由形状的创建方法与此方法大同小异，同学们可以自行尝试练习。

图 7.155　各级菜单示意

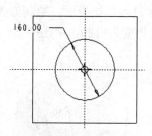

图 7.156　草绘区域尺寸

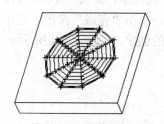

图 7.157　网格显示

图 7.158　"修改曲面"对话框

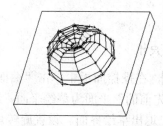

图 7.159　调整各网格点示意

图 7.160　实体自由形状完成

7.12 综合实例

综合实例：创建一个足球，如图 7.1 所示。
具体操作步骤如下。

(1) 新建一个零件，命名为"zuqiu.prt"，取消选中"使用缺省模板"复选框，使用 mmns_part_solid 模板，单击"确定"按钮，进入零件设计界面。

(2) 绘制一个正五边形。单击"草绘"按钮，定义 TOP 平面为草绘平面，接受系统默认的视图方向和视图参照，单击"草绘"按钮，进入草绘界面，绘制如图 7.161 所示的截面。单击"完成"按钮，完成截面的绘制。按住 Ctrl+D 组合键，图形显示如图 7.162 所示。

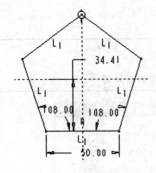

图 7.161 截面尺寸

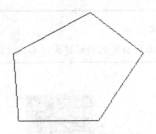

图 7.162 正五边形完成

(3) 绘制一个正六边形截面。

① 单击"旋转"按钮，在操控面板中单击"曲面"按钮，确认生成曲面。选择"放置"选项卡，定义"使用先前的"平面为草绘平面，进入草绘界面，绘制如图 7.163 所示截面。单击"完成"按钮，退出草绘界面。设置旋转角度为 180，单击中键，完成旋转曲面 1 的创建，如图 7.164 所示。

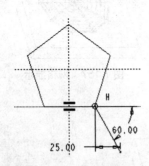

图 7.163 旋转截面 1 尺寸

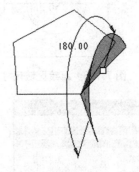

图 7.164 旋转曲面 1 完成

② 单击"旋转"按钮，在操控面板中单击"曲面"按钮，确认生成曲面。选择"放置"选项卡，定义"使用先前的"平面为草绘平面，进入草绘界面，绘制如图 7.165 所示截面。单击"完成"按钮，退出草绘界面。设置旋转角度为 180，单击中键，完成旋转曲面 2 的创建，如图 7.166 所示。

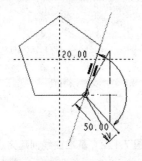

图 7.165 旋转曲面 2 尺寸

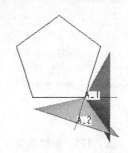

图 7.166 旋转曲面 2 完成

③ 选取两个旋转曲面,执行"编辑"|"相交"命令,获得交线,选取两个旋转曲面并右击,在弹出的快捷菜单中执行"隐藏"命令,显示如图 7.167 所示。

④ 创建一个基准平面。单击"基准平面"按钮 ,选取正五边形的一条边和两个曲面的交线,单击"确定"按钮,完成基准平面创建,如图 7.168 所示。

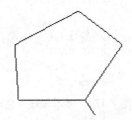

图 7.167 轨迹线尺寸

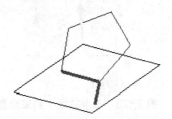

图 7.168 基准平面示意

⑤ 绘制正六边形曲线。单击"草绘"按钮 ,定义 DTM1 为草绘平面,接受系统默认的视图方向和视图参照,单击"草绘"按钮,进入草绘界面,绘制如图 7.169 所示的截面。单击"完成"按钮 ,完成截面的绘制。按住 Ctrl+D 组合键,图形显示如图 7.170 所示。

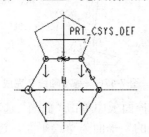

图 7.169 选取边缘线

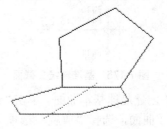

图 7.170 曲面延伸完成

(4) 创建两条基准轴线。

① 单击"基准点"按钮 ,选取正五边形的底边,再选取 RIGHT 平面,创建基准点 PNT0,在对话框中单击"新点"字符,选取正五边形的一条斜边,再选取 RIGHT 平面,创建 PNT1。再次单击"新点"字符,选取正六边形的底边,选取 RIGHT 平面,创建 PNT2,如图 7.171 所示。

② 创建基准曲线。单击"基准曲线"按钮 ,在"曲线选项"菜单中选择"通过点"选项,再选择"完成"选项,选择点 PNT0 和 PNT2,选择"完成"选项,单击对话框中的"确定"按钮,完成基准曲线的创建,如图 7.172 所示。

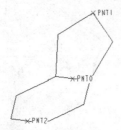
图 7.171　创建基准点

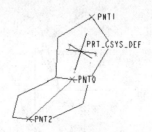
图 7.172　基准曲线创建完成

③ 创建基准轴线 1。单击"草绘"按钮，定义 RIGHT 平面为草绘平面，定义 TOP 平面正方向向右为视图参照方向，单击"草绘"按钮，进入草绘界面，绘制如图 7.173 所示截面。约束该轴线的一端位于上步骤创建的基准曲线的中点，并与该基准曲线垂直。单击"完成"按钮，完成基准轴线 1 的创建，如图 7.174 所示。

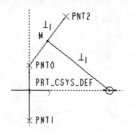
图 7.173　基准轴线 1 约束示意

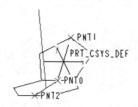
图 7.174　基准轴线 1 完成

④ 创建基准轴线 2。单击"草绘"按钮，定义"使用先前的"平面为草绘平面，进入草绘界面，绘制如图 7.175 所示截面。约束该轴线的一端位于坐标系原点，另一端与基准轴线 1 共点。单击"完成"按钮，完成基准轴线 2 的创建，如图 7.176 所示。

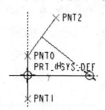
图 7.175　基准轴线 2 截面

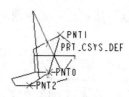
图 7.176　基准轴线 2 完成

(5) 创建足球基本曲面。单击"旋转"按钮，在操控面板中单击"曲面"选项按钮，确认生成曲面，选择"放置"选项卡，定义"使用先前的"平面为草绘平面，进入草绘界面。约束旋转轴与 FRONT 平面重合，圆心位于两条轴线的交点，圆弧过 PNT1 点，绘制一个半圆，如图 7.177 所示。单击"完成"按钮，单击中键，完成创建，如图 7.178 所示。

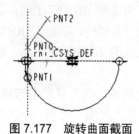
图 7.177　旋转曲面截面

图 7.178　旋转曲面完成

(6) 偏移曲面。在"过滤器"中选择"面组"选项，选取旋转曲面，执行"编辑"|"偏移"命令，接受系统默认的"标准偏移"选项，修改偏移值为 6，如图 7.179 所示。单击中键，完成曲面偏移。

(7) 复制曲面。选取偏移曲面，单击"复制"按钮，单击"粘贴"按钮，如图 7.180 所示。单击中键，完成曲面复制。

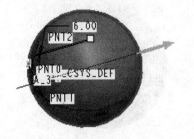
图 7.179 曲面偏移示意

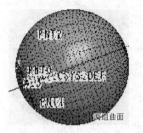
图 7.180 复制曲面

(8) 创建五边形球面。

① 单击"拉伸"按钮，在操控面板中单击"曲面"选项按钮，选择"放置"选项卡，定义 TOP 平面为草绘平面，接受系统默认的视图方向和视图参照，单击"草绘"按钮，进入草绘界面。单击"使用边"按钮，在"类型"对话框中选择"环"选项，选取五边形，单击"完成"按钮，如图 7.181 所示。单击箭头，令其反向，输入拉伸值 20，单击中键，完成创建，如图 7.182 所示。

② 合并曲面。选取拉伸曲面，按住 Ctrl 键再选取复制曲面，单击"合并"按钮，显示如图 7.183 所示。单击"反向"按钮，改变要保留的第二面组侧，如图 7.184 所示。单击中键，完成合并，如图 7.185 所示。

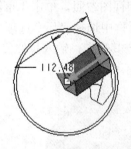
图 7.181 设置拉伸方向

图 7.182 拉伸曲面完成

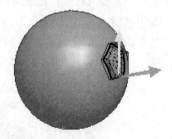
图 7.183 合并命令后显示

图 7.184 调整保留曲面侧方向

图 7.185 曲面合并完成

③ 隐藏偏移曲面。在模型树窗口选取 偏移1 并右击,在弹出的快捷菜单中执行"隐藏"命令,如图 7.186 所示。

④ 曲面倒圆角。单击"倒圆角"按钮,选取正五边形的弧面边链,设置半径为 3,如图 7.187 所示。选择"集"选项卡,单击"集"收集器中的"新建集"字符,选取正五边形的 5 个侧边链,设置半径为 5,如图 7.188 所示。单击中键,完成创建,如图 7.189 所示。

图 7.186　隐藏曲面

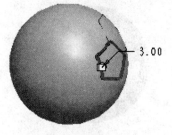
图 7.187　选取顶边链示意

图 7.188　选取侧边链示意

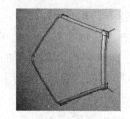
图 7.189　倒圆角完成

(9) 创建正六边形球面。

① 单击"拉伸"按钮,在操控面板中单击"曲面"选项按钮,选择"放置"选项卡,定义 DTM1 平面为草绘平面,接受系统默认的视图方向和视图参照,单击"草绘"按钮,进入草绘界面。单击"使用边"按钮,在"类型"对话框中选择"环"选项,选取六边形,单击"完成"按钮,如图 7.190 所示。单击箭头,令其反向,输入拉伸值 20,单击中键,完成创建,如图 7.191 所示。

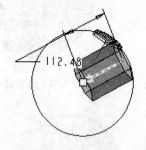
图 7.190　设置拉伸方向

图 7.191　拉伸曲面完成

② 取消隐藏曲面。在模型树窗口选取 偏移 并右击,在弹出的快捷菜单中执行"取消隐藏"命令,如图 7.192 所示。

③ 合并曲面。选取拉伸曲面,按住 Ctrl 键再选取"偏移 1",单击"合并"按钮,显示如图 7.193 所示。单击"反向"按钮,改变要保留的第二面组侧,如图 7.194 所示。单击中键,完成合并,如图 7.195 所示。

图 7.192 取消隐藏

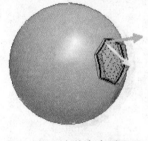

图 7.193 合并命令后显示

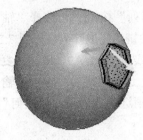

图 7.194 调整保留曲面侧方向

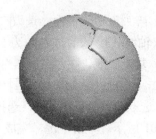

图 7.195 合并完成

④ 曲面倒圆角。单击"倒圆角"按钮,选取正六边形的弧面边链,设置半径为 3。选择"集"选项卡,单击"集"收集器中的"新建集"字符,选取正六边形的 6 个侧边链,设置半径为 5,单击中键,完成创建,如图 7.196 所示。

(10) 复制六边形曲面。选取六边形曲面几何,单击"复制"按钮,单击"选择性粘贴"按钮,选择"变换"选项卡,选择"旋转"选项,输入角度为 72,选取轴线 A3,选择"选项"选项卡,取消选中"隐藏原始几何"复选框,单击中键,完成复制,如图 7.197 所示。

图 7.196 曲面倒圆角完成

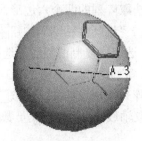

图 7.197 复制曲面 1 完成

(11) 阵列六边形曲面。选取 已移动副本 1 ,单击"阵列"按钮,选择"轴"阵列类型,选取轴线 A3,输入阵列成员数为 4,角度值为 72,单击中键,完成阵列,如图 7.198 所示。

(12) 复制五边形曲面。选取五边形曲面几何,单击"复制"按钮,单击"选择性粘贴"按钮,选择"变换"选项卡,选择"旋转"选项,输入角度为 120,选取草绘基准轴线 1,选择"选项"选项卡,取消选中"隐藏原始几何"复选框,单击中键,完成复制,如图 7.199 所示。

图 7.198 阵列 1 完成

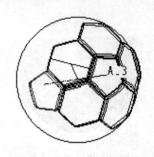
图 7.199 复制曲面 2 完成

(13) 阵列五边形曲面。选取 [已移动副本 2]，单击"阵列"按钮，选择"轴"阵列类型，选取轴线 A3，设置成员数为 5，角度值为 72，单击中键，完成阵列，如图 7.200 所示。

(14) 复制轴线。在"过滤器"中选择"基准"选项，选取轴线 A3，单击"复制"按钮，单击"选择性粘贴"按钮，选择"变换"选项卡，选择"旋转"选项，输入旋转角度 120，选取草绘基准轴线 1，选择"选项"选项卡，取消选中"隐藏原始几何"复选框，如图 7.201 所示。单击中键，完成复制。

图 7.200 阵列完成

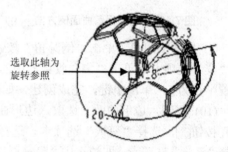
图 7.201 选取旋转参照轴

(15) 选取阵列的四个六边形曲面几何中任意一个，如图 7.202 所示，单击"复制"按钮，单击"选择性粘贴"按钮，选择"变换"选项卡，选择"旋转"选项，输入旋转角度 144，选取刚复制的轴线，选择"选项"选项卡，取消选中"隐藏原始几何"复选框，单击中键，完成复制，如图 7.203 所示。

(16) 阵列六边形曲面。选取 [已移动副本 4]，单击"阵列"按钮，选择"轴"阵列类型，选取轴线 A3，设置成员数为 5，角度值为 72，单击中键，完成阵列，如图 7.204 所示。

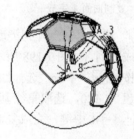
图 7.202 选取曲面示意

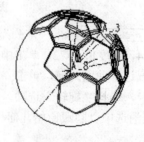
图 7.203 旋转复制完成

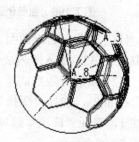
图 7.204 阵列完成

(17) 选取步骤(15)中选择的六边形曲面几何，如图 7.205 所示，单击"复制"按钮，单击"选择性粘贴"按钮，选择"变换"选项卡，选择"旋转"选项，输入旋转角度 216，选取步骤(14)中创建的轴线，选择"选项"选项卡，取消选中"隐藏原始几何"复选框，单击中键，完成复制，如图 7.206 所示。

(18) 阵列六边形曲面。单击"阵列"按钮，选择"轴"阵列类型，选取轴线 A3，设置成员数为 5，角度值为 72，单击中键，完成阵列，如图 7.207 所示。

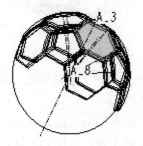

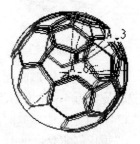

图 7.205 选取曲面示意　　图 7.206 旋转复制完成　　图 7.207 阵列完成

(19) 复制轴线。选取草绘基准轴线 1，如图 7.208 所示，单击"复制"按钮，单击"选择性粘贴"按钮，选择"变换"选项卡，选择"旋转"选项，输入旋转角度 216，选取步骤(14)中创建的轴线，选择"选项"选项卡，取消选中"隐藏原始几何"复选框，如图 7.209 所示。单击中键，完成复制。

(20) 复制五边形曲面。选取第一个构造的五边形，单击"复制"按钮，单击"选择性粘贴"按钮，选择"变换"选项卡，选择"旋转"选项，输入角度为 120，选取步骤(19)创建的轴线，选择"选项"选项卡，取消选中"隐藏原始几何"复选框，单击中键，完成复制，如图 7.210 所示。

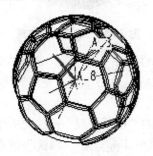
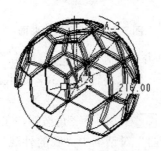
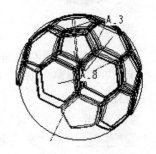

图 7.208 选取复制曲线　　图 7.209 选取参照轴线　　图 7.210 旋转复制完成

(21) 阵列五边形曲面。选取步骤(20)创建的五边形曲面，单击"阵列"按钮，选择"轴"阵列类型，选取轴线 A3，设置成员数为 5，角度值为 72，单击中键，完成阵列，如图 7.211 所示。

(22) 阵列六边形曲面。选取第一个构造的六边形曲面几何，如图 7.212 所示，单击"复制"按钮，单击"选择性粘贴"按钮，选择"变换"选项卡，选择"旋转"选项，输入旋转角度 240，选取步骤(19)创建的轴线，选择"选项"选项卡，取消选中"隐藏原始几何"复选框，单击中键，完成复制，如图 7.213 所示。

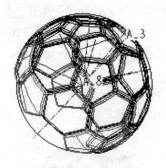 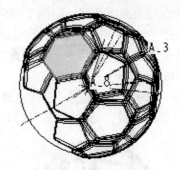 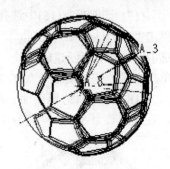

图 7.211 阵列完成　　　　图 7.212 选取复制曲面　　　　图 7.213 旋转复制完成

(23) 阵列六边形曲面。单击"阵列"按钮，选择"轴"阵列类型，选取轴线 A3，设置成员数为 5，角度值为 72，单击中键，完成阵列，如图 7.214 所示。

(24) 镜像五边形曲面。选取第一个构造的五边形曲面几何，如图 7.215 所示。执行"编辑"|"镜像"命令，单击"基准平面"按钮，选取 TOP 平面为参照平面，按住 Ctrl 键，选取中心点，单击"确定"按钮，单击"退出暂停模式"按钮，单击中键，完成镜像，如图 7.216 所示。

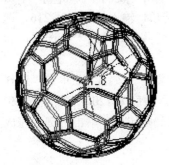  

图 7.214 阵列完成　　　　图 7.215 选取镜像曲面　　　　图 7.216 镜像曲面完成

(25) 选取刚镜像的曲面，单击"复制"按钮，单击"选择性粘贴"按钮，选择"变换"选项卡，选择"旋转"选项，输入旋转角度 36，选取轴线 A3，单击中键，完成旋转，如图 7.217 所示。

(26) 单击"模型外观"按钮右边的下三角按钮，在弹出的"模型外观"操控面板中单击，在"外观管理器"对话框中"我的外观"区域单击，在"属性"区选择"基本"选项卡，单击"颜色"按钮，系统弹出"颜色编辑器"，在颜色编辑器中调整颜色为 R255，G255，B255，即为白色。单击"关闭"按钮，确定颜色设置。关闭"外观管理器"对话框，选取所有六边形曲面，再次单击刚设置的"我的外观"，所有六边形均显示为白色，如图 7.218 所示。选取所有五边形曲面，用同样的方法设置一个"我的外观"球为黑色(R0、G0、B0)，显示如图 7.219 所示。

(27) 保存文件，拭除内存。

> 注意
>
> 在此例中选取曲面和轴线时，可通过过滤器选取面组或基准。

图 7.217 旋转曲面完成

图 7.218 所有六边形显示白色

图 7.219 所有五边形显示黑色

本 章 小 结

  本章主要介绍了曲面的编辑和高级曲面的一些内容。
  曲面合并是曲面编辑里使用频率最高的方法之一，在曲面合并中要注意保留侧方向的调整，当无法确切认定保留侧是否符合要求时，可以频繁使用预览功能帮助了解其具体合并情况。
  曲面修剪是曲面编辑中使用最为灵活的方法之一，它可以为设计者提供所需要的各种曲面形状。在曲面修剪中也要注意保留曲面方向的调整。
  曲面延伸是拓展曲面最有效的方法，在模具的分型面设计中起着十分重要的作用。在曲面延伸中，要特别注意各种延伸方法的区别，应根据具体情况选用相适应的延伸方法。
  曲面偏移是产生新的曲面的一个较好方法。在曲面上产生字体，或者产生凸台，都可以使用这种方法，尤其是替换偏移的使用给有些难以用基础特征完成的特征带来了方便。4 种偏移方式的用法特点是读者应该认真领会理解的内容。
  曲面加厚和曲面实体化为用曲面创建实体提供了极大的方便。特别是一些外形较为复杂、用基础特征创建较为麻烦的特征，通过创建曲面，然后将其加厚或实体化，可以收到异曲同工的效果。
  圆锥曲面和 N 侧曲面片是一种较为特殊的边界混合曲面，要充分理解圆锥系数的含义，不同的圆锥系数获得的曲面的区别。尤其要注意 N 侧曲面片的创建其边界曲线的数量必须大于 4，且必须是封闭的空间曲线。
  混合剖面到曲面、曲面间混合用法十分简单，但很实用。在创建曲面间混合特征时，选取的两个相切曲面必须位于同一侧。
  实体自由形状是比较灵活的变形方式，需要细致和一定的耐心，而且要反复实践。
  通过本章的学习，读者完全可以用曲面的方法来创建实体。通过反复实践，必将成为一个设计高手。

思考与练习

一、填空题(将正确答案填在题中的横线上)

1. 修剪曲面的方法比较多，大致可分为两种主要方式，一种是利用_____特征工具对曲面进行去除材料剪切；另一种是利用_____沿着曲面上的曲线或与之相交的面组或基准平面对曲面进行裁剪或分割。

2. 曲面修剪是利用_____上的曲线、与曲面相交的_____或_____对本体曲面进行剪切或分割的操作。本体面组称为_____，用作修剪的曲线、曲面或基准平面称为_____。

3. 薄修剪是将修剪对象沿着指定方向_____，再对_____进行修剪。加厚的方式有3种，即_____、_____和_____。

4. 曲面延伸有两种方式，一种是_____，一种是_____。

5. 曲面偏移是指将选定的曲面或实体按指定的_____和_____进行偏移，通过偏移可以获得一个新的曲面，也可改变原来的形状。

6. 圆锥曲面是由两条_____曲线和一条_____曲线或者_____曲线作为边界的_____，它与边界混合曲面有点类似，不同的是，必须定义一条肩曲线或者相切曲线。

7. 创建实体自由形状特征可以使用_____的边界，也可以_____的边界，然后将其_____到指定曲面上。

二、判断题(正确的在括号内填入"T"，错误的填入"F")

1. 创建 N 侧曲面片的曲线必须是多于 4 条边的封闭曲线。 ( )
2. 圆锥曲面是一种边界混合曲面。 ( )
3. 延伸曲面只能使曲面的延伸部分保持原来的形状。 ( )
4. 加厚特征也可以去除材料，通常用于加厚厚度低于与其相交的材料厚度时，可以使用去除材料功能将多余材料去除。 ( )
5. "实体自由形状"命令只能应用到实体表面上。 ( )

三、选择题(将唯一正确答案的代号填入题中的括号内)

1. "曲面合并"操控面板上有(　　)个选项卡。
   A. 1　　　　B. 2　　　　C. 3　　　　D. 4
2. 曲面延伸的延伸距离类型有(　　)种。
   A. 1　　　　B. 2　　　　C. 3　　　　D. 4
3. 曲面偏移命令有(　　)种偏移方法。
   A. 2　　　　B. 3　　　　C. 4　　　　D. 5
4. (　　)是曲面编辑里使用频率最高的方法之一；(　　)是曲面编辑中使用最为灵活的方法之一；(　　)是拓展曲面最有效的方法；(　　)是产生新的曲面的一个较好方法。
   A. 曲面延伸　　　B. 曲面偏移　　　C. 曲面合并　　　D. 曲面修剪

5. N侧曲面片是由(　　)条以上的空间曲线作为边界组成的边界混合曲面。
   A. 2　　　　　　B. 3　　　　　　C. 4　　　　　　D. 5
6. 混合剖面到曲面就是将一个截面延伸到指定的表面，并与此表面(　　)的操作。
   A. 相截　　　　　B. 相切　　　　　C. 相交　　　　　D. 相连

四、问答题

1. 曲面合并时，采用相交合并与采用交接合并有什么区别？
2. 试述圆锥曲面与边界混合曲面的创建方法有哪些不同。
3. 简述相切曲面延伸与相同曲面延伸的区别，以及垂直于边延伸与沿边延伸的区别。
4. 粘贴和选择性粘贴的区别何在？

五、练习题

创建如图 7.220 所示的水槽模型。

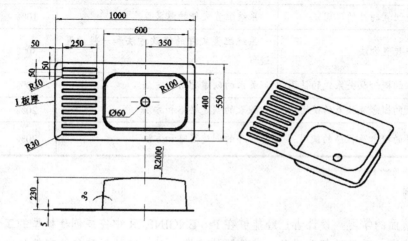

图 7.220　水槽模型图

第 8 章　系统配置、关系式、族表与程序

教学目标

通过本章的学习，熟悉 Pro/E 5.0 软件的系统配置、关系的概念及关系式的使用、族表的概念及族表的使用、程序的概念及程序的使用。

教学要求

能 力 目 标	知 识 要 点	权重	自测分数
了解系统配置的目的	系统配置文件的意义	10%	
掌握系统配置方法	系统配置文件的修改方法和一般设置过程	30%	
了解关系的概念及关系式的使用	关系的创建思路和方法	20%	
了解族表的概念及族表的使用	族表的创建思路和方法	20%	
了解程序的概念及程序的使用	程序的创建思路和方法	20%	

引例

经过前面的学习，设计者已经能够在 Pro/ENGINEER 中完成创建模型的工作。然而，设计者每次进入系统后都要进行一些例行的设置，对一些外形重复的零件尺寸进行反复的标注和修改等，这样势必影响设计者的工作效率。

如果设计者能够对系统进行一些合理的设置，运用关系式和族表，或者运用程序等加入设计，将收到事半功倍的效果。图 8.1 所示，齿轮模型由一个圆柱和 30 个渐开线齿形连接而成，通过简单拉伸、旋转等基础特征很难完成，可以通过本章的程序功能实现其造型。本章将重点介绍系统配置、关系的概念及关系式的使用、族表的概念及族表的使用、程序的概念及程序的使用，并将通过综合实例使设计者加深对这些概念和运用方法的理解。

图 8.1　引例模型

8.1　设置系统的工作环境

设置系统的工作环境在第 1 章里已经做过简单的介绍。这些介绍仅限于一些简单的单位、精度、材料和用户参数等设置，而一旦关闭系统重新启动时，必须重新设置，这样显

得十分麻烦。本章所介绍的系统工作环境的设置就是通过修改系统配置文件进行设定，是一种简便的方法，除非重装系统，或者改变设置，否则这些设置永远有效。配置文件的主要目的就是简化每次的临时设置使之变成简便的设置。

有两种常用的设置方法，即直接定制系统配置文件和间接定制系统配置文件。

8.1.1 直接定制系统配置文件

直接定制系统配置文件是最简单的方法，就是利用系统的"选项"对话框配置选项，该方法可以使系统同时拥有多个配置方案，在使用的时候将相应的配置方案载入系统即可。

1. 具体操作方法

进入 Pro/ENGINEER 5.0 界面后，执行"工具"|"选项"命令，系统弹出"选项"对话框。

该对话框包含有"显示"下拉列表框、"打开"按钮、"保存"按钮、"排序"下拉列表框、"仅显示从文件载入的选项"复选框、"选项"列表框、"选项"文本框和"值"下拉列表框以及"查找"按钮。

各选项释义如下。

(1)"显示"下拉列表框：用于选取需要进行修改的配置文件。在 Pro/ENGINEER 中，配置文件的扩展名是.pro，如 current_session.pro。单击右边的 按钮，系统将下拉一个列表，显示当前系统中拥有的配置方案(配置文件)。如果没有设置，则下拉列表框中只存在"当前进程"字符，且文本框中无任何选项显示。此时，可取消选中 复选框，对话框显示如图 8.2 所示，显示系统默认的配置文件。

图 8.2 系统默认的配置文件

(2)"打开"按钮：用于打开系统配置文件。
(3)"保存"按钮：用于将当前修改好的配置文件保存为配置文件的一个副本。
(4)"排序"下拉列表框：用于选择配置文件各选项的排序方法，其中系统提供的排序方法有"按字母顺序"、"按设置"和"按类别"3个选项。在"当前会话"显示中，排序没有"按设置"选项。

(5)"仅显示从文件加载的选项"复选框：用于过滤配置文件中的配置选项，选中该复选框，系统只显示从文件中载入的配置选项，否则就显示配置文件中所有的配置选项。

(6)"选项"列表框：共有两个列表框，用于显示当前配置文件的配置选项、选项值、选项状态和选项说明。

(7)"选项"文本框和"值"下拉列表框：当用户在列表框中选中某一选项时，"选项"文本框中显示该选项的名称，"值"下拉列表框中显示配置选项的值。当要修改某一选项时，首先选中该选项或直接在文本框中输入该选项名称，然后在"值"下拉列表框中选择或输入选项的数值，单击"添加/更改"按钮，并单击"应用"按钮即可。也可以单击"删除"按钮来删除某一选项的配置。

(8)"查找"按钮：用于帮助查找需要修改的选项。单击"查找"按钮，系统弹出"查找选项"对话框，只要输入需要查找的选项名称，在"选择选项"列表框内就会显示其说明，然后用户可以在"值"文本框内设置需要修改的值。

2. 设置实例

下面通过设置系统默认单位、双语种显示等有关选项来介绍设置系统配置文件的方法。具体设置过程如下。

(1) 启动进入 Pro/ENGINEER 系统后，执行"工具"|"选项"命令，在"选项"对话框中单击 按钮，在"查找选项"对话框的"输入关键字"文本框中输入"unit"字符，单击 按钮，"选择选项"列表框中显示所有含"unit"字符的选项，如图 8.3 所示。找到"pro_unit_length"选项，单击"设置值"下拉列表框右边的 按钮，设置值为 unit_mm，如图 8.4 所示。单击"添加/更改"按钮，按同样的方法，设置 pro_unit_mass 的值为 unit_kilogram，设置 ang_units 的值为 ang_deg*。查找 menu，选择 menu_translation，修改值为 both，上面 4 个选项的修改值均被载入"当前进程"文件中，"选项"对话框中对应显示如图 8.5 所示。

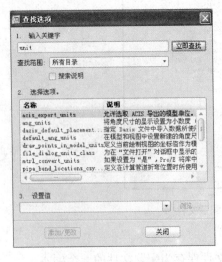

图 8.3　输入查找项目

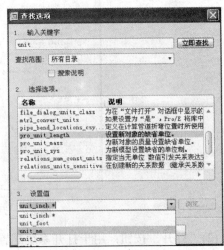

图 8.4　修改项目设置值

(2) 在"选项"对话框中单击 [查找] 按钮,在"查找选项"对话框中的"输入关键字"文本框中输入"template"字符,单击 [立即查找] 按钮,在"选项"列表框中选择 template_solidpart 后,单击"浏览"按钮,选择安装目录下 [templates] 文件夹中找到文件 [mmns_part_solid.prt],然后单击"打开"按钮,单击"添加/更改"按钮,单击"应用"按钮,再单击 [💾] 图标,系统弹出"另存为"对话框,在"名称"栏输入"config.pro",单击 [Ok▼] 按钮,即可将设置的相关选项保存到当前工作目录。该设置只要不删除或修改,则将保存于系统中。以后新建文件时,不需要取消选中"使用缺省模板"复选框,再重新选择 mmns_part_solid 模板,因为以后的默认模板的单位已经设定为公制了。

(3) 打开当前工作目录文件夹(本书中为"D:\start"),找到 config.pro 文件,将其复制,然后粘贴到 Pro/ENGINEER 安装目录的 text 文件夹中(本书为"C:\Pro/ENGINEER Wildfire 5.0\text")。

(4) 关闭 Pro/ENGINEER 系统后,重新打开 Pro/ENGINEER 系统,再次执行"工具"|"选项"命令,"选项"对话框中显示如图 8.6 所示。

图 8.5 载入文件显示

图 8.6 设置配置文件后重新启动的选项显示

> **提示**
> config.pro 是系统的配置文件,系统启动时,首先调用 Pro/ENGINEER 安装目录下 text 子目录下的 config.pro 配置文件,然后再调用当前工作目录下的 config.pro 文件,当两者有冲突时,以当前工作目录的为准。第 1 章所介绍的设置实际上是当前工作目录中的设置。

8.1.2 间接定制系统配置文件

直接定制系统配置文件十分简单方便,但是对于热键(快捷键)的配置却不太方便。热键的配置需要采用间接配置的方法,下面通过一个实例介绍创建热键的具体方法。

实例1：新建文件的热键。

具体操作步骤如下。

(1) 在 Pro/ENGINEER 5.0 的主界面执行"工具"|"映射键"命令，系统弹出"映射键"对话框，如图 8.7 所示。

(2) 单击对话框中的"新建"按钮，弹出"录制映射键"对话框，在各个文本框中输入字符，如图 8.8 所示。

(3) 单击"录制"按钮，系统开始录制工作，然后用户开始新建文件的操作。单击"新建"图标，在"新建"对话框中默认零件类型，取消选中"使用缺省模板"复选框，单击"确定"按钮，设置 mmns_part_solid 模板，单击"确定"按钮。操作完以后，单击"停止"按钮，系统停止录制，单击"确定"按钮，弹出"映射键"对话框，如图 8.9 所示。用户可以单击"运行"按钮检查设置效果。

图 8.7 "映射键"命令及其对话框　　图 8.8 "录制映射键"对话框　　图 8.9 "映射键"命令及其对话框

(4) 热键定义完后，单击"保存"按钮或者"已更改"按钮或"全部"按钮，系统将弹出"保存"对话框，输入一个配置文件名称，如 current_session.pro，保存文件即可。

> **注意**
>
> "保存"、"改变"和"所有"按钮都用于保存热键定义，但是三者有区别，"保存"和"改变"按钮只是保存当前选中的热键定义，而"所有"按钮是将配置文件中的所有设置项都保存到一个配置文件中(包括已定义的热键)。

通过定义热键以后，新建零件文件只要按一下 F1 键就可以了，取代了原来的一系列操作。

用户再执行"工具"|"选项"命令，就可以从"选项"对话框中看到刚定义的热键选项，如图 8.10 所示。

图 8.10　热键选项

8.2　关　　系

关系是用户定义符号尺寸或参数之间联系的数学表达式。关系能够捕捉特征之间、参数之间或装配元件之间的设计联系,是捕捉设计意图的一种方式。设计者可用它来驱动模型,既改变了关系也改变了模型。

8.2.1　简单关系的定义和参数

在 Pro/ENGINEER 中,用户可以使用给定的关系来定义零件或组件之间的尺寸关系。sd15=30+5*sin(trajpar*360*6)就是一个关系,表示 d15 的尺寸始终为 30~35,其变化规律为 1/6 个周期按正弦规律变化。

1. 关系的类型

有如下两种类型的关系。

(1) 等式:使方程左边的参数等于右边的表达式。这种关系用于给定尺寸和参数的赋值,有以下两种方式。

① 简单的赋值:d2=50。

② 复杂的赋值:d3=d2*(sqrt(d5/3+d4))。

(2) 比较:比较方程左边的表达式和右边的表达式。这种关系式通常用于一个约束或用于逻辑分支的条件语句中,有以下两种方式。

① 作为约束:(d4+d5)>(d3+4)。

② 在条件语句中:IF(d5+3)<=d6。

2. "关系"对话框

在零件设计中执行"工具"|"关系"命令。从"关系"窗口中,用户可以插入算术运算符号和常用的一些函数表达式,如图 8.11 所示。

图 8.11 "关系"窗口

关系式中的运算符如下。

(1) 算术运算符："+"加、"-"减、"*"乘、"/"除、"∧"指数、"( )"分组括号。

(2) 赋值运算符："="是一个赋值运算符，它使得两边的式子或关系相等。应用时，等式左边只能有一个参数。

(3) 比较运算符：只要能返回 TRUE 或 FALSE 值，就可使用比较运算符。系统支持下列比较运算符："=="等于、"<="小于或等于、">"大于、"|"或、">="大于或等于、"&"与、"<"小于、"~、!"非、"! =、<>、~="不等于。

运算符 !、|、& 和 ~ 扩展了比较关系的应用。它们使得能在单一的语句中设置若干条件，例如，当 d1 在 2~3 之间且不等于 2.5 时，下面关系返回 TRUE：

    d1>2＆d1<3＆d1~=2.5

关系式中的常用函数有 "cos( )" 余弦、"sin( )" 正弦、"tan( )" 正切、"asin( )" 反正弦、"acos( )" 反余弦、"atan( )" 反正切、"cosh( )" 双曲线余弦、"tanh( )" 双曲线正切、"sqrt( )" 平方根、"sinh( )" 双曲线正弦、"log( )" 以 10 为底的对数、"abs( )" 绝对值、"ln( )" 自然对数、"ceil( )" 不小于其值的最小整数、"exp( )" e 的幂、"floor( )" 不超过其值的最大整数。

> 注意
> 所有的三角函数都使用单位"度"，常用函数中大小写视为相同。

3. 在关系中使用的参数符号

用户可以在关系中使用以下参数类型的符号。

1) 尺寸符号

(1) d#：零件或组件模式下的尺寸。

(2) d#:#：组件模式下的尺寸。第二个#为组件或元件的进程标志添加的后缀。

(3) rd#：零件或顶级组件中的参照尺寸。

(4) rd#:#：组建模式中的参照尺寸。第二个#为组建或元件的进程标志添加的后缀。

(5) rsd#：草绘器中的参照尺寸(包括截面)。

(6) kd#：草绘器中的已知尺寸(在父特征零件或组件中)。

(7) ad#：在零件、组件或绘图模式下的从动尺寸。

2) 公差

(1) tpm#：加减对称格式的公差，#是尺寸数。

(2) tp#：加减格式的正公差，#是尺寸数。

(3) tm#：加减格式的负公差，#是尺寸数。

3) 实例数

P#：其中#是实例的个数。如果将实例数改成一个非整数值，Pro /E 将截去其小数部分，如 3.6 将变为 3。

4) 用户自定义参数

通过添加参数或关系而定义的参数，如：

```
DA=D+2*HA
DB=D*COS(ALPHA)
```

> **注意**
> (1) 用户自定义参数必须以字母开头。
> (2) 不能使用尺寸符号(d#等)作为用户参数名，因为它们是由尺寸保留使用的。
> (3) 用户参数名不能包含非字母数字字符，诸如!、#、%、@等。
> (4) 下列参数是由系统保留使用的。PI(几何参数): 3.14159(不能改变该值); G(引力常数): $9.8m/s^2$; C1、C2、C3、C4(默认值): 分别是 1.0、2.0、3.0、4.0。

4. 使用关系中的注释

在关系式中使用注释是一个好习惯。注释可帮助用户记住添加关系的意图，使用模型的其他人也会从中受益。

每个注释行必须以一个斜杠和一个星号开始。如：

```
d1=3*d3         /*长度是高度的 3 倍
```

5. 模型再生时关系式的计算顺序

再生过程中，按如下顺序计算关系。

(1) 再生开始时，系统按输入模型关系的顺序对其进行求解。在组件中，首先，计算组件关系。然后，系统按放置元件的顺序计算全部子组件关系。这就意味着系统会在所有特征或元件开始再生前计算全部子组件关系。

(2) 系统按创建的顺序开始再生特征。如果某个特征具有依附自身的特征关系，则系统会在再生该特征之前求解这些关系。

(3) 如果用户将某些关系指定为"后再生"，则系统会在再生完成后求解这些关系。

8.2.2 逻辑关系式

逻辑关系式是一种比较类型关系，通常以两种逻辑关系形式出现。

1. IF 语句

在关系式中加入 IF 语句来创建条件关系，一般的形式为"IF…ENDIF"。如：

```
IF HAX<1
D14=0.46*M
ENDIF
IF HAX>=1
D14=0.38*M
ENDIF
```

2. ELSE 语句

用 ELSE 语句可以创建更多复杂的条件结构，而且可以使语句简化。如：

```
IF HAX<1
D14=0.46*M
ELSE
D14=0.38*M
ENDIF
```

> **注意**
>
> (1) 如果使用负尺寸，并且在关系式中有正负值之分，则需要在符号前加符号 $（例如 $ d14 或 $ width），无论配置选项 show_dim_sign 的设置如何，必须完成此操作。
>
> (2) ENDIF 必须作为一个词来拼写，ELSE 必须本身占一行。

8.2.3 建立关系实例

实例 2：创建深沟球轴承零件的尺寸关系。

具体操作步骤如下。

(1) 新建一个零件文件，输入名称为"zhoucheng"，单击"确定"按钮，进入零件设计界面(前面已将默认模板的单位设置为 mm)。

(2) 建立轴承内外圈。单击"旋转"工具按钮，定义 FRONT 平面为草绘平面，接受系统默认的视图方向和视图参照，单击"草绘"按钮，进入草绘界面，绘制如图 8.12 所示的截面图形。单击按钮，完成截面的绘制，退出草绘界面。保持默认旋转角度 360°，单击中键，完成旋转，如图 8.13 所示。

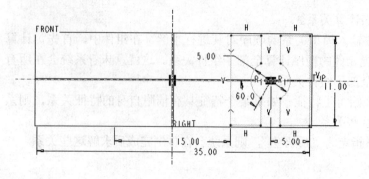

图 8.12 旋转截面尺寸 1　　　　　　　　图 8.13 旋转完成

(3) 轴承内外圈倒圆角。单击"倒圆角"工具按钮，选择轴承外圈边缘和内圈边缘，如图 8.14 所示。输入倒圆角值 0.6，单击中键，完成倒圆角特征创建，如图 8.15 所示。

图 8.14 选取倒圆角示意

图 8.15 倒圆角完成

(4) 创建滚动体。单击"旋转"工具按钮，定义 FRONT 平面为草绘平面，接受系统默认的视图方向和视图参照，单击"草绘"按钮，进入草绘界面，绘制如图 8.16 所示的截面图形。单击☑按钮，完成截面的绘制，退出草绘界面。保持默认旋转角度 360°，单击中键，完成旋转。保持"旋转 2"选中状态，单击"阵列"按钮，选择"轴"的阵列类型，选取轴承内外圈旋转轴为阵列参照，阵列数输入 15，阵列角度输入 24，单击中键，完成阵列，如图 8.17 所示。保存文件，拭除内存。

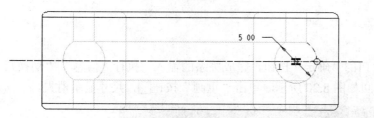
图 8.16 旋转截面尺寸 2

图 8.17 阵列完成

(5) 显示尺寸。执行"应用程序"|"继承"命令，系统弹出"继承零件"菜单，如图 8.18 所示。选择"修改"选项，系统弹出"修改"菜单，如图 8.19 所示；选择"尺寸"选项，选取旋转截面、滚动体等尺寸，如图 8.20 所示(如果尺寸位置不够理想，可在"修改"菜单中选择"尺寸装饰"选项，然后再选择"移动尺寸"选项，即可将尺寸移动到图示位置)。选择"完成"选项，执行"应用程序"|"标准"命令，完成尺寸显示的设置。

图 8.18 "继承零件"菜单

图 8.19 "修改"菜单

(6) 显示尺寸代号。执行"信息"|"切换尺寸"命令,所有尺寸显示为代号,如图 8.21 所示。d1 表示外圈直径,d2 表示内圈直径,d3 表示滑槽直径,d5 表示轴承宽度、d9 表示滚动体直径。

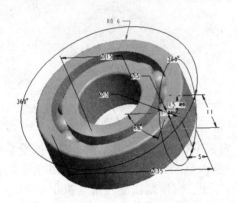
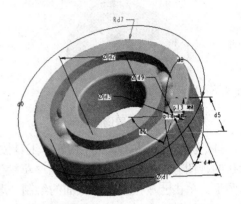

图 8.20　显示尺寸　　　　　　　　　图 8.21　显示尺寸代号

(7) 执行"工具"|"关系"命令,弹出"关系"窗口,输入如下关系:

```
d2=d1-4*(d5-1)/2
d3=(d5-1)/2
d9=(d5-1)/2
```

如图 8.22 所示,单击窗口的"确定"按钮,完成关系的输入。执行"信息"|"切换尺寸"命令,图形尺寸显示返回如图 8.20 所示。单击"重画"按钮,尺寸显示消失。

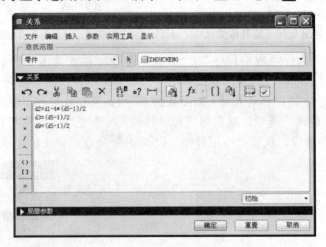

图 8.22　输入关系

(8) 修改尺寸。在模型树窗口选取"旋转 1"特征标志并右击,在弹出的快捷菜单中执行"编辑"命令,将轴承宽度尺寸 11 修改为 15,轴承外圈直径尺寸 35 修改为 80,如图 8.23 所示。单击"再生"按钮,零件变形如图 8.24 所示。再次选取"旋转 1"特征并右击,执行"编辑"命令,尺寸显示内圈直径变化为 52,滚动体直径变为 7。

(9) 保存文件。执行"文件"|"保存副本"命令,输入"zhoucheng_ok",单击"确定"按钮,拭除内存。

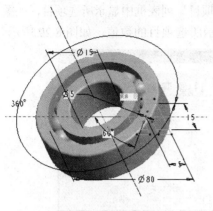

图 8.23 修改尺寸　　　　　　　图 8.24 再生后显示

8.3 族　　表

标准零件或重复性高、类似性大的零件(如螺栓、扳手等)，不需要每个规格都创建一个零件，设计者可以在一个标准零件中赋予一个零件族表，即可代表无数个个别的零件。在任何时候，只要调出零件族表中一个零件的名称，即可自动产生一个依照零件族表所示尺寸比例的实例零件。

族表的特点如下。

(1) 标准零件的管理。

(2) 节省文件存储所需的磁盘空间。

下面通过一个实例介绍族表创建的具体方法。

实例 3：创建深沟球轴承零件族表。

具体操作步骤如下。

(1) 打开实例 2 源文件 "zhoucheng.prt"，如图 8.17 所示。

(2) 执行"应用程序"|"继承"命令，在"继承零件"菜单中选择"修改"选项，在"修改"菜单中选择"尺寸"选项，选取旋转特征和倒圆角特征的有关尺寸，选择"完成"选项，执行"信息"|"切换尺寸"命令，执行"应用程序"|"标准"命令，完成尺寸显示，如图 8.25 所示。

(3) 执行"工具"|"族表"命令，系统弹出"族表"窗口。

(4) 单击"插入行"按钮，"族表"窗口显示一行实例数据，如图 8.26 所示。

(5) 单击"添加/删除列"按钮，系统弹出"族项目"窗口，如图 8.27 所示。

(6) 在"族项目"窗口中选中"添加项目"选项中的"尺寸"单选按钮，在图形窗口逐一选取轴承外圈直径 d1、轴承内圈直径 d2、滑槽直径 d3、

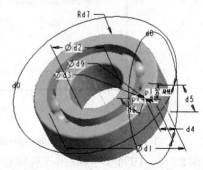

图 8.25 显示尺寸

轴承厚度 d4、轴承宽度 d5、滚动体直径 d9，则"项目"列表框中显示所选项目，如图 8.28 所示。单击窗口中的"确定"按钮，"族表"中显示所选项目的数值，如图 8.29 所示。

图 8.26 增加实例行

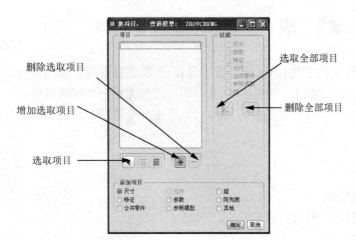

图 8.27 "族项目"窗口

图 8.28 选取增加列项目

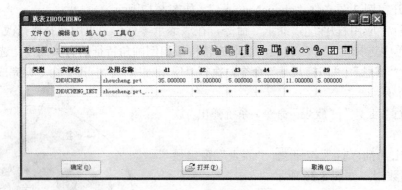

图 8.29 增加列显示

(7) 单击"公用名称"文本框中的字符(显示变为蓝底白色字)，输入字符"滚动轴承 6216 GB/T 276—1994"，然后在各列项目中依次输入 d1 "80"、d2 "40"、d3 "8.5"、d4 "9"、d5 "18"、d9 "8.5"，如图 8.30 所示。

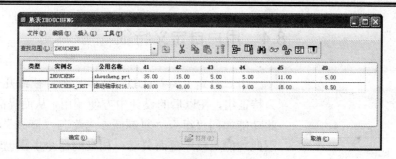

图 8.30 新建一个族行

(8) 单击"族表"窗口中的"阵列"图标，系统弹出"阵列实例"对话框，如图 8.31 所示。单击"项目"列表框下面的"全选"按钮，再单击"转换"按钮，则所选项目全部显示在右边的列表框中。按需要输入阵列数量，此处输入"2"，单击对话框中的"确定"按钮，"族表"窗口中显示新增的阵列，如图 8.32 所示。用户可以用步骤(7)所述的方法，再改每行的内容，列出所需零件的尺寸，获得一个零件表。

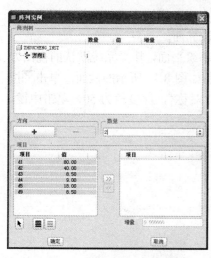

图 8.31 "阵列实例"对话框

图 8.32 阵列实例

(9) 选取实例的第 2 行(滚动轴承 6216 GB/T 276—1994)，单击"打开"按钮，则该零件显示在窗口中，如图 8.33 所示。执行"窗口"|"关闭"命令，关闭刚打开的实例零件。

(10) 保存文件，拭除内存。

图 8.33 滚动轴承 6216 GB/T 276—1994

8.4 用户自定义特征

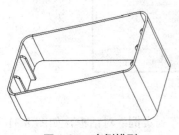

图 8.34 实例模型

用户自定义特征(UDF)是将某个特征或几个特征定义为特征组,在以后的设计中方便调用,从而提高设计效率。此功能如同"组"、"复制新参考"与"阵列"的混合体,因此功能上较广泛而灵活,相应的命令步骤也较烦琐。

UDF 特征的完成可分成两个步骤,第一是 UDF 的定义与建立,第二是 UDF 的放置。下面通过一个实例介绍 UDF 的具体创建方法。

实例 4:创建如图 8.34 所示的零件。

1. 创建 UDF 特征

具体操作步骤如下。

(1) 新建一个零件文件,输入名称为"udf",取消选中"使用缺省模板"复选框,选择 mmns_part_solid 模板,单击"确定"按钮,进入零件设计界面。

(2) 单击"拉伸"工具按钮 ,定义 FRONT 平面为草绘平面,接受系统默认的视图方向和视图参照,单击"草绘"按钮,进入草绘界面,绘制如图 8.35 所示的截面。单击 按钮,完成截面的绘制,退出草绘界面。设置拉伸深度为"对称",深度值为 50,单击中键,完成拉伸的创建,如图 8.36 所示。

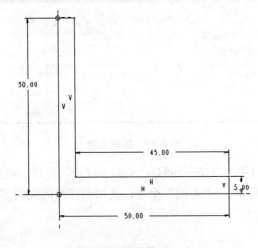

图 8.35 拉伸截面尺寸

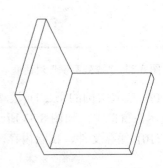

图 8.36 拉伸完成

(3) 创建筋特征。单击"轮廓筋"特征工具按钮 ,选择"参照"选项卡,单击"定义"按钮,单击"基准平面"按钮,选取拉伸体前侧面为参照平面,拖动句柄向后,输入偏移值"25",如图 8.37 所示,单击对话框中的"确定"按钮,完成基准平面的创建。定义拉伸体上侧面的正方向指向顶部,如图 8.38 所示,单击"草绘"按钮,进入草绘界面。执行"草绘"|"参照"命令,加选两条内直角边为尺寸参照,绘制如图 8.39 所示的截面。单击 按钮,完成截面的绘制,退出草绘界面。设置筋厚度值为 4,对称布置筋厚度,长材料向下,如图 8.40 所示。单击中键,完成"轮廓筋"特征的创建,如图 8.41 所示。

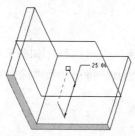
图 8.37 创建基准平面

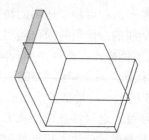
图 8.38 设置视图参照平面

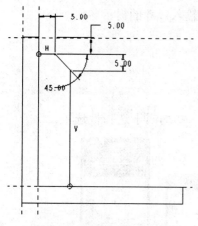
图 8.39 筋特征截面尺寸

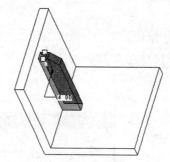
图 8.40 筋特征长材料方向

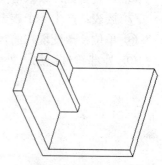
图 8.41 筋特征完成

(4) 执行"工具" | "UDF 库"命令，系统弹出 UDF 菜单，如图 8.42 所示。菜单中各选项的含义如下。

① 创建：产生并输入一个 UDF 名称。

② 修改：修改已存在的 UDF 特征。

③ 列表：显示此工作目录所有的 UDF。

④ 数据库管理：管理 UDF 的工具，有"保存"、"另存为"、"备份"、"重命名"、"拭除"、"删除"等。

⑤ 集成：分析原始与复制后 UDF 的不同点。

继续实例操作，选择"创建"选项，在信息窗口输入名称为"U-1"，单击中键，系统弹出"UDF 选项"菜单，如图 8.43 所示。菜单各选项含义如下。

图 8.42 UDF 菜单

图 8.43 "UDF 选项"菜单

① 单一的：可独立适用的特征。
② 从属的：使用时须跟随另一个特征之后。

继续实例操作，选择"单一的"选项，系统弹出"确认"对话框，如图 8.44 所示，单击"是"按钮，系统弹出"UDF：U-1，独立"对话框和"UPF 特征"及"选取特征"菜单，如图 8.45 所示。对话框各选项的含义如下。

① 特征：选择特征以加入 UDF 中。
② 参考提示：输入特征放置时参考的提示字句。
③ 不同元素：指定 UDF 中有哪些特征是往后可以重新定义的。
④ 可变尺寸：选择在放置 UDF 时可修改的尺寸，并输入尺寸的提示名称。
⑤ 尺寸值：更改尺寸值。
⑥ 可变参数：输入可变参数。
⑦ 族表：产生一个族表。
⑧ 单位：改变现在的尺寸单位。
⑨ 外部符号：加入外部尺寸与参数到 UDF 中。③～⑨均属于选择性选项。

图 8.44 "确认"对话框　　图 8.45 "UDF:U-1，独立"对话框、"UDF 特征"和"选取特征"菜单

(5) 选取"轮廓筋"特征，选择"完成/返回"选项，信息栏提示"以参照颜色为曲面输入提示："，图形前侧面显示变亮，如图 8.46 所示；输入"草绘平面"，单击中键，信息栏又出现同样的提示，图形上表面变亮，如图 8.47 所示；输入"参照平面"，单击中键，图形左侧平面变亮，如图 8.48 所示；输入"放置平面"，单击中键，图形底面显示变亮，如图 8.49 所示；输入"底面平面"，单击中键，提示设置完成，选择菜单中的"完成/返回"选项，返回对话框设置界面。在对话框中选取"可变尺寸"选项，单击"定义"按钮，图形显示尺寸，如图 8.50 所示；单击偏移值 25，选择"完成/返回"选项，在信息栏输入"偏移值"，单击中键，完成输入。单击对话框中的"确定"按钮，完成 UDF 的定义。

 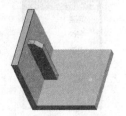

图 8.46 草绘平面显示　　　　　　　　图 8.47 参照平面显示

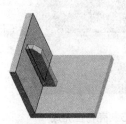 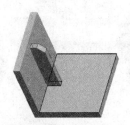 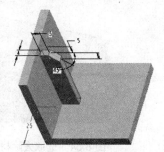

图 8.48 放置平面显示　　　图 8.49 底部平面显示　　　图 8.50 参照尺寸显示

2. 创建主体零件

具体操作步骤如下。

(1) 新建一个零件文件，输入名称为"ke"，取消选中"使用缺省模板"复选框，选择 mmns_part_solid 模板，单击"确定"按钮，进入零件设计界面。

(2) 单击"拉伸"工具按钮 ，定义 FRONT 平面为草绘平面，接受系统默认的视图方向和视图参照，单击"草绘"按钮，进入草绘界面，绘制如图 8.51 所示的截面。单击 按钮，完成截面的绘制，退出草绘界面。设置拉伸深度为"对称"，深度值为 150，单击中键，完成拉伸的创建，如图 8.52 所示。

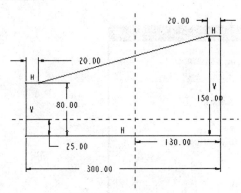

图 8.51 拉伸截面尺寸

(3) 创建倒圆角特征。单击"倒圆角"工具按钮 ，选取 4 条直立边链，输入圆角半径为 20，单击中键，完成倒圆角的创建，如图 8.53 所示。

图 8.52 拉伸特征完成　　　　　　图 8.53 倒圆角特征完成

(4) 创建壳特征。单击"壳"工具按钮 ，选取上面 3 个表面，如图 8.54 所示，设置壳厚度为 4，单击中键，完成壳特征的创建，如图 8.55 所示。

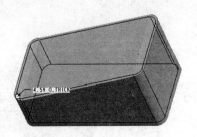
图 8.54 选取去除材料表面

图 8.55 壳特征完成

3. 放置 UDF 特征

具体操作步骤如下。

(1) 执行"插入"|"用户定义特征"命令，系统弹出"打开"对话框，选取 u-1.gph 文件，单击"打开"按钮，系统弹出"插入用户定义"对话框，单击"确定"按钮，系统弹出"用户定义的特征放置"对话框，如图 8.56 所示。

(2) 选取序号 1 原始特征参照，再选择前侧平面，如图 8.57 所示；选取序号 2 原始特征参照，选取左侧上表面，如图 8.58、图 8.59 所示；选取序号 3 原始特征参照，选取壳内侧表面，如图 8.60、图 8.61 所示；选取序号 4 原始特征参照，选取壳底表面，如图 8.62、图 8.63 所示。

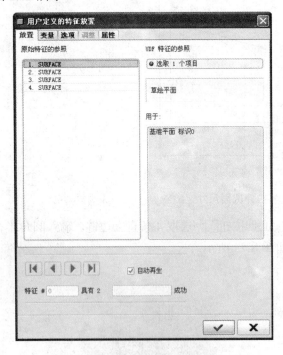
图 8.56 "用户定义的特征放置"对话框

图 8.57 选取草绘平面替换参照

(3) 在对话框中选择"变量"选项卡，修改值为 50，如图 8.64 所示，单击 ✓ 按钮，完成用户定义特征放置，如图 8.65 所示。

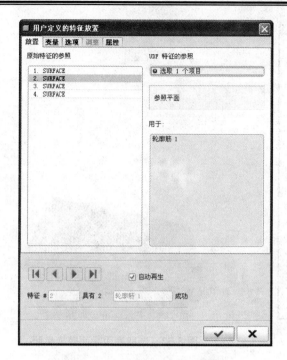

图 8.58 选取第 2 原始特征参照

图 8.59 选取参照平面替换参照

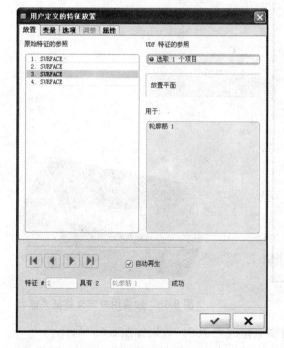

图 8.60 选取第 3 原始特征参照

图 8.61 选取放置平面替换参照

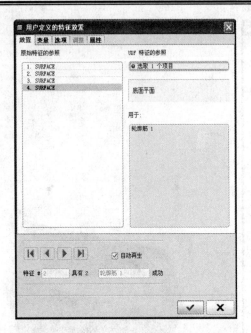

图 8.62 选取第 4 原始特征参照

图 8.63 选取底面平面替换参照

图 8.64 修改偏移值

图 8.65 放置用户定义特征完成

(4) 重复步骤(1)~(3)，将"变量"偏移值修改为 100，效果如图 8.66 所示。

(5) 重复步骤(1)~(3)，将草绘平面替换为后侧表面，效果如图 8.67 所示；选取右侧上表面为参照平面替换，如图 8.68 所示；选取壳右侧内表面为放置平面替换，如图 8.69 所示；选取底部为替换底部平面，如图 8.70 所示，偏移值分别修改为 40、80、120。完成后显示如图 8.34 所示。

(6) 保存文件，拭除内存。

图 8.66 修改偏移值后的特征放置　　图 8.67 选取替换草绘平面　　图 8.68 选取替换参照平面

图 8.69 选取替换放置平面　　　　　　图 8.70 选取替换底部平面

8.5 程　　序

程序是自动化零件与组件设计的一项重要工具，用户可以借助非常简易的程序语言来控制特征的出现、零组件尺寸的大小、零组件的出现与否、零组件的个数等。当零件或组件的程序设计完成后，往后读取此零件或组件时，其变化情况即可以利用问答的方式得到，以达成产品设计的要求。

程序具有如下几种功能。

(1) 生成标准件库，可随时调用，自动生成。

(2) 能方便地对特征进行删除、隐含和重新排序的操作。

(3) 通过关系自动判断特征的建立与否。

1. 进入程序的步骤

(1) 执行"工具"|"程序"命令，系统弹出"程序"菜单，如图 8.71 所示。该菜单有 4 个选项供选择，具体含义如下。

① 显示设计：显示程序的内容与具体创建过程参数。

② 编辑设计：编辑程序的内容。

③ 例证：将当前的零件储存为一个零件文件。

图 8.71 "程序"菜单

④ J-链接：将 Java 程序设置到零件中。

(2) 选择"编辑设计"选项，系统弹出"记事本"编辑器。该编辑器分成了 5 个区域，即标题区、参数编辑区、关系编辑区、特征创建过程参数信息区和质量属性编辑区。

① 标题区：共有 3 行，用以表示模型名称、程序修订信息等内容，此段由系统自动产生，不需要设计者编辑。

② 参数编辑区：用于对参数的定义，从 INPUT 至 END INPUT 区域。所谓参数编辑，主要是定义后续各变量名称并赋初值。

③ 关系编辑区：用以编辑关系式控制零件参数的变化，从 RELATIONS 至 END RELATIONS 区域。

④ 特征信息区：用以显示特征创建过程中的具体信息，内容包括整个特征创建过程的所有参数。该区域所占分量最大。

⑤ 质量属性编辑区：用以设置质量属性，从 MASSPROP 至 END MASSPROP 区域。

2. 创建程序的具体方法

下面通过一个实例来介绍用程序创建零件的方法。

实例 5：创建如图 8.72 所示的齿轮。

具体操作步骤如下。

(1) 新建一个零件文件，输入名称为"chilun"，取消选中"使用缺省模板"复选框，选择 mmns_part_solid 模板，单击"确定"按钮，进入零件设计界面。

(2) 单击"草绘"工具按钮，定义 FRONT 平面为草绘平面，接受系统默认的视图方向和视图参照，单击"草绘"按钮，进入草绘界面，绘制如图 8.73 所示的 4 个任意直径同心圆。单击按钮，退出草绘界面。

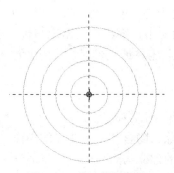
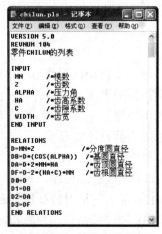

图 8.72　齿轮模型　　　　图 8.73　草绘截面图形　　　　图 8.74　输入程序段

(3) 执行"工具"|"程序"|"编辑程序"命令，系统弹出 DOS 运行窗口和 chilun.pls 记事本(如果弹出"设计"菜单，选择"自文件"选项)。在"记事本"编辑器 INPUT 与 END INPUT 之间插入定义参数，RELATIONS 与 END RELATIONS 之间插入关系，如图 8.74 所示。

> 💡 **注意**
> 此处的 d0、d1、d2、d3 即草绘中 4 个同心圆直径的尺寸符号，若实际尺寸符号不与本例相同，则应做相应的修改。

执行"文件"|"保存"命令，单击"关闭"按钮，此时系统信息栏提示"要将所做的修改体现到模型中？"，如图 8.75 所示。单击"是"按钮，系统弹出"得到输入"菜单，如图 8.76 所示，选择"输入"选项，进入参数赋值界面。选择"全选"|"完成选取"选项，如图 8.77 所示，在参数赋值文本框中输入参数初值，如图 8.78 所示，选择"完成/返回"选项，完成程序的编辑，此时图形窗口中 4 个同心圆尺寸发生变化，如图 8.79 所示。

第 8 章 系统配置、关系式、族表与程序

图 8.75 "修改到模型"提示栏

图 8.76 "得到输入"菜单

图 8.77 参数赋值菜单

图 8.78 参数赋值

(4) 绘制齿轮的渐开线。执行"插入"|"模型基准"命令，单击"曲线"工具按钮，选择"从方程"|"完成"选项，选择零件坐标原点 PRT_CSYS_DEF，选取坐标类型为圆柱坐标系后，系统弹出 DOS 运行窗口和 rel.ptd 记事本，在记事本中输入渐开线方程如下：

```
x=t*sqrt((da/db)^2-1)
y=180/pi
r=0.5*db*sqrt(1+x^2)
theta=x*y-atan(x)+90
z=0
```

执行"文件"|"保存"命令，单击"关闭"按钮。单击"曲线：从方程"对话框中的"确定"按钮，渐开线绘制成功，如图 8.80 所示。

(5) 创建渐开线镜像参照。单击"基准点工具"按钮，选取渐开线和分度圆，创建基准点 PNT0，如图 8.81 所示。单击"基准轴"按钮，选取 TOP 平面和 RIGHT 平面，创建基准轴 A_1，如图 8.82 所示。单击"基准平面"按钮，选取基准点 PNT0 和基准轴 A_1，创建基准平面 DTM1，如图 8.83 所示；单击"基准平面"按钮，选取基准平面 DTM1 和

基准轴线 A_1，在偏距文本框中输入旋转角度 360/4/Z，系统提示"是否要添加 360/4/Z 作为特征关系？"，如图 8.84 所示，单击"是"按钮，单击"确定"按钮，完成渐开线镜像参照平面 DTM2 创建，如图 8.85 所示。

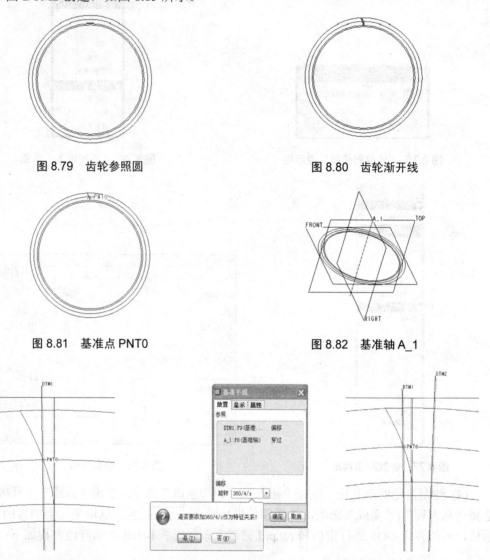

图 8.79　齿轮参照圆　　　　　　　　图 8.80　齿轮渐开线

图 8.81　基准点 PNT0　　　　　　　图 8.82　基准轴 A_1

图 8.83　基准平面 DTM1　　图 8.84　特征关系判断　　图 8.85　基准平面 DTM2

(6) 镜像渐开线。选择渐开线，执行"编辑"|"镜像"命令，选取 DTM2 平面为镜像参照平面，单击中键，完成镜像，如图 8.86 所示。

(7) 创建齿轮实体。单击"拉伸"工具按钮，定义 FRONT 平面为草绘平面，接受系统默认的视图方向和视图参照，单击"使用边"工具按钮，选取齿顶圆(4 个同心圆中最外侧圆)绘制截面，单击"完成"按钮，完成截面的绘制，退出草绘界面。在侧 1 深度设置文本框中输入 Width，系统提示"是否要添加 Width 作为特征关系？"，如图 8.87 所示，单击"是"按钮，单击中键，完成创建，如图 8.88 所示。

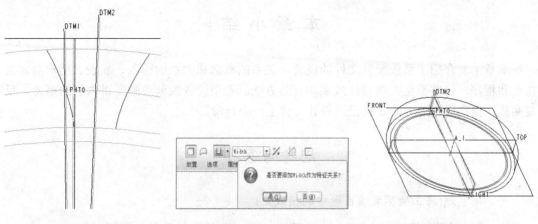

图 8.86 镜像渐开线　　　　　图 8.87 特征关系判断　　　　图 8.88 齿轮实体

(8) 切割齿槽。单击"拉伸"工具按钮 并保持"移除材料"按钮 被选中,定义 FRONT 平面为草绘平面,接受系统默认的视图方向和视图参照,单击"使用边"工具按钮 ,选取齿顶圆、齿根圆、两条渐开线,创建渐开线与齿根圆的圆角,圆角半径为 d/400,修剪掉多余的曲线,如图 8.89 所示。单击"完成"按钮 ,完成截面的绘制,退出草绘界面。在侧 1 深度设置文本框中输入 Width,单击"是"按钮,单击中键,完成创建,如图 8.90 所示。

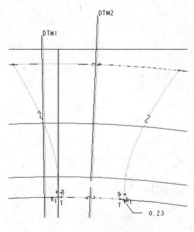
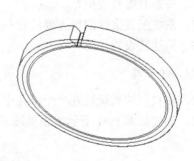

图 8.89 截面图形　　　　　　　　图 8.90 齿槽切割示意

(9) 阵列齿槽。选择(8)齿槽切割特征,执行"编辑"|"阵列"命令,单击"驱动方式"列表框右边的 按钮,选择"轴"选项,选取轴线 A_1,在阵列个数中输入"30",阵列角度中输入"360/Z",双击中键,完成创建,如图 8.72 所示。

(10) 保存文件,拭除内存。

> **注意**
> 在创建程序的过程中,关系式的输入可以在程序编辑器中直接输入,也可通过执行"工具"|"关系"命令,在"关系"窗口中输入关系式。两种方法的效果完全一致。

本 章 小 结

本章主要介绍了系统配置文件的设置，关系的概念和关系的输入、族表、用户自定义特征和程序，这些都是提高设计效率的有效方法。希望读者深刻理解所讲内容的概念，反复实践，提高应用能力，让自己的设计工作上一个台阶。

思考与练习

一、填空题(将正确答案填在题中的横线上)

1．系统配置文件的方法有_____和_____两种常用设置方法。

2．在创建程序的过程中，关系式可以在_____中直接输入，也可通过执行命令，在"关系"窗口中输入关系式。两种方法的效果完全一致。

二、判断题(正确的在括号内填入"T"，错误的填入"F")

1．关系是表示零件的尺寸之间联系的一种表达式。   （   ）
2．合理地设置系统配置文件是提高设计效率的有效方法。   （   ）
3．[☑仅显示从文件载入的选项]用于过滤配置文件中的配置选项，取消选中该复选框，系统只显示从文件中载入的配置选项。   （   ）

三、问答题

1．关系有哪些类型？
2．系统配置文件的设置要注意些什么？
3．简述族表的作用和特点。

四、练习题

1．将自己的系统设置一个或几个热键。
2．创建如图 8.91 所示的轴承端盖零件的零件库(族表)。

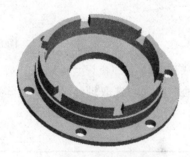

图 8.91 轴承端盖零件

第 9 章　实体特征的高级操作工具

教学目标

通过本章的学习，掌握实体高级特征操作工具的使用方法，达到娴熟应用高级特征工具解决实体设计问题的能力，以提高设计效率。

教学要求

能力目标	知识要点	权重	自测分数
掌握高级工程特征的创建方法	轴、唇、法兰、退刀槽、耳、槽等特征的创建	30%	
掌握扭曲特征的创建方法	半径圆顶、局部推拉、剖面圆顶、环形折弯、骨架折弯、扭曲等特征的创建	70%	

引例

对图 9.1 所示的曲轴模型，如按前面章节所述的方法创建，至少需要 13 个步骤。而用本章将介绍的环槽特征的构建方法，则 9 步就可以完成。

本章主要介绍一些高级特征的应用，包括轴特征、唇特征、法兰特征、环形槽特征、耳特征、槽特征、折弯特征等，另外还将介绍实体自由变形、半径圆顶和剖面圆顶特征以及扭曲特征的创建方法。

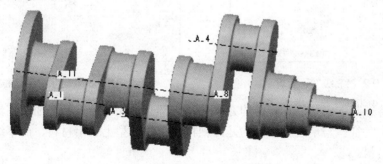

图 9.1　引例模型

9.1　轴　特　征

在"插入"菜单的"高级"子菜单下，有 6 个工程特征，它们是"轴"特征、"唇"特征、"法兰"特征、"环形槽"特征、"耳"特征和"槽"特征，如图 9.2 所示。这些特征是一些基本特征的组合,使用起来并不复杂,而且可以加快建模速度。与倒圆角、倒角、抽壳等工程特征相似,这 6 个特征也属于工程特征的类型,需要在其他伸出项特征的基础上构建。所以,当模型中没有任何伸出项特征时,这 6 个特征处于非激活状态,不可使用。

> **注意**
>
> 默认状态下,这 6 个特征是不显示在"高级"子菜单中的。要使它们显示,需要在配置文件中设置。具体方法如下。
>
> 执行"工具"|"选项"命令,在弹出的"选项"对话框中取消选中"仅显示从文件中载入的选项"复选框,在"显示"列表框中找到 allow_anatomic_features 选项,将其值设为 yes,如图 9.3 所示,并将其设置保存。如果想要每次都有这种设置,则将此设置保存到 Pro/ENGINEER 的安装路径下的 text 目录下。

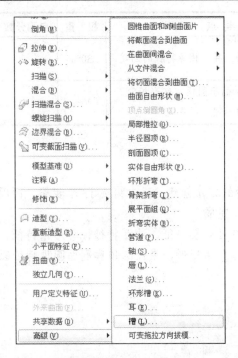

图 9.2 "高级"子菜单　　　　　　　图 9.3 "选项"对话框

创建轴特征与创建草绘孔特征的方法类似,都必须先草绘旋转截面图,然后将其放置到模型上产生特征。与草绘孔不同的是,轴特征是从模型上长出材料,而草绘孔特征是从模型上移除材料。

下面通过实例介绍创建轴特征的具体方法。

实例 1:创建如图 9.4 所示的零件。

1. 模型分析

该模型是在法兰板上长出一个台阶式圆柱体,且与中心孔同轴。此接头可以用两次拉伸的方法创建,也可以用轴特征创建,此例介绍用轴特征创建的方法。模型尺寸如图 9.5 所示。

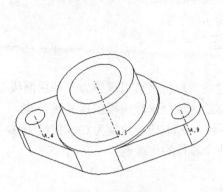

图 9.4 实例模型

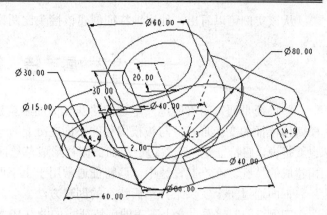

图 9.5 零件尺寸

2. 具体操作步骤

(1) 打开实例源文件 shift.prt，如图 9.6 所示。

(2) 执行"插入"|"高级"|"轴"命令，系统弹出"位置"菜单和"轴：草绘"对话框，如图 9.7、图 9.8 所示。选择"同轴"选项，再选择"完成"选项，进入草绘界面，绘制如图 9.9 所示的截面(注意：一定要绘制一条垂直中心线，作为旋转特征的旋转轴，截面图形只能位于中心线的一侧，且截面的上方是与原始特征相接的位置)。单击 ☑ 按钮，完成截面的绘制，系统自动退出草绘界面，并提示"选取轴(在轴线上选取)"，选取法兰的中心轴线 A_3，系统再提示"选取放置平面"，选取法兰的上平面为放置平面，单击"预览"按钮，观察方向是否正确，如果正确，单击"确定"按钮，如果方向不正确，在对话框中选择"方向"，单击"定义"按钮，再执行"反向"|"确定"命令，即可反向。正确结果如图 9.4 所示。

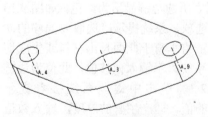

图 9.6 实例源文件

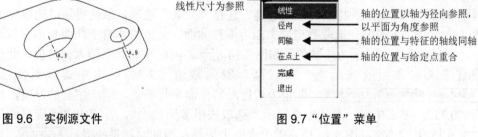

图 9.7 "位置"菜单

图 9.8 "轴：草绘"对话框

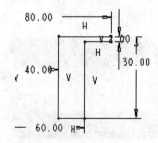

图 9.9 轴特征的截面尺寸

从该实例可以看出，使用轴特征创建该接头比两次拉伸创建减少了一个步骤。

9.2 唇 特 征

唇特征是通过沿着所选模型边偏移匹配曲面来构建的，唇特征可以理解为一种曲面拔模偏移特征的变换形式，与拔模偏移的不同之处是，草绘区域要求较拔模偏移灵活一些。也就是说，唇特征是由选取边链沿曲面偏移形成草绘区域，垂直(拔模角度为 0)或拔模偏移构建成的特征。在产品设计中，唇特征通常用于上下两个零件的边缘连接。

下面通过一个实例来介绍唇特征的创建方法。

实例 2：创建香皂盒上下盖的唇特征，如图 9.10 所示。

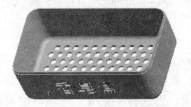

图 9.10 上下盒唇特征示意图

1. 模型分析

上下盖通常情况下是一对阴阳榫形成上下吻合状态。其阴阳榫实际上就是一对长出或切口的唇特征。通常情况是下部长出材料，上部凹入材料。

2. 具体操作步骤

(1) 打开零件 xzh-x.prt，如图 9.11 所示。

(2) 执行"插入"|"高级"|"唇"命令，系统弹出"边选取"菜单，如图 9.12 所示。选择"链"选项，选取香皂盒上面的内边缘为边链，此时，所选边链显示为红色，如图 9.13 所示，此边链为生成唇特征的基础边链。选择"完成"选项，系统提示"选取要偏移的曲面(与加亮的边相邻)"，选取香皂盒上面为偏移曲面，边链将垂直于此面长出材料或生成切口，此时所选表面显示为淡红色，如图 9.14 所示。同时系统提示输入偏移值，此值为边链垂直于选取曲面的偏距值，即唇高，输入数值"2"。单击中键，系统接着提示 输入从边到拔模曲面的距离(abs.值> 0.0112) 0.0220 ，此值为边链沿着曲面平行的值，即产生唇的厚度，输入数值为"0.75"，单击中键，系统跟着提示"选取拔模参照曲面"，并弹出"设置平面"菜单，如图 9.15 所示。选取图 9.14 所示的上表面为拔模参照曲面，系统提示 输入拔模角 ，输入角度为"2"，单击中键，唇特征创建完成。结果如图 9.16 所示，保存为文件名 xzh-xok.prt。

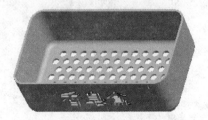 

图 9.11 实例源文件   图 9.12 "边选取"菜单

图 9.13　选取边链

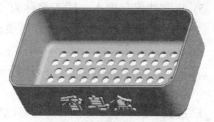

图 9.14　选取偏移曲面

图 9.15　"设置平面"菜单

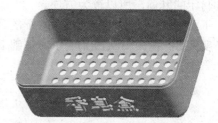

图 9.16　香皂盒下盒完成

> **注意**
> ① 如果对唇高输入正值，则唇特征为伸出项(加材料)特征，如果输入负值，唇特征为切口特征。
> ② 如果唇特征的匹配曲面是平面，可以选取匹配曲面作为拔模角的参照曲面，如果匹配曲面不是平面，就要考虑选取其他平面或建立基准平面。
> ③ 如果欲使唇特征的创建方向不垂直于匹配曲面，此时唇特征就会扭曲，匹配曲面的法线与参照平面的法线之间夹角越小，唇特征的几何扭曲就越小。

（3）创建上盖的唇特征。打开实例源文件 xzh-s.prt，如图 9.17 所示。

（4）执行"插入"|"高级"|"唇"命令，在弹出的菜单中选择"链"选项，这时有两种选择方案可以考虑，即选取内边缘或者外边缘。选取上盒的内边缘为边链时，选择"完成"选项，在提示下选取下盖的边缘表面为偏移曲面，接着按提示输入偏移值，这时需要输入负值。如果选取外边缘为边链，输入偏移值就要输入正值。两种选择方案输入的数值都要与香皂盒下盒相匹配，其他参数与香皂盒下盒的参数相同。完成结果如图 9.18 所示。

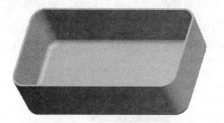

图 9.17　实例源文件

图 9.18　上盒完成图

> **注意**
> 此例中如果选取外边缘作为边链，除了需要设定偏距值为正值之外，最后生成的装配体总高度将会加高偏距值的高度。这是因为上下两个盒体都是加材料特征，而使用内边缘输入负值偏距就不存在这个问题。所以，设计者在选择方案时要充分考虑到这一点。

(5) 将文件保存副本，输入名称为"xzh-sok"，拭除内存。

此例所介绍的方法适用于所有需要上下吻合的特征创建，诸如手机、机箱等。

9.3 法兰特征

法兰特征是附着在模型表面具有回转体性质的实体特征。在零件建模中，法兰特征经常用于在模型上构建旋转形的伸出项(加材料)特征。它与旋转实体特征相比，省去了截面需要封闭的麻烦，所以较为方便。

下面通过一个实例介绍法兰特征的具体创建方法。

实例3：在如图 9.19(a)所示的基础上创建如图 9.19(b)所示的双层圆柱体。

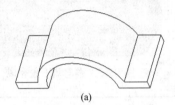 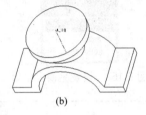

(a) (b)

图 9.19 实例 3 示意图

1. 模型分析

在图 9.19(a)上创建两个圆柱体，可以用多种方法：一种是两次拉伸，这时需要创建一个基准平面作为草绘平面；一种是旋转，这时需要利用"使用边"工具选取圆弧边作为截面的一部分。而使用法兰特征的方法，既不需要创建基准平面，又不需要使用边，比上两种方法简单快捷。下面就具体介绍这种方法。

2. 具体操作步骤

(1) 打开实例源文件 falan_y.prt，如图 9.19(a)所示。

(2) 执行"插入"|"高级"|"法兰"命令，系统弹出"选项"菜单，选择"360"选项，接受系统默认的"单侧"旋转，选择"完成"选项，系统弹出"设置草绘平面"菜单，如图 9.20 所示。选择 FRONT 平面为草绘平面，接受系统默认的视图方向和视图参照，选择"确定"选项，选择"缺省"选项，进入草绘界面。执行"草绘"|"参照"命令，加选外侧圆弧作为尺寸参照(以确保所画直线与之相交约束)，绘制如图 9.21 所示的截面。单击"完成"按钮☑，完成法兰特征的创建，按 Ctrl+D 组合键，使视图标准方向显示，如图 9.22 所示。

图 9.20 "选项"和"设置草绘平面"菜单

第 9 章 实体特征的高级操作工具

> **注意**
> 在绘制截面时,中心线是作为实体的旋转轴的,必须绘制。截面的线条不能封闭,必须是开放型。

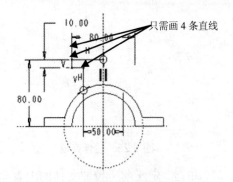

图 9.21 法兰特征的截面尺寸

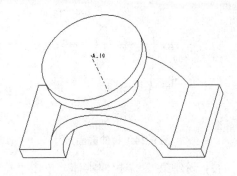

图 9.22 法兰特征完成

9.4 环形槽特征

环形槽特征是将一个开放型截面绕着一根旋转轴旋转切割材料形成的特征,这种特征较旋转切剪特征方便,而且更适用于对偏心槽的切制。创建方法和步骤与法兰特征基本类似,不同之处在于,法兰特征是在模型上加材料,环形槽特征是在模型上减材料。

实例 4:创建一根三缸机的曲轴,如图 9.23 所示。

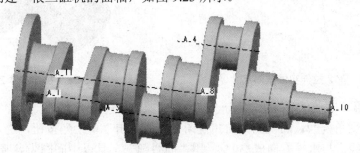

图 9.23 三缸机曲轴

1. 模型分析

该模型具有 4 个主轴颈和 3 个曲柄销,3 个曲柄销相互之间都相差 120°,且距中心主轴颈偏距一定的距离,如果用拉伸特征创建,要近 11 次才能拉伸完成,再加上两端的主轴颈要拉伸 18 次。如果采用环形槽特征,则简单得多,下面介绍使用环形槽特征创建三缸机曲轴的方法。

2. 具体操作步骤

(1) 新建一个零件,输入名称为 "quzhou.prt",取消选中 "使用缺省模板" 复选框,选择使用 mmns_part_solid 模板,单击 "确定" 按钮,进入零件设计界面。

(2) 拉伸第 1 段实体。单击 "拉伸" 工具按钮,定义 FRONT 平面为草绘平面,接受系统默认的视图方向和视图参照,单击"草绘"按钮,进入草绘界面,绘制如图 9.24 所示的截面。单击"完成"按钮☑,退出草绘界面。输入拉伸深度为"100",单击中键,完成拉伸实体的创建,如图 9.25 所示。

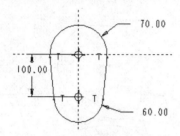 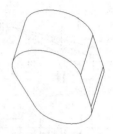

图 9.24　拉伸截面尺寸　　　　　　　　图 9.25　拉伸完成

(3) 创建第 2 个拉伸实体。单击"拉伸"工具按钮,定义前一拉伸实体的上表面为草绘平面,接受系统默认的视图方向和视图参照,单击"草绘"按钮,进入草绘界面。先绘制一条中心线,与水平方向呈 30°,用"同心圆"工具以中间圆为参照绘制一个 R 为 70 的圆,然后再绘制如图 9.26 所示的截面。单击"完成"按钮☑,退出草绘界面。输入拉伸深度"150",单击中键,完成拉伸实体的创建,如图 9.27 所示。

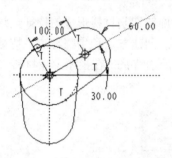 

图 9.26　第 2 拉伸实体截面尺寸　　　　图 9.27　拉伸实体 2 完成

(4) 创建第 3 个拉伸实体。单击"拉伸"工具按钮,定义前一拉伸实体的上表面为草绘平面,接受系统默认的视图方向和视图参照,单击"草绘"按钮,进入草绘界面。先绘制一条中心线,与水平方向成 30°,用"同心圆"工具以中间圆为参照绘制一个 R 为 70 的圆,然后再绘制如图 9.28 所示的截面。单击"完成"按钮☑,退出草绘界面。输入拉伸深度"150",单击中键,完成拉伸实体的创建,如图 9.29 所示。

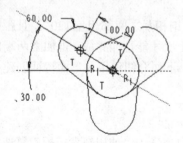 

图 9.28　拉伸实体 3 截面尺寸　　　　　图 9.29　拉伸实体 3 完成

(5) 创建基准轴。单击"基准轴"工具按钮,选取拉伸实体 1 的小头圆弧面,单击对话框中的"确定"按钮，创建基准轴 A_1 完成，如图 9.30 所示。用同样的方法创建基准轴线 A_2、A_3、A_4，如图 9.31、图 9.32、图 9.33 所示。

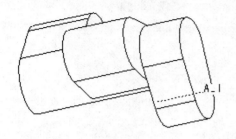

图 9.30 创建基准轴 A_1

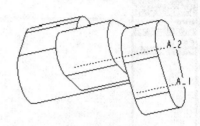

图 9.31 创建基准轴 A_2

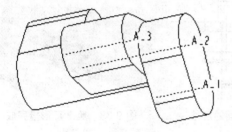

图 9.32 创建基准轴 A_3

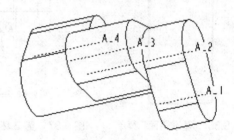

图 9.33 创建基准轴 A_4

(6) 创建第 1 个曲柄销。执行"插入"|"高级"|"环形槽"命令，在弹出的"选项"菜单中选择"360"、"单侧"选项，选择"完成"选项，选取 RIGHT 平面为草绘平面，接受系统默认的视图方向和视图参照，选择"确定"选项，选择"缺省"选项，进入草绘界面。执行"草绘"|"参照"命令，加选 A_1 为尺寸参照，在 A_1 线位置绘制一条水平中心线，再绘制如图 9.34 所示的截面。单击"完成"按钮☑，完成环形槽的创建，如图 9.35 所示。

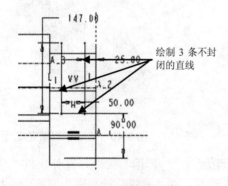

图 9.34 第 1 环形槽截面尺寸

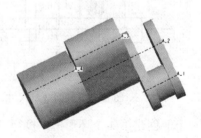

图 9.35 第 1 环形槽完成

(7) 创建第 2 环形槽。执行"插入"|"高级"|"环形槽"命令，在弹出的"选项"菜单中选择"360"、"单侧"选项，选择"完成"选项，在"设置草绘平面"菜单中选择"产生基准"选项，系统弹出"基准平面"菜单，如图 9.36 所示。选择"穿过"选项，选取轴线 A_2 为参照轴，再选择"穿过"选项，选取轴线 A_3，选择"完成"选项，选择"确定"选项，选择"缺省"选项，进入草绘界面。加选轴线 A_2 和一个拉伸面为尺寸参照，绘制

一条通过轴线 A_2 的中心线，绘制如图 9.37 所示的截面。单击"完成"按钮☑，完成环形槽的创建，如图 9.38 所示。

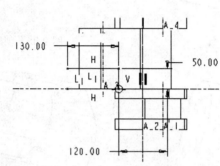
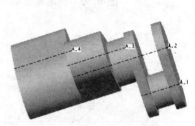

图 9.36 "基准平面"菜单　　图 9.37 第 2 环形槽截面的尺寸　　图 9.38 第 2 环形槽完成

(8) 创建第 3 环形槽。执行"插入"|"高级"|"环形槽"命令，在弹出的"选项"菜单中选择"360"、"单侧"选项，选择"完成"选项，在"设置草绘平面"菜单中选择"使用先前的"选项，选择"确定"选项，进入草绘界面。加选 A_3 和刚切制的环形槽的上边为尺寸参照，绘制一条通过 A_3 的中心线，绘制截面尺寸如图 9.39 所示。完成结果如图 9.40 所示。

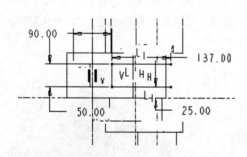
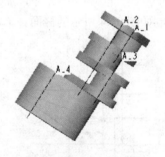

图 9.39 截面 3 的尺寸　　　　　图 9.40 第 3 环形槽完成

(9) 创建第 4 个环形槽。执行"插入"|"高级"|"环形槽"命令，在弹出的"选项"菜单中选择"360"、"单侧"选项，选择"完成"选项，在"设置草绘平面"菜单中选择"产生基准"选项，系统弹出"基准平面"菜单，如图 9.36 所示。选择"穿过"选项，选取轴线 A_2 为参照轴，再选择"穿过"选项，选取轴线 A_4，选择"完成"选项，选择"确定"选项，选择"缺省"选项，进入草绘界面。加选轴线 A_2 和一个拉伸面为尺寸参照，绘制一条通过轴线 A_2 的中心线，绘制如图 9.41 所示的截面。单击"完成"按钮☑，完成环形槽的创建，如图 9.42 所示。

(10) 创建第 5 环形槽。执行"插入"|"高级"|"环形槽"命令，在弹出的"选项"菜

单中选择"360"、"单侧"选项,选择"完成"选项,在"设置草绘平面"菜单中选择"使用先前的"选项,选择"确定"选项,进入草绘界面。加选 A_4 和刚切制的环形槽的上边为尺寸参照,绘制一条通过 A_4 的中心线,绘制截面尺寸如图 9.43 所示。完成结果如图 9.44 所示。

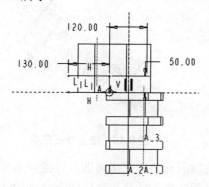

图 9.41 截面 4 的尺寸

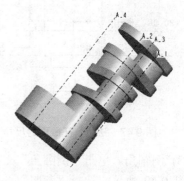

图 9.42 第 4 环形槽完成

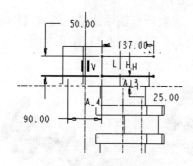

图 9.43 截面 5 的尺寸

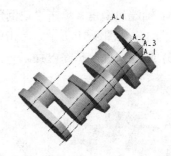

图 9.44 第 5 环形槽完成

(11) 创建轴特征。执行"插入"|"高级"|"轴"命令,执行"同轴"|"完成"命令进入草绘界面,绘制如图 9.45 所示的截面。单击"完成"按钮☑,完成截面的绘制,选取 A_2 为轴参照,选取第 5 环形槽下端面为放置平面,单击对话框中的"确定"按钮,完成轴特征的创建,如图 9.46 所示。

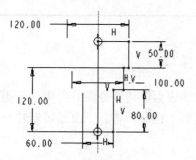

图 9.45 轴特征截面的尺寸

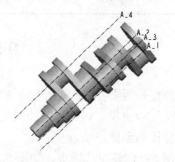

图 9.46 轴特征完成

(12) 创建法兰特征。执行"插入"|"高级"|"法兰"命令,系统弹出"选项"菜单,选择"360"选项,接受系统默认的"单侧"旋转,选择"完成"选项,系统弹出"设置草绘平面"菜单,选择 RIGHT 平面为草绘平面,接受系统默认的视图方向和视图参照,选择

"确定"选项,选择"缺省"选项,进入草绘界面。绘制一条通过轴线 A_2 的中心线,绘制法兰截面,如图 9.47 所示。单击"完成"按钮☑,完成法兰特征的创建,结果如图 9.48 所示。

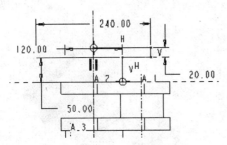
图 9.47 法兰特征截面的尺寸

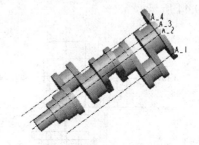
图 9.48 法兰特征完成

(13) 倒圆角。单击"倒圆角"工具按钮,选取所有颈部交接边链,设置圆角半径为 5,如图 9.49 所示。选择"参照"选项卡,单击"新建集"字符,选取所有曲柄的边链,设置倒角半径为 2,单击中键,完成倒圆角,如图 9.50 所示。

(14) 轴端边倒角。单击"边倒角"工具按钮,选取所有轴端边链,设置 D×D,输入 D 值为 1,如图 9.51 所示。单击中键,完成边倒角,结果如图 9.23 所示。

(15) 保存文件,拭除内存。

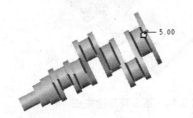
图 9.49 选取倒圆角边链

图 9.50 倒圆角完成

图 9.51 选取倒边角边链

> 💡 注意
> 绘制环形槽截面时,其截面图形不需要封闭。

9.5 耳 特 征

耳特征是附着在模型某个特征的表面上,并从该表面的边线处向外产生一个类似耳状的拉伸特征伸出项。该特征的边线处可以折弯,类似于钣金折弯。下面通过创建一个活页介绍耳特征的创建方法。

实例 5:创建半边活页,如图 9.52 所示。

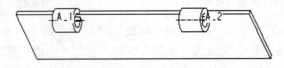
图 9.52 半边活页

具体操作步骤如下。

(1) 新建一个零件文件，输入名称为"huoye"，取消选中"使用缺省模板"复选框，选择 mmns_part_solid 模板，单击"确定"按钮，进入零件设计界面。

(2) 创建活页本体。单击"拉伸"工具按钮，定义 FRONT 平面为草绘平面，接受系统默认的视图方向和视图参照，单击"草绘"按钮，进入草绘界面。绘制一个矩形，尺寸和约束关系如图 9.53 所示。单击"完成"按钮，退出草绘界面。设置拉伸深度为 2，单击中键，完成活页本体的创建，如图 9.54 所示。

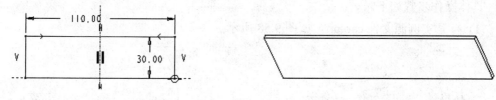

图 9.53　活页本体拉伸截面尺寸　　　　图 9.54　活页本体拉伸完成

(3) 创建第 1 个铰链。执行"插入"|"高级"|"耳"命令，系统弹出"选项"菜单，选择"可变的"、"完成"选项，弹出"设置草绘平面"菜单，选择"新设置"、"平面"选项，选取大矩形平面为草绘平面，接受系统默认的视图方向和视图参照，选择"确定"选项，选择"缺省"选项，进入草绘界面。绘制如图 9.55 右图所示的截面。单击"完成"按钮，退出草绘界面。信息栏提示 输入耳的深度 ，表示截面垂直于草绘平面方向偏移加厚的值，输入值"2"，单击中键，信息栏提示 输入耳的折弯半径 ，输入值"3"，单击中键，信息栏提示 输入耳折弯角 ，输入值"300"，单击中键，耳特征创建完成，如图 9.56 所示。

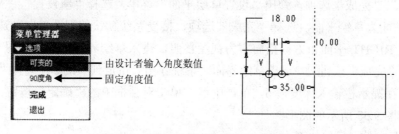

图 9.55　"选项"菜单和"耳"截面尺寸

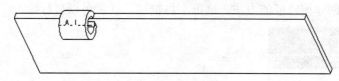

图 9.56　第 1 铰链完成

(4) 创建第 2 个铰链。选取第 1 个铰链，执行"编辑"|"镜像"命令，选取 RIGHT 平面为镜像参照平面，单击中键，完成镜像，完成半边活页的创建，如图 9.52 所示。

(5) 保存文件，拭除内存。

> 注意
> ① 创建耳特征时，草绘面必须是平面，且可与附着面成一定角度。
> ② 耳的截面必须是开放的，且必须与附着面的边线约束对齐，附着面通常是外边缘。
> ③ 耳的深度值表示耳的厚度，角度值只允许正值，方向沿草绘平面向上。

9.6 槽 特 征

槽特征是一种去除模型上材料的特征，它与基础特征中去除材料的方式类似，只是绘制截面的过程较为灵活。槽特征切除材料的方法很多，下面以拉伸为例介绍其创建方法。

实例 6：创建一个半圆键槽，如图 9.57 所示。

具体操作步骤如下。

(1) 打开实例源文件 cao.prt，如图 9.58 所示。

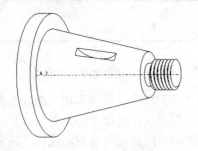 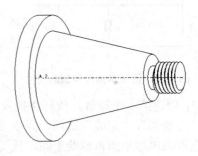

图 9.57　实例模型　　　　　　　　图 9.58　实例源文件

(2) 执行"插入"|"高级"|"槽"命令，系统弹出"实体选项"菜单，选择"拉伸"、"实体"、"完成"选项，系统弹出"属性"菜单和"开槽：拉伸"对话框，如图 9.59 所示。选择"双侧"、"完成"选项，弹出"设置草绘平面"菜单，选择"新设置"、"平面"选项，选取 TOP 平面为草绘平面，选择"完成"选项，接受系统默认的视图方向，选择"确定"选项，设置 RIGHT 平面正方向指向右为视图参照，进入草绘界面，绘制如图 9.60 所示的截面。单击"完成"按钮☑，退出草绘界面。系统弹出"指定到"菜单，选择"盲孔"、"完成"选项，在提示栏输入深度值 6，单击中键，单击对话框中的"确定"按钮，完成创建，窗口显示如图 9.57 所示的图形。

(3) 保存文件，拭除内存。

用其他方式创建槽特征的方法，这里不再赘述，读者可以自行练习。

  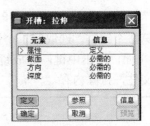

图 9.59　各菜单和对话框示意

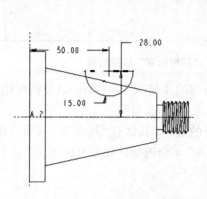

图 9.60 截面尺寸和菜单

9.7 环形折弯

环形折弯是一种改变模型形状的操作，它可以对实体特征、曲面、基准曲线进行形状的折弯变形。环形折弯可以完成一个整圆，也可以完成任意角度。下面通过一个实例介绍环形折弯的创建方法。

实例 7：创建一个半圆弧形板，如图 9.61 所示。

1. 模型分析

该半圆弧形板是由一块拉伸后的薄板通过环形折弯，设置折弯角度为 180°而形成的特征。

2. 具体操作步骤

图 9.61 实例模型

(1) 新建一个零件文件，输入名称为"huban.prt"，取消选中"使用缺省模板"复选框，选择 mmns_part_solid 模板，单击"确定"按钮，进入零件设计界面。

(2) 创建基础实体。执行"插入"|"拉伸"命令，定义 TOP 平面为草绘平面，接受系统默认的视图方向和视图参照，单击"草绘"按钮，进入草绘界面，绘制如图 9.62 所示的截面。单击"完成"按钮☑，退出草绘界面。设置深度类型为"盲孔"，输入深度值"10"，确认拉伸为实体，单击中键，完成基础实体的创建，如图 9.63 所示。

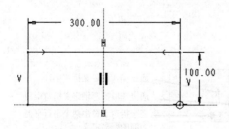

图 9.62 截面尺寸示意　　　　　　　图 9.63 基础实体完成

(3) 创建环形折弯。执行"插入"|"高级"|"环形折弯"命令，系统弹出"环形折弯"操控面板，如图 9.64 所示。该操控面板含有两个主要选项卡："参照"和"选项"。

图 9.64 "环形折弯"操控面板

"参照"选项卡：主要用来定义要折弯的几何(实体或面组)以及折弯轮廓截面。选择"参照"选项卡，弹出"参照"下滑面板，如图 9.65 所示。

"选项"选项卡：主要用来设置折弯的选项，具体有"标准"、"保留在角度方向的长度"、"保持平整并收缩"和"保持平整并展开"4 个选项，如图 9.66 所示。

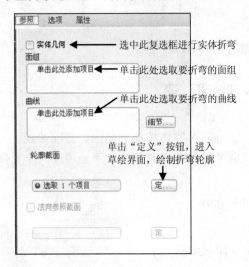

图 9.65 "参照"下滑面板　　　　　图 9.66 "选项"下滑面板

继续实例操作。选中"实体几何"复选框，单击"轮廓截面"区域的"定义"按钮，定义 RIGHT 平面为草绘平面，选择"反向"选项改变视图方向，选择 TOP 平面为视图参照，方向朝顶，选择"草绘"选项，进入草绘界面。

(4) 绘制横截面折弯轨迹。单击"坐标系"图标，建立截面坐标系，然后绘制如图 9.67 所示的截面。单击"完成"按钮，退出草绘界面。单击"定义折弯"选项下拉列表框右边的按钮，弹出下拉列表框，如图 9.68 所示。选择"360 度折弯"选项，系统提示："选取要定义折弯长度的第一个平面"，选取右侧平面，按住 Ctrl 键，选取左侧平面单击中键，完成折弯，如图 9.69 所示。

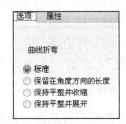

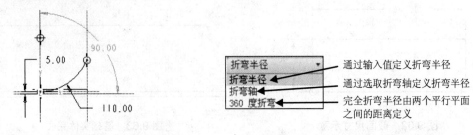

图 9.67 横截面折弯轨迹尺寸　　　　　图 9.68 "定义折弯"下拉列表框

(5) 在模型树窗口选取 环形折弯 1 并右击，执行"编辑定义"命令，选择"折弯半径"选项，输入半径值 100，单击中键，完成折弯，如图 9.70 所示。

(6) 保存文件，拭除内存。

图 9.69　环形折弯 1 完成

图 9.70　环形折弯 2 完成

> 注意
>
> 　　绘制截面时，必须要创建截面局部坐标系，这是因为平板的长度与相切曲线的长度并不相等，平板沿着曲线做折弯时，平板必须做比例缩放，而所做的局部坐标系是折弯的转折点，也可视为缩放的原点。

9.8　骨架折弯

骨架折弯是将实体沿着一条轨迹线进行折弯变形的特征，与环形折弯不同的是，骨架折弯不能封闭。下面通过一个实例介绍骨架折弯的创建方法。

实例 8：创建一把叉子模型，如图 9.71 所示。

具体操作步骤如下。

(1) 新建一个零件文件，输入名称为 cha.prt，取消选中"使用缺省模板"复选框，选择 mmns_part_solid 模板，单击"确定"按钮，进入零件设计界面。

图 9.71　叉子模型

(2) 创建叉子基体。执行"插入"|"拉伸"命令，定义 TOP 平面为草绘平面，接受系统默认的方向和视图参照，单击"草绘"按钮，进入草绘界面，绘制如图 9.72 所示的截面。单击"完成"按钮☑，完成截面的绘制，退出草绘界面。设置对称拉伸，设置拉伸深度值为 3，单击中键，完成创建，如图 9.73 所示。

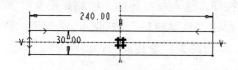

图 9.72　叉子基体拉伸截面尺寸

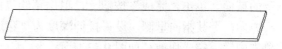

图 9.73　叉子基体拉伸完成

(3) 切剪叉子本体。单击"拉伸"按钮☑，选取拉伸体的上表面为草绘平面，接受系统默认的视图方向和视图参照，单击"草绘"按钮，进入草绘界面，绘制如图 9.74 所示的截面。单击"完成"按钮☑，退出草绘界面。单击"移除材料"按钮☑，单击指示箭头方向，令其指向外侧，设置拉伸深度为"穿透"，单击箭头，令其反向，如图 9.75 所示。单击中键，完成切剪，如图 9.76 所示。

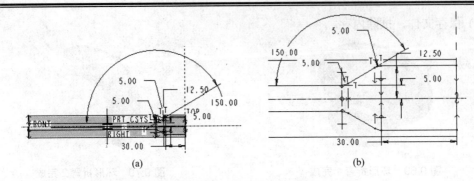

图 9.74 拉伸切剪截面尺寸(局部放大)

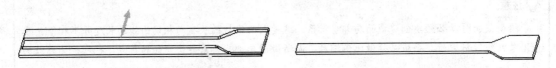

图 9.75 "移除材料侧"方向和"穿透"方向　　　图 9.76 切剪本体完成

(4) 创建两个头部的倒圆角。单击"倒圆角"工具按钮，选取左边头部的两条边链，如图 9.77 所示；选择"集"选项卡，单击 完全倒圆角 按钮，单击中键，完成左边头部的完全倒圆角，如图 9.78 所示。再次单击"倒圆角"工具按钮，选取右边头部两条边链，设置半径为 1.2，如图 9.79 所示；单击中键，完成右边头部倒圆角，如图 9.80 所示。

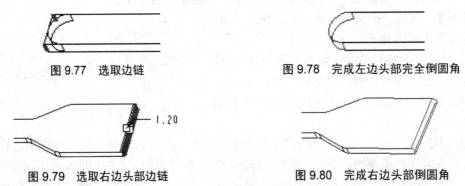

图 9.77 选取边链　　　图 9.78 完成左边头部完全倒圆角

图 9.79 选取右边头部边链　　　图 9.80 完成右边头部倒圆角

(5) 切剪刀叉的第 1 个槽。单击"拉伸"按钮，选取拉伸体的上表面为草绘平面，接受系统默认的视图方向和视图参照，单击"草绘"按钮，进入草绘界面，绘制如图 9.81 所示的截面。单击"完成"按钮，退出草绘界面。单击"移除材料"按钮，单击指示箭头方向，令其指向里侧，设置拉伸深度为"穿透"，单击箭头，令其反向，如图 9.82 所示。单击中键，完成切剪，如图 9.83 所示。

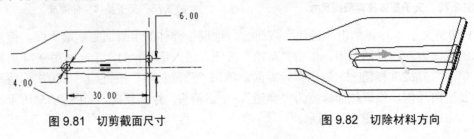

图 9.81 切剪截面尺寸　　　图 9.82 切除材料方向

图 9.83 切剪第 1 条槽完成

(6) 复制其余两条切剪槽。选取刚创建的切剪槽，单击"复制"按钮，单击"选择性粘贴"按钮，在"选择性粘贴"对话框中选中 复选框，单击"确定"按钮，选取前侧表面为移动方向参照，如图 9.84 所示；输入移动值为 7，单击中键，完成第 1 个槽复制，如图 9.85 所示。再次选取切剪槽，单击"复制"按钮，单击"选择性粘贴"按钮，在"选择性粘贴"对话框中选中 复选框，单击"确定"按钮，选取后侧表面为移动方向参照，输入移动值为 7，单击中键，完成第 2 个槽的复制，如图 9.86 所示。

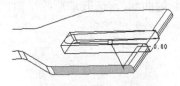

图 9.84 移动方向参照

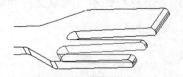

图 9.85 完成平移复制

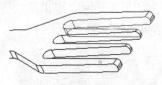

图 9.86 第 2 复制槽完成

(7) 创建骨架折弯特征。执行"插入"|"高级"|"骨架折弯"命令，系统弹出"选项"菜单，如图 9.87 所示，选择"草绘骨架线"、"无属性控制"选项，信息栏提示 ，选取叉子实体，系统弹出"设置草绘平面"菜单，选取 FRONT 平面为草绘平面，选择"缺省"选项，进入草绘界面。绘制轨迹线，尺寸如图 9.88 所示。单击"完成"按钮，退出草绘界面。图形在左端面显示起始点平面，如图 9.89 所示。系统在信息栏提示 ，选取右侧端面，完成骨架折弯，如图 9.90 所示。

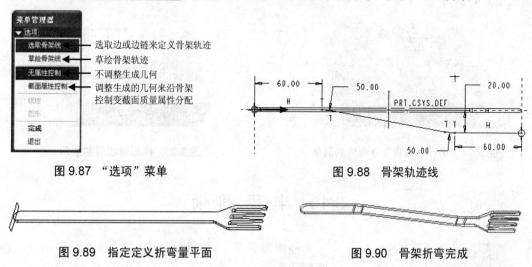

图 9.87 "选项"菜单　　　　　图 9.88 骨架轨迹线

图 9.89 指定定义折弯量平面　　图 9.90 骨架折弯完成

(8) 保存文件，拭除内存。

> 💡 注意
>
> 　　如果已有轨迹线可供选取，那么选取轨迹线起始点的位置不同，生成骨架折弯的实体与轨迹线的位置也有区别，同学们可以自行尝试练习。

9.9 局部推拉

局部推拉是通过在实体表面绘制草图而对模型表面进行局部变形的一种特征操作命令。下面通过一个实例介绍局部推拉的创建方法。

具体操作方法如下。

(1) 打开实例源文件 L-push.prt，如图 9.91 所示。

(2) 执行"插入"|"高级"|"局部推拉"命令，系统弹出"设置草绘平面"菜单，选择"新设置"、"平面"选项，选取拉伸特征的上表面为草绘平面，接受系统默认的视图方向和视图参照，选择"缺省"选项，进入草绘界面。绘制一个矩形，如图 9.92 所示。单击"完成"按钮☑，退出草绘界面，信息栏提示"选取受拉伸影响的曲面"，选取该草绘平面，结果如图 9.93 所示。

图 9.91　实例源文件

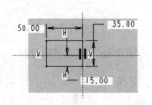
图 9.92　局部推拉草绘截面

图 9.93　局部推拉完成

(3) 在模型树中选取"局部推拉"特征并右击，执行"编辑"命令，模型显示如图 9.94 所示。双击推拉高度尺寸 4.38，将其修改为 20，单击中键，单击"再生"按钮，模型显示如图 9.95 所示。

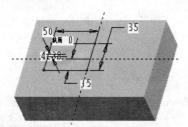
图 9.94　执行"编辑"命令后的显示

图 9.95　编辑修改后的显示

9.10 半径圆顶

半径圆顶命令可以对模型表面产生具有一定半径的盖状圆顶的变形。

下面通过一个实例介绍半径圆顶的创建方法。

具体操作步骤如下。

(1) 打开实例源文件 R-dome.prt，如图 9.96 所示。

(2) 执行"插入"|"高级"|"半径圆顶"命令，信息

图 9.96　实例源文件

栏提示"选取圆顶的曲面",选取上表面为圆顶曲面,如图 9.97 所示;信息栏又提示"选择基准平面或边",选取一个侧面为基准平面,系统弹出"圆顶半径"输入窗口,输入圆顶的半径值"120",单击中键,完成半径圆顶的创建,如图 9.98 所示。

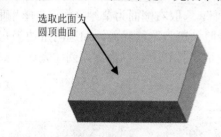

图 9.97　选取圆顶曲面　　　　　　　图 9.98　半径圆顶完成

(3) 选取"半径圆顶"特征并右击,执行"编辑"命令,模型显示如图 9.99 所示。将值 64.96 修改为 20,单击"再生"按钮,显示如图 9.100 所示。再重复上述命令,将值 120 修改为-100,将值 20 修改为 50,单击"再生"按钮,显示如图 9.101 所示。

> **注意**
> 如果输入的半径值为负值,则生成凹的圆顶。如果圆顶曲面为非矩形曲面,系统将把圆顶裁剪到零件的边。

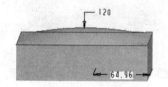

图 9.99　圆顶编辑　　　　图 9.100　修改位置值后的显示　　　图 9.101　修改为负半径后的显示

9.11　剖面圆顶

剖面圆顶命令可以对模型表面产生具有一定剖面形状的圆顶变形,根据圆顶的剖面形状,剖面圆顶可分为扫描类型的剖面圆顶和混合类型的剖面圆顶。

9.11.1　扫描型的剖面圆顶

扫描型的剖面圆顶就是通过绘制一条轨迹线和一个扫描截面来确定圆顶的形状。下面通过实例介绍创建扫描类型剖面圆顶的方法。

具体操作步骤如下。

(1) 打开实例源文件 S-dome.prt,如图 9.102 所示。

(2) 执行"插入"|"高级"|"剖面圆顶"命令,系统弹出"选项"菜单,如图 9.103 所示。选择"扫描"、"一个轮廓"选项,选择"完成"选项,信息栏提示"选取圆顶的曲面",选取上表面为圆顶曲面,如图 9.104 所示;系统弹出"设置平面"菜单,

图 9.102　实例源文件

信息栏提示"选取或创建一个草绘平面",选取前侧面为草绘平面,如图9.105所示;选择"确定"选项,选择"缺省"选项,进入草绘界面。加选3条边为尺寸参照,绘制如图9.106所示的截面曲线;单击"完成"按钮☑,完成截面的绘制,退出草绘界面。系统又弹出"设置平面"菜单,信息栏提示"选取或创建一个草绘平面",选取右侧面为草绘平面,选择"确定"选项,选择"顶"选项,选择圆顶曲面为顶部参照,进入草绘界面,加选两条边为尺寸参照,绘制如图9.107所示的截面曲线。单击"完成"按钮☑,剖面圆顶创建完成,如图9.108所示。

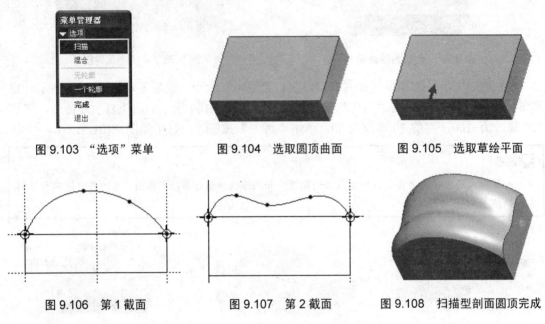

图9.103 "选项"菜单　　图9.104 选取圆顶曲面　　图9.105 选取草绘平面

图9.106 第1截面　　图9.107 第2截面　　图9.108 扫描型剖面圆顶完成

9.11.2 混合型剖面圆顶

混合型剖面圆顶就是在两个平行平面上绘制剖面线,然后混合形成的圆顶曲面。下面通过一个实例介绍混合型剖面圆顶的创建方法。

具体操作步骤发如下。

(1) 打开实例源文件 S-dome_1.prt,如图9.109所示。

(2) 执行"插入"|"高级"|"剖面圆顶"命令,在弹出的"选项"菜单中选择"混合"、"无轮廓"选项,选择"完成"选项,信息栏提示"选取圆顶的曲面",选取上表面为圆顶曲面,系统弹出"设置平面"菜单,信息栏提示"选取或创建一个草绘平面",选取右侧面为草绘平面,如图9.110所示。选择"确定"选项,选取上表面为顶部视图参照,进入

图9.109 实例源文件

草绘界面,加选两条边为尺寸参照,绘制如图9.111所示的截面曲线。单击"完成"按钮☑,退出草绘界面,系统弹出"偏移"菜单,信息栏提示"为偏移值选取模型上的位置或从菜单选择"输入值"",选取与草绘平面相对的左侧平面,进入草绘界面,系统显示"参照"对话框,选取实体的3条边为参照,绘制如图9.112所示的截面。单击"完成"按钮☑,退出草绘界面,信息栏弹出"确认"对话框,

第 9 章　实体特征的高级操作工具

继续下一截面吗？(Y/N)，单击"是"按钮，在"偏移"菜单中选择"输入值"选项，输入值为-40，选取实体的 3 条边为参照，绘制如图 9.113 所示的截面曲线；单击"完成"按钮☑，完成截面的绘制，退出草绘界面。在信息栏提示的右边单击"否"按钮，完成混合型剖面圆顶的创建，如图 9.114 所示。

  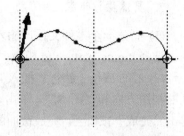

图 9.110　"选项"菜单、选取圆顶曲面和草绘平面示意　　　图 9.111　第 1 条曲线的截面尺寸

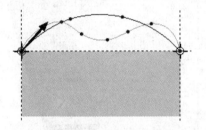 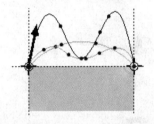

图 9.112　第 2 条曲线的截面尺寸　　　　图 9.113　第 3 条曲线的截面尺寸

(3) 在模型树窗口选取"曲面圆顶"标志并右击，执行"编辑"命令，将 40 的偏距值修改为 100，单击"再生"按钮，如图 9.115 所示。

图 9.114　混合型剖面圆顶完成　　　　图 9.115　修改偏距值后的模型

> 💡 注意
>
> 如果在"选项"菜单中选择"一个轮廓"选项，则需要选择两个方向的草绘平面，第一个方向绘制轨迹线，第二个方向绘制截面轮廓线，可以绘制多个截面轮廓，相当于扫描混合特征。读者可以参照扫描型剖面圆顶和混合型剖面圆顶两种方法综合练习。

9.12　综合实例

创建一个门把手模型，如图 9.116 所示。

1. 模型分析

该门把手由底板和把手两部分组成。底板通过拉伸然后进行剖面圆顶修饰，把手则用扫描混合创建，最后做倒圆角和抽壳处理。

2. 具体操作步骤

(1) 新建一个零件文件，输入名称为"D-hander.prt"，取消选中"使用缺省模板"复选框，选择 mmns_part_solid 模板，单击"确定"按钮，进入零件设计界面。

(2) 拉伸底板。执行"插入"|"拉伸"命令，定义 TOP 平面为草绘平面，接受系统默认的视图方向和视图参照，单击"草绘"按钮，进入草绘界面，绘制如图 9.117 所示的截面。单击"完成"按钮☑，完成截面的绘制，退出草绘界面。单击"实体工具"按钮▣，确认创建为实体，设置拉伸深度为 22。单击中键，完成底座实体的创建，如图 9.118 所示。

图 9.116 门把手

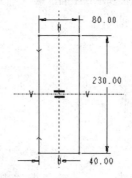
图 9.117 拉伸底板截面尺寸

图 9.118 拉伸底板完成

(3) 创建底板剖面圆顶。执行"插入"|"高级"|"剖面圆顶"命令，在弹出的"选项"菜单中选择"扫描"、"一个轮廓"、"完成"选项，选取上表面为圆顶曲面，选取前侧端面为草绘平面，接受系统默认的视图方向，设置上表面为顶部视图参照，进入草绘界面，执行"草绘"|"参照"命令，加选两条边线为尺寸参照，绘制如图 9.119 所示的截面。单击"完成"按钮☑，完成截面的绘制，退出草绘界面。根据菜单和提示，选取右侧平面为草绘平面，接受系统默认的视图方向，设置上平面为视图的顶部参照，进入草绘界面，绘制如图 9.120 所示的截面。单击"完成"按钮☑，完成剖面圆顶的创建，如图 9.121 所示。

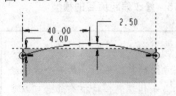
图 9.119 第 1 截面的尺寸

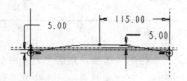
图 9.120 第 2 截面的尺寸

图 9.121 底板剖面圆顶完成

(4) 绘制扫描混合轨迹线。单击"草绘"按钮▨，定义 FRONT 平面为草绘平面，接受系统默认的方向和视图参照，单击"草绘"按钮，进入草绘界面，绘制如图 9.122 所示的截面。单击"完成"按钮☑，完成轨迹线的绘制，如图 9.123 所示。

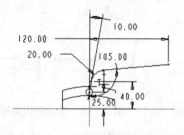
图 9.122 扫描轨迹线尺寸

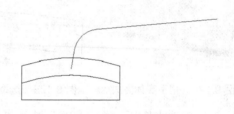
图 9.123 轨迹线完成

(5) 创建把手的实体。执行"插入"|"扫描混合"命令,选取轨迹线,选择"参照"选项卡,设置"剖面控制"选项为"垂直于轨迹",其他接受系统的默认设置,选择"截面"选项卡,单击"截面位置"收集器中的字符,选取底板与轨迹线的交点为第 1 截面位置点,单击"草绘"按钮,绘制如图 9.124 所示的截面,单击"完成"按钮☑,完成截面 1 的绘制,退出草绘界面,单击"插入"按钮,单击"截面位置"收集器中的字符,选取轨迹线的第 1 段直线与圆弧的切点为第 2 截面位置点,单击"草绘"按钮,绘制如图 9.125 所示的截面,单击"完成"按钮☑,完成截面 2 的绘制,退出草绘界面。按上述步骤选取圆弧与第 2 段直线的切点为第 3 位置点,选取末端点为第 4 位置点,绘制截面,尺寸如图 9.126、图 9.127 所示。单击"实体"图标□,确认生成实体,单击中键,完成扫描混合的创建,如图 9.128 所示。

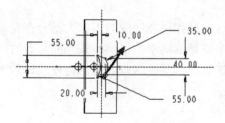
图 9.124 截面 1 的尺寸

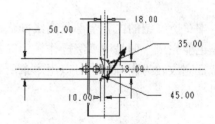
图 9.125 截面 2 的尺寸

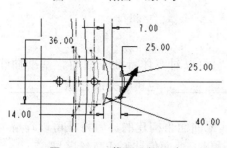
图 9.126 截面 3 的尺寸

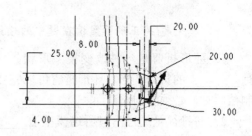
图 9.127 截面 4 的尺寸

(6) 创建把手端部完全倒圆角。单击"倒圆角"按钮🔲,选取把手端部两条相对边链,如图 9.129 所示,选择"集"选项卡,单击 完全倒圆角 按钮,完成端部完全倒圆角,如图 9.130 所示。

(7) 创建倒圆角修饰。单击"倒圆角"按钮🔲,选取底板与把手交接边链,按住 Ctrl 键,选取把手的其他边链和底板的边链,设置圆角半径为 3,如图 9.131 所示;单击中键,完成圆角修饰的创建,如图 9.132 所示。

 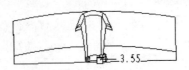 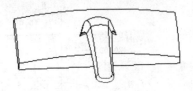

图 9.128　把手实体完成　　　图 9.129　选取端部对侧边链　　　图 9.130　完全倒圆角完成

(8) 创建壳特征。单击"壳"特征按钮▣，选取底板底部为移除材料表面，设置壳厚度为 2，单击中键，完成壳特征的创建，如图 9.133 所示。

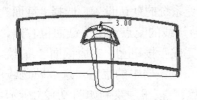  

图 9.131　选取修饰圆角边链　　　图 9.132　修饰倒圆角完成　　　图 9.133　壳特征创建完成

本 章 小 结

本章所介绍的内容全部是高级操作的内容。这些操作所能完成的工作大部分在基础特征里也能完成，但是用高级操作较为简便。本章主要是给同学们提供一条思路，有时用基础特征完成较为困难时，可以用本章所述方法尝试解决。掌握这些内容，将使设计效率大大提高。

思考与练习

一、填空题(将正确答案填在题中的横线上)

1. 环形折弯是一种改变模型形状的操作，它可以对实体特征、曲面、基准曲线进行_____的折弯变形。环形折弯可以完成一个_____，也可以完成任意_____。绘制截面时，必须要创建截面_____。

2. 唇特征是通过沿着所选模型边_____匹配曲面来构建的，唇特征可以理解为一种_____特征的变换形式，即唇特征是由选取边链沿曲面偏移形成草绘区域，_____或_____构建成的特征。常用于上下两个零件的_____连接。

3. 环形槽特征是将一个_____截面绕着一根旋转轴旋转_____材料形成的特征，更适用于_____的切制。创建方法和步骤与法兰特征不同之处在于，法兰特征是在模型上_____材料，环形槽特征是在模型上_____材料。绘制环形槽截面时，其截面图形_____封闭。

4. 局部推拉是通过在实体表面绘制草图而对模型表面进行_____的一种特征操作命令。

5．剖面圆顶命令根据圆顶的剖面形状，可分为_____的剖面圆顶和_____的剖面圆顶。混合型剖面圆顶就是在两个_____平面上绘制剖面线，然后混合形成的圆顶曲面。

二、判断题(正确的在括号内填入"T"，错误的填入"F")

1．环形折弯和骨架折弯都是折弯变形特征，所以它们的操作方法是一样的。（　　）
2．对于混合型的剖面圆顶特征，其混合距离不影响剖面圆顶的形状。（　　）

三、选择题(将唯一正确答案的代号填入括号内)

1．曲面自由形状中标注的距离尺寸是指变形的顶部到(　　)的距离。
    A．草绘平面　　　　　B．影响平面　　　　　C．参照平面　　　D．尺寸平面
2．创建环槽特征绘制截面时，应将截面外形构成一个(　　)。
    A．封闭图形　　　　　B．半封闭图形　　　　C．对齐图形　　　D．尺寸图形
3．轴特征与孔特征有相似之处，不同的是(　　)。
    A．孔特征是减材料，轴特征是加材料
    B．孔特征是加材料，轴特征是减材料
    C．孔特征是减材料，轴特征也是减材料
    D．孔特征是加材料，轴特征也是加材料

四、问答题

1．创建轴特征、槽特征、法兰特征等放置特征的方法与用基础特征创建轴、槽和盘类零件的方法有什么区别？
2．创建剖面圆顶特征时应注意些什么？

五、练习题

用截面圆顶的方法创建如图 9.134 所示的鼠标上盖。尺寸自定。

图 9.134　鼠标上盖

第10章 装配设计

> **教学目标**

通过本章的学习，了解机器装配的一般过程，掌握机器装配的具体方法，能应用装配中的约束方法和其他编辑方法解决装配中的具体问题。

> **教学要求**

能力目标	知识要点	权 重	自测分数
了解装配界面	有关工具按钮的使用、视图窗口的使用、装配模型树窗口的使用	10%	
掌握装配中元件约束的方法	11种约束方法的具体定义、适用范围和具体约束方法	50%	
掌握装配的编辑方法	组件的复制、阵列、新建和修改	20%	
掌握装配件的分解	装配件的默认方式分解与自定义分解	20%	

> **引例**

如图 10.1 所示为一球泵装配体，它是由泵体、阀芯、弹簧、阀盖等若干零件组合装配在一起的组合体。

图 10.1 球泵装配体

在实际应用中，常需要将一些零件装配在一起进行工作，利用 Pro/ENGINEER 5.0 可以轻松解决这一问题。在 Pro/ENGINEER 的"装配"模块下，可以将元件组合成装配体，从而绘制装配图；可以对装配件进行修改、编辑；可以检查零件之间的装配间隙以及装配体的运动情况，以评估零件的可装配性；通过系统提供的分解视图功能，可以直观地显示所有零件相互之间的位置关系。本章将重点介绍装配的元件放置、装配的约束、组件的分解、装配的修改、元件的复制、阵列和替换等有关装配功能的具体技巧。

10.1 装配界面简介

启动 Pro/ENGINEER 系统之后，执行"文件"|"新建"命令，或单击"新建"按钮，系统弹出"新建"对话框，在"类型"中选择"组件"选项，在"子类型"中使用默认的"设计"选项，在"名称"栏输入组件的名称或默认系统名称，取消选中"使用缺省模板"复选框，单击"确定"按钮，系统弹出"新文件选项"对话框，选择 mmns_asm_design 模

板，单击"确定"按钮，即可进入装配设计界面，如图 10.2 所示。

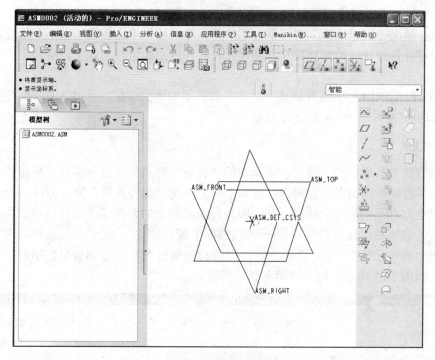

图 10.2 装配设计界面

从图 10.2 可以看出，装配设计界面与零件设计界面基本类似，只是多了 5 个工具按钮，此外，基准平面和基准坐标系的标志与零件设计界面有所不同。多出的 5 个工具按钮分别为"将元件添加到组件"按钮、"将 Manikin 添加到组件"按钮、"在组件模式下创建元件"按钮、"指定要再生的修改特征或元件的列表"按钮和"拖动封装元件"按钮。当然，菜单命令也有所不同，这些都将在本章后面的小节中逐一介绍。

> **提示**
> "将 Manikin 添加到组件"按钮是 4.0 以上版本新增的功能按钮，即添加人机工程模型进入装配，以进行人机工程学模拟分析。受篇幅限制，本书不作详细解释，有兴趣者可参看有关书籍。

10.2 元件放置

本节主要讲解装配环境下的元件放置。在装配模式下的主要操作有两种方式：装配元件和创建元件。

(1) 装配元件：将元件(已创建完成的零件)添加到组件，进行装配的方法为执行菜单栏中的"插入"|"元件"|"装配"命令，或单击右侧工具栏中的"将元件添加到组件"按钮。然后从弹出的"文件打开"对话框中选择零件，单击"打开"按钮，所选零件即可出现在主窗口内。接下来就是进行元件放置以及设置装配约束。

(2) 创建元件：除添加元件到组件中进行装配外，还可在组件模式下创建零件，方法

是执行"插入"|"元件"|"创建"命令，或单击右侧工具栏中的"在组件模式下创建元件"按钮，在装配模式中直接创建零件。在弹出的"元件创建"对话框中输入名称，单击"确定"按钮，弹出"创建选项"对话框，选中"创建特征"单选按钮，接下来就可以像在零件模式中进行各种特征的创建操作。创建元件后，返回到组件模式下，将其定位、约束，进行装配。

在 Pro/ENGINEER 的组件模式下，不单只适用零件的装配，也可含有子组件(子装配、部件)，即也可插入*.asm 文件进行装配。

1. 放置元件

单击右侧工具栏中的按钮，从弹出的"打开"对话框中选择零件，单击"打开"按钮，所选零件即可出现在主窗口内，屏幕上方会出现"元件放置"操控面板。

在右上方有和两个按钮，其作用为控制新添加的元件或子组件的显示模式。默认模式为，即"在组件窗口中显示元件"(装配主窗口)按钮，如单击按钮，则为"在单独的窗口中显示元件"(装配子窗口)，位置可自行拖曳调整，直到装配完毕后子窗口会自行关闭。如图 10.3 所示，也允许两种显示模式并存。

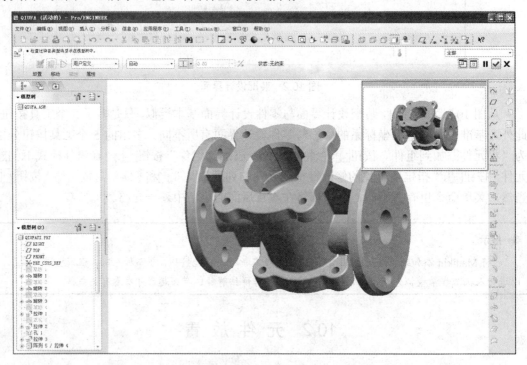

图 10.3 窗口显示模式

2. 操控面板选项卡

"元件放置"操控面板有 3 个主要选项卡，即"放置"、"移动"和"挠性"。

(1) "放置"选项卡：主要用来设置元件与装配组件的约束类型、偏置距离和参照对象等。选择"放置"选项卡，系统弹出"放置"下滑面板，如图 10.4 所示。在"放置"下滑面板的"约束类型"下拉列表中有默认的"自动"及"配对"、"对齐"等 11 个选项，其中

"配对"、"对齐"约束需要选择"偏移"、"定向"或"重合"子类型。在"状态"下方会显示约束状态。约束类型的具体含义将在下节"装配约束"中具体介绍。

"放置"下滑面板中其他按钮的说明如图10.5所示。

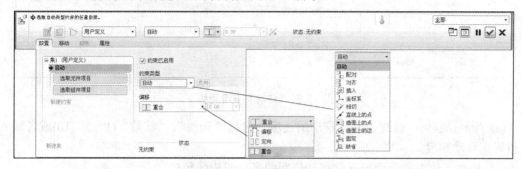

图10.4 "放置"下滑面板(1)

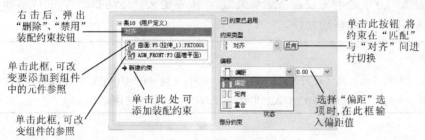

图10.5 "放置"下滑面板(2)

(2)"移动"选项卡：主要用来平移、旋转元件到适当的装配位置或调整元件到合适的装配角度，甚至移动元件到合适的位置后直接放置元件。选择"移动"选项卡，系统弹出如图10.6所示的"移动"下滑面板。该面板包括有3个选项区域，即"运动类型"下拉列表框、"参照"单选按钮区域和"运动增量"文本框。

① "运动类型"下拉列表中有如下选项。

(a) 定向模式：单击装配元件，然后按住鼠标中键即可对元件进行定向操作。

(b) 平移：沿所选的运动参照平移要装配的元件。

(c) 旋转：沿所选的运动参照旋转要装配的元件。

(d) 调整：将要装配的元件的某个参照图元(例如平面)与组件的某个参照图元(例如平面)对齐或匹配。它不是一个固定的装配约束，而是非参数性地移动元件。但其操作方法与固定约束的"配对"或"对齐"类似。

② "参照"单选按钮区域有两个单选按钮，即"在视图平面中相对"和"运动参照"。选中"在视图平面中相对"单选按钮，将在相对视图平面(即显示器屏幕平面)移动元件。

选中"运动参照"单选按钮，将选取一个元素作为运动参照移动。此时"运动参照"收集器被激活，单击其中的字符，可以激活参照的选取。为了使选取过程快速准确，设计者可使用"过滤器"选取。单击"过滤器"右边的下三角按钮，系统弹出下拉列表，如图10.6所示。

③ "运动增量"文本框：主要用来设置运动位置的增量方式和数值，包括一个"平移"(若运动类型为旋转，此处则为"旋转")下拉列表框和一个"相对"数值文本框。

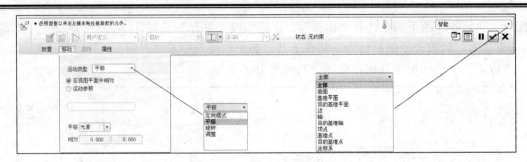

图 10.6 "移动"下滑面板

(a) 平移(旋转)：设置调整件移动的速度，包括"光滑"、"常数"(1、5、10)或者输入数值确定移动速度。

(b) 相对：动态显示调整元件移动位置的平移或旋转数值。

移动的操作方法是：先设置"运动类型"，接着定义"运动参照"，完成后即可利用鼠标左键在图形区中点选移动元件。

> 💡 注意
>
> 可直接对图形区的元组件进行缩放(中键滚轮)、旋转(中键)和平移(Shift+中键)操作，也可在图形区中单独对新添加的元件进行旋转(Ctrl+Alt+中键)和平移(Ctrl+Alt+右键)操作。

10.3 装配约束

所谓装配约束就是零件之间的配合关系，通过装配约束，可以指定一个元件相对于组件(装配体)中其他元件(或特征)的放置方式和位置。通常需要设置多个约束条件来控制元件之间的相对位置。装配约束的类型包括默认的"自动"选项及"配对"、"对齐"、"插入"、"坐标系"、"相切"、"直线上的点"、"曲面上的点"、"曲面上的边"等选项。另外还有两种装配约束："固定"、"缺省"。在 Pro/ENGINEER 中，一个元件通过装配约束添加到装配体中后，它的位置会随着与其有约束关系的元件改变而相应改变，且约束设置值作为参数可随时修改，这样整个装配体实际上是一个参数化的装配体。

10.3.1 装配约束类型

在 Pro/ENGINEER 中，可以使用的装配约束类型有"自动"约束、"配对"约束、"对齐"约束、"插入"约束、"坐标系"约束、"相切"约束、"直线上的点"约束、"曲面上的点"约束、"曲面上的边"约束、"固定"约束、"缺省"约束，下面分别介绍。

1. "自动"约束

"自动(Automatic)"约束仅需点选元件及组件的参照，由系统猜测意图而自动设置适当的约束，如"配对"、"对齐"、"插入"等。如果"配对"与"对齐"相互错了，可使用"反向"纠错，"自动"对于较明显的装配很适用，但对于较复杂的装配则常常会判断失误，此时就需要自定义装配约束。

2. "配对"约束

"配对(mate)"约束可使两个装配元件中的两个平面重合并且平面法向相对,如图 10.7 所示。子类型分为"偏移"、"定向"、"重合"。

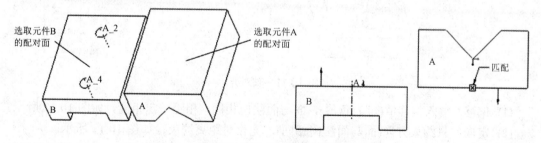

图 10.7 "配对"约束示意图

(1) 偏移:输入偏移值(可为负值),面与面法向相对,相距一定距离,如图 10.8 所示。
(2) 定向:只约束方向(面对面),无相对距离约束。
(3) 重合:面与面完全接触贴合(此为配对的默认选项,相对偏移值为 0,但不能直接用组件的编辑定义进行偏移值的修改),如图 10.9 所示。

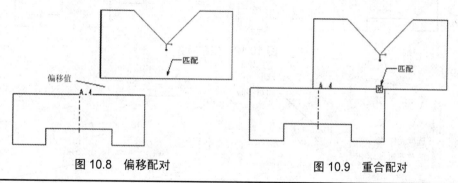

图 10.8 偏移配对　　　　　　图 10.9 重合配对

> 注意
> 任何实体的表面法向默认指向实体外侧。

3. "对齐"约束

"对齐(Align)"约束可使两个装配元件中的两个平面重合并且平面法向相同,如图 10.10 所示。子类型也分为"偏移"、"定向"、"重合"。"对齐"约束也可使两基准轴重合(同轴)、点与点重合、线与线相接等,如图 10.11 所示。

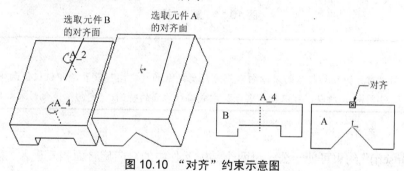

图 10.10 "对齐"约束示意图

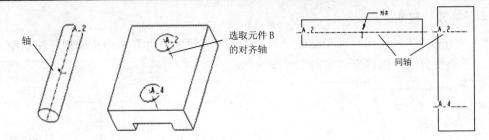

图 10.11　轴对齐

（1）偏移：输入偏移值(可为负值)，面与面法向相同，相距一定距离，如图 10.12 所示。

（2）定向：只约束方向(面与面法向相同)，无相对距离约束，如图 10.13 所示。

（3）重合：面与面完全平齐(此为对齐的默认选项，相当偏移值为 0，但不能直接用组件的编辑定义进行偏移值的修改)，如图 10.14 所示。

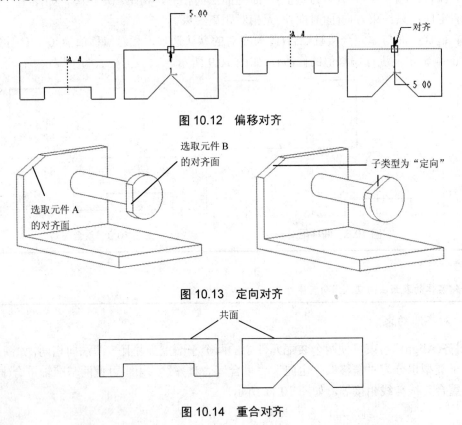

图 10.12　偏移对齐

图 10.13　定向对齐

图 10.14　重合对齐

> 💡 注意
>
> "配对"与"对齐"约束都只约束方向，是无距离约束的"定向"设置，即仅仅使两平面"配对/对齐"(法向反向/同向)。所以，可以把"重合"看成偏移为 0 的特例，"定向"是偏移未知的特例。

4．"插入"约束

"插入(Insert)"约束可使一公一母两个装配元件中的对应旋转面相互进入。当元件无轴线及轴线选取无效或不方便时，可使用这个约束，如图10.15所示。

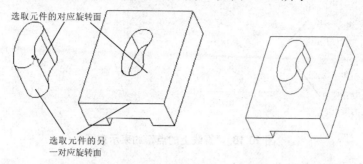

图10.15 "插入"约束示意图

5. "坐标系"约束

"坐标系(Coord Sys)"约束可将两个装配元件的坐标系对齐，或者将元件与组件的坐标系对齐，即两个坐标系中的坐标原点、X轴、Y轴、Z轴分别对齐，彼此重合，这一个约束即能使元件完全约束，如图10.16所示。

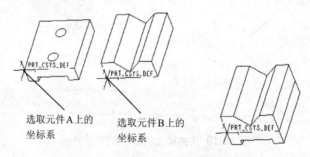

图10.16 "坐标系"约束示意图

6. "相切"约束

"相切(Tangent)"约束可使两个曲面成相切状态，如图10.17所示。

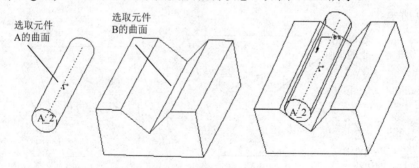

图10.17 "相切"约束示意图

7. "直线上的点"约束

"直线上的点(Pnt On Line)"约束可将一个点落在一条线或其延伸线上。"点"可以是零件或组件上的顶点或基准点，"线"可以是零件或组件上的边、轴线或基准曲线，如图10.18所示。

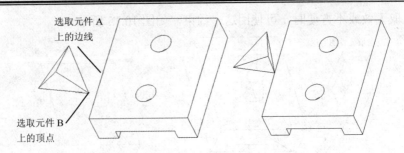

图 10.18 "直线上的点"约束示意图

8. "曲面上的点"约束

"曲面上的点(Pnt On Srf)"约束可将一个点落在一个曲面或其延伸面上。"点"可以是零件或组件上的顶点或基准点,"曲面"可以是零件或组件上的基准平面、曲面特征或零件的表面,如图 10.19 所示。

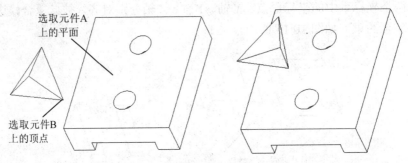

图 10.19 "曲面上的点"约束示意图

9. "曲面上的边"约束

"曲面上的边(Edge On Srf)"约束可将一条边落在一个曲面或其延伸面上。"边"可以是零件或组件上的边线,"曲面"可以是零件或组件上的基准平面、曲面特征或零件的表面,如图 10.20 所示。

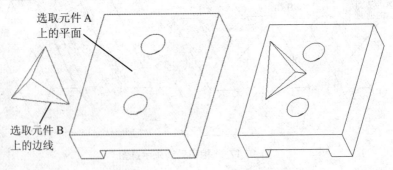

图 10.20 "曲面上的边"约束示意图

10. "固定"约束

"固定(Fix)"约束可以将元件固定在图形区的当前位置。当向装配环境中添加第一个元件时,时常也使用该约束。这个约束能使元件完全约束。

11. "缺省"约束

"缺省(default)"约束也称为"默认"约束,可以将元件上的默认坐标系与装配环境的默认坐标系对齐。当向装配环境中添加第一个元件时,通常使用该约束。这个约束能使元件完全约束。

10.3.2 装配过程

在装配过程中,"放置"下滑面板的 状态 选项下会视情况出现如下约束状态:无约束、部分约束、完全约束、过度约束。

下面分别说明部分约束和过度约束的特点。

(1) 部分约束:在元件装配过程中,允许"部分约束"的情况,也就是说元件装配位置并不确定,只是暂时摆放在某个位置上,这种约束状态称为"部分约束"。

(2) 过度约束:有时系统会视装配情况自动加入"假设"使其成为"完全约束",但为求装配位置百分百符合设计要求,可继续加上其他的约束条件,这种约束状态称为"过度约束"。

在装配过程中,"放置"下滑面板的 状态 选项下有时会出现一个 ☑允许假设 复选框,这是因为 Pro/ENGINEER 系统有时会视装配情况自动启用"允许假设"功能,通过"假设"存在某个装配约束,使元件自动被完全约束,从而帮助用户高效率地装配元件。有时系统"假设"的约束虽然能使元件完全约束,但有可能并不符合设计意图,此时应先取消选中 ☑允许假设 复选框,再在"放置"界面中单击"新建约束"字符,添加和明确定义约束,使元件重新完全约束。

下面通过实例具体介绍一个装配体的装配过程。

实例:装配如图 10.21 所示的千斤顶。

具体操作步骤如下。

1. 新建组件文件进入装配模式

(1) 打开 Pro/ENGINEER 程序界面,在菜单栏中执行"文件"|"设置工作目录"命令,将工作目录设置到千斤顶装配体的全部零件所在的文件夹 qianjinding 中(存于随书光盘的"实例文件和源文件"里)。

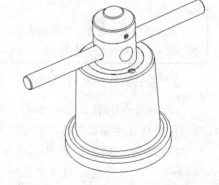

图 10.21 千斤顶装配模型示意图

(2) 执行"文件"|"新建"命令或单击"文件"工具栏中的 按钮,系统弹出"新建"对话框,在"类型"选项区中选择"组件"选项,在"子类型"选项区中使用默认的"设计",输入组件文件名"qianjinding",取消选中"使用缺省模板"复选框,单击"确定"按钮。

(3) 在模板选项中,选用 mmns_asm_design 模板,单击"确定"按钮,进入装配界面。

2. 装配第 1 个元件"底座"

在菜单栏中执行"插入"|"元件"|"装配"命令,或单击右侧工具栏中的"将元件添加到组件"按钮 ,然后从弹出的"文件打开"对话框中选择 dizuo.prt,单击"打开"按钮,所选底座零件即出现在主窗口内,如图 10.22 所示。单击 自动 右边的下三角按钮,选择"坐标系"选项,选取系统装配坐标系,选取底座坐标系,单击中键,确定第 1 个零件的装配位置。

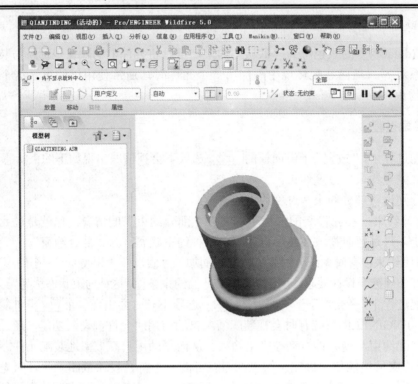

图 10.22 "坐标系"装配第 1 个元件

> 💡注意
>
> 　　此时的约束状态为系统默认装配状态，即为"缺省"状态，也可选择 自动 下拉列表中的"缺省"选项，其效果是一样的。

3. 装配第 2 个元件"螺套"

(1) 单击 按钮，从弹出的"打开"对话框中选择 luotao.prt，单击"打开"按钮，所选零件出现在主窗口底座零件旁，如图 10.23 所示。

(2) 选取"螺套"的中心轴线 A_1，如图 10.24 所示；选择"放置"选项卡，单击 选取组件项目 字符，选取"底座"的中心轴线 A_1，此时"螺套"的轴线自动与底座中心孔的轴线对齐，且"放置"下滑面板中自动定义约束类型为"对齐"类型，如图 10.25 和图 10.26 所示。在下滑面板的状态栏显示为"部分约束"，说明此装配还处于不完全约束状态，还需要加入约束确定螺套在底座中的具体位置。

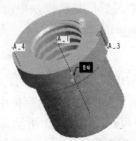

图 10.23　加入新零件　　　图 10.24　选取螺套的中心线 A_1　　　图 10.25　选定轴线后的对齐约束

(3) 选择"移动"选项卡,单击螺套零件,将零件移到适当位置后单击,确定位置,如图 10.27 所示。选择"放置"选项卡,单击"新建约束"字符,选取螺套的轴线 A_3,再选取底座的轴线 A_2,"放置"下滑面板中自动定义约束类型为"对齐"类型。

(4) 继续单击"放置"选项卡中"新建约束"字符,选取螺套的上端面,再单击"选取组件项目"字符,在"偏移"类型中设置为"重合",选取底座的上端面,如图 10.28 所示。此时,下滑面板中显示状态为"完全约束",螺套在底座中的位置已完全确定,单击中键,完成第 2 个零件的装配。

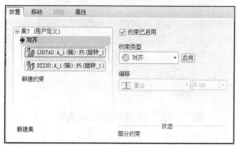  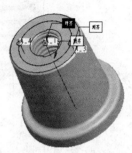

图 10.26 选定中心轴后的下滑面板显示　　图 10.27 移动螺套的位置　　图 10.28 选取对齐面

> **提示**
> 此步骤中,基本上用的是"自动"约束选项,这是因为装配意图较为明确,系统很容易判断。如果是较为复杂的装配,则必须指明约束方式,否则,系统在判断时会出现非设计者所期望的效果。此时,可以单击"反向"按钮或重新定义约束方式。

4. 装配第 3 个和第 4 个元件"螺钉"

(1) 单击 按钮,从弹出的"打开"对话框中选择 luoding1.prt,单击"打开"按钮,所选螺钉零件出现在主窗口组件旁。

(2) 选取螺钉的轴线 A_1,选择"放置"选项卡,选择 自动 下拉列表中的"对齐"选项,单击 选取组件项目 字符,选取底座轴线 A_2,单击"反向"按钮,如图 10.29 所示,螺钉与底座轴线 A_2 对齐。

由于螺钉位于底座内侧,不便于后续约束的添加,故需要调整螺钉位置。若组件的方位不佳,选取参照不方便,可用鼠标中键旋转元组件,如按住 Shift 键,可用鼠标中键移动元组件;若元件的方位不佳,可按住键盘的 Ctrl+Alt 组合键,用鼠标中键旋转元件,并用鼠标右键移动元件。位置调整后,螺钉沿轴线移动到底座外侧,如图 10.30 所示。

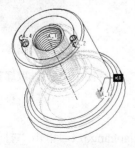 

图 10.29 选定轴线后的对齐约束　　　　图 10.30 移动螺钉的位置

(3) 单击 [新建约束] 字符，在"约束类型"下拉列表框中选择"配对"选项，单击 [选取元件项目] 字符，选取螺钉零件的 RIGHT 基准面，如图 10.31 所示。再单击 [选取组件项目]，在"偏移"类型中设置为"重合"，选取底座的上表面，如图 10.32 所示。此时，"状态"区域显示在 [☑允许假设] 的前提下，螺钉已"完全约束"，单击操控面板中的 ☑ 按钮，完成螺钉的装配。

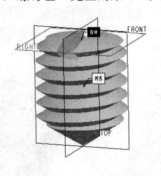
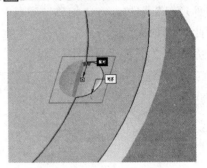

图 10.31 配对参照选取　　　　　　　图 10.32 选取底座配对表面

(4) 重复步骤(1)~(3)，完成另一螺钉的安装。

5. 装配第 5 个元件"螺旋杆"

(1) 单击 [图] 按钮，从弹出的"打开"对话框中选择 luoxuangan.prt，单击"打开"按钮，所选螺旋杆零件出现在主窗口组件旁。

(2) 单击螺旋杆的外圆柱面，选择"放置"选项卡，选择 [自动 ▼] 下拉列表中的"插入"选项，欲使螺旋杆顺利插入螺套孔。单击 [选取组件项目] 字符，选取螺套孔的内表面，如图 10.33 所示，螺旋杆已与螺套轴线对齐。

(3) 在"放置"下滑面板中单击 [新建约束] 字符以添加装配约束，选择 [自动 ▼] 下拉列表中的"配对"选项(也可使用"自动"选项)，在"偏移"类型中设置为"重合"，先选取螺旋杆的下端面，如图 10.34 所示，再单击 [选取组件项目] 字符，选取螺套的上表面，如图 10.35 所示。此时，"状态"区域显示在 [☑允许假设] 的前提下，螺旋杆已"完全约束"，单击操控面板中的 ☑ 按钮，完成螺旋杆的装配。

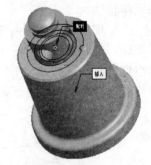

图 10.33 螺旋杆与螺套轴线对齐　　图 10.34 配对参照选取　　图 10.35 选取螺套匹配表面

6. 装配第 6 个元件"铰杠"

(1) 单击 [图] 按钮，从弹出的"打开"对话框中选择 jiaogang.prt，单击"打开"按钮，所选铰杠零件出现在主窗口组件旁。

(2) 选取铰杠中心轴线 A_1，选择"放置"选项卡，选择 自动 下拉列表中的"对齐"选项，欲使铰杠插入螺旋杆孔内，单击 选取组件项目 字符，选取螺旋杆轴线 A_2，如图 10.36 所示，铰杠已与螺旋杆孔轴线对齐。

(3) 在"放置"下滑面板中单击 新建约束 字符以添加装配约束，选择 自动 下拉列表中的"配对"选项(也可使用"自动"选项)，在"偏移"类型中设置为"偏距"，先选取铰杠的下端面，如图 10.37 所示，再单击 选取组件项目 字符，选取螺旋杆 FRONT 基准面，拖动句柄向上，输入偏距值为"–150"，如图 10.38 所示。此时，"状态"区域显示在 ☑允许假设 的前提下，铰杠已"完全约束"，单击操控面板中的 ☑ 按钮，完成铰杠的装配。

  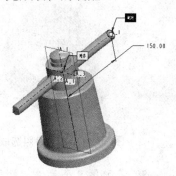

图 10.36　铰杠与螺旋杆孔轴线对齐　　图 10.37　配对参照选取　　图 10.38　铰杠装配示意图

> 注意
>
> 输入偏距值时，也可以直接拖动句柄，确定方向后，再输入数值，这时不需要输入负号。

7. 装配第 7 个元件"顶垫"

(1) 单击 按钮，从弹出的"打开"对话框中选择 dingdian.prt，单击"打开"按钮，所选顶垫零件出现在主窗口组件旁。

(2) 选取顶垫中心轴线 A_1，选择"放置"选项卡，选择 自动 下拉列表中的"对齐"选项，欲使顶垫扣在螺旋杆顶部，单击 选取组件项目 字符，选取螺旋杆轴线 A_1，如图 10.39 所示，顶垫已与螺旋杆轴线对齐。

由于顶垫位于底座内侧，不便于后续约束的添加，故需要调整顶垫位置。按住键盘的 Ctrl+Alt 组合键，用鼠标右键移动元件。调整位置后，顶垫沿轴线移动到底座螺旋杆顶部，如图 10.40 所示。

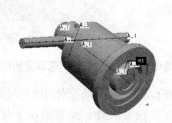 

图 10.39　顶垫与螺旋杆轴线对齐　　图 10.40　移动顶垫的位置

(3) 在"放置"下滑面板中单击 新建约束 字符以添加装配约束，选择 自动 下拉列表中的"配对"选项(也可使用"自动"选项)，在"偏移"类型中设置为"重合"，先选取顶垫的下端面，如图 10.41 所示，再单击 选取组件项目 字符，选取螺旋杆的上平面，如图 10.42 所示。此时，"状态"区域显示在 允许假设 的前提下，顶垫已"完全约束"，单击操控面板中的 按钮，完成顶垫的装配。

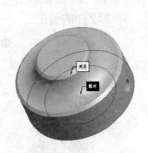
图 10.41 配对参照选取

图 10.42 顶垫装配示意图

8. 装配第 8 个元件"螺钉"

(1) 单击 按钮，从弹出的"打开"对话框中选择 luoding 2.prt，单击"打开"按钮，所选螺钉零件出现在主窗口组件旁。

(2) 选取螺钉的轴线 A_1，选择"放置"选项卡，选择 自动 下拉列表中的"对齐"选项，单击 选取组件项目 字符，选取顶垫轴线 A_2，单击"反向"按钮，如图 10.43 所示，螺钉与顶垫轴线 A_2 对齐。

(3) 单击 新建约束 字符，在"约束类型"下拉列表框中选择"相切"选项，单击 选取元件项目 字符，选取螺钉零件的 RIGHT 基准面，如图 10.43 所示。再单击 选取组件项目，选取顶垫的外圆柱面，如图 10.44 所示。此时，"状态"区域显示在 允许假设 的前提下，螺钉已"完全约束"，单击操控面板中的 按钮，完成螺钉的装配，如图 10.45 所示。

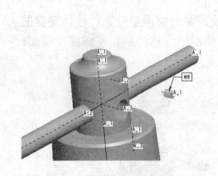
图 10.43 选定轴线后的对齐约束

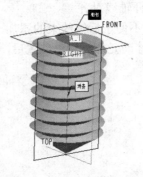
图 10.44 相切参照选取

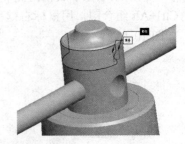
图 10.45 选取顶垫相切表面

至此，千斤顶已全部装配完成。从此实例的装配过程看，装配约束使用频率较高的是"插入"、"匹配"和"对齐"。第一个元件的装配除了有特殊要求外，通常情况下使用"缺省"选项。

在上一实例的装配过程中,螺钉元件有 3 个,重复装了 3 次,这样显得有点麻烦。能否像三维模型中特征一样,进行复制和阵列等相关的编辑呢?回答是肯定的。下节就介绍装配过程中的元件复制、阵列、替换和修改。

10.4 零组件的复制、阵列、新建和修改

在装配过程中,对于一些具有相同约束关系的相同零件,可以将其进行复制或者阵列,以提高装配效率,同时在装配模块里,设计者还可以随时新建一个零件或对某个装配零件、某个组件进行修改。

10.4.1 零组件的复制

在装配模块里,零组件的复制有两个命令形式:"特征操作"和"元件操作"。命令的形式不同,完成的操作功能也不一致。

1. 特征操作

"特征操作"的复制是对已装配的元件进行复制,然后找到相对应的约束参照进行替换,以产生新的装配元件。

下面沿用上一实例介绍如何使用"特征操作"复制的方法装配元件。具体操作步骤如下。

(1) 将已装配的一个螺钉删除。在模型树窗口选取"螺钉装配"元件标志并右击,执行"删除"命令,如图 10.46 和图 10.47 所示。

图 10.46 执行"删除"命令

图 10.47 删除元件后的示意图

(2) 执行"编辑"|"特征操作"命令,系统弹出"装配特征"菜单,如图 10.48 所示。在菜单中选择"复制"选项,系统弹出"复制特征"菜单,如图 10.49 所示。选择"新参照"、"选取"、"从属"选项,选择"完成"选项,系统弹出"选取特征"菜单,如图 10.50 所示。系统提示"选择要复制的特征",选取未删除的 luoding1.prt,选择"完成"选项,系统弹出"参考"菜单,如图 10.51 所示。系统提示"选取轴对应于加亮的轴",此时,螺钉轴线显示变亮,选取底座上右边的螺钉孔轴线,以替换参考,如图 10.52 所示,选取之后,底座上表面显示变亮,在"参考"菜单中选择"相同"选项,图形显示如图 10.53 所示。选择"完成"选项,选择"完成/返回"选项,退出"特征操作"。

图 10.48 "装配特征" 菜单

图 10.49 "复制特征" 菜单

图 10.50 "选取特征" 菜单

图 10.51 "参考" 菜单

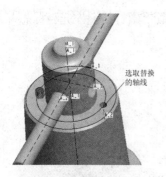
图 10.52 选取替换参考

图 10.53 复制完成

2. 元件操作

"元件操作"命令是将已装配的元件通过复制产生一个新的元件，但不直接参与装配，所以不需要替换参考。它的菜单命令与零件设计模块里的复制类似，不同点在于"元件操作"的复制只允许用坐标系作为参照进行平移或旋转复制。具体操作方法不在这里赘述，有兴趣的读者可以自己尝试练习。

10.4.2 零组件的阵列

在装配模块里，零组件的"阵列"与在零件设计模块里的"阵列"基本相同，但在装配模块里，阵列使用频率较高。

下面仍然沿用上一实例介绍装配模块里零组件阵列的具体方法，具体操作步骤如下。

（1）在模型树窗口选取刚复制的元件标志 组COPIED_GROUP 并右击，执行"编辑"|"删除"命令，则复制的螺钉被删除。

（2）选取未删除的元件 luoding1 并右击，在弹出的快捷菜单中执行"阵列"命令，系统弹出"阵列"操控面板，选取阵列驱动方式为"轴"，如图 10.54 所示，选取底座中心轴作为阵列参照，如图 10.55 所示。输入阵列个数"2"，阵列角度"180"，单击中键，即可完成阵列。

图 10.55 选取阵列轴

图 10.54 "阵列"操控面板

> **注意**
> 装配模块中零组件的阵列驱动方式取决于放置装配元件的约束单元的阵列驱动方式。如底座中的螺钉孔是用轴阵列特征创建出来的，则放置螺钉元件的阵列必定是轴阵列，即参照"轴"阵列形成的阵列。如果其上的孔为表阵列，则元件的阵列也必为表阵列。

10.4.3 零组件的修改

在装配模块里，设计者可以随时对零件和组件进行修改操作。

1. 零件的修改

零件修改的方法有两种：直接在装配模块里进行编辑修改；在零件设计模块里对零件进行编辑修改。

下面通过对上一实例中铰杠元件的修改来介绍在装配模块中直接修改元件的方法。具体操作步骤如下。

（1）在模型树窗口中，单击"设置"图标 下的 树过滤器(F)... 选项，系统弹出"模型树项目"对话框，如图 10.56 所示。将左上角"特征"复选框选中，单击"确定"按钮。此时，模型树中所有装配元件的造型特征就全部显现出来，如图 10.57 所示。

（2）在模型树中点开 jiaogang.prt 零件前的"+"号，在特征"旋转 1"右击，在弹出的快捷菜单中执行"编辑"命令，如图 10.58 所示。所选铰杠即进入"编辑"状态，如图 10.59 所示。

（3）双击铰杠长度尺寸 300，将其修改为 400，按回车键确认输入，如图 10.60 所示。

（4）在模型树窗口选取 jiaogang.prt 并右击，执行"再生"命令，如图 10.61 所示。也可直接单击 按钮，其效果是相同的。

图 10.56 "模型树项目"对话框　　　　图 10.57 模型特征树

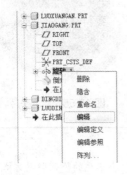 

图 10.58 执行"编辑"命令　　　　图 10.59 进入"编辑"状态

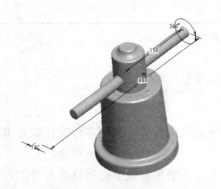 

图 10.60 修改相关尺寸　　　　图 10.61 修改再生完成

在零件设计模块中修改的方法很简单，就是将零件打开，然后按零件设计模块中修改零件的方法操作即可，这里不再赘述。

需要注意的是，在修改元件的过程中，要特别注意元件在装配中的关系，特别是牵涉到约束参照的部分的修改不要引起参照的丢失，也就是要注意它们之间的"父子关系"。否则，修改的零件将会再生失败。如果是在零件设计模块中修改，将会使装配关系的再生失败。

> 提示
> 在激活元件的前提下，在装配模块里也可使用"编辑定义"来修改元件的截面图形。

2. 组件的修改

当设计者需要修改装配过程中的某一元件的装配约束关系时，可以使用组件修改功能。

在模型树窗口选取所要修改约束关系的元件标志并右击，执行"编辑定义"命令，或者在图形窗口选取所需修改的元件并右击，在系统弹出的快捷菜单中执行"编辑定义"命令，如图10.62所示。系统将自动打开"装配放置"操控面板，设计者凭借操控面板可以重新定义元件的各种装配约束关系。

10.4.4 零件的创建

在装配的过程中，如果需要新加入一个不存在于磁盘中的零件，可以使用装配模块中的零件设计功能。

在装配模块中进入零件设计模块的方法有如下两种。

(1) 执行"插入"|"元件"|"创建"命令。
(2) 单击"在组建模式下创建元件"按钮。

使用两种方法之一，系统都会弹出"元件创建"对话框。在"类型"栏中选中"零件"单选按钮，在"子类型"栏中选择"实体"选项，在"名称"栏中输入文件名或使用系统默认的名称，单击"确定"按钮，系统弹出"创建选项"对话框。选择"创建特征"选项，单击"确定"按钮，即可进入零件设计状态，这时即可按照零件设计的步骤设计零件了。这种创建零件的方法可以将零件在组件中的装配关系融入进去。

图 10.62 快捷菜单

10.5 组件分解

为了查看某个组件(装配体)中各个零件的相对位置关系，或表达组件的装配过程及组件的构成，在Pro/ENGINEER中可以将组件分解。实际上组件分解就是将装配体中的各零部件沿着某一视图平面或直线或坐标系进行移动或旋转操作，使各个零件从装配体中分离出来。

组件分解分为系统默认分解和设计者自定义分解两种。

1. 系统默认分解

系统默认分解就是Pro/ENGINEER软件系统根据组件的装配中使用的约束情况自行分解形成的组件分解图(亦称爆炸图)，要观察默认的组件分解图，可在菜单栏中执行"视图"|"分解"|"分解视图"命令，如图10.63所示。系统则自动显示如图10.64所示的爆炸图(该图为千斤顶装配体的系统默认分解视图)，但是默认的分解视图通常无法贴切地表达出各元件的相对位置关系，因此，通常情况下都由设计者自定义装配体的分解状态，形成所需要的爆炸图。

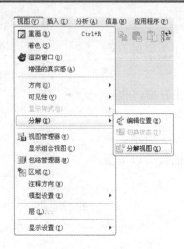

图 10.63 "分解视图"菜单　　　　图 10.64 千斤顶装配体的系统默认分解视图

2. 自定义分解

自定义分解就是由设计者根据所需表达的意图，在某一视图平面、某一特定位置的边线、坐标系的轴等作为参照对装配体中间的各元件进行移动或旋转操作，然后定义其位置而形成的分解。自定义分解可以充分展现装配元件在装配体中间的具体位置和约束关系，使设计者能够充分表达自己的设计意图，是应用较多的分解方法。

下面着重介绍自定义分解的方法(后面所介绍的爆炸图均为自定义分解图，不再详加说明)。

10.5.1 创建并保存装配体的爆炸图

下面通过创建千斤顶装配体的爆炸图(图 10.65)来介绍自定义分解的具体过程。

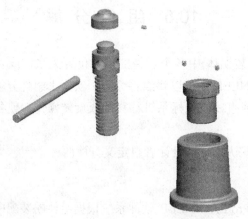

图 10.65 自定义分解图

具体操作步骤如下。

(1) 打开装配文件 qianjinding.asm，如图 10.21 所示。

(2) 单击工具栏中的"视图管理器"按钮，或在菜单栏中执行"视图"|"视图管理器"命令，系统弹出"视图管理器"对话框，如图 10.66(a)所示；在对话框中选择"分解"

选项卡，如图 10.66(b)所示；单击"新建"按钮，输入视图的名称，按 Enter 键或单击鼠标左键确认，如图 10.66(c)所示；接着单击"属性"按钮，对话框显示如图 10.66(d)所示；再单击"编辑位置"按钮，系统弹出"编辑位置"控制面板，如图 10.67 所示。

(a)

(b)

(c)

(d)

图 10.66 "视图管理器"对话框

图 10.67 "编辑位置"控制面板

Pro/ENGINEER 5.0 在"编辑位置"控制面板进行变化改进，将原来的"分解位置"对话框变成了工具条形式，将原有的特征按钮进行图标化整合，并且将偏移线功能融入其中。"编辑位置"控制面板主要包括 3 个选项卡，即"参照"、"选项"、"分解线"，另外还有 5 个按钮。

① "参照"选项卡：主要用来收集选取的移动元件信息和设置移动参照。直接单击视图窗口中的装配元件，就可以激活元件并进行选取，同时选取的元件显示于下方的收集器中，如图 10.68 所示。

移动参照收集器用于显示所选择的移动参照，单击选项卡右上方 全部 的下三角按钮，可以过滤不同的参照类型。

> 提示
> 需要同时移动多个元件时，只要按住 Ctrl 键结合鼠标点选元件即可。

② "选项"选项卡：主要用于复制相同的位移和定义移动的步幅，如图 10.69 所示。单击 0.00 右边的下三角按钮，运动增量下拉列表框中显示有 4 个选项，如图 10.70 所示。"平滑"表示连续地移动，其余 3 项均为每次移动的步幅，系统默认为"0.00"选项，即"平滑"选项。"随子项移动"表示子组件随子项移动。

图 10.68 移动元件的选取

图 10.69 "选项"选项卡

图 10.70 "运动增量"下拉列表框

③ "分解线"选项卡：主要用于创建和修改分解线(即偏移线)，如图 10.71 所示。3 个按钮分别表示创建修饰偏移线( )、编辑选定的分解线( )、删除选定的分解线( )。 按钮主要用于设定分解线的线型和颜色等相关信息， 按钮用于恢复系统初始的分解线类型。

④ ：平移，以移动元件的坐标系 X 轴、Y 轴、Z 轴为移动参照。

⑤ ：旋转，以任意直边为旋转参照。

⑥ ：视图平面，在视图窗口内任意地平移。

⑦ ：切换选定元件的分解状态，使得元件在"分解"与"取消分解"状态之间切换。

⑧ ：创建修饰偏移线，用于表达各个元件之间相对关系的标示，它能增加图面的易读性，使元件之间的关系更加清晰地显示在使用者面前。

(3) 选择"参照"选项卡，选取底座元件，接受系统默认的"平移"选项 ，如图 10.72 所示，在鼠标点选位置出现坐标系 X 轴、Y 轴、Z 轴移动参照，鼠标左键选取 Y 轴拖动底座向下，在适当位置松开左键，底座即定位于此，如图 10.73 所示。

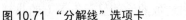

图 10.71 "分解线"选项卡

图 10.72 点选底座元件

图 10.73 分解底座

(4) 上述选项不变，添加选取 luotao.prt 和 luoding1.prt，如图 10.74 所示，拖动 3 个元件向窗口右侧移动，在适当位置松开左键，底座及相关元件定位于此，如图 10.75 所示。单独选取 luoding1.prt，拖动元件向窗口上侧移动，在适当位置定位元件，最终效果如图 10.76 所示。

图 10.74 选取底座及相关元件　　图 10.75 分解底座及相关元件(1)　　图 10.76 分解底座及相关元件(2)

(5) 选择"选项"选项卡，单击 按钮，系统弹出"复制位置"对话框，如图 10.77 所示(系统默认上一步骤的 3 个元件被选中)，选择尚未被移动的 luoding1.prt 元件进行移动。单击"复制位置自"中的"单击此处添加项目"字符,点选完成移动的 luoding1.prt 元件,如图 10.78 所示。单击"应用"按钮,单击"关闭"按钮,完成第二个螺钉元件的移动,最终效果如图 10.79 所示。

图 10.77 "复制位置"对话框　　图 10.78 "复制位置"设置　　图 10.79 分解螺钉

(6) 选择"参照"选项卡,选取铰杠 jiaogang.prt 元件,接受系统默认的"平移"选项,如图 10.80 所示。在鼠标点选位置出现坐标系 X 轴、Y 轴、Z 轴移动参照,按住鼠标左键选取 X 轴拖动铰杠向下,在适当位置松开左键,铰杠即定位于此,如图 10.81 所示。

(7) 上一步骤中的选项不变,选取 dingdian.prt 和 luoding 2.prt 元件,拖动其向上移动,在适当位置松开左键,顶垫和螺钉即定位于此,如图 10.82 所示。单独选取 luoding 2.prt,拖动元件向窗口右侧移动,在适当位置定位元件,最终效果如图 10.65 所示。

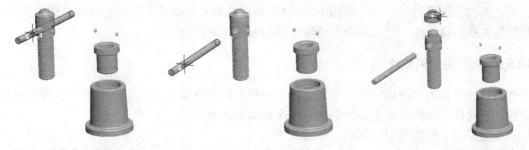

图 10.80 选取铰杠元件　　　图 10.81 分解铰杠　　　图 10.82 分解顶垫和螺钉

(8) 单击鼠标中键,系统返回"视图管理器"对话框,如图 10.83 所示。
(9) 单击 «... 按钮,对话框返回至如图 10.84 所示的对话框显示状态。

图 10.83 返回"视图管理器"对话框　　　图 10.84 返回"编辑"显示

(10) 在对话框中执行"编辑"|"保存"命令，如图 10.85 所示，系统弹出"保存显示元素"对话框，如图 10.86 所示，单击"确定"按钮，自定义分解完成。

图 10.85 执行"保存"命令

图 10.86 "保存显示元素"对话框

(11) 执行"视图"|"分解"|"取消视图分解"命令，视图返回装配体状态。再次执行"视图"|"分解"|"分解视图"命令，显示的就是自定义分解图。

至此，自定义分解操作已经完成。

但是此分解图还有一个缺陷，元件之间的装配对应关系还不是十分清晰。如果能够将它们之间的装配关系显示在分解图中，也就是说用偏移线反映它们之间轴与轴之间的关系，其装配关系将会清晰一些。下面介绍爆炸图的偏移线的创建方法。

10.5.2 爆炸图的偏移线

偏移线又称为分解线，是用于表达各个元件之间相对关系的标示，它能增加图面的易读性，使元件之间的关系更加清晰地显示在使用者面前。

下面沿用上例创建爆炸图的偏移线。

具体操作步骤如下。

(1) 执行"视图"|"分解"|"编辑位置"命令，打开"分解线"选项卡。"分解线"各子命令在前面章节已经介绍，此处不再冗述。单击 ☑(创建修饰偏移线)按钮，系统弹出"修饰偏移线"对话框。单击选项卡右上方 全部 的下三角按钮，选择"轴"的类型。选取螺旋杆中心轴的轴线下端点，再选取底座孔的轴线上端点，"修饰偏移线"对话框如图 10.87 所示，单击"应用"按钮，系统显示两轴线之间的关系，如图 10.88 所示。

图 10.87 "修饰偏移线"菜单

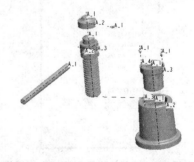

图 10.88 创建螺旋杆与底座孔之间的偏移线

第 10 章 装配设计

> **提示**
> 选取点的位置很重要，位置不同，偏移线的显示也不同。

(2) 修改偏移线。选中上一步骤创建的偏移线，打开"分解线"选项卡，单击 (编辑选定的分解线)按钮，此时偏移线两端显示拖动句柄，如图 10.89 所示，拖动句柄微调偏移线位置。在偏移线上右击，系统弹出快捷菜单，如图 10.90 所示。如果对偏移线效果不满意，可以"添加角拐"或直接"移除分解线"。

图 10.89　偏移线修改

图 10.90　快捷菜单

(3) 修改偏移线颜色。选中创建的偏移线，打开"分解线"选项卡，单击"编辑线造型"按钮，系统弹出"线造型"对话框，如图 10.91 所示。单击 按钮，选定所需颜色，单击"应用"按钮，即可给偏移线设定颜色。单击"重置"按钮，即可返回默认颜色。

(4) 按上述方法，创建其他元件之间的偏距线，如图 10.92 所示。

图 10.91　"线造型"对话框

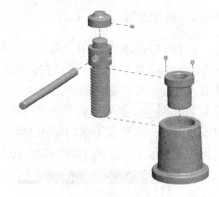
图 10.92　所有偏距线完成

(5) 执行"视图"|"分解"|"取消分解视图"命令，返回装配体状态，再执行"视图"|"分解"|"分解视图"命令，爆炸图即显示偏距线。

10.6　装配间隙与干涉分析

在实际的产品设计中，当产品的各个零部件组装完成后，设计人员往往比较关心产品的各个零部件间的间隙情况及是否存在干涉。

10.6.1 装配配合间隙

通过装配模型的配合间隙分析，可以计算模型中的任意两个曲面之间的最小距离，如果模型中布置有电缆，配合间隙分析还可以计算曲面与电缆之间、电缆与电缆之间的最小距离。

在菜单栏中执行"分析"|"模型"|"配合间隙"命令，系统弹出"配合间隙"对话框。在"几何"区域的"起始"文本框中单击"选取项目"字符，选中 ☑面组 复选框后，选择底座的上表面，接着在"几何"区域的"至"文本框中单击"选取项目"字符，选中 ☑面组 复选框后，选择螺套的上表面，如图 10.93 所示。此时，在"分析"选项卡的"结果"区域中显示出分析的结果，如图 10.94 所示。

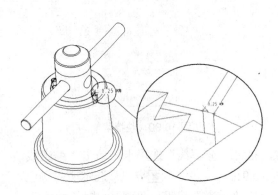
图 10.93　选取配合间隙曲面

图 10.94　"配合间隙"结果

10.6.2 装配干涉分析

在 Pro/ENGINEER 中，为了检查装配体中各个零部件之间有没有干涉，哪些零件间存在干涉，干涉量是多大，可以在菜单栏中执行"分析"|"模型"|"全局干涉"命令，系统弹出"全局干涉"对话框。在"设置"区域接受系统默认的 ⊙仅零件 设置，单击"分析"选项卡下部的 按钮，此时在"分析"选项卡的"结果"区域中可以看到干涉分析的结果，即干涉的零件名称及干涉的体积大小，同时在装配体模型上还可以看到干涉的部位以红色加亮的方式显示，如图 10.95 和图 10.96 所示。

图 10.95　干涉结果显示

图 10.96　干涉位置显示

本 章 小 结

本章主要介绍了装配的元件放置，装配的约束，零组件的复制、阵列、修改与新建，装配的分解，装配的分析等内容。

本章中装配的约束是重点内容。整个装配的过程都是围绕着约束进行的。读者应深刻理解各种装配约束的含义和使用条件，使得自己在设计中能得心应手地运用各种约束方法来完成装配。这项内容也是实践性很强的内容，一定要反复实践、反复思考、举一反三，以达到熟能生巧的程度。

思 考 与 练 习

一、判断题(正确的在括号内填入"T"，错误的填入"F")

1. 在组件模式中复制特征与在零件模式中的复制特征一样，是没有区别的。（　　）
2. 在装配中可以通过阵列元件来简化有相同装配关系的元件的装配过程。（　　）

二、选择题(将唯一正确答案的代号填入题中的括号内)

1. 装配时，新加入的元件或子组件有(　　)种显示情况。
   A. 2　　　　　　　　B. 3　　　　　　　　C. 4　　　　　　　　D. 5
2. 在装配过程中，绝不可以删除(　　)元件。
   A. 起始　　　　　　　B. 关键　　　　　　　C. 重要的　　　　　　D. 父元件
3. "分解位置"窗口中提供有(　　)种移动方式(运动类型)。
   A. 2　　　　　　　　B. 3　　　　　　　　C. 4　　　　　　　　D. 5

三、问答题

1. 举例说明"允许假设"的含义。
2. 举例说明"相切约束"的用途。

四、练习题

将安全阀装配成如图 10.97 所示的装配体，并生成如图 10.98 所示的缺省爆炸图(零件文件素材可从网站 http://pup6.cn 中下载)。

图 10.97　装配体图

图 10.98　缺省爆炸图

第 11 章 工　程　图

教学目标

通过本章的学习，掌握各种视图的表达方法、尺寸公差和形状位置公差的标注及标题栏和技术说明的标注等方法，能根据给定的三维模型绘制出完整的符合国家标准的工程图。

教学要求

能力目标	知识要点	权　重	自测分数
掌握各种视图的表达方法	一般视图、投影视图、详细图、向视图、剖视(面)图、破断图、装配图等	40%	
掌握各种公差的标注方法	尺寸公差的标注、形状位置公差的标注、表面粗糙度标注及符号的创建	30%	
掌握各种注释的创建和图框的格式创建	标题栏的创建、技术说明的标注、图框格式的创建等	30%	

 引例

图 11.1 是一泵体的工程图。工程图是 Pro/ENGINEER 用于产品开发设计的最终输出。在实际使用中，除了少量设计数据是转到数控机床直接加工外，大多数的设计最终都要输出工程图，根据工程图样完成产品的制造。所以，在 Pro/ENGINEER 的应用和实施中，生成工程图是必不可少的，最终的设计成果都要以工程图的形式输出和表示。本章将专门介绍工程图的设置、工程图的生成、工程图的尺寸标注、公差标注、注释标注、图框标题栏的生成以及工程图模板的创建等内容。

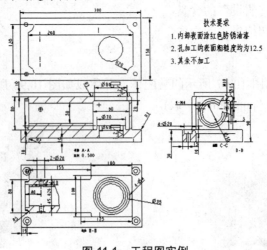

图 11.1　工程图实例

11.1 工程图简介

工程图是三维模型通过投影生成的平面或者轴测视图，而不是像传统的手工绘图或者二维 CAD 用线条画出来的图。工程图与模型之间保持关联，修改模型，工程图自动改变；修改工程图，模型也相应改变。

实际使用中都是从工程图模板或者工程图格式文件生成新的工程图，就像零件和装配由零件模块和装配模块生成一样，这样工程图的格式界面可以保持一致。

工程图的格式和界面受 config.pro 文件和工程图配置文件*.dtl 的控制。config.pro 文件控制 Pro/ENGINEER 系统的运行环境和界面，自然也会影响到工程图，*.dtl 文件控制工程图中的变量，如尺寸的标注样式、文字的高度等。

11.1.1 工程图的工作界面

要创建工程图，首先必须进入工程图设计界面。下面通过一个实例介绍进入工程图设计界面的方法。具体操作步骤如下。

(1) 打开实例源文件 huosai.prt，如图 11.2 所示(这一步骤主要说明在平时工作状态下，即一般在设计完零件后，马上在此基础上出工程图)。

(2) 执行"文件"|"新建"命令，或者单击"新建"按钮，或者按 Ctrl+N 组合键，系统弹出"新建"对话框，在对话框的"类型"栏中选中"绘图"单选按钮，在"名称"栏中输入名称，或接受系统默认的名称，取消选中"使用缺省模板"复选框，如图 11.3 所示。

(3) 单击"确定"按钮，系统弹出"新建绘图"对话框，如图 11.4 所示。该对话框共分为 4 个区域："缺省模型"、"指定模板"、"方向"和"大小"。

图 11.2 实例源文件　　　图 11.3 "新建"对话框　　　图 11.4 "新建绘图"对话框

① 缺省模型：用于显示和指定绘图模型文件，如果事先没有打开零件文件，栏中显示为"无"，设计者可以单击右边的 按钮，在"打开"对话框中指定需要绘制工程图的文件。

② 指定模板：用于指定工程图模板。共有 3 个单选按钮："使用模板"、"格式为空"和"空"。

(a) 使用模板：使用系统设置的模板。选中"使用模板"单选按钮，"新建绘图"对话框弹出"模板"下拉列表，设计者可以从列表框中选取系统列出的模板，也可以单击 浏览... 按钮，从文件夹中打开相应的模板。

(b) 格式为空：选用设置的格式模板。选中"格式为空"单选按钮，单击右边的 浏览... 按钮，打开系统设置的格式或自行设置并已保存的格式文件，即为绘图的格式文件。

(c) 空：不使用模板，由设计者选择图纸大小，绘制图框和标题栏。选中"空"单选按钮，可在"方向"栏选择"纵向"或"横向"按钮，使图纸横向放置或纵向放置。然后在"大小"栏的"标准大小"下拉列表框中选择图纸大小。如果单击"可变"按钮，则可在确定单位之后输入图纸的尺寸。

(4) 保持指定模板为空的选项，单击"横向"按钮，选择图纸大小为"A4"，单击"确定"按钮，进入工程图设计界面，如图11.5所示。

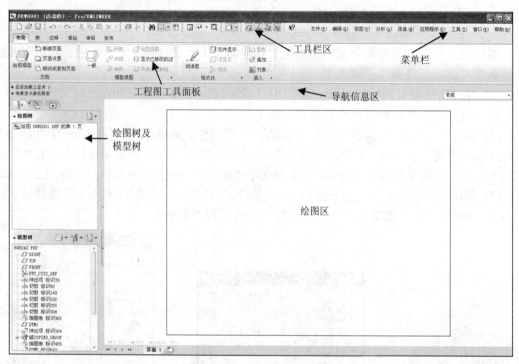

图 11.5　工程图设计界面

5.0版的工程图设计界面较以前版本有较大的改进，增加了绘图树窗口，用以将绘图的过程记录下来，方便编辑修改，同时将原界面的工具栏收缩并入了工程图专用工具栏，并增加了6个选项卡，每个选项卡均集中了若干个面板，分别用来进行绘图布局、绘制标题栏表格、标注尺寸公差和创建注释、手工绘制工程图和图框、检查审核工程图和输出工程图。现将6个选项卡介绍如下。

① "布局"：主要用于布局工程图，包括管理绘图模型、创建一般视图、投影视图、详细视图等各种工程表达视图以及线型编辑管理等，包括"文档"、"模型视图"、"格式化"和"插入"4个工具面板。选择"布局"选项卡，弹出工具面板，如图11.6所示。

图 11.6 "布局"选项的各工具面板

②"表":主要用于绘制标题栏的表格,也可在手工绘制工程图时制定系列孔坐标值的表格,还可编辑表格和文本样式,包括"表"、"行和列"、"数据"、"球标"和"格式化"5个工具面板。选择"表"选项卡,弹出工具面板,如图 11.7 所示。

图 11.7 "表"选项的各工具面板

③"注释":主要用于尺寸及公差的显示和标注,有自动尺寸标注、手工尺寸标注、尺寸公差标注、形位公差标注、表面粗糙度标注以及技术说明、标注文本的修改与编辑,包括"删除"、"参数"、"插入"、"排列"和"格式化"5个工具面板。选择"注释"选项卡,弹出工具面板,如图 11.8 所示。

图 11.8 "注释"选项的各工具面板

④"草绘":主要用于手工绘制工程图和绘制工程图图框以及所绘线条的编辑和修改,包括"设置"、"插入"、"控制"、"修剪"、"排列"和"格式化"6个工具面板。选择"草绘"选项卡,弹出工具面板,如图 11.9 所示。

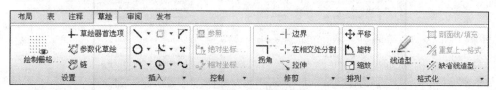

图 11.9 "草绘"选项的各工具面板

⑤"审阅":主要用于尺寸模型修改以后的再生以及图元信息的分析,包括"检查"、"更新"、"比较"、"查询"、"模型信息"和"测量"6个工具面板。选择"审阅"选项卡,弹出工具面板,如图 11.10 所示。

图 11.10 "审阅"选项的各工具面板

⑥ "发布"：主要用于工程图的输出打印设置。选择"发布"选项卡，弹出工具面板，如图 11.11 所示。

图 11.11 "发布"选项的各工具面板

11.1.2 工程图设置

工程图的设置就是设置工程图的环境，主要有两个设置，即 config.pro 设置和*.dtl 设置。

在 Pro/ENGINEER Wildfire 5.0 中，config.pro 的一些配置选项会影响工程图的环境，其中最重要的选项是 drawing_setup_file 和 filename.dtl。它指定*.dtl 文件的位置，生成工程图文件时，系统将按它规定的设置调入。

工程图参数是以*.dtl 文件控制工程图变量的。目前 Pro/ENGINEER Wildfire 5.0 中文版主要有 cns_cn.dtl(中国工程图标准)、cns_tw.dtl(中国台湾工程图标准)、jis.dtl(日本工程图标准)和 iso.dtl(国际工程图标准) 4 种配置文件供设计者选择。

下面分别介绍它们的配置方法。

1. 设置 config.pro 配置文件

设置工程图配置文件的具体操作方法如下。

执行"工具"|"选项"命令，系统弹出"选项"对话框，如图 11.12 所示。在对话框中的"选项"文本框中输入"drawing_setup_file"字符，单击"值"文本框下方的"浏览"按钮，系统弹出"选择文件"(Select File)对话框，找到 Pro/ENGINEER 安装目录下的 text 文件夹，再找到 cns_cn.dtl 文件，如图 11.13 所示，单击"打开"按钮，单击"添加/更改"按钮，单击"应用"按钮，单击"保存"图标，将所设置的配置文件存入系统的 config.pro 配置文件中 (Pro/ENGINEER 安装目录下的 text/config.pro)。

图 11.12 设置配置文件(1)

图 11.13　设置配置文件(2)

与工程图相关的 config.pro 配置选项见表 11-1。

表 11-1　工程图 config.pro 选项设定

选　项	值	说　明
drawing_setup_file	从 text 中查找*.dtl 文件	指定工程图的配置文件
draw_model_read_only	no/yes/cosmetic_only	是否设置绘图模型文件为只读文件,设置为"是",不能向模型添加从动尺寸、几何公差以及类似项目
dwg_export_format	2000\r11\r13\r14	当从 Pro/ENGINEER 绘图中输出时,提供选择 dwg 文件版本的功能
pro_font_dir	从 text 中查找字体目录	设置默认的字体目录
pro_surface_finish_dir		为定义表面粗糙度符号设置默认目录,要使用全路径名以避免出现问题
pro_symbol_dir		设置和自动创建用于保存和检索用户定义符号的默认目录。如果不指定目录,系统将使用当前工作目录
rename_drawings_with_object	none\part\assem\both	控制系统是否自动复制与零件和组件相关联的绘图

2．设置工程图参数

具体操作步骤如下。

执行"文件"|"绘图选项"命令,系统弹出"选项"对话框,如图 11.14 所示。在"选项"列表框中选取 projection_type 选项,单击"值"文本框右边的下三按钮,选择 first_angle 选项,单击"添加/更改"按钮,将更改值加载。再次在"选项"文本框中输入"sym_flip_rotated_text",单击"值"文本框右边的下三角按钮,选择 yes 选项,单击"添加/更改"按钮,将更改值加载。单击"应用"按钮,应用此加载的配置文件,再单击"保存"图标,

将加载文件存入系统配置文件中(Pro/ENGINEER 安装目录下的 text/cns_cn.dtl)。

图 11.14 工程图参数设置

> **提示**
>
> projection_type 选项是设置投影视图类型，值 first_angle 是设置第一视角视图布置，这正好符合中国机械制图的国家标准。默认值为 third_angle 是欧美国家的制图标准。sym_flip_rotated_text 选项是设置标注文本的方向，设置值为 yes 后，允许标注位置变化之后，文本随之旋转换向，使之符合制图标准规定的方向。

表 11-2 为工程图参数设置的必选选项。

表 11-2 工程图参数设置的必选选项(表中*表示系统默认选项)

选 项	值	说 明
tol_display	yes/no	设置尺寸公差的显示,如果设置了此项,则不能访问 Pro/ENGINEER 的"环境"对话框
crossec_arrow_length	值	设置横截面切割平面箭头的长度
crossec_arrow_style	值	确定剖面箭头的一端，头部或尾部接触到剖面线
crossec_arrow_width	值	横截面切割平面

选 项	值	说 明
draw_arrow_style	filled/closed/open	控制所有带箭头的详图项目的箭头样式
orddim_text_orientation	parallel horizontal*	控制纵坐标尺寸的文本方向，parallel*表示平行于导引线
angdim_text_orientation	Parallel_above，horizontal*，…	控制绘图中角度尺寸文本的放置
text_orientation	Parallel, horizontal*，…	控制所有尺寸文本的放置方向

11.2 一般视图

工程图的一般视图是按照一定的投影关系创建的一个独立的正交视图。通常情况下，该视图是放置在绘图区的第一个视图。一个模型可以根据不同的投影关系创建不同的一般视图，但一般视图一旦确定之后，与其他视图的关系也随之确定。按照中国的习惯，该视图也称为主视图。选择一般视图的原则是将反映零件信息最多的那个视图作为一般视图。

实例 1：创建活塞的一般视图。

具体操作步骤如下。

(1) 打开实例源文件 huosai.prt，如图 11.2 所示。

(2) 执行"文件"|"新建"命令，在"新建"对话框类型中选中"绘图"单选按钮，输入名称为"huosai"，取消选中"使用缺省模板"复选框，单击"确定"按钮，在"新建绘图"对话框的"指定模板"中选中"空"单选按钮，在"标准大小"下拉列表框中选择"A4"，单击"确定"按钮，进入工程图绘制界面。

(3) 在"布局"选项的工具面板中单击"创建一般视图"按钮，或者在绘图区右击鼠标，在弹出的快捷菜单中执行"插入普通视图"命令，如图 11.15 所示。此时，导航信息区提示，在绘图区适当位置单击，系统弹出"绘图视图"对话框，并在绘图区窗口显示零件的轴测图形。

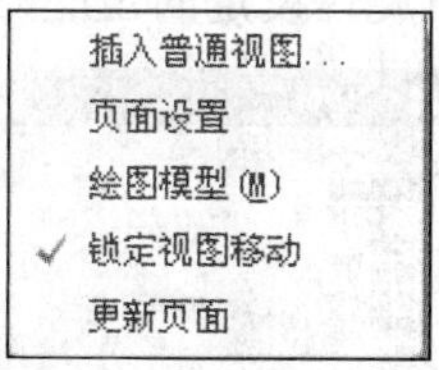

图 11.15 快捷菜单命令

> **注意**
> 如果没有事先选取模型，可在"布局"选项的工具面板中单击"绘图模型"按钮，在"绘图模型"菜单中选择"添加模型"选项，系统会弹出"打开"对话框，让用户选择一个三维模型来创建其工程图。

"绘图视图"对话框释义如下。

① 视图类型：设置视图的名称和类型。

(a) 视图名：输入创建视图的名称。

(b) 类型：设置创建视图的类型，系统默认一般视图为默认视图。

② 视图方向：设置视图的显示方向，包括选取定向方法和相应的参照。

"选取定向方法"中有以下 3 种定向方法。

(a) 查看来自模型的名称：通过系统默认的视图方向来创建一般视图。选中此单选按钮，通常用于创建轴测图。设计者可以通过"模型视图名"和"缺省方向"等相应参照定义轴测图的视角。

模型视图名：设置一般视图的视角名称。有 8 种视图的视角，即标准方向、缺省方向、BACK、BOTTOM、FRONT、LEFT、RIGHT 和 TOP。

缺省方向：定义三维模型的视图显示方向，包括等轴测、斜轴测和用户自定义方向 3 种类型。"等轴测"如图 11.16 所示，"斜轴测"如图 11.17 所示，"用户自定义"如图 11.18 所示。

图 11.16 等轴测示意

图 11.17 斜轴测示意

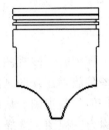
图 11.18 用户自定义示意

(b) 几何参照：设置几何参照为视图定向，分"参照 1"和"参照 2"。参照 1 有 8 种类型，即前面、后面、顶、底部、左、右、垂直轴和水平轴；参照 2 有 4 种类型，即顶、底部、左和右。选中"几何参照"单选按钮，"绘图视图"对话框显示如图 11.19 所示。

(c) 角度：设置视图按某一角度定向，一般用于以一个向视图作为主视图。选中"角度"单选按钮后，对话框显示如图 11.20 所示。设计者可以设置某一平面的法向沿着选定的参照旋转设定的角度，获得所需的视图。

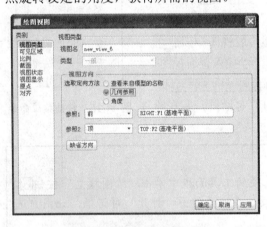
图 11.19 选中"几何参照"选项

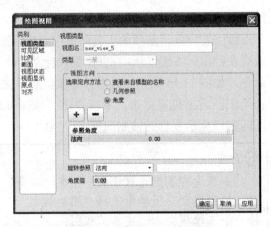
图 11.20 选中"角度"选项

(4) 在"视图方向"栏中选中"几何参照"单选按钮，设置"参照 1"为"前"，选取 RIGHT 平面为前面参照，设置"参照 2"为"顶"，选取 TOP 平面为顶部参照，单击"应用"按钮，在"类别"列表框中选择"视图显示"选项，对话框显示如图 11.21 所示，打开"显示样式"下拉列表框，选择"消隐"选项，打开"相切边显示样式"下拉列表框，选择"实线"选项，单击对话框中的"应用"按钮和"关闭"按钮。关闭基准平面显示和坐标系显示，单击"重画"按钮，视图显示如图 11.22 所示。

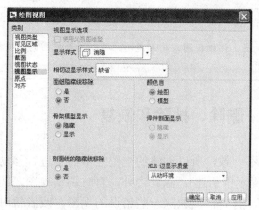

图 11.21 "视图显示"选项

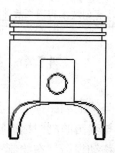

图 11.22 活塞零件的一般视图(主视图)

11.3 投影视图

投影视图是指通过水平或垂直方向正交投影几何来创建二维视图。投影视图包括左视图、右视图、俯视图和仰视图 4 种。

实例 2：创建上一实例活塞零件的左视图。

具体操作步骤如下。

(1) 单击"布局"选项的工具面板中的"创建投影视图"按钮 ，或者在一般视图上单击，当其显示红色虚线图框后右击鼠标，执行"插入投影视图"命令，如图 11.23 所示。此时，信息栏提示 。

(2) 在主视图的右边适当位置单击获得左视图，单击 右边的下三角按钮，在下拉列表中选择"消隐"选项按钮 ，单击"重画"按钮 ，显示如图 11.24 所示。

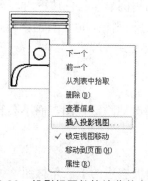

图 11.23 投影视图的快捷菜单命令

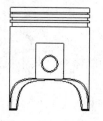
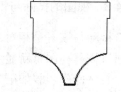

图 11.24 增加左视图

> **提示**
> 因为 Pro/ENGINEER 是美国公司设计的软件，它们沿用的制图标准是第 3 视角，正好与我国的第 1 视角相反。本例是在设置了视角与我国的制图标准相同的操作方法。如果没有设置视角为第 1 视角，此例则需将左视图先放在左边，然后通过移动视图，将视图放到右边，以与我国的国家标准要求吻合。其余投影视图也按此方法类推，即俯视图先放上面，再移到下面。

> **注意**
> 主视图是其他投影视图和后面将介绍的辅助视图、详细视图、局部视图、破断图等视图的父项视图，所以只有创建主视图之后才能创建其他视图。

11.4 视图的移动、删除、拭除和恢复

由于美国的制图标准与我国的制图标准不一致，所以创建的视图经常需要进行移动处理，才能与我国的制图标准吻合(如 11.3 节提示中所述)。除此之外，有时调整视图之间的位置，需移动视图。在绘制工程图的过程中，有时需要删除一些错误的视图，或者暂时拭除某个视图进行操作等。下面就分别介绍这些操作的方法。

11.4.1 视图的移动

移动视图是指对选定的视图做移动操作，以求达到工程图图面的视觉要求。具体操作方法为选取需要移动的视图，当其红色虚线方框显示后，右击鼠标，在弹出的快捷菜单中执行 ✓锁定视图移动 命令。此时，当鼠标移至视图时，鼠标出现十字星标识，单击鼠标移动，即可移动视图。需要注意的是，移动主视图时，可以任意方向移动，而移动投影视图只能在不破坏原视图的对应关系下进行，即左、右视图只能横向移动，俯、仰视图只能纵向移动。如果需要将视图移到不具有对应关系的位置，则需用另外的方法完成操作，具体操作方法将在辅助视图一节中介绍。

11.4.2 视图的删除

删除视图是指将视图从磁盘中删除，与拭除不同，视图删除后除非立即撤销删除，否则不能恢复。要删除视图，先选取要删除的视图，当视图周围显示红色边框时，可以直接按 Delete 键删除，也可以通过执行"编辑"|"删除"命令进行删除，也可右击鼠标执行"删除"命令删除。

11.4.3 视图的拭除与恢复

拭除与恢复是相对的功能命令，其中拭除视图只是暂时地隐藏视图，而不会删除，可以通过恢复视图重新显示视图。

具体操作步骤如下。

(1) 单击"布局"选项工具面板中的"模型视图"面板右边的下三角按钮，弹出下滑面板，如图 11.25 所示。单击 拭除视图 按钮，系统提示："选取要拭除的绘图视图"，选取要拭除的视图(图 11.24 中的右图)，单击"选取"对话框中的"确定"按钮，拭除后显示如图 11.26 所示。

(2) 单击"模型视图"右边的下三角按钮，在弹出的下滑面板中单击 恢复视图 按钮，系统弹出"视图名"菜单，如图 11.27 所示。在"视图名"菜单中选中 ✓左边_2 复选框，单击"选取"对话框的"确定"按钮，在"视图名"菜单中选择"完成选取"选项，视图恢复，如图 11.24 所示。

 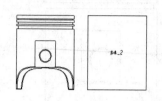 

图 11.25 "拭除"命令位置和"选取"对话框　　图 11.26 拭除后显示　　图 11.27 "视图名"菜单

11.4.4 视图比例的修改

有时候视图太小，图纸太大，影响视觉效果。这时设计者可以通过修改视图比例来调整视图。

具体操作方法如下。

双击主视图，系统弹出"绘图视图"对话框，在"类别"栏中选择"比例"选项，选中 定制比例 单选按钮，修改定制比例值为 0.5，单击对话框中的"应用"按钮，视图比例变换成新值，单击对话框的"关闭"按钮，调整视图的位置，如图 11.28 所示。

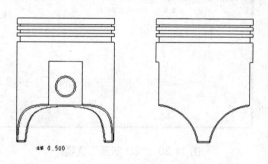

图 11.28 修改视图比例完成

11.5 剖 视 图

剖视图是指在零件或组件模式中创建和保存一个剖面，并在绘图中显示它。同时，设计者也可以在插入创建其他视图时添加剖视图。

剖视图分全剖视图、半剖视图、局部剖视图和旋转展开剖视图。

11.5.1 全剖视图

全剖视图就是用一个假想的平面剖切模型，然后将整个剖截面及其后面的轮廓线显示在视图中。全剖视图在工程图中应用较多，主要用于清晰地显示模型的内部结构。下面仍然通过活塞的工程图来介绍全剖视图的创建方法。

实例 3：在活塞的左视图上创建全剖视图，如图 11.29 所示。

具体操作步骤如下。

（1）双击左视图，系统弹出"绘图视图"对话框，在对话框的"类别"栏选择"截面"选项。

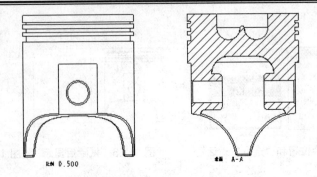

图 11.29 创建全剖视图实例

(2) 在对话框中选中"2D 剖面"单选按钮,对话框显示如图 11.30 所示。

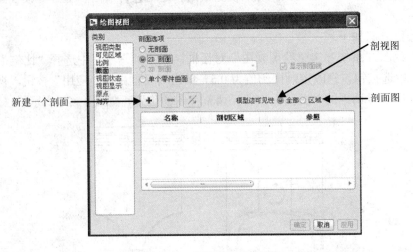

图 11.30 "2D 剖面"选项

(3) 单击对话框中的 + 按钮,对话框显示如图 11.31 左图所示,同时系统弹出"剖截面创建"菜单,如图 11.31 右图所示。

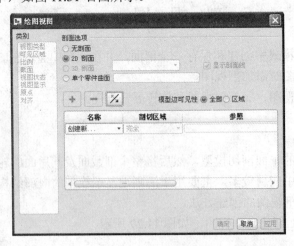

图 11.31 对话框显示和"剖截面创建"菜单

菜单中各选项的含义如下。

① 平面：选择一个平面(或基准平面)或创建基准平面作为剖切参照。

② 偏移：通过草绘绘制一条截面线，该截面线拉伸成一个曲面(平面)，然后以此曲面作为剖切面，产生剖视图。

③ 单侧：显示单侧剖视图。

④ 双侧：显示双侧剖视图。

⑤ 单一：生成单一剖截面。

⑥ 阵列：生成一个剖截面阵列。

(4) 在"剖截面创建"菜单中选择"平面"、"单一"选项，选择"完成"选项，系统在信息栏提示 输入剖面名 [退出]：，输入剖面名"A"，单击中键，系统弹出"设置平面"菜单，如图 11.32 左图所示，选取 FRONT 平面，对话框显示如图 11.32 右图所示，保持系统默认的"完全"选项，单击 应用 按钮，全剖视图创建完成，如图 11.29 所示，单击 关闭 按钮，退出剖视图的创建。

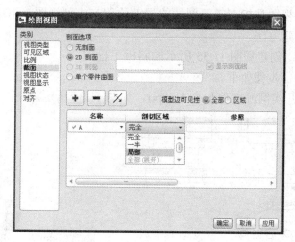

图 11.32 "设置平面"菜单和对话框显示

11.5.2 半剖视图

对于一些具有对称特征的零件，只需要进行半剖就可以看清内部的结构情况，所以半剖视图在工程图中也占有一定的比重。

创建半剖视图的方法与创建全剖视图的方法基本类似，只是需要在设置"剖切区域"时，将"完全"改为"一半"，然后按提示操作即可。

实例 4：修改活塞的主视图为半剖视图，如图 11.33 所示。

具体操作步骤如下。

(1) 双击主视图，系统弹出"绘图视图"对话框。

(2) 在"类别"列表框中选择"截面"选项，对话框中选中"2D 截面"单选按钮，单击 + 按钮，在"剖截面创建"菜单中选择"平面"、"单一"选项，选择"完成"选项，输入剖面名"B"，单击中键，选取 RIGHT 平面，单击"剖切区域"右侧的下三角按钮，选择"一半"选项。系统信息栏提示"为半截面创建选取参照平面"。

(3) 选取 FRONT 平面为参照平面，视图显示如图 11.34 所示，箭头所示方向为剖视图显示的方向,系统在信息栏提示"拾取侧",选取左侧为剖视图方向,单击 应用 按钮,单击 关闭 按钮,完成修改,如图 11.33 所示。

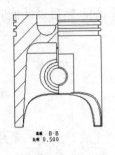
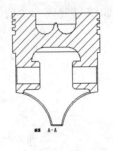
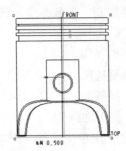
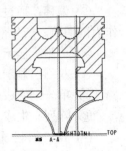

图 11.33 修改主视图为半剖视图　　　　　图 11.34 选取参照平面后视图显示

11.5.3 局部剖视图

局部剖视图是指在需要剖切的局部位置产生剖视图,下面通过一个实例介绍局部剖视图的具体创建方法。

实例 5:创建如图 11.35 所示的斜板工程图。

具体操作步骤如下。

(1) 打开实例源文件 keti_1ok.prt,如图 11.36 所示。

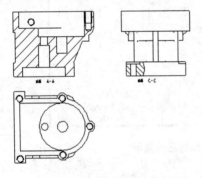
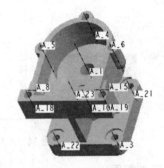

图 11.35 实例图形　　　　　　　　　图 11.36 实例源文件

(2) 新建一个绘图文件,输入名称为"keti",取消选中"使用缺省模板"复选框,单击"确定"按钮,使用模板为"空",选择图纸"横向"布置,选择图纸大小为"A3",单击"确定"按钮,进入工程图设计界面。

(3) 右击鼠标执行"插入普通视图"命令,在图形区适当位置单击,在"绘图视图"对话框的"类别"栏中选择"视图类型"选项,在"视图方向"栏中选中"几何参照"单选按钮,在"参照 1"中选择"前"选项,选取 RIGHT 平面为前面参照平面,在"参照 2"中选择"顶"选项,选取 TOP 平面为顶部参照,单击"应用"按钮,在"类别"栏中选择"截面"选项,在"对话框"中选中"2D 剖面"单选按钮,单击 ➕ 按钮,在"剖截面创建"菜单中选择"平面"、"单一"选项,选择"完成"选项,输入剖面名"A",单击中键,选取 RIGHT 平面,剖切区域选择"完全"选项,单击"应用"按钮,单击"关闭"按钮,如图 11.37 所示。

> **提示**
> 也可在零件设计模块里按3.5.4节介绍的创建剖截面的方法创建剖面,然后直接选取。

(4) 右击主视图,执行"插入投影视图"命令,在主视图右侧单击,产生左视图。再次右击主视图,执行"插入投影视图"命令,在主视图下侧单击,产生俯视图。在对话框的"类别"栏中选择"视图显示"选项,打开"显示样式"下拉列表框,选择"消隐"选项,打开"相切边显示样式"下拉列表框,选择"实线"选项,单击对话框中的"应用"按钮和"关闭"按钮,视图如图11.38所示。

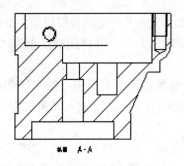 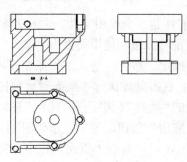

图 11.37 主视图　　　　　　　　　图 11.38 三视图

(5) 双击左视图,在"绘图视图"对话框的"类别"栏中选择"截面"选项,选中"2D剖面"单选按钮,单击 ➕ 按钮,在"名称"栏选择 C 剖面(源文件已经在零件设计中设置了 C 剖面),剖切区域选择"局部"选项,导航信息栏提示"选取截面间断的中心点<C>",在左视图需要局部剖视的位置单击,如图 11.39 所示,导航信息栏提示"草绘样条,不相交其他样条",绘制样条线,如图 11.40 所示。单击"应用"按钮,完成局部剖视图的创建,如图 11.35 所示。关闭"绘图视图"对话框,退出工程图的创建设置。

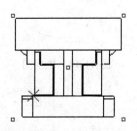 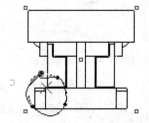

图 11.39 局部剖视中心点　　　　　图 11.40 局部剖视区域

11.5.4 旋转剖视图

对于一些旋转体零件,为了显示不在一个平面内的内部孔结构,需要进行旋转剖视。旋转剖视图的创建与全剖视图的创建有些类似,不同的地方是不能利用已有的平面作为剖切面,而必须创建草绘剖切面。下面通过一个实例介绍旋转剖视图的创建方法。

实例 6:创建轮毂的工程图,如图 11.41 所示。

具体操作步骤如下。

(1) 打开实例源文件 lungu.prt,如图 11.42 所示。

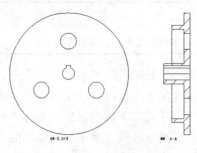 

图 11.41　实例工程图　　　　　　　　图 11.42　实例源文件

(2) 新建一个绘图文件，输入名称为"lungu"，取消选中"使用缺省模板"复选框，单击"确定"按钮，使用模板为"空"，选择图纸为"横向"布置，选择图纸大小为"A4"，单击"确定"按钮，进入工程图设计界面。

(3) 右击鼠标执行"插入普通视图"命令，在图形区适当位置单击，在"绘图视图"对话框的"类别"栏中选择"比例"选项，选中"定制比例"单选按钮，输入比例值为"0.01"，单击"应用"按钮，图形显示如图 11.43 所示。

(4) 在对话框的"类别"栏中选择"视图类型"选项，在"视图方向"栏中选中"几何参照"单选按钮，在"参照 1"中选择"前"选项，选取 FRONT 平面为前面参照平面，在"参照 2"中选择"顶"选项，选取 RIGHT 平面为顶部参照，单击"应用"按钮，显示如图 11.44 所示。在"绘图视图"对话框中单击"关闭"按钮，完成主视图的创建。

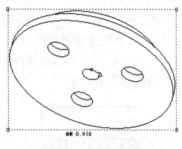 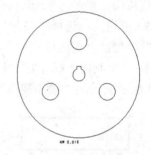

图 11.43　定制比例　　　　　　　　　图 11.44　主视图

(5) 选取主视图，右击鼠标，执行"插入投影视图"命令，在主视图的右侧适当位置单击，确认生成左视图，如图 11.45 所示。

(6) 双击左视图，系统弹出"绘图视图"对话框，在对话框的"类别"栏中选择"剖面"选项，在"剖面"对话框中选中"2D 截面"单选按钮，单击 + 按钮，新建一个剖截面，在"剖截面创建"菜单中选择"偏移"、"双侧"、"单一"选项，选择"完成"选项，输入截面名为"A"，单击中键，系统弹出零件设计界面窗口(以副窗口的形式出现)，选取下侧平面为草绘平面，如图 11.46 所示，选择"确定"选项，选择"缺省"选项，进入草绘界面。加选 A_10、A_2、A_8 和圆弧为尺寸参照，执行"草绘"|"线"命令，绘制如图 11.47 所示的截面。执行"草绘"|"完成"命令，退出草绘界面，副窗口关闭。

(7) 在"剖面"对话框中的"剖切区域"下拉列表框中选择"全部(对齐)"选项。选取轴线 A_2，单击对话框中的"应用"按钮，单击"关闭"按钮，完成旋转剖视图的创建，如图 11.41 所示。

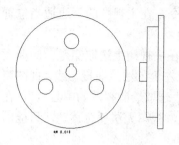
图 11.45　生成左视图

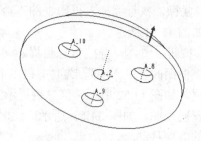
图 11.46　选取草绘平面

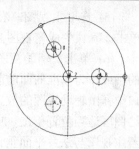
图 11.47　绘制剖面截面线

11.6　辅 助 视 图

辅助视图是一种投影视图，以垂直角度向选定曲面或轴进行投影，并且以选定曲面的法线方向作为投影通道，其父视图中的参照还必须垂直于屏幕平面。

实例 7：创建如图 11.48 所示弯通零件的工程图。

具体操作步骤如下。

(1) 打开零件源文件 wantong.prt，如图 11.48 所示。

(2) 新建一个绘图文件，输入名称为"wantong"，取消选中"使用缺省模板"复选框，单击"确定"按钮，使用模板为"空"，选择图纸为"横向"布置，选择图纸大小为"A4"，单击"确定"按钮，进入工程图设计界面。

(3) 右击鼠标执行"插入普通视图"命令，在图形区适当位置单击，在"绘图视图"对话框的"类别"栏中选择"比例"选项，选中"定制比例"单选按钮，输入比例值为 0.015，单击"应用"按钮，图形显示如图 11.49 所示。

图 11.48　实例零件模型

(4) 在对话框的"类别"栏中选择"视图类型"选项，在"视图方向"栏中选中"几何参照"单选按钮，在"参照 1"中选择"前"选项，选取 TOP 平面为前面参照平面，在"参照 2"中选择"顶"选项，选取 DTM1 平面为顶部参照，单击"应用"按钮，如图 11.50 所示。在"绘图视图"对话框中单击"关闭"按钮，完成主视图的创建。

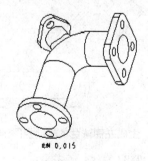
图 11.49　设置比例

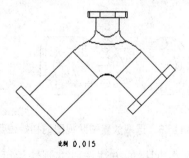
图 11.50　生成主视图

(5) 选取主视图，右击鼠标，执行"插入投影视图"命令，在主视图的下边适当位置单击，确认生成俯视图，如图 11.51 所示。

(6) 单击"辅助视图"按钮 ◆辅助..., 导航信息栏提示"在主视图上选取穿过前侧曲面的轴或作为基准曲面的前侧曲面的基准平面"，选取主视图上左侧的法兰面投影线，视图窗口中弹出辅助视图的放置框，如图 11.52 所示。信息栏提示"选取绘制视图的中心点"，在绘图区适当位置单击，放置向视图，如图 11.53 所示。此时，视图无法任意移动，只能沿着主视图与法兰平面垂直的方向移动。

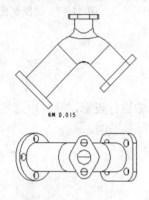
图 11.51 生成俯视图

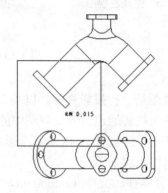
图 11.52 选取产生辅助视图的曲面

(7) 选取辅助视图，显示一个红框，右击鼠标，在弹出的快捷菜单中执行"属性"命令，系统弹出"绘图视图"对话框，在对话框的"类别"列表框中选择"对齐"选项，取消选中 □将此视图与其它视图对齐 复选框。单击"应用"按钮，此时辅助视图就可以移动了。将其移到适当位置，如图 11.54 所示。

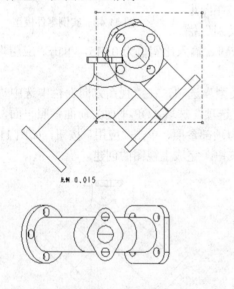
图 11.53 选取放置辅助视图的初始位置

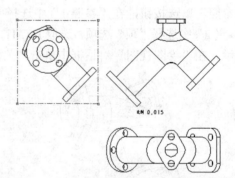
图 11.54 生成左侧法兰的辅助视图(向视图 1)

(8) 用同样的方法选取右侧法兰可以生成辅助视图，如图 11.55 所示。

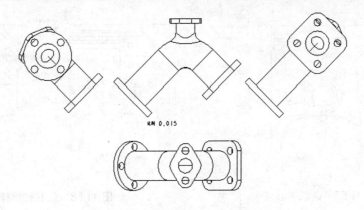

图 11.55 生成右侧法兰的辅助视图

11.7 详细视图

详细视图是指在另一个视图中放大显示模型的一小部分视图。在父视图中包括一个参照注释和边界作为详细视图设置的一部分。一旦放置了详细视图，就可使用"绘图视图"对话框修改视图，包括其样条边界。

实例 8：将活塞工程图的活塞环槽部分创建一个详细视图，如图 11.56 所示。

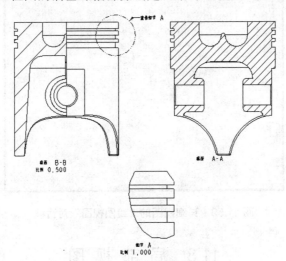

图 11.56 创建详细视图

具体操作步骤如下。

(1) 打开工程图文件 huosai.drw，如图 11.29 所示。

(2) 选取主视图，在工具面板中单击 详细 按钮，此时导航信息栏提示"在以现有视图上选取要查看细节的中心点"，在主视图的活塞环槽适当位置上单击，如图 11.57 所示。系统提示"草绘样条，不相交其他样条，来定义一轮廓线"，绘制一条样条线，单击中键，图形显示如图 11.58 所示。系统又提示"选取绘制视图的中心点"，在图形区适当位置单击选取一点，"详细视图"即放置于此位置，如图 11.56 所示。

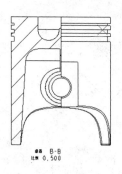
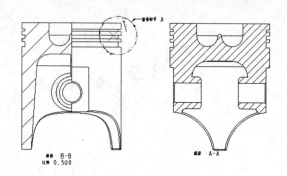

图 11.57　选取中心点　　　　　　图 11.58　绘制轮廓样条线

(3) 双击详细视图,系统弹出"绘图视图"对话框,如图 11.59 所示。在此对话框中,设计者可修改相关参数和显示。如单击 父项视图上的参照点 边:F8(切剪) ,可修改详细视图的中心点位置;单击 父项视图上的样条边界 已定义样条 ,可修改样条线的边界;单击 父项视图上的边界类型 圆 右边的下三角按钮,可在下拉列表框中选择相应的边界选项进行修改,显示不同的边界。还可修改详细视图的显示比例,方法是在"类别"栏中选择"比例"选项,选中"定制比例"单选按钮,修改比例值,单击"应用"按钮,单击"关闭"按钮,即可完成比例修改。

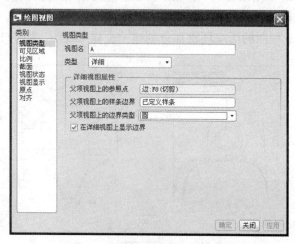

图 11.59　详细视图的"绘图视图"对话框

11.8　局 部 视 图

局部视图是指通过一个封闭的样条曲线将视图的某一部分用另一个视图显示出来。

实例 9:将弯通的两个辅助视图转换成局部视图,如图 11.60 所示。

具体操作步骤如下。

(1) 打开工程图文件 wantong.drw,如图 11.55 所示。

(2) 双击右边的辅助视图,系统弹出"绘图视图"对话框,在对话框的"类别"栏中选择"可见区域"选项。对话框如图 11.61 所示。

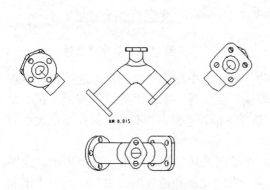
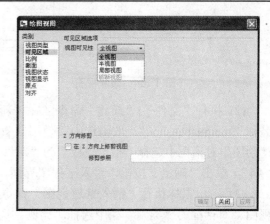

图 11.60　局部视图实例　　　　　　　图 11.61　"可见区域"对话框

(3) 在"视图可见性"下拉列表框中选择"局部视图"选项,系统在导航信息栏提示:"选取新的参照点。单击"确定"完成",在右边向视图单击选取中心点,绘制样条线,如图 11.62 所示,单击"应用"按钮,关闭对话框,显示如图 11.63 所示。

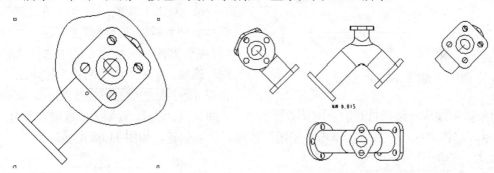

图 11.62　局部视图区域　　　　　　　图 11.63　生成局部视图

(4) 用步骤(2)和步骤(3)同样的方法,创建左边向视图的局部视图。最后生成的视图如图 11.60 所示。

> **提示**
>
> "视图可见性"下拉列表框中有 4 个选项,即全视图、半视图、局部视图和破断视图。全视图是系统默认的设置,前面所述的实例主视图都是全视图,半视图的操作方法跟半剖视图有点类似,都需要选取显示视图方向。这两种视图表达操作方式不再赘述。

11.9　破断视图

破断视图是指通过移除两个选定点或多个选定点之间的部分视图,并将剩余的两部分合拢在一个指定距离内的方式创建视图。

实例 10:创建梅花扳手的破断视图,如图 11.64 所示。

具体操作步骤如下。

(1) 打开实例源文件 meihuabanshou.prt,如图 11.65 所示。

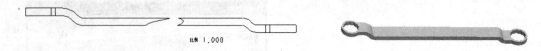

图 11.64 破断视图　　　　　　　　图 11.65 实例源文件

(2) 执行"文件"|"新建"命令，在"新建"对话框中选中"绘图"单选按钮，输入名称"meihuabanshou"，取消选中"使用缺省模板"复选框，单击"确定"按钮，在"新建绘图"对话框中选择"指定模板"为"空"，选择图纸为"横向"布置，选择图纸大小为"A4"，单击"确定"按钮，进入工程图界面。

(3) 右击鼠标执行"插入普通视图"命令，在绘图区适当位置单击，在弹出的"绘图视图"对话框的"类别"栏中选择"比例"选项，在"比例和透视图选项"中选中"定制比例"单选按钮，设置比例值为1，单击"应用"按钮，再选择"视图类型"选项，在"视图方向"选项中选中"几何参照"单选按钮，选取"参照1"为"前"，选取FRONT平面为前面参照，选取"参照2"为"顶"，选取TOP平面为顶部参照，单击中键，完成设置，单击"关闭"按钮，完成主视图的创建，如图11.66所示。

图 11.66 主视图

(4) 双击主视图，在"绘图视图"对话框"类别"栏中选择"可见区域"选项，在"视图可见性"下拉列表框中选择"破断视图"选项，单击"添加断点"按钮。信息栏提示 ➡草绘一条水平或垂直的破断线。，绘制两段破断线(破断线应该选择已有的视图元素作为参照，如端点、边等，否则无法绘制)，如图11.67所示。单击"应用"按钮，单击"关闭"按钮，完成创建，如图11.68所示。

图 11.67 设置破断位置　　　　　　图 11.68 破断完成

(5) 双击破断图，系统弹出"绘图视图"对话框，在"类别"栏中选择"可见区域"选项，在破断线列表框中拖动下方的滑条，在"破断线造型"下拉列表框中选择"视图轮廓上的S曲线"选项，如图11.69(a)所示，视图显示如图11.69(b)所示。单击"应用"按钮，单击"关闭"按钮，完成破断视图的创建，如图11.64所示。

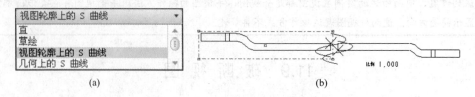

(a)　　　　　　　　　　　(b)

图 11.69 设置破断线样式后显示

11.10 装 配 图

装配图是工程图中的一个重要组成部分，它主要表示零件之间的装配关系。它的创建与零件图的创建方法相似，不同点在于创建装配图时，每个相邻装配元件之间的剖面线必须方向相反，或者疏密有所差异。下面通过一个实例介绍创建装配图的方法。

实例 11：创建钻夹具的装配图，如图 11.70 所示。

具体操作步骤如下。

(1) 打开装配文件 zuanjiaju_1.asm，如图 11.71 所示。

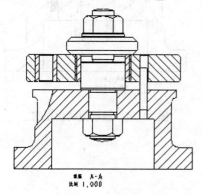

图 11.70　钻夹具的装配图　　　　　　　图 11.71　zuanjiaju_1.asm

(2) 新建一个绘图文件，输入名称为"zuanjiaju"，取消选中"使用缺省模板"复选框，单击"确定"按钮，使用模板为"空"，选择图纸为"横向"布置，选择图纸大小为"A3"，单击"确定"按钮，进入工程图设计界面。

(3) 右击鼠标执行"插入普通视图"命令，系统弹出"选取组合状态"对话框，如图 11.72 所示。选择"无组合状态"选项，单击"确定"按钮，在绘图区适当位置单击，在系统弹出的"绘图视图"对话框的"类别"栏中选择"比例"选项，在"比例和透视图选项"中选中"定制比例"单选按钮，设置比例值为1，单击"应用"按钮，在对话框的"类别"栏中选中"视图类型"选项，在"视图方向"选项中选中"几何参照"单选按钮，选取"参照1"为"前"，选取 FRONT 平面为前面参照，选取"参照2"为"顶"，选取 TOP 平面为顶部参照，单击中键，完成设置，单击"关闭"按钮，完成主视图的创建，如图 11.73 所示。

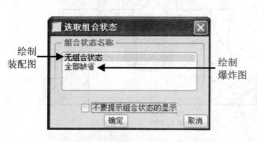

图 11.72　"选取组合状态"对话框

(4) 双击主视图，系统弹出"绘图视图"对话框，在对话框的"类别"栏中选择"剖面"选项，选中"2D 剖面"单选按钮，单击 按钮，新建一个剖截面，在"剖截面创建"菜单中选择"平面"、"单一"选项，选择"完成"选项，输入截面名为"A"，单击中键，选取 FRONT 平面为剖切参照平面，在"剖切区域"中选择"完全"选项，单击"应用"按钮，显示如图 11.74 所示。单击"关闭"按钮，完成剖视图的创建。

(5) 修改剖面线。双击视图中的剖面线，系统弹出"修改剖面线"菜单，如图 11.75 所示，工程图显示如图 11.76 所示。

菜单有关选项释义如下。

① "X 元件"：修改元件剖面线。

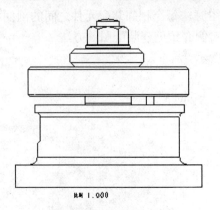

图 11.73 主视图

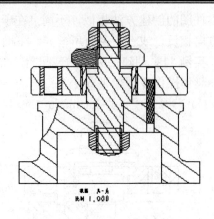

图 11.74 主视图的剖视图

图 11.75 "修改剖面线"菜单

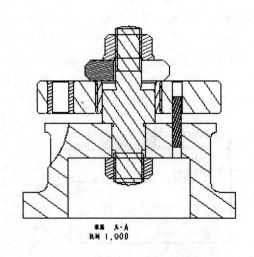

图 11.76 执行命令后的工程图显示

② "X 区域"：修改区域剖面线。
③ "间距"：指定剖面线图案直线分量之间的间距。
④ "角度"：指定剖面线图案的角度。
⑤ "偏移"：指定剖面线图案的直线分量之间的偏移。
⑥ "线造型"：指定剖面线图案的线造型。
⑦ "新增直线"：在剖面线型值中新增直线。
⑧ "拭除"：拭除选定(剖面、元件、区域)的剖面线。
⑨ "显示"：显示选定(剖面、元件、区域)的剖面线。
⑩ "排除"：排除所选零件剖面线显示。

此时只有特制螺母上的剖面线显示变亮，表示将要修改的剖面线为此螺母上的剖面线。选择"排除"选项，表示此螺母不用剖面线，即删除剖面线，如图 11.77 所示。

> **提示**
> "排除"与"拭除"虽说都能消除剖面线效果，但还是有区别的。"拭除"表示擦去剖面线效果，但保留剖切效果，即保留剖面，不要剖面线；"排除"表示擦去剖面线效果的同时删除剖切。

（6）选择"下一个"选项，视图显示如图 11.78 所示。开口垫圈显示变亮，选择"排除"选项，显示如图 11.79 所示。选择"下一个"选项，显示如图 11.80 所示，钻套显示变亮；选择"间距"选项，在"修改模式"菜单中选择"加倍"选项，选择"角度"选项，在"修改模式"中选择"45"选项，显示如图 11.81 所示。

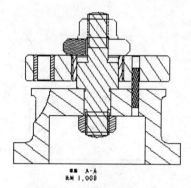

图 11.77 "排除"后的显示(1)

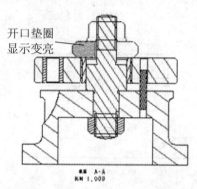

图 11.78 选择"下一个"选项后的显示(1)

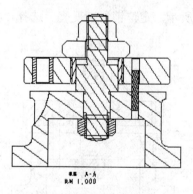

图 11.79 "排除"后的显示(2)

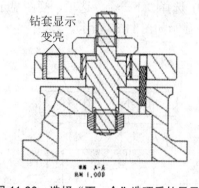

图 11.80 选择"下一个"选项后的显示(2)

（7）选择"下一个"选项，视图显示如图 11.82 所示，钻模板显示变亮。选择"间距"选项，在"修改模式"菜单中选择"一半"选项，选择"角度"选项，在"修改模式"中选择"135"选项，如图 11.83 所示。

（8）选择"下一个"选项，视图显示如图 11.84 所示，衬套显示变亮。选择"角度"选项，在"修改模式"中选择"45"选项，如图 11.85 所示。

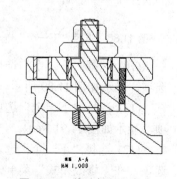

图 11.81 修改间距和角度

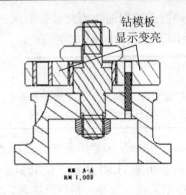
图 11.82 选择"下一个"选项后的显示(3)

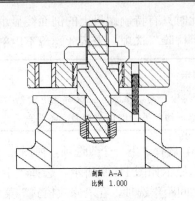
图 11.83 修改间距和角度(1)

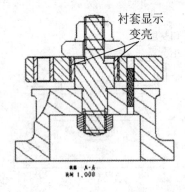
图 11.84 选择"下一个"选项后的显示(4)

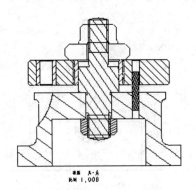
图 11.85 修改间距和角度(2)

(9) 选择"下一个"选项，视图显示如图 11.86 所示，定位销显示变亮。选择"排除"选项，显示如图 11.87 所示。

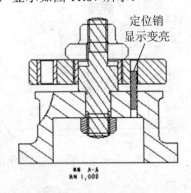
图 11.86 选择"下一个"选项后的显示(5)

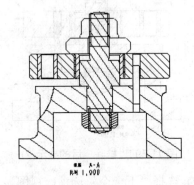
图 11.87 "排除"后的显示(3)

(10) 选择"下一个"选项，视图显示如图 11.88 所示，螺母显示变亮。选择"排除"选项，显示如图 11.89 所示。

(11) 选择"下一个"选项，视图显示如图 11.90 所示，轴显示变亮。选择"排除"选项，显示如图 11.91 所示。

(12) 选择"下一个"选项，视图显示如图 11.92 所示，底座显示变亮。选择"间距"选项，在"修改模式"菜单中选择"一半"选项，选择"角度"选项，在"修改模式"中选择"45"选项,显示如图 11.93 所示。选择"完成"选项,修改剖面线完成。

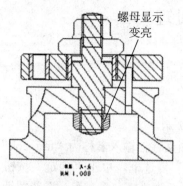

图 11.88　选择"下一个"选项后的显示(6)

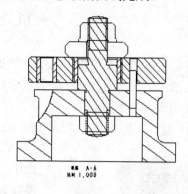

图 11.89　"排除"后的显示(4)

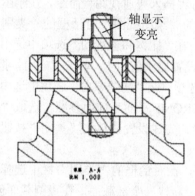

图 11.90　选择"下一个"选项后的显示(7)

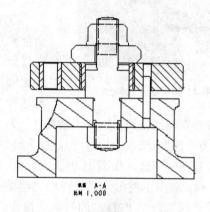

图 11.91　"排除"后的显示(5)

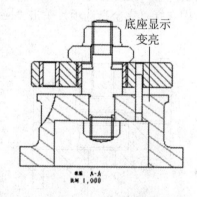

图 11.92　选择"下一个"选项后的显示(8)

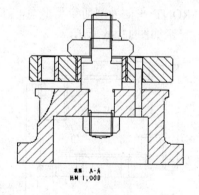

图 11.93　修改间距和角度(3)

(13) 双击视图,系统弹出"绘图视图"对话框,在"类别"栏中选择"视图显示"选项。在"显示线型"下拉列表框中选择"消隐"选项,在"相切边显示样式"下拉列表框中选择"实线"选项。单击"应用"按钮,单击"关闭"按钮,视图显示如图 11.70 所示。

11.11 筋板的处理

首先我们用一个实例引入关于筋板显示的问题。

实例 12：创建如图 11.94 所示零件的工程图。

具体操作步骤如下。

(1) 打开实例源文件 "fati_2ok.prt"，如图 11.94 所示。

图 11.94 fati_2ok.prt

(2) 新建一个绘图文件，输入名称为 "fati_2ok"，取消选中 "使用缺省模板" 复选框，单击 "确定" 按钮，使用模板为 "空"，选择图纸为 "横向" 布置，选择图纸大小为 "A3"，单击 "确定" 按钮，进入工程图设计界面。

(3) 右击鼠标执行 "插入普通视图" 命令，在绘图区适当位置单击，在弹出的 "绘图视图" 对话框的 "类别" 栏中选择 "比例" 选项，在 "比例和透视图" 选项中选中 "定制比例" 单选按钮，设置比例值为 1，单击 "应用" 按钮，再选择 "视图类型" 选项，在 "视图方向" 选项中选中 "几何参照" 单选按钮，选取 "参照 1" 为 "前"，选取 FRONT 平面为前面参照，选取 "参照 2" 为 "顶"，选取 DTM1 平面为顶部参照，单击中键，完成设置，单击 "关闭" 按钮，完成主视图的创建，如图 11.95 所示。

(4) 双击主视图，系统弹出 "绘图视图" 对话框，在对话框的 "类别" 栏中选择 "截面" 选项，选中 "2D 剖面" 单选按钮，单击 按钮，新建一个剖截面，在 "剖截面创建" 菜单中选择 "平面"、"单一" 选项，选择 "完成" 选项，输入截面名为 "A"，单击中键，选取 FRONT 平面为剖切参照平面，在 "剖切区域" 中选择 "完全" 选项，单击 "应用" 按钮，显示如图 11.96 所示。

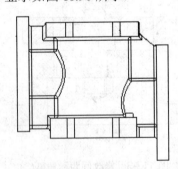

图 11.95 阀体主视图

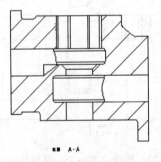

图 11.96 阀体剖视图

从图 11.96 可以看出，剖视图完全不符合机械制图的标准表达方式。按照国家标准，筋板是不需要剖切的，即筋板部分不需要剖面线。解决这一问题的基本思路是：在零件环境中创建一个简化表示，并将简化表示应用于工程图中，在工程图中将筋特征的轮廓用草绘复制下来，然后在零件环境的简化表示中排除筋特征，以求达到不剖切筋的效果。

下面沿用实例源文件重做工程图设计。

具体操作步骤如下。

(1) 打开实例源文件"fati_2ok.prt",如图 11.94 所示。单击"视图管理器"按钮，系统弹出"视图管理器"对话框,接受系统默认的"简化表示"选项,单击"新建"按钮,对话框显示如图 11.97(a)所示。系统给定一个默认名称"Rep0001",接受系统默认的名称,单击中键,系统弹出"编辑方法"菜单,如图 11.97(b)所示。选择"完成/返回"选项,单击对话框中的"关闭"按钮,简化表示设置完成。

(2) 新建一个绘图文件,输入名称为"fati_2ok",取消选中"使用缺省模板"复选框,单击"确定"按钮,使用模板为"空",选择图纸为"横向"布置,选择图纸大小为"A3",单击"确定"按钮,系统弹出"打开表示"对话框,选择"REP0001"选项,如图 11.98 所示,单击"确定"按钮,进入工程图设计界面。

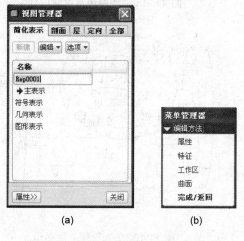

图 11.97 简化表示设置对话框和菜单 　　　　图 11.98 "打开表示"对话框

(3) 按照上一操作的步骤(2)完成零件主视图创建,效果如图 11.95 所示。

(4) 选取主视图,右击鼠标执行"插入投影视图"命令,在主视图的下侧单击,放置俯视图,再选取主视图,右击鼠标执行"插入投影视图"命令,在主视图的右侧放置左视图,如图 11.99 所示。

(5) 选择"草绘"选项卡,在"插入"面板中单击"使用边"按钮，在主视图和俯视图上选取筋的轮廓线(选取第二条以后的线段时要按住 Ctrl 键,选取所有筋板的轮廓线为要保留的线段),如图 11.100 所示。单击中键,完成草绘。选择"布局"选项卡,双击主视图,在对话框的"类别"栏中选择"截面"选项,选中"2D 剖面"单选按钮,单击 按钮,新建一个剖截面,在"剖截面创建"菜单中选择"平面"、"单一"、"完成"选项,输入截面名为"A",单击中键,选取 FRONT 平面为剖切参照平面,在"剖切区域"中选择"完全"选项,单击"应用"按钮,显示如图 11.96 所示。

(6) 打开"窗口"菜单,选择"fati_2ok.prt",返回零件设计环境。单击"视图管理器"按钮，在"视图管理器"对话框中单击"编辑"右侧的下三角按钮,在弹出的子菜单中选择"重定义"选项,如图 11.101 所示,在"编辑方法"菜单中选择"特征"选项,在"增加/删除特征"子菜单中选择"排除"选项,选取 4 个筋特征,选择"完成"选项,如图 11.102 所示。选择"完成/返回"选项,完成排除特征。

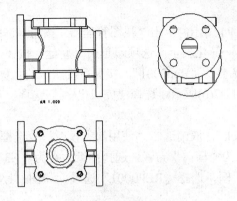
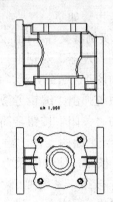

图 11.99　阀体三视图　　　　　图 11.100　使用边草绘轮廓线

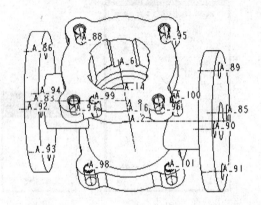

图 11.101　"编辑"子菜单　　　图 11.102　排除特征后显示

(7) 打开"窗口"菜单,选择"fati_2ok.drw",返回工程图设计环境,视图显示如图 11.103 所示。选择"草绘"选项卡,在"修剪"面板中单击 在相交处分割 按钮,在俯视图上选取两条相交线,如图 11.104 所示,单击"选取"对话框中的"确定"按钮,完成分割。选取分割后右边的线段,如图 11.105 所示,按下 Delete 键即可删除线段,如图 11.106 所示。

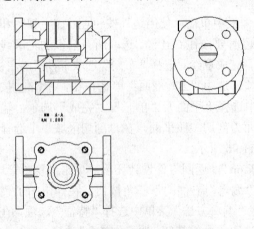
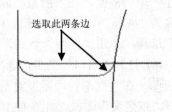

图 11.103　排除筋特征后工程图显示　　　图 11.104　选取修剪边

(8) 按步骤(7)的方法删除其余多余线段。最后图形显示如图 11.107 所示。

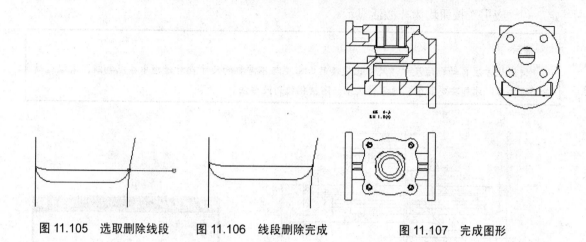

图 11.105 选取删除线段　　图 11.106 线段删除完成　　图 11.107 完成图形

11.12 尺寸标注和公差标注

一张完整的工程图是由一组视图、尺寸、公差、明细表和注释等项目构成的。所以，创建完所需表达的视图后，还需要加上尺寸、公差、明细表等项目。

11.12.1 尺寸的显示/拭除或删除

1. 尺寸的显示

尺寸的显示，就是自动标注尺寸。自动标注尺寸有两种方法可以选择。

1) 使用"显示模型注释"对话框

下面通过实例介绍具体方法。

实例 13：创建活塞工程图的尺寸标注。

具体操作步骤如下。

(1) 打开工程图文件 huosai.drw，如图 11.29 所示。

(2) 选择"注释"选项卡，单击"插入"面板中的"显示模型注释"按钮，系统弹出"显示模型注释"对话框，如图 11.108 所示。对话框中包括有"尺寸"、"几何公差"、"注释"、"粗糙度"、"符号"和"基准"6 个选项卡，1 个"类型"下拉列表框和 1 个项目列表，分别用来显示相关项目。

(3) 选取一个视图，则该视图中所有与特征有关的信息尺寸均显示在该视图上，如图 11.109 所示，同时对话框的信息显示框中显示出各尺寸的代号，如图 11.110 所示。选中选定的项目，则该尺寸被选定；单击"全选"按钮，则所有项目尺寸被选定；这两种情况"确定"和"应用"按钮被激活。单击"应用"按钮，则选定尺寸灰色显示；单击"确定"按钮，选定尺寸黑色显示。如果单击"全空"按钮，则所有项目全不被选取，"确

图 11.108 "显示模型注释"对话框

定"和"应用"按钮均为非激活显示。

> **提示**
> 使用此方法自动标注尺寸，尺寸比较凌乱，需要与不需要的尺寸在对话框中难以判断，需经过精心整理之后，才能决定取舍。通常情况下，不提倡使用此方法。

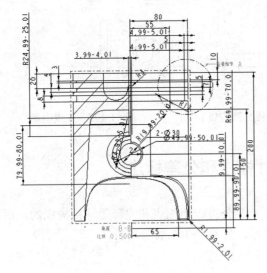

图 11.109 显示尺寸

图 11.110 对话框中的尺寸项目

2) 使用模型树

所谓使用模型树自动标注尺寸，就是用绘图窗口的模型树功能选取特征，利用快捷菜单命令显示该特征的具体尺寸。这种方法简单、快捷、方便，尺寸一目了然。

下面沿用上一实例介绍使用模型树自动标注尺寸的方法。

具体操作步骤如下。

(1) 与上步骤(1)相同。

(2) 在模型树窗口选取 伸出项 标识39 并右击，执行"显示模型注释"命令，主视图上显示两个尺寸，如图 11.111 所示，对话框显示此两个尺寸的信息，如图 11.112 所示。在对话框中单击"全选"按钮，所有尺寸变黑色显示，单击"应用"按钮，单击"取消"按钮，主视图显示如图 11.113 所示。

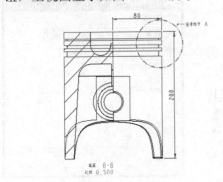

图 11.111 特征尺寸

图 11.112 "显示模型注释"对话框

(3) 在模型树窗口选取 切剪 标识82 并右击,执行"显示模型注释"命令,在对话框中单击"全选"按钮,所有尺寸变黑色显示,单击"应用"按钮,单击"取消"按钮,主视图显示如图 11.114 所示。

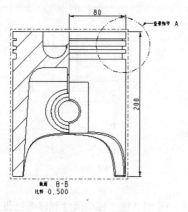

图 11.113 特征尺寸

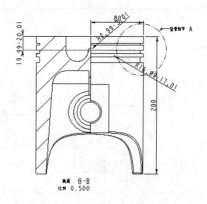

图 11.114 凹坑尺寸

> **提示**
> 使用模型树自动标注尺寸,这种方法比较清晰、方便,尺寸在哪个位置一目了然,但缺点是容易遗忘尺寸标注。

2. 尺寸的拭除或删除

拭除尺寸就是将一些不必标注的尺寸或标注方法不合要求的尺寸予以拭除。拭除尺寸很简单,就是选取将要拭除的尺寸,右击鼠标执行"拭除"命令即可。沿用图 11.111 为例,因为活塞应标注直径尺寸,所以需将尺寸 80 拭除,然后手动标注尺寸。具体操作是:选取尺寸 80,右击鼠标执行"拭除"命令,单击该尺寸即被拭除。尺寸的删除与拭除操作只有执行的命令不同,其区别在于删除后不能恢复,拭除后可以恢复。

11.12.2 调整和编辑尺寸

调整尺寸标注是指对绘图区内凌乱的尺寸进行位置调整、对齐、移动、切换箭头方向和控制等,从而提高视图的整体效果。编辑尺寸就是修改尺寸的显示字号、编辑尺寸的前缀和后缀等。下面通过实例介绍调整和编辑尺寸的具体方法。

1. 调整尺寸

沿用上一实例,将图 11.109 自动标注的尺寸进行调整。
具体操作步骤如下。

(1) 选取尺寸 89.99-90.01,使其变为红色,按住 Ctrl 键选取尺寸 R1.99-2.01、2-ϕ30、R4.99-5.01、R69.99-70.01、R24.99-25.01、R2.99-3.01、R16.99-17.01、ϕ49.99-50.01、2,右击鼠标执行"将项目移动到视图"命令,单击左视图,显示尺寸,如图 11.115 所示。用同样的方法,将尺寸 5、7、3、8、10、5、5、19.99-20.01 转移到详细视图上,如图 11.116 所示。将多余的两个尺寸 4.99-5.01 和尺寸 55、80、65、9.99-10.01、R19.99-20.01 删除。

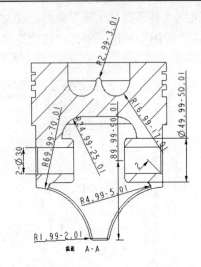
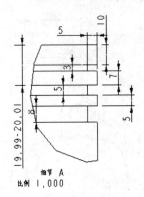

图 11.115　移动尺寸到左视图　　　　图 11.116　移动尺寸到详细视图上

(2) 在主视图上选取尺寸 150，使其变红色后，将鼠标左移到适当位置单击，确定尺寸放置位置。用同样的方法将尺寸 79.99-80.01 和 3.99-4.01 移到适当位置，如图 11.117 所示。

(3) 在详细视图上选取尺寸 19.99-20.01 和 10，右击鼠标执行"反向箭头"命令，如图 11.118 所示。

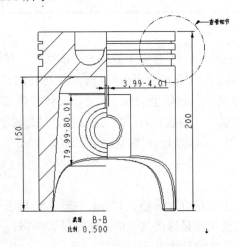
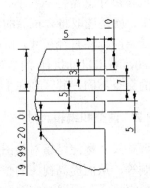

图 11.117　调整尺寸位置　　　　图 11.118　"反向箭头"示意图

2．编辑尺寸

所谓编辑尺寸，就是编辑尺寸文本的"属性"、"显示"和"文本样式"。

下面沿用上一实例进行尺寸编辑。

具体操作步骤如下。

(1) 在主视图上双击尺寸 R79.99-80.01，系统弹出"尺寸属性"对话框，如图 11.119 所示。该对话框有 3 个选项卡："属性"、"显示"和"文本样式"。

① "属性"：主要用来设置尺寸文本值的格式、公差显示形式等，包括有"名称"、"值和显示"、"公差"、"格式"和"双重尺寸"5 个区域。名称和公称值通常不能修改。

② "显示":主要用来设置尺寸文本的前后缀、文本方向和尺寸界线显示等,包括有"显示"、"文本方向"和"尺寸界线显示"3 个区域。

③ "文本样式":主要用来设置尺寸文本来源、字体、大小、放置方向等,包括有"复制自"、"字符"和"注解/尺寸"3 个区域。

下面继续实例操作。

(2) 在"属性"选项卡"公差"区域的"公差模式"下拉列表框中(此下拉列表框只有在"绘图选项"中设置 tol_display 为 yes 时才能被激活,可以编辑。如果是灰色显示表示无法编辑,此时需先行设置)选择"对称"选项,将"小数位数"改为 3,单击"确定"按钮,显示如图 11.120 所示。

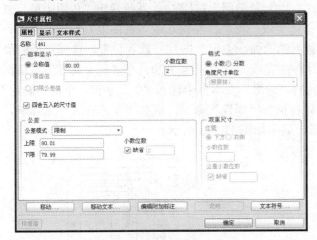

图 11.119 "尺寸属性"对话框

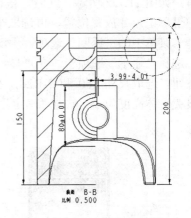

图 11.120 编辑尺寸属性

(3) 按上述方法,将所有尺寸改变成对称公差尺寸(R2 和 R5 除外)。然后框选所有尺寸,右击鼠标,执行"文本样式"命令,在"文本样式"选项卡中"字符"区域单击字体高度右边的 ☑缺省,取消选中此复选框,在文本框中输入 5,单击"确定"按钮,如图 11.121 所示。

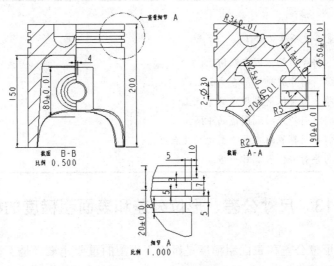

图 11.121 编辑尺寸效果

> **提示**
>
> 本例中考虑到篇幅限制未将尺寸公差分别标注，而统一用对称公差标注。同学们使用时可根据具体情况在公差的选项中自行确定公差形式。

11.12.3 手动标注尺寸

在使用自动标注尺寸时，往往有些尺寸无法标注，如活塞工程图中的旋转特征圆柱体的直径尺寸无法自动显示出来，而此尺寸非常重要，用户可以用手动标注的方法来标注此尺寸。

具体操作步骤如下。

沿用上例，单击"插入"面板中的"尺寸-新参照"按钮，系统弹出"依附类型"菜单，如图 11.122 所示。此时，鼠标的指针变成一支笔，左键选取主视图上直径的两条边，中键单击尺寸放置位置，再选取半剖截面的圆弧，中键单击尺寸放置位置，选择"依附类型"菜单中的"返回"选项，手动尺寸标注完成。双击尺寸 R20，在"尺寸属性"对话框中选择"显示"选项卡，在"显示"区的"前缀"文本框中输入"2-"字符，单击"确定"按钮。选取尺寸 160 和 2-R20，右击鼠标执行"属性"命令，选择"文本样式"选项卡，设置字体高度为 5，单击"确定"按钮，显示如图 11.123 所示。

图 11.122 "依附类型"菜单

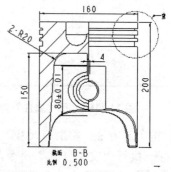

图 11.123 手工标注尺寸完成

> **提示**
>
> "依附类型"菜单选项释义如下。
> (1)"图元上"：将导引符依附在几何上。
> (2)"在曲面上"：将导引符依附在曲面上的一点上。
> (3)"中点"：将导引符依附到规定的中点上。
> (4)"中心"：将导引符依附到圆边的中间。
> (5)"求交"：将导引符依附在两个图元的交点上。
> (6)"做线"：为导引符依附制作一根线。

11.13 尺寸公差、形位公差和表面粗糙度的标注

尺寸公差、形位公差和表面粗糙度是组成工程图的重要元素，是工程技术人员制定工艺的重要依据。

11.13.1 尺寸公差显示的设置

要在工程图纸上显示尺寸公差，必须通过执行"工具"|"选项"命令，对配置文件进行设置。具体的配置选项如下。

(1) tol_display：该选项控制尺寸公差的显示，设置为 yes，则尺寸标注显示公差；设置为 no，则尺寸标注不显示公差。

(2) tol_mode：该选项控制尺寸公差的显示形式。设置为 nominal，则只显示名义值，不显示公差；设置为 limits，则公差值显示为上限和下限，即显示极限尺寸；设置为 plusminus，则公差值为正负值，正值和负值是独立的，即显示上下偏差；设置为 plusminussym，则公差值为正负值，正负公差的值用一个值表示，即对称公差。

11.13.2 设置尺寸公差标准、公差等级和修改公差表

执行"文件"|"公差标准"命令，弹出"公差设置"菜单，如图 11.124 所示。选择"标准"选项，系统弹出"公差标准"次级菜单，有两项标准供用户选择，即 ANSI 和 ISO/DIN。

(1) ANSI 标准：采用 ANSI 标准后，公差值取决于配置文件 config.pro 中的选项 linear_tol 和 angular_tol 设置值，它们分别用于设置线性公差值和角度公差值。使用 ANSI 公差标准时，无须再设置模型等级和公差表。所以，选用 ANSI 公差标准时，"模型等级"和"公差表"两个选项为灰色显示，不被激活。

(2) ISO/DIN 标准：采用该标准后，应该选择"模型等级"来设置模型精度等级，它一般有 4 种：精加工、中、粗加工和非常粗糙。"中"是系统默认的模型精度等级，如图 11.125 所示。

图 11.124　"公差设置"菜单

图 11.125　"公差等级"次菜单

在"公差设置"菜单中选择"公差表"选项，系统弹出"公差表操作"菜单，如图 11.126 所示。系统默认选项为"修改值"，此时公差表有"一般尺寸"、"破断边"、"轴"和"孔"4 个选项。选择"一般尺寸"或"破断边"选项，都会弹出其相应的公差表。选择"轴"或"孔"选项，系统弹出"输入框"，提示输入公差字母标号，输入标号后，即显示公差表。

图 11.126　"公差表操作"菜单

注意

切换标准时,系统会提示是否再生模型,回答"是"即可。

11.13.3 公差的标注

尺寸公差的标注在上节中已有叙述,这里不再赘述。本节主要介绍形位公差的标注。形位公差又称几何公差,是对零件的形状和位置偏差进行限制的要素。下面通过一个实例介绍标注形位公差的方法。

实例 14:标注钻套的尺寸公差、圆柱度公差和内外圆柱的同轴度公差,如图 11.127 所示。

具体操作步骤如下。

(1) 打开绘图文件 zuantao.drw,如图 11.128 所示。

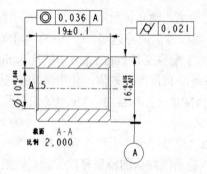

图 11.127 实例 14 的效果图

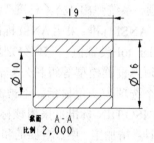

图 11.128 zuantao.drw 文件

(2) 标注尺寸公差。选择"注释"选项卡,选取尺寸 $\phi 16$,右击鼠标,执行"属性"命令,设置"公差模式"为"加-减",设置"小数位数"为 3,设置公差值上偏差为-0.016,下偏差为-0.027,如图 11.129 所示。(如果对话框中不显示公差模式项目,则需在"绘图选项"的设置里设置 tol_display 为 yes 的选项。)单击"确定"按钮,完成公差的设置。再选取 $\phi 10$ 尺寸,用同样的方法,设置上偏差为 0.046,下偏差为 0,选取长度尺寸 19,设置"公差模式"为"+-对称",输入公差值为 0.1,完成后,视图显示如图 11.130 所示。

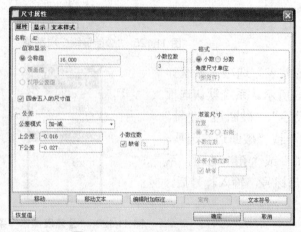

图 11.129 "尺寸属性"对话框

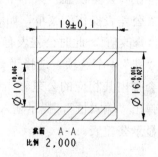

图 11.130 尺寸公差标注

(3) 创建基准轴。单击"插入"面板下边的 ▼ 按钮，在弹出的下滑面板中单击 模型基准平面 右边的 ▼ 按钮，在下拉列表中选择 模型基准轴 选项，系统弹出"轴"对话框，如图 11.131 所示。在"名称"文本框中输入"A"，单击基准符号按钮 A◁ ，激活对话框的"放置"区域，单击"定义"按钮，系统弹出"基准轴"菜单，如图 11.132 所示。选择"过柱面"选项，在视图中选取外圆柱面，视图显示如图 11.133 所示。选中 在尺寸中 单选按钮，再单击 拾取尺寸... 按钮，选取尺寸 $\phi 16$，单击对话框中的"确定"按钮，如图 11.134 所示。

图 11.131 "轴"对话框

图 11.132 "基准轴"菜单

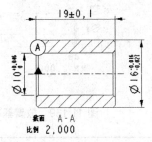

图 11.133 基准轴创建完成

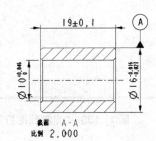

图 11.134 确定基准符号的位置

🔑 提示

该基准符号不符合中国的习惯，可以自制符号保存，以备调用。具体方法如下。

在"注释"选项的"格式化"面板中单击"格式化"右边的 ▼ 按钮，在下拉列表中选择 符号库... 选项，系统弹出"符号库"菜单，如图 11.135 所示。在菜单中选择"定义"选项，系统弹出输入框，输入符号名 JIZHUN，单击中键，进入草绘界面。单击"圆"工具按钮 ○ ，先绘制一个圆，然后单击"线"工具按钮 ╲ ，绘制两条互相垂直的直线。双击水平直线，系统弹出"修改线造型"对话框，如图 11.136 所示。将横向线段修改为 1，执行"插入" | "注解"命令，在弹出的"注解类型"菜单中选择"进行注解"选项，在圆内单击，在输入框中输入字母"A"。两次单击中键，完成输入，如图 11.137 所示。在"符号编辑"菜单选择"属性"选项，系统弹出"符号定义属性"对话框，在对话框中的"允许的放置类型"栏中选中"自由"复选框，选取符号中两条支线的交点，在"属性"栏中选中"允许文本反向"复选框，单击对话框中的"确定"按钮，在"符号编辑"菜单中选择"完成"选项，在"符号库"菜单中选择"写入"选项，单击中键，保存定制符号，退出定制符号界面。然后在"注释"选项卡的"插入"面板中单击"定制符号"按钮 ，系统弹出"定制绘图符号"对话框，如图 11.138 所示。在"属性"区域的"角度"文本框右边单击 +90 2 次，符号选项 180°，在尺寸 $\phi 16$ 的下方箭头处单击放置符号，如图 11.139 所示。

图 11.135 "符号库"菜单　　图 11.136 "修改线造型"对话框　　图 11.137 基准符号

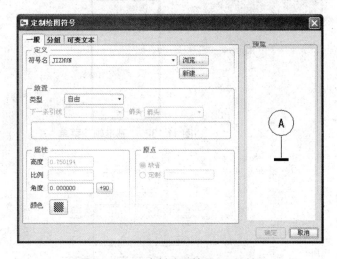 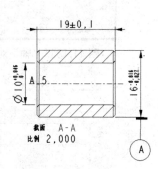

图 11.138 "定制绘图符号"对话框　　图 11.139 放置基准符号

> 注意
> 标注由基准轴作为参照的位置公差都必须首先创建基准符号。

（4）标注同轴度公差。在"注释"选项卡的"插入"面板中单击"几何公差"按钮 ，系统弹出"几何公差"对话框，如图 11.140 所示。该对话框左侧排列着基本形位公差的符号，有 5 个选项卡，即模型参照、基准参照、公差值、符号和附加文本。

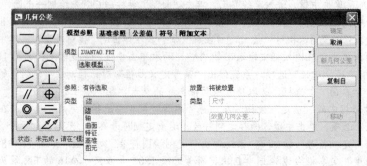

图 11.140 "几何公差"对话框

① 模型参照：用于设置标注几何公差时的模型参照。
(a) 模型：选择需要创建几何公差的三维模型或视图。
(b) 参照：设置图元在模型中的参照类型，包括边、轴、特征、曲面、基准和图元等。选择的公差项目不同，参照的类型有所区别。
(c) 放置：设置几何公差的放置类型和位置。放置类型包括尺寸、尺寸弯头、作为自由注释、带引线、切向引线、法向引线、其他几何工具和注释弯头等。
(d) 新几何公差：重新设置新的公差。
(e) 移动：移动公差文本的放置位置。
② 基准参照：用于设置标注几何公差时的基准参照，选择"基准参照"选项卡，对话框显示如图 11.141 所示。
(a) 基本：从列表框中选择第一主基准参照，也可单击 按钮从模型中直接选取。
(b) 复合：从列表框中选择第二主基准参照，也可单击 按钮从模型中直接选取。
③ 公差值：用于设置几何公差的公差值和材料条件。
④ 符号：用于设置几何公差的符号、修饰符。
⑤ 附加文本：用于在标注中设置附加文本。

继续实例操作，单击"同轴度"公差图标 ，选择"基准参照"选项卡，单击"基本"参照右侧的下三角按钮，选择 A 作为第一主参照，选择"公差值"选项卡，输入公差值 0.036，再单击"模型基准"按钮，在对话框中的"类型"下拉列表框中选择"曲面"选项，在视图中选取 $\phi 10$ 尺寸的内圆表面，再在"放置类型"下拉列表框中选择"法向引线"选项，在 $\phi 10$ 尺寸线位置单击，移动鼠标，在适当位置单击中键，放置标注公差的符号，如图 11.142 所示。

图 11.141 "基准参照"选项卡　　　图 11.142 同轴度公差标注完成

(5) 标注尺寸的圆柱度公差。单击"新几何公差"按钮，选择"公差值"选项卡，输入公差值 0.021，单击"圆柱度公差"按钮 ，参照类型选择"曲面"选项，选取 $\phi 16$ 尺寸的圆柱面，放置类型选择"法向引线"选项，在 $\phi 16$ 的圆柱面上单击，移动鼠标至适当位置单击中键，完成标注如图 11.127 所示。

11.13.4 表面粗糙度的标注

表面粗糙度是表示零件表面精度的一个公差值。下面通过一个实例介绍表面粗糙度的标注方法。

实例 15：在上一实例的工程图上标注表面粗糙度公差，如图 11.143 所示。

具体操作步骤如下。

（1）沿用上例，在"注释"选项卡的"插入"面板中单击"表面光洁度"按钮，系统弹出"得到符号"菜单，如图 11.144 所示。

（2）在"得到符号"菜单中选择"检索"选项，系统弹出"打开"对话框，从"打开"对话框中选择 machined 文件夹打开，再选取 standardl.sym 打开，系统弹出"实例依附"菜单，如图 11.145 所示。

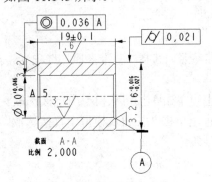

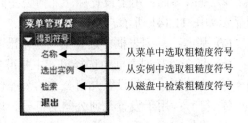

图 11.143　标注粗糙度实例　　　　　　　图 11.144　"得到符号"菜单

（3）在"实例依附"菜单中选择"图元"选项，选取 $\phi 16$ 的圆柱面上任一点单击，信息栏提示"输入粗糙度值"，输入"1.6"，单击中键，完成标注。再次在"实例依附"菜单中选择"图元"选项，选取 $\phi 10$ 的内圆柱面上任一点单击，按信息栏提示输入 3.2，单击中键，完成标注，如图 11.146 所示。

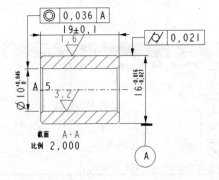

图 11.145　"实例依附"菜单　　　　　　　图 11.146　标注粗糙度

（4）标注端部粗糙度。在"实例依附"菜单中选择"图元"选项，选取圆柱体左端面上任一点单击，按信息栏提示输入"3.2"，单击中键，完成标注，又一次在"实例依附"菜单中选择"图元"选项，选取圆柱体右端面上任一点单击，按信息栏提示输入 3.2，单击中键，完成标注，选择"实例依附"菜单中的"完成/返回"选项，退出标注界面，如图 11.143 所示。

> **提示**
> 本例标注两端部的粗糙度时，因为在前面"绘图选项"设置中设置了"sym_flip_rotated_text"选项的值为"yes"，所以，文本根据符号的方向自动旋转变向。如果没有设置，也可自制符号，具体方法与

自制基准符号相似，只是不需绘制符号，可以在现有的粗糙度符号中复制。具体方法是：在"注释"选项卡的"格式化"面板中单击"格式化"右边的▼按钮，在下拉列表中选择 符号库 选项，系统弹出"符号库"菜单，在菜单中选择"定义"选项，系统弹出输入框，输入符号名 s1，单击中键，系统弹出"符号编辑"菜单，选择"绘图复制"选项，选取一个已标注的粗糙度符号复制，单击中键，系统弹出"符号定义属性"对话框，在"允许放置类型"中选中"自由"复选框，在"属性"栏中选中"允许文本反向"复选框，选取复制的粗糙度符号的三角形尖点，单击"确定"按钮，选择"完成"选项，选择"写入"选项，单击中键，完成定制符号的保存，选择"完成"选项。然后在"注释"选项卡的"插入"面板中单击"定制符号"按钮，系统弹出"定制绘图符号"对话框，在"符号名"栏选取 s1，在左边端面单击，输入角度为 270，粗糙度值为 3.2；在右边端面单击，输入角度为 90，设置粗糙度值为 3.2，单击"确定"按钮，完成粗糙度标注。

11.14 创建注解

在工程图中常常需要插入一些技术要求和一些必要的说明，这在 Pro/ENGINEER 里统称为注释。

具体操作方法(沿用上例)如下。

(1) 单击"注释"选项卡"插入"面板中的"创建注解"按钮，系统弹出"注解类型"菜单，如图 11.147 所示。

(2) 创建一个无方向指引的注释。在"注解类型"菜单中选择"无引线"、"输入"、"水平"、"标准"、"缺省"、"进行注解"选项，在绘图区下方的适当位置单击，确定注解的放置位置，系统弹出"输入注解"输入框。输入"技术要求"，单击中键，再输入"1、表面发蓝处理"，单击中键，再次输入"2、热处理 45HRC"，双击中键，完成输入，选择"完成/返回"选项，注释完成，如图 11.148 所示。

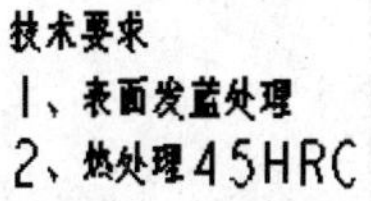

(3) 编辑注解。框选注解文本，右击鼠标执行"属性"命令，系统弹出"注解属性"对话框，如图 11.149 所示，将"技术要求"字符居中(按空格键即可)，选择"文本样式"选项卡，对话框如图 11.150 所示。设置字体为 norm_fonts，单击"确定"按钮，完成注释的编辑，如图 11.151 所示。

图 11.147 "注解类型"菜单

技术要求
1、表面发蓝处理
2、热处理 45HRC

图 11.148 注解示意图

如果尺寸标注在视图空间不够时，也可以以注解的形式加以说明，如注解：图中孔 $\phi 10_0^{+0.016}$，可以在"输入注解"输入框中输入如下字符：图中孔 ϕ10@++0.016@#@- 0@#，双击中键即可完成上下偏差的注解标注。其中@+表示输入上偏差，@#表示输入结束，@-表示输入下偏差，@#表示输入结束。注意上述的实例中@-之后有一空格，然后才输入 0，这是因为 0 没有正负符号，所以空格表示。如果上偏差为零或者下偏差为零，则在@+或@-后面加一空格然后再输入数值。如果上下偏差均为实值，则在输入符号之后顶格输入正负符号和数值。

图 11.149 "注解属性"对话框(1)　　图 11.150 "注解属性"对话框(2)　　图 11.151 编辑注解完成

11.15　创建工程图模板

工程图模板是设计者绘制工程图的固定格式,由图框和表格组成,是工程图中反映有关信息的载体。利用模板创建设计者习惯的图框格式,有利于提高效率。

下面通过一个实例介绍创建模板的具体方法。具体操作步骤如下。

(1) 执行"文件"|"新建"命令,在"新建"对话框"类型"中选中"格式"单选按钮。输入名称"A4",单击"确定"按钮,系统弹出"新格式"对话框,选择"横向"选项,选择标准大小为"A4",单击"确定"按钮,进入格式设计界面,如图 11.152 所示。

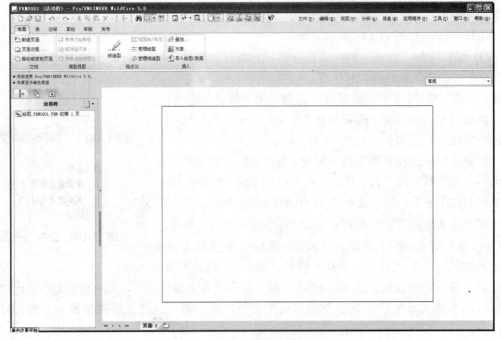

图 11.152　格式设计界面

(2) 选择"草绘"选项卡，在"插入"面板中单击"偏移边"按钮，系统弹出"偏移操作"菜单，如图 11.153 所示。选择"单一图元"选项，选取右侧边，输入偏距值为-5，选取上侧边，输入偏距值为 5，选取左侧边，输入偏距值为 15，单击下侧边，输入偏距值为-5，单击中键，完成偏距，如图 11.154 所示。

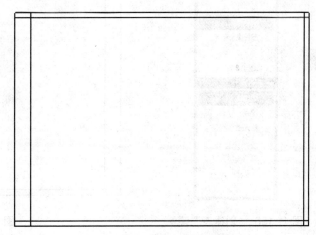

图 11.153 "偏移操作"菜单　　　图 11.154 偏移生成图框线条

(3) 在"修剪"面板中单击"拐角"按钮，逐一选取相交偏移线，生成的图框如图 11.155 所示。

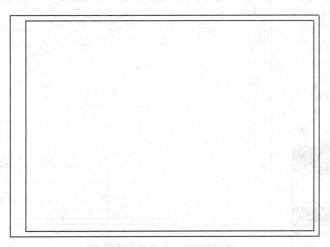

图 11.155 修剪生成的图框

(4) 选择"表"选项卡，在"表"面板中单击"表"按钮，系统弹出"创建表"菜单，如图 11.156 所示。在菜单中选择"升序"、"左对齐"、"按长度"、"顶点"选项，信息栏提示 确定表的右下角，单击图框的右下角，系统弹出输入框，输入 30，单击中键，依次输入 20、15、15、20、25、15，双击中键。信息栏提示 用绘图单位（MM）输入第一行的高度[退出]，输入 8，单击中键，再依次输入 8、8、8、8、8、8，双击中键，完成输入。表格绘制完成，如图 11.157 所示。

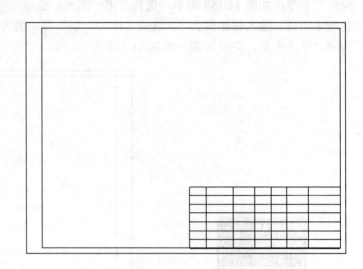

图 11.156 "创建表"菜单　　　　　　　　图 11.157 绘制表格

(5) 在"表"选项卡的"行和列"面板中单击 合并单元格 按钮，系统弹出"表合并"菜单，选取要合并的单元格进行合并，如图 11.158 所示。

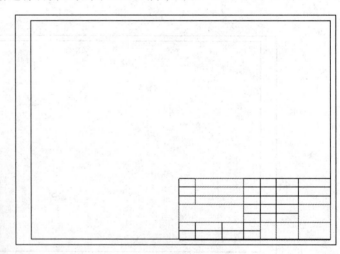

图 11.158 合并单元格示意

(6) 输入标题栏文字。选择"注释"选项卡，在"插入"面板中单击 注解 按钮，接受系统默认设置的命令，先后输入如下字符"北京大学"、"制图"、"审核"、"日期"、"材料"、"比例"、"图号"、"序号"、"材料名称"、"数量"、"备注"等字符。注意每输入完一段字符，必须双击中键退出。最后选取创建的注释，右击弹出快捷菜单，执行"文本样式"命令，在"文本样式"对话框中设置字体为 font，字体高度为 5，放置位置水平"中心"，单击"确定"按钮，表格如图 11.159 所示。

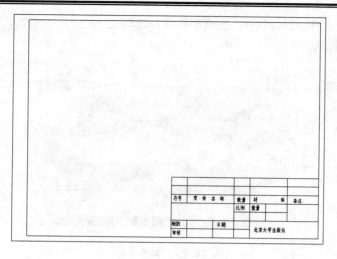

图 11.159　表格完成

> **提示**
>
> 在标题栏也可以输入自定义参数或系统参数，加入工程图后，系统将自动生成相应的项目。常见的参数如下。
>
> &todays_date：显示创建日期。
> &model_name：显示绘图中所使用模型的名称。
> &dwg_name：显示绘图名称。
> &scale：显示绘图比例。
> &type：显示模型类型(零件或组件)。
> &format：显示格式尺寸。
> &current_sheet：显示当前页码。
> &total_sheets：工程图中的总页数。
> &dtm_name：显示基准平面名称。
> &cname：显示模型的名称，如齿轮、轴承等。
> &cmass：用户定义的质量参数，通过关系式 mass=MP_MASS("")自动计算零件的质量并填到标题栏中。
>
> 在输入参数时，应把输入法切换到英文状态再输入"&"，输入参数后，表格中字号显示为大写表示已经关联，为可用状态，否则表示没有关联，为不可用状态。

(7) 执行"文件"|"保存"命令，系统弹出"保存对象"对话框，选定一个文件夹，将其保存，单击"确定"按钮，完成保存。

以后就可以使用此模板绘制工程图了。设计者还可以根据自己的需要设计更多的模板。

11.16　综合实例

绘制如图 11.160 所示箱体的工程图。

具体操作步骤如下。

(1) 打开零件文件 xiangti.prt，在模型树窗口选取 [Auto Round 1] 并右击，执行"删除"命令，如图 11.160 所示。

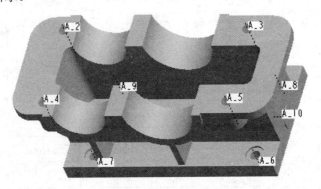

图 11.160　箱体模型

(2) 新建一个绘图文件，取消选中"使用缺省模板"复选框，单击"确定"按钮，指定模板为"空"，图纸大小设定为 A3，横向布置，单击"确定"按钮，进入工程图绘制界面。

(3) 在绘图区窗口右击鼠标，执行"插入普通视图"命令，在"比例"项中设置比例为 1，在"视图类型"中设置"视图方向"选项为"几何参照"，FRONT 面为前面参照，TOP 面为顶部参照，"可见区域"设置为"全视图"，在"视图显示"项中"显示样式"的显示线型为"消隐"，"相切边显示样式"为"实线"，单击"应用"按钮，单击"关闭"按钮，关闭基准平面显示和基准坐标系显示，单击"重画"按钮 并右击，去掉"锁定移动视图"前的勾选，移动调整视图位置，主视图如图 11.161 所示。

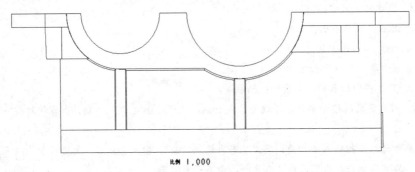

图 11.161　箱体主视图

(4) 绘制箱体的俯视图、左视图。选取主视图，在"布局"选项卡的"模型视图"面板中单击 [投影] 按钮，鼠标在主视图下方单击，生成俯视图；按同样的方法，在主视图右方单击，生成左视图；先后双击俯视图和左视图，在"绘图视图"对话框中设置"视图显示"的显示线型为"消隐"，"相切边显示样式"为"实线"，单击"应用"按钮，单击"关闭"按钮，视图如图 11.162 所示。

(5) 单击"格式化"面板中的 [边显示] 按钮，系统弹出"边显示"菜单，选择 [拭除直线] 选项，选取不需要显示的相切线，如图 11.163 所示，单击中键，选择"完成"选项，完成操作，如图 11.164 所示。

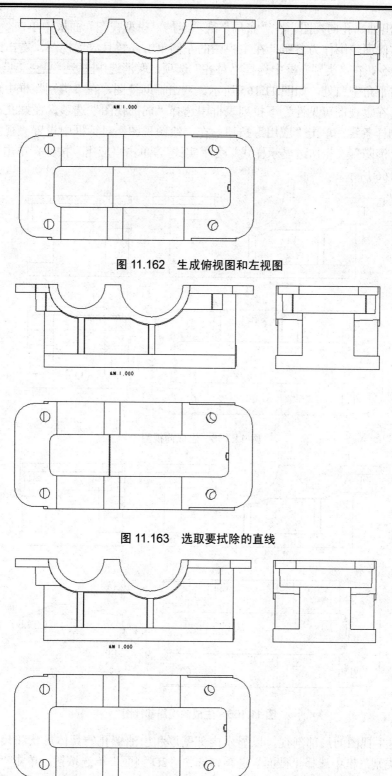

图 11.162 生成俯视图和左视图

图 11.163 选取要拭除的直线

图 11.164 拭除直线后的显示

(6) 创建出油螺孔向视图。在"布局"选项卡的"模型视图"面板中单击 辅助 按钮，选取主视图右侧面轮廓作为参照，在主视图的左侧单击，暂且放置视图，右击此视图，执行"属性"命令，在"类别"框中选择"对齐"选项，取消选中 将此视图与其它视图对齐 复选框，将视图移至右下角空白处，如图11.165所示。双击辅助视图，在"类别"框中选择"可见区域"选项，在"视图可见性"下拉列表框中选择"局部视图"选项，在螺孔凸台边缘选取一点，绘制样条线，单击"应用"按钮，在"绘图视图"对话框中设置"视图显示"的显示线型为"消隐"，"相切边显示样式"为"实线"，单击"应用"按钮，单击"关闭"按钮，如图11.166所示。

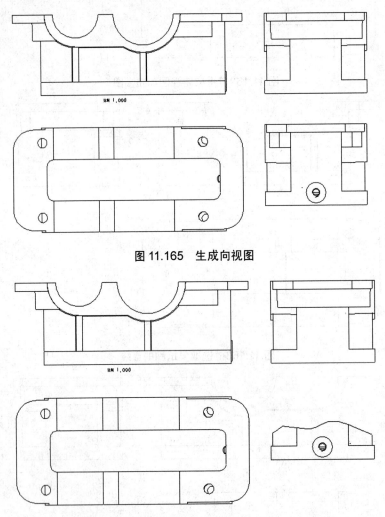

图 11.165　生成向视图

图 11.166　生成向视局部视图

(7) 创建主视图的局部剖视，以显示内部壁厚和出油螺孔的具体形状和尺寸。双击主视图，在"类别"框中选择"截面"选项，选中"2D剖面"单选按钮，单击"新建"按钮，在"剖截面创建"菜单中选择"完成"选项，输入截面名称为A，选取FRONT平面为剖切平面，在"剖切区域"下拉列表中选择"局部"选项，绘制剖切区域，如图11.167所示。单击"应用"按钮，单击"关闭"按钮，如图11.168所示。

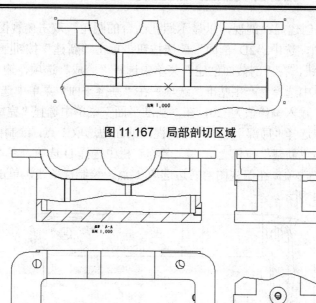

图 11.167 局部剖切区域

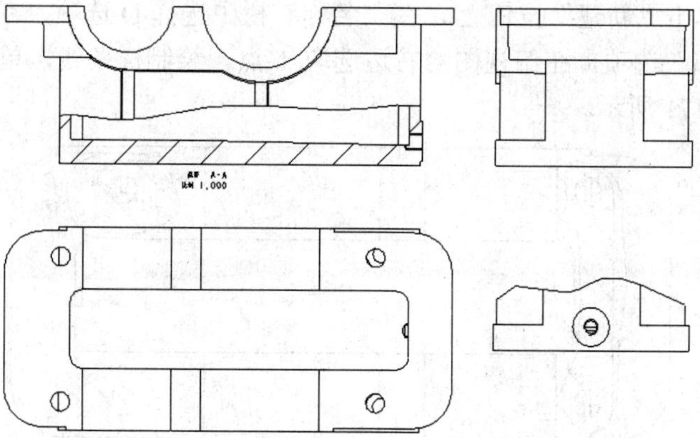

图 11.168 主视图上的局部剖视

(8) 创建左视图上两个通孔的局部剖视，以显示连接通孔的内部形状。双击左视图，在"类别"框中选择"截面"选项，选中"2D 剖面"单选按钮，单击"新建"按钮，在"名称"栏中单击 创建新... 按钮，在"剖截面创建"菜单中选择"完成"选项，输入截面名称为 B，在"设置平面"菜单中选择"产生基准"选项，在"基准平面"菜单中选择"穿过"选项，在左视图上选取 A_7 轴线，在"基准平面"菜单中选择"平行"选项，在模型树窗口选择 RIGHT 平面，在"基准平面"菜单中选择"完成"选项，在"剖切区域"下拉列表中选择"局部"选项，在左视图底板的右边选取 1 点，绘制样条线，单击"应用"按钮，如图 11.169 所示。再次单击"新建"按钮，在"名称"栏中单击 创建新... 按钮，在"剖截面创建"菜单中选择"完成"，输入截面名称为 C，在"设置平面"菜单中选择"产生基准"选项，在"基准平面"菜单中选择"穿过"选项，在左视图上选取 A_2 轴线，在"基准平面"菜单中选择"平行"选项，在模型树窗口选择 RIGHT 平面，在"基准平面"菜单中选择"完成"选项，在"剖切区域"下拉列表中选择"局部"选项，在左视图上连接板的左边选取 1 点，绘制样条线，单击"应用"按钮，如图 11.170 所示。单击"关闭"按钮，完成局部剖视的创建。

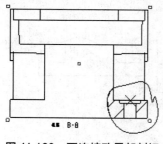

图 11.169 下连接孔局部剖切

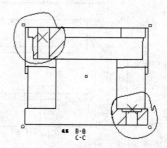

图 11.170 上连接孔局部剖切

(9) 在俯视图上创建局部剖视,以显示螺孔凸台的圆角。双击俯视图,在"类别"框中选择"截面"选项,选中"2D 剖面"单选按钮,单击"新建"按钮 ,在"名称"栏中单击 按钮,在"剖截面创建"菜单中选择"完成"选项,输入截面名称为 D,在"设置平面"菜单中选择"产生基准"选项,在"基准平面"菜单中选择"偏移"选项,选取上连接板表面,输入偏移值为-20,在"基准平面"菜单中选择"完成"选项,在"剖切区域"下拉列表中选择"局部"选项,在俯视图的左边选取 1 点,绘制样条线,单击"应用"按钮,再次单击"新建"按钮 ,在"名称"栏中选择 D 选项,在"剖切区域"下拉列表中选择"局部"选项,在俯视图的右边选取 1 点,绘制样条线,单击"应用"按钮,剖切效果如图 11.171 所示。

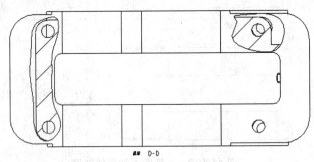

图 11.171 螺钉连接底座局部剖切

(10) 标注尺寸。选择"注释"选项卡,进入尺寸标注界面。在模型树窗口选取 并右击,执行"显示模型注释"命令,在"显示模型注释"对话框中单击 按钮,单击"应用"按钮,单击"取消"按钮,显示如图 11.172 所示。选取尺寸 52 并右击,执行"移动项目到视图"命令,单击左视图,将尺寸 52 移至左视图。调整尺寸,如图 11.173 所示。(如尺寸 52 默认出现在左视图,则忽略此操作。)再依次分别选取拉伸 2、拉伸 3、拉伸 4、拉伸 5、拉伸 6、拉伸 7、拉伸 8、拉伸 9 标注尺寸、编辑和移动尺寸、删除不必要的尺寸。选取阵列 1、阵列 2 和孔 3,标注尺寸和显示轴,如图 11.174 所示。

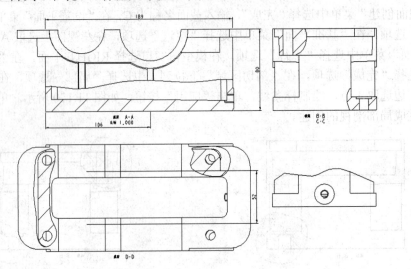

图 11.172 标注箱体主体尺寸

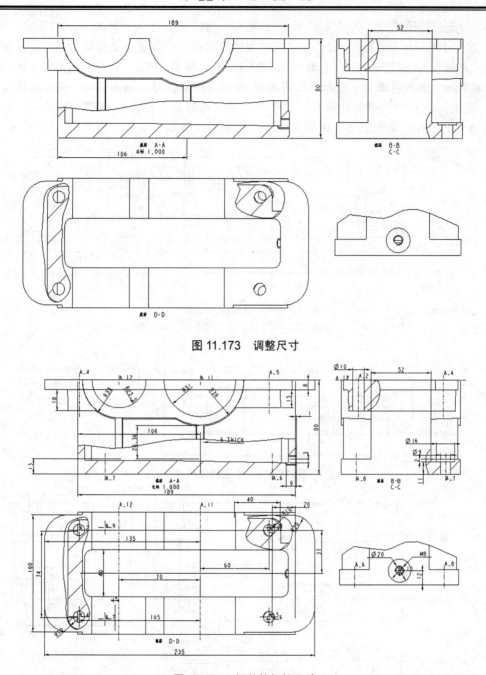

图 11.173 调整尺寸

图 11.174 相关特征的尺寸

(11) 手动标注尺寸。在"注释"选项卡的"插入"面板中单击 按钮,在俯视图上选取箱体内壁两端,标注内壁长度尺寸 177;选取内壁右端和右边半圆弧孔中心线,标注尺寸 77;选取俯视图上下两个端面边线,标注尺寸 104;选取右边圆弧半孔的边线,标注尺寸 62;选取左边圆弧半孔边线,标注尺寸 47;在主视图上选取轴线 A7 和 A6,标注尺寸 145;在左视图上选取轴线 A8 和 A7,标注尺寸 78,删除尺寸 R23.5 和 R31。整理尺寸之后如图 11.175 所示。

(12) 编辑尺寸和标注尺寸公差。双击尺寸 47,在"尺寸属性"对话框中设置小数位数为3，设置公差模式为"加减"，上偏差+0.025，下偏差0，加入前缀ϕ，单击"确定"按钮，完成该尺寸编辑；双击尺寸62，在"尺寸属性"对话框中设置小数位数为3，设置公差模式为"加减"，上偏差+0.030，下偏差0，加入前缀ϕ，单击"确定"按钮；选取尺寸ϕ9、ϕ16、ϕ10和R20，加入前缀4-；选取5个孔距尺寸74、135、105、78和145，标注对称公差，公差值为0.1；选取两圆弧孔中心距尺寸70，标注对称公差，值为0.021；在俯视图上选取左右各处的R10，加前缀2-。编辑完成后，如图11.176所示。

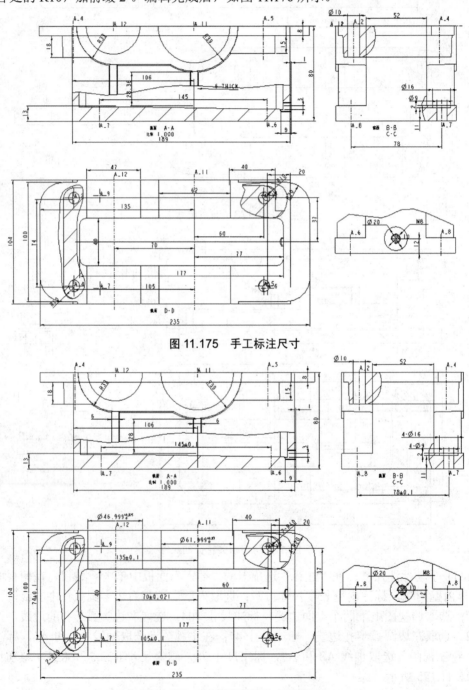

图11.175　手工标注尺寸

图11.176　尺寸编辑和尺寸公差标注

(13) 标注形位公差。在俯视图上，标注两个半圆弧孔之间的轴线平行度公差，上下两个半圆弧孔之间的同轴度公差，上下两端面对轴线的垂直度公差，公差值为 0.051，平行度公差形状为圆柱，即公差值前加 ϕ，如图 11.177 所示。

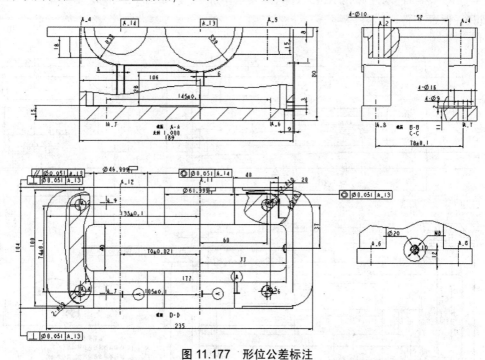

图 11.177　形位公差标注

(14) 标注表面粗糙度。将半圆弧孔的加工表面、上连接板的加工表面、侧面半圆弧孔的上下端面、孔都标注表面粗糙度，如图 11.178 所示。

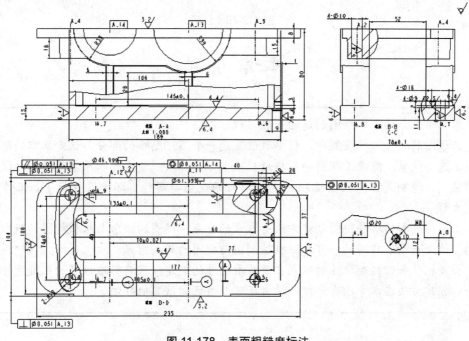

图 11.178　表面粗糙度标注

(15) 加入注解。在"注释"选项卡的"插入"面板中单击"注解"按钮，单击右下角空白处，输入"技术要求"、"1、内部涂表面红色防锈油漆"、"2、铸件不得有疏松气孔、裂纹等缺陷"、"3、未注圆角 R3-5"、4、"其余不加工"，如图 11.179 所示。

(16) 保存文件，拭除内存。

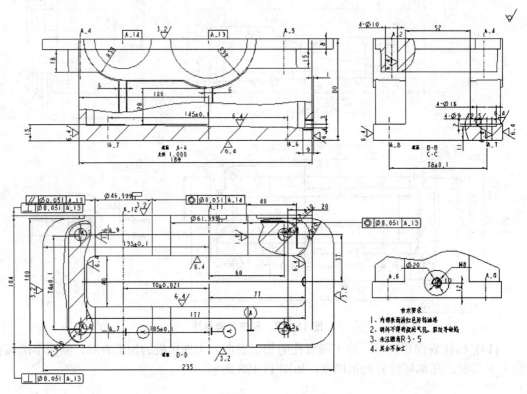

图 11.179 注解

本 章 小 结

  本章重点介绍了工程图创建的一般过程。
  工程图的配置文件设置和工程参数设置是一个不可忽略的部分，这是本章的难点。掌握了这些设置，能使工程图的创建过程减少很多麻烦。读者可以反复观察尝试设置项目的区别，特别是注意设置选项时选项后面的说明与解释。环境设置好了，工作效率将大大提高。
  工程图绘制的各种视图创建方法是本章的重点。视图的概念与机械视图的概念是一致的。读者如果还有疑问，可复习机械制图与视图的相关内容。
  公差标注和粗糙度标注的难点在于基准符号的创建以及非标准位置的粗糙度标注，符号的创建方法在本章已有介绍，读者还可以自己尝试其他办法。

思考与练习

一、判断题(正确的在括号内填入"T",错误的填入"F")

1. 无论工程图大小如何变化,详细视图和缩放视图仍然保持原有比例。   ( )
2. 只有生成了主视图,才可以根据此视图在适当位置上建立投影视图、辅助视图等。
                                                                    ( )
3. 详细视图就是国家制图标准中的局部视图。   ( )
4. 标注由基准轴作为参照的位置公差可以不必先创建基准符号。   ( )
5. 隐藏/恢复功能可以对视图、零件和特征的尺寸进行操作。   ( )

二、选择题(将唯一正确答案的代号填入题中的括号内)

1. 按照标准的工程图习惯,一个完整的工程图至少需要(   )的 3～4 个方向的视图。
   A. 主视、俯视、左(右)视   B. 主视、俯视
   C. 左(右)视   D. 以上都正确
2. Pro/ENGINEER 是使用(   )来制作自己的图框的。
   A. 绘图   B. 格式   C. 图表   D. 布局
3. 已知零件的一边长为 8mm,如果绘图比例为 0.5,在工程图中出现在图上的尺寸就为(   )。
   A. 8mm   B. 40mm   C. 4mm   D. 16mm

三、问答题

1. 自动显示的尺寸与手动标注的尺寸有什么区别?
2. 使用"显示模型注释"对话框显示尺寸与使用模型树显示尺寸各有什么优缺点?
3. 如何创建工程图中的基准面和基准轴?
4. 尺寸的拭除与删除有什么区别?
5. 使用系统提供的模板创建工程图有何优越性?
6. 设置"sym_flip_rotated_text"选项的值为"yes"的作用是什么?

四、练习题

1. 创建如图 11.180 所示实体的工程图,要求视图表达完整、明确,并标注相关公差。具体公差值自定。

图 11.180　题 11.1

2. 绘制第 10 章练习题中装配体(图 11.181)的装配图,并标注相关配合尺寸和配合公差。具体公差值自定。

3. 输入图 11.182 所示公差并以注解的形式标注。

图 11.181　题 11.2

图 11.182　题 11.3

参 考 文 献

[1] 林清安. Pro/ENGINEER 2001 零件设计基础篇(上)[M]. 北京：清华大学出版社，2003.
[2] 林清安. Pro/ENGINEER 2001 零件设计基础篇(下)[M]. 北京：清华大学出版社，2003.
[3] 林清安. Pro/ENGINEER 2001 零件设计高级篇(上)[M]. 北京：清华大学出版社，2003.
[4] 林清安. Pro/ENGINEER 2001 零件设计高级篇(下)[M]. 北京：清华大学出版社，2003.
[5] 张选民. Pro/ENGINEER 野火 3.0 中文版职业应用视频教程[M]. 北京：电子工业出版社，2007.
[6] 詹友刚. Pro/ENGINEER 中文野火版 5.0 教程——工程图教程[M]. 2 版. 北京：机械工业出版社，2010.
[7] 钟日铭. Pro/ENGINEER Wildfire 5.0 从入门到精通[M]. 2 版. 北京：机械工业出版社，2010.
[8] 大连理工大学工程图学教研室. 机械制图习题集[M]. 5 版. 北京：高等教育出版社，2007.
[9] 吴宗泽，罗圣国. 机械设计课程设计手册[M]. 北京：高等教育出版社，1999.
[10] 黄素华，熊逸珍. 画法几何及机械制图习题集[M]. 长沙：湖南大学出版社，1998.
[11] http://www.proewildfire.cn/forumdisplay.php?fid=5&filter=type&typeid=10.
[12] http://www.proewildfire.cn/forumdisplay.php?fid=13&filter=type&typeid=10.

北京大学出版社教材书目

- ✧ 欢迎访问教学服务网站 www.pup6.cn，免费查阅下载已出版教材的电子书(PDF版)、电子课件和相关教学资源。
- ✧ 欢迎征订投稿。联系方式：010-62750667，童编辑，13426433315@163.com，pup_6@163.com，欢迎联系。

序号	书　名	标准书号	主　编	定价	出版日期
1	机械设计	978-7-5038-4448-5	郑　江，许　瑛	33	2007.8
2	机械设计	978-7-301-15699-5	吕　宏	32	2009.9
3	机械设计	978-7-301-17599-6	门艳忠	40	2010.8
4	机械原理	978-7-301-11488-9	常治斌，张京辉	29	2008.6
5	机械原理	978-7-301-15425-0	王跃进	26	2010.7
6	机械原理	978-7-301-19088-3	郭宏亮，孙志宏	36	2011.6
7	机械原理	978-7-301-19429-4	杨松华	34	2011.8
8	机械设计基础	978-7-5038-4444-2	曲玉峰，关晓平	27	2008.1
9	机械设计课程设计	978-7-301-12357-7	许　瑛	35	2009.5
10	机械设计课程设计	978-7-301-18894-1	王　慧，吕　宏	30	2011.5
11	机电一体化课程设计指导书	978-7-301-19736-3	王金娥　罗生梅	35	2012.1
12	机械工程专业毕业设计指导书	978-7-301-18805-7	张黎骅，吕小荣	22	2011.6
13	机械创新设计	978-7-301-12403-1	丛晓霞	32	2010.7
14	TRIZ 理论机械创新设计工程训练教程	978-7-301-18945-0	蒯苏苏，马履中	45	2011.6
15	TRIZ 理论及应用	978-7-301-19390-7	刘训涛，曹　贺　陈国晶	35	2011.8
16	创新的方法——TRIZ 理论概述	978-7-301-19453-9	沈萌红	28	2011.9
17	AutoCAD 工程制图	978-7-5038-4446-9	杨巧绒，张克义	20	2011.4
18	工程制图	978-7-5038-4442-6	戴立玲，杨世平	27	2011.1
19	工程制图	978-7-301-19428-7	孙晓娟，徐丽娟	30	2011.8
20	工程制图习题集	978-7-5038-4443-4	杨世平，戴立玲	20	2008.1
21	机械制图(机类)	978-7-301-12171-9	张绍群，孙晓娟	32	2009.1
22	机械制图习题集(机类)	978-7-301-12172-6	张绍群，王慧敏	29	2007.8
23	机械制图(第2版)	978-7-301-19332-7	孙晓娟，王慧敏	38	2011.8
24	机械制图习题集(第2版)	978-7-301-19370-7	孙晓娟，王慧敏	22	2011.8
25	机械制图与 AutoCAD 基础教程	978-7-301-13122-0	张爱梅	35	2007.11
26	机械制图与 AutoCAD 基础教程习题集	978-7-301-13120-6	鲁　杰，张爱梅	22	2007.12
27	AutoCAD 2008 工程绘图	978-7-301-14478-7	赵润平，宗荣珍	35	2009.1
28	工程制图案例教程	978-7-301-15369-7	宗荣珍	28	2009.6
29	工程制图案例教程习题集	978-7-301-15285-0	宗荣珍	24	2009.6
30	理论力学	978-7-301-12170-2	盛冬发，闫小青	29	2010.8
31	材料力学	978-7-301-14462-6	陈忠安，王　静	30	2011.1
32	工程力学(上册)	978-7-301-11487-2	毕勤胜，李纪刚	29	2008.6
33	工程力学(下册)	978-7-301-11565-7	毕勤胜，李纪刚	28	2008.6
34	液压传动	978-7-5038-4441-8	王守城，容一鸣	27	2009.4
35	液压与气压传动	978-7-301-13129-4	王守城，容一鸣	32	2009.4
36	液压与液力传动	978-7-301-17579-8	周长城等	34	2010.8
37	液压传动与控制实用技术	978-7-301-15647-6	刘　忠	36	2009.8
38	金工实习(第2版)	978-7-301-16558-4	郭永环，姜银方	30	2011.1

序号	书名	ISBN	作者	定价	出版时间
39	机械制造基础实习教程	978-7-301-15848-7	邱兵，杨明金	34	2010.2
40	公差与测量技术	978-7-301-15455-7	孔晓玲	25	2010.7
41	互换性与测量技术基础(第2版)	978-7-301-17567-5	王长春	28	2010.8
42	机械制造技术基础	978-7-301-14474-9	张鹏，孙有亮	28	2011.6
43	先进制造技术基础	978-7-301-15499-1	冯宪章	30	2009.8
44	机械精度设计与测量技术	978-7-301-13580-8	于峰	25	2008.8
45	机械制造工艺学	978-7-301-13758-1	郭艳玲，李彦蓉	30	2008.8
46	机械制造工艺学	978-7-301-17403-6	陈红霞	38	2010.7
47	机械制造工艺学	978-7-301-19903-9	周哲波，姜志明	49	2012.1
48	机械制造基础(上)——工程材料及热加工工艺基础(第2版)	978-7-301-18474-5	侯书林，朱海	40	2011.1
49	机械制造基础(下)——机械加工工艺基础(第2版)	978-7-301-18638-1	侯书林，朱海	32	2011.3
50	金属材料及工艺	978-7-301-19522-2	于文强	44	2011.9
51	工程材料及其成形技术基础	978-7-301-13916-5	申荣华，丁旭	45	2010.7
52	工程材料及其成形技术基础学习指导与习题详解	978-7-301-14972-0	申荣华	20	2009.3
53	机械工程材料及成形基础	978-7-301-15433-5	侯俊英，王兴源	30	2009.7
54	机械工程材料	978-7-5038-4452-3	戈晓岚，洪琢	29	2011.6
55	机械工程材料	978-7-301-18522-3	张铁军	36	2011.1
56	工程材料与机械制造基础	978-7-301-15899-9	苏子林	32	2009.9
57	控制工程基础	978-7-301-12169-6	杨振中，韩致信	29	2007.8
58	机械工程控制基础	978-7-301-12354-6	韩致信	25	2008.1
59	机电工程专业英语(第2版)	978-7-301-16518-8	朱林	24	2011.5
60	机床电气控制技术	978-7-5038-4433-7	张万奎	26	2007.9
61	机床数控技术(第2版)	978-7-301-16519-5	杜国臣，王士军	35	2011.6
62	数控机床与编程	978-7-301-15900-2	张洪江，侯书林	25	2010.11
63	数控加工技术	978-7-5038-4450-7	王彪，张兰	29	2008.2
64	数控加工与编程技术	978-7-301-18475-2	李体仁	34	2011.1
65	数控编程与加工实习教程	978-7-301-17387-9	张春雨，于雷	37	2011.9
66	数控加工技术及实训	978-7-301-19508-6	姜永成，夏广岚	33	2011.9
67	现代数控机床调试及维护	978-7-301-18033-4	邓三鹏等	32	2010.11
68	金属切削原理与刀具	978-7-5038-4447-7	陈锡渠，彭晓南	29	2008.1
69	金属切削机床	978-7-301-13180-0	夏广岚，冯凭	32	2008.5
70	精密与特种加工技术	978-7-301-12167-2	袁根福，祝锡晶	29	2010.8
71	逆向建模技术与产品创新设计	978-7-301-15670-4	张学昌	28	2009.9
72	CAD/CAM 技术基础	978-7-301-17742-6	刘军	28	2010.9
73	CAD/CAM 技术案例教程	978-7-301-17732-7	汤修映	42	2010.9
74	Pro/ENGINEER Wildfire 2.0 实用教程	978-7-5038-4437-X	黄卫东，任国栋	32	2007.7
75	Pro/ENGINEER Wildfire 3.0 实例教程	978-7-301-12359-1	张选民	45	2008.2
76	Pro/ENGINEER Wildfire 3.0 曲面设计实例教程	978-7-301-13182-4	张选民	45	2008.2
77	Pro/ENGINEER Wildfire 5.0 实用教程	978-7-301-16841-7	黄卫东，郝用兴	43	2011.10
78	Pro/ENGINEER Wildfire 5.0 实例教程	978-7-301-20133-6	张选民，徐超辉	52	2012.2
79	SolidWorks 三维建模及实例教程	978-7-301-15149-5	上官林建	30	2009.5
80	UG NX6.0 计算机辅助设计与制造实用教程	978-7-301-14449-7	张黎骅，吕小荣	26	2009.6
81	Cimatron E9.0 产品设计与数控自动编程技术	978-7-301-17802-7	孙树峰	36	2010.9

82	Mastercam 数控加工案例教程	978-7-301-19315-0	刘 文，姜永梅	45	2011.8
83	应用创造学	978-7-301-17533-0	王成军，沈豫浙	26	2010.7
84	机电产品学	978-7-301-15579-0	张亮峰等	24	2009.8
85	品质工程学基础	978-7-301-16745-8	丁 燕	30	2011.5
86	设计心理学	978-7-301-11567-1	张成忠	48	2011.6
87	计算机辅助设计与制造	978-7-5038-4439-6	仲梁维，张国全	29	2007.9
88	产品造型计算机辅助设计	978-7-5038-4474-4	张慧姝，刘永翔	27	2006.8
89	产品设计原理	978-7-301-12355-3	刘美华	30	2008.2
90	产品设计表现技法	978-7-301-15434-2	张慧姝	42	2009.8
91	产品创意设计	978-7-301-17977-2	虞世鸣	38	2010.11
92	工业产品造型设计	978-7-301-18313-7	袁涛	39	2011.1
93	化工工艺学	978-7-301-15283-6	邓建强	42	2009.6
94	过程装备机械基础	978-7-301-15651-3	于新奇	38	2009.8
95	过程装备测试技术	978-7-301-17290-2	王毅	45	2010.6
96	过程控制装置及系统设计	978-7-301-17635-1	张早校	30	2010.8
97	质量管理与工程	978-7-301-15643-8	陈宝江	34	2009.8
98	质量管理统计技术	978-7-301-16465-5	周友苏，杨飒	30	2010.1
99	人因工程	978-7-301-19291-7	马如宏	39	2011.8
100	工程系统概论——系统论在工程技术中的应用	978-7-301-17142-4	黄志坚	32	2010.6
101	测试技术基础(第2版)	978-7-301-16530-0	江征风	30	2010.1
102	测试技术实验教程	978-7-301-13489-4	封士彩	22	2008.8
103	测试技术学习指导与习题详解	978-7-301-14457-2	封士彩	34	2009.3
104	可编程控制器原理与应用(第2版)	978-7-301-16922-3	赵 燕，周新建	33	2010.3
105	工程光学	978-7-301-15629-2	王红敏	28	2009.9
106	精密机械设计	978-7-301-16947-6	田 明，冯进良等	38	2010.3
107	传感器原理及应用	978-7-301-16503-4	赵 燕	35	2010.2
108	测控技术与仪器专业导论	978-7-301-17200-1	陈毅静	29	2010.6
109	现代测试技术	978-7-301-19316-7	陈科山，王燕	43	2011.8
110	风力发电原理	978-7-301-19631-1	吴双群，赵丹平	33	2011.10
111	风力机空气动力学	978-7-301-19555-0	吴双群	32	2011.10
112	风力机设计理论及方法	978-7-301-20006-3	赵丹平	32	2012.1